国家科学技术学术著作出版基金

奶牛主要生产性疾病

Main Production Diseases in Dairy Cows

夏　成　鲁文赓　郑家三　著

科学出版社

北　京

内 容 简 介

本书内容共分 7 章，主要包括奶牛主要生产性疾病的概况、流行病学调查、病因学、症候学、检测和诊断、预防与治疗、研究进展等。

本书针对奶牛围产期和泌乳早期的主要群发生产性疾病，如主要代谢病、主要繁殖障碍疾病和主要肢蹄病，将其作为相关联的一个整体，以疾病的流行病学调查为先导，以临床病例和群发病为着眼点，以临床病理学变化为立足点，从生物化学、细胞生物学、分子生物学和组学等多视角阐明疾病发生的特点、病因和机理，探索疾病的个体诊断、群体检测及风险预警的新方法和新技术，提供了对奶牛生产性疾病有效的综合防治方案，介绍了奶牛主要生产性疾病的研究概况并展望了未来发展趋势。

本书可供高等农业院校教师、研究生及从事奶牛生产性疾病研究和诊疗的科研工作者阅读、参考。

图书在版编目 (CIP) 数据

奶牛主要生产性疾病/夏成，鲁文赓，郑家三著. —北京：科学出版社，2020.8
　ISBN 978-7-03-065751-0

Ⅰ.①奶…　Ⅱ.①夏…　②鲁…　③郑…　Ⅲ.①乳牛–牛病–防治
Ⅳ.①S858.23

中国版本图书馆 CIP 数据核字(2020)第 137026 号

责任编辑：李秀伟 / 责任校对：郑金红
责任印制：吴兆东 / 封面设计：刘新新

科 学 出 版 社 出版
北京东黄城根北街 16 号
邮政编码：100717
http://www.sciencep.com
北京虎彩文化传播有限公司 印刷
科学出版社发行　各地新华书店经销
*
2020 年 8 月第 一 版　　开本：720×1000 1/16
2022 年 1 月第二次印刷　　印张：19 3/4
字数：398 000
定价：168.00 元
(如有印装质量问题，我社负责调换)

作者简介

夏成，男，1964年生，二级教授，博士，博士生导师。黑龙江八一农垦大学兽医学一级学科方向学术带头人，黑龙江省牛病防制重点实验室骨干，兼任中国畜牧兽医学会兽医内科学与临床诊疗学分会常务理事、东北地区理事长，黑龙江省畜牧兽医学会常务理事。曾任国家自然科学基金项目二审评委，享受国务院政府特殊津贴，在美国康奈尔大学兽医学院做过访问学者。主讲兽医内科学、小动物内科学、小动物疾病学、动物营养代谢病专题、兽医普通病专题、兽医临床实践与病例分析等研究生、本科生和专科生的课程。主要从事动物营养代谢病的病因学和综合防治技术的研究。主持了国家自然科学基金、中国博士后科学基金、黑龙江省自然科学基金等国家、省和厅局级项目20余项，作为骨干参加了"十五"至"十三五"国家奶业重大科技专项、国家科技支撑计划项目、黑龙江省重大和厅局级攻关项目共10余项。获得省部级科学技术奖一等奖2项、二等奖4项，厅局级科学技术奖一等奖4项、二等奖3项。获得国家专利近10项。发表论文近300篇（其中SCI期刊论文近30篇），主编、参编教材4部，撰写著作4部，制定行业标准3项。在开展教学和科研工作的同时，还一直从事兽医临床诊疗的科技推广工作，先后获得了校优秀教师、校科技贡献奖、大庆市优秀科技工作者、黑龙江省畜牧兽医科技推广先进工作者等荣誉称号。

鲁文赓，男，1973年生，副教授，博士，硕士生导师。日本岐阜大学博士研究生毕业，毕业后留日担任外国人特别研究员，回国后到中国科学院动物研究所（北京）开展博士后研究，出站后至黑龙江八一农垦大学动物科技学院任教师。兼任中国畜牧兽医学会兽医产科学分会理事，黑龙江省畜牧兽医学会肉牛学分会常务理事，黑龙江省畜牧兽医学会动物繁殖学分会常务理事，日本动物繁殖生物学学会理事。主讲兽医产科学、大动物疾病学、兽医学概论、宠物饲养与繁殖学、动物繁殖障碍疾病专题、兽医产科学进展等研究生、本科生和专科生的课程。主要从事奶牛繁殖障碍疾病的诊治及奶牛的胚胎着床、胎盘发生发育的分子调控机制的研究。主持了教育部博士点基金、中国博士后科学基金、黑龙江省自然科学基金等国家、省和厅局级项目共10余项；作为骨干参加了国家自然科学基金重点项目、国家自然科学基金面上项目、黑龙江省农垦总局重点科研项目、黑龙江省重点和厅局级攻关项目共 8 项。在奶牛子宫内膜炎、胎衣不下、卵泡发育异常、黄体形成不良和乳房炎的诊治及其防治方面取得了一系列的原创性科研成果，发表科技论文 20 余篇（其中 SCI 期刊论文 10 余篇），专著 1 部，教材 1 部，发明专利 2 项。目前担任《中国实验动物学报》编委，《中国比较医学杂志》通讯编委。

郑家三，男，1978 年生，副教授，博士，硕士生导师。黑龙江八一农垦大学动物科技学院副院长。兼任中国畜牧兽医学会兽医外科学分会常务理事，中国畜牧兽医学会兽医影像技术学分会常务理事，中国畜牧兽医协会宠物诊疗分会理事，黑龙江省畜牧兽医学会常务理事，黑龙江省畜牧兽医学会兽医外科学和小动物疾病分会副秘书长，大庆市动物诊疗行业协会秘书长。主讲兽医外科学、兽医外科手术学、兽医影像学、实验外科学、兽医外科病专题、兽医临床实践与病例分析等研究生、本科生和专科生的课程。主要从事奶牛肢蹄病病因学和综合防控技术的研究。主持了国家科技支撑计划子课题、国家重点研发计划子课题、中国博士后科学基金、黑龙江省自然科学基金、黑龙江省博士后科学基金等国家、省和厅局级项目近 10 项。获得省部级科学技术奖二等奖 3 项，厅局级科学技术奖一等奖 4 项、二等奖 2 项。获得国家专利 2 项。发表论文 50 余篇（其中 SCI 期刊论文 8 篇），参编教材 2 部。

前　言

　　奶牛主要生产性疾病是奶牛生产中常见的、多发的一类普通病。它是临床上以代谢病、繁殖障碍疾病和肢蹄病等为主的一大类疾病。近十来年，随着我国奶牛业规模扩大和单产提高，加之饲养管理不当等众多因素，该类疾病发生率居高不下，尤其是亚临床病例问题突出，危害日益严重，造成了奶牛生产性能、繁殖性能下降，给奶牛业带来了巨大的经济损失，现已成为奶牛业重要的一大类群发病，引起了国内外奶牛业的广泛重视。

　　鉴于国内外现有书刊一直未把奶牛围产期和泌乳早期发生的主要生产性疾病作为一个整体从群体角度加以论述，也为了满足我国奶牛业现代化健康发展的需要，黑龙江八一农垦大学动物科技学院的三位老师依托国家科学技术学术著作出版基金项目、黑龙江省牛病防制重点实验室与兽医学一级学科建设及北大荒现代农业产业技术省级培育协同创新中心的支持，系统梳理了国家科技支撑计划项目（2012BAD12B05、2017YFD0502206）、国家自然科学基金项目（31772804、31873028）和黑龙江省应用技术研究与开发计划重大项目（GA16B202）的科研成果，结合国内外最新科研文献，以及本书作者和张洪友、徐闯等同事多年积累的科学研究与临床调查，著成此书。本书由夏成、鲁文赓和郑家三共同撰写，平均分配所有内容。本书旨在抛砖引玉，期待更多的专家和学者为我国兽医学科和奶牛业的发展贡献更大的力量。

　　由于作者学识和专业水平有限、掌握资料不尽全面，书中难免有疏漏不妥之处，诚恳希望同行给予批评指正。

夏　成

2020 年 3 月

中英文缩略词表

英文缩写	英文全称	中文全称
ACAT	Acetyl Coenzyme A Acetyl Transferase	乙酰辅酶 A 乙酰转移酶
ADF	Acid Detergent Fiber	酸性洗涤纤维
ADIPOQ	Adiponectin, C1Q and Collagen Domain Containing	脂联蛋白的 C1Q 和胶原结构区域
AI	Artificial Insemination	人工授精
ALDOB	Aldolase B	醛缩酶 B
ALP/AKP	Alkaline Phosphatase	碱性磷酸酶
ALB	Albumin	白蛋白
ALT	Alanine Aminotransferase	丙氨酸氨基转移酶
AMH	Anti-Mullerian Hormone	抗缪勒氏管激素
AMU	Antimicrobial Use	抗生素的使用
APOA1	Apolipoprotein A1	载脂蛋白 A1
APOA4	Apolipoprotein A4	载脂蛋白 A4
APOA5	Apolipoprotein A5	载脂蛋白 A5
APOF	Apolipoprotein F	载脂蛋白 F
APP	Acute Phase Protein	急性期蛋白
AST	Aspartate Transferase	天门冬氨酸转移酶
A/G(ALB/GLB)	Albumin/Globulin	白蛋白/球蛋白
A2M	Alpha 2 Macroglobulin	α-2-巨球蛋白
BAP	Biological Antioxidant Capacity	生物抗氧化能力
BCS	Body Condition Score	体况评分
BDNF	Brain-Derived Neurotrophic Factor	脑源性神经营养因子
BGP/OC	Bone Gla Protein/Osteocalcin	骨钙素
BHBA	β-hydroxybutyrate	β-羟丁酸
BUN	Blood Urea Nitrogen	尿素氮
BW	Body Weight	体重
CA/CAH	Carbonic Anhydrase	碳酸酐酶
CAR	Caruncle	子宫肉阜
CAT	Catalase	过氧化氢酶
CB	Complement Factor B Precursor	补体因子 B
CCI	Cow Comfort Index	奶牛舒适指数

英文缩写	英文全称	中文全称
CCQ	Cow Comfort Quotient	奶牛舒适系数
CD	Cluster of Differentiation	分化簇
CF	Crude Fiber	粗纤维
CHE	Cholinesterase	胆碱酯酶
CHOL	Cholesterol	胆固醇
CI	Confidence Interval	置信区间
CIDR	Controlled Internal Drug Release	阴道内孕酮释放器
CK/CPK	Creatine Kinase/Creatine Phosphokinase	肌酸激酶/肌酸磷酸激酶
CL	Corpus Luteum	黄体
CLA	Conjugated Linoleic Acid	共轭亚油酸
COF	Cystic Ovarian Follicle	卵泡囊肿
COR	Cortisol	皮质醇
COX	Cyclooxygenase	环氧化酶/氧化酶
CP	Crude Protein	粗蛋白
CER	Ceruloplasmin	铜蓝蛋白
Cr/CRE/CREA	Creatinine	肌酐
CR/PR	Conception Rate/Pregnant Rate	受胎率/受孕率
CRP	C-Reactive Protein	C 反应蛋白
CT	Calcitonin	降钙素
DBIL	Direct Bilirubin	直接胆红素
DCAD	Dietary Cation-Anion Difference	日粮阴阳离子差
DD	Digital Dermatitis	蹄皮炎
DHA	Docosahexaenoic Acid	二十二碳六烯酸
DHI	Dairy Herd Improvement	奶牛生产性能测定
DM	Dry Matter	干物质
DMI	Dry Matter Intake	干物质摄入
E_1	Estrone	雌酮
E_2	Estradiol	雌二醇
EALB	Egg Albumin	卵白蛋白
eCG	equine Chorionic Gonadotropin	马绒毛膜促性腺激素
ECM	Energy Correction Milk	能量校正牛奶
EF-Tu	Elongation Factor Tu	延伸因子 Tu
EID	Electronic Identification	电子识别
ENO1	Enolase	α-烯醇化酶
EPA	Eicosapentaenoic Acid	二十碳五烯酸

英文缩写	英文全称	中文全称
Fb	Fibroin Light Chain	蚕丝蛋白轻链
FG/FIB	Fibrinogen	纤维蛋白原
FRAP	Ferric Ion Reducing Antioxidant Power	铁还原能力
FSH	Follicle-Stimulating Hormone	促卵泡激素/卵泡刺激激素
FTIR/FTIS	Fourier Transform Infrared Spectroscopy	傅里叶变换红外光谱
F_2-IP	F_2-Isoprostaglandin	F_2-异前列腺素（烷）
G6G	G6G Protocol	G6G 方案（同期发情排卵方案）
GAPDH	Glyceraldehyde-3-Phosphate Dehydrogenase	甘油醛-3-磷酸脱氢酶
GC/MS	Gas Chromatography /Mass Spectrometry	气相色谱/质谱
GGT	Gamma-Glutamyltransferase	γ-谷氨酰转移酶
GH	Growth Hormone/Somatotropin	生长激素
GLB/GLO	Globulin	球蛋白
Glu/Glc	Glucose	血糖（血中葡萄糖）
GLUT	Glucose Transporter	葡萄糖转运蛋白
Gn	Glucagon	胰高血糖素
GnRH	Gonadotropin-Releasing Hormone	促性腺激素释放激素
GPX3	Glutathione Peroxidase 3	谷胱甘肽过氧化物酶 3
GSH	Glutathione	谷胱甘肽
GSH-Px/GPX	Glutathione Peroxidase	谷胱甘肽过氧化物酶
GT	Grass Tetany	青草搐搦
HCDH	Hydroxyl Coenzyme A Dehydrogenase	羟酰辅酶 A 脱氢酶
hCG	Human Chorionic Gonadotropin	人绒毛膜促性腺激素
HDL	High Density Lipoprotein	高密度脂蛋白
HK	Hexokinase	己糖激酶
HIS	Histamine	组胺
HL	Hock Lesion	飞节损伤
HP	Haptoglobin	结合珠蛋白
HPETE	Hydrogen Peroxide Eicosapentaenoic Acid	氢过氧化二十四碳四烯酸
HSL	Hormone Sensitive Lipase	激素敏感脂肪酶
HYP/HOP	Hydroxyproline	羟脯氨酸
ITIH3	Inter-alpha-trypsin Inhibitor Heavy Chain H3	间 α-胰蛋白酶抑制剂重链 H3
IBIL	Indirect Bilirubin	间接胆红素
ICAM-1	Intercellular Adhesion Molecule 1	细胞间黏附分子 1
ICAR	Intercaruncle	子宫肉阜间

英文缩写	英文全称	中文全称
IgG	Immunoglobulin G	免疫球蛋白 G
IGF	Insulin-like Growth Factor	胰岛素样生长因子
IGFBP2	Insulin-like Growth Factor Binding Protein-2	胰岛素样生长因子结合蛋白 2
IL	Interleukin	白细胞介素
INS/Ins	Insulin	胰岛素
IPTG	Isopropyl-β-d-thiogalactoside	异丙基-β-d-硫代半乳糖苷
IR	Insulin Resistance	胰岛素抵抗
iTRAQ	Isotopic Labeling Relative and Absolute Quantification	同位素标记相对和绝对定量
JDS	Journal of Dairy Science	乳品科学杂志
KEGG	Kyoto Encyclopedia of Genes and Genomes	京都基因与基因组数据库
LAI	Liver/Hepatic Activity Index	肝活动指数
LC/MS	High Performance Liquid Chromatography /MS	高效液相色谱/质谱
LDA	Left Displaced Abomasum	真胃左方变位
LDHB	Lactate Dehydrogenase B	乳酸脱氢酶 B
LDL-C	Low Density Lipoprotein (Cholesterol)	低密度脂蛋白(胆固醇)
LEP	Leptin	瘦蛋白
LFI	Liver/Hepatic Function Index	肝功指数
LH	Luteinizing Hormone	促黄体素/促黄体生成素
LOX	Lipoxidase /Lipoxygenase	脂肪氧化酶/脂肪氧合酶
LP	Liquid Paraffin	液体石蜡
LPO	Lipid Peroxidation	脂质过氧化物
LPS	Lipopolysaccharide	脂多糖
LT	Leukotriene	白三烯
LTA4	Leukotriene A4	白三烯 A4
LysoPC	Lysophosphatidyl Choline	溶血磷脂酰胆碱
LZ	Lysozyme	溶菌酶
LX	Lipoxin	脂氧素
LXA4	Lipoxin A4	脂氧素 A4
LXB4	Lipoxin B4	脂氧素 B4
MALDI-TOF-MS	Matrix-assisted Laser Desorption Ionization Tandem Time of Flight MS	基质辅助激光解吸电离串联飞行时间质谱
MAPK	Mitogen-Activated Protein Kinase	丝裂原活化蛋白激酶
MDA	Malondialdehyde	丙二醛
Met	Methionine	蛋氨酸
MHC	Major Histocompatibility Complex	主要组织相容性复合体
MT	Metallothionein	金属硫蛋白

续表

英文缩写	英文全称	中文全称
MY	Milk Yield	泌乳量
NADPH	Nicotinamide Adenine Dinucleotide Phosphate/Coenzyme II	还原型烟酰胺腺嘌呤二核苷酸磷酸
NDF	Neutral Detergent Fiber	中性洗涤纤维
NEB	Negative Energy Balance	能量负平衡
NEFA	Non-esterified Fatty Acid	非酯化脂肪酸
NF-κB	Nuclear Factor-kappaB	核因子 kappaB
NIRS	Near Infrared Spectroscopy	近红外光谱法
NLRP3	NOD Like Receptor Protein 3	NOD 样受体蛋白 3
NO	Nitric Oxide	一氧化氮
NOS	Nitric Oxide Synthase	一氧化氮合酶
NRC	National Research Council	国家研究委员会（美国）
OPLS-DA	Orthogonal PLS-DA	正交偏最小二乘判别分析
OR	Odds Ratio	比值比
ORAC	Oxygen Radical Absorption Capacity	氧自由基吸收能力
OS	Oxidative Stress	氧化应激
OSi	Oxidation State Index	氧化状态指数
OT	Oxytocin	催产素
Ovsynch	Ovulation Synchronization	同期排卵
P/AI	Pregnancy per Artificial Insemination	妊娠/人工授精
P_4	Progesterone	孕酮/孕激素
PAMP	Pathogen-Associated Molecular Pattern	病原相关分子模式
PBMC	Peripheral Blood Mononuclear Cell	外周血单核细胞
PC	Pyruvic Carboxylase	丙酮酸羧化酶
PCA	Principal Component Analysis	主成分分析
PEB	Positive Energy Balance	能量正平衡
PEPCK	Phosphoenolpyruvate Carboxykinase	磷酸烯醇丙酮酸羧激酶
PFGE	Pulsed Field Gel Electrophoresis	脉冲场凝胶电泳
6-PFK	6-Phosphofructokinase	6-磷酸果糖激酶
PG/PGI	Prostaglandin/Prostacyclin	前列环素/前列腺素
$PGF_{2\alpha}$	Prostaglandin $F_{2\alpha}$	前列腺素 $F_{2\alpha}$
PGG	Prostaglandin G	前列腺素 G
PI	Physiological Imbalance	生理失衡
PIC	Proinflammatory Cytokine	促炎细胞因子
PIRI	Postpartum Inflammatory Response Index	分娩后炎症反应指数
PKM	Pyruvate Kinase M	丙酮酸激酶 M

英文缩写	英文全称	中文全称
PLS-DA	Partial Least Squares Discriminant Analysis	偏最小二乘判别分析
PMN	Polymorphonuclear Leukocyte	多形核白细胞
PMSG	Pregnant Mare Serum Gonadotropin	孕马血清促性腺激素
PON	Paraoxonase	对氧磷酶
PRL	Prolactin	促乳素
PRR	Pattern Recognition Receptor	模式识别受体
PSMA2	Proteasome (Prosome, Macropain) Subunit, Alpha type, 2	蛋白酶体(蛋白酶体, 巨蛋白因子)亚基, α 型, 2
PSMB	Proteasome (Prosome, Macropain) Subunit, Beta type	蛋白酶体(蛋白酶体, 巨蛋白因子)亚基, β 型
PTH	Parathyroid Hormone	甲状旁腺素
PUFA	Polyunsaturated Fatty Acid	多不饱和脂肪酸
RB	Repeat Breeding	屡配不孕
RBP	Retinol-Binding Protein	维生素 A 结合蛋白
RCT	Randomized Controlled Trial	随机对照试验
RFM/RP	Retained Fetal Membrane/Retained Placenta	胎衣不下
RNS	Reactive Nitrogen Species	活性氮自由基
ROC	Receiver Operating Characteristic Curve	接受者工作特征曲线
ROM	Reactive Oxygen Metabolite	活性氧代谢产物
ROS	Reactive Oxygen Species	活性氧自由基
RQUICKI/ISI	Insulin Sensitivity Index	胰岛素敏感性指数
RR	Risk Ratio	风险比
RT-PCR	Reverse Transcription-Polymerase Chain Reaction	反转录酶-聚合酶链反应
SA	Sialic Acid	唾液酸
SAA	Serum Amyloid A	血清淀粉样蛋白 A
SARA	Subacute Ruminal Acidosis	亚急性瘤胃酸中毒
SCC	Somatic Cell Count	体细胞计数
SCK	Subclinical Ketosis	亚临床酮病
SELDI-TOF-MS	Surface Enhanced Laser Desorption Ionization Time of Flight MS	表面增强激光解吸电离飞行时间质谱
SH	Sulfhydryl/Thiol	硫醇基
SOD	Superoxide Dismutase	超氧化物歧化酶
SORD	Sorbitol Dehydrogenase	山梨糖醇脱氢酶
SSI	Stall Standing Index	卧床站立指数
TAC/TAOC	Total Antioxidant Capacity	总抗氧化能力
TAI	Timing Artificial Insemination	定时人工授精

英文缩写	英文全称	中文全称
TBARS	Thiobarbituric Acid Reactive Substance	硫代巴比妥酸反应物
TBIL	Total Bilirubin	总胆红素
TCHOL/TC	Total Cholesterol	总胆固醇
TEAC	Trolox-Equivalent Antioxidant Capacity	当量抗氧化能力
TG	Triglyceride	甘油三酯
TLR	Toll-like Receptor	Toll 样受体
TMR	Total Mixed Ration	全混日粮
TNF-α	Tumor Necrosis Factor α	肿瘤坏死因子 α
T-NOS	Total Nitric Oxide Synthase	总一氧化氮合酶
TP	Total Protein	总蛋白
TPR	Temperature, Pulse, Respiration	体温、脉搏、呼吸数
TRAP	Total Free Radical Antioxidant Potential	总自由基抗氧化潜力
TRX1	Thioredoxin Reductase	硫氧还蛋白还原酶
T-SOD	Total Superoxide Dismutase	总超氧化物歧化酶
TTR	Transthyretin	转甲状腺素蛋白
TXA	Thromboalkane A	血栓(烷)素 A
T2D	Type II Diabetes	2 型糖尿病
T_4	Thyroxin(e)	甲状腺素（四碘甲状腺原氨酸）
UF	Uterine Flush	子宫冲洗液
VCAM-1	Vascular Cell Adhesion Molecule 1	血管细胞黏附分子 1
VFA	Volatile Fatty Acids	挥发性脂肪酸
VLDL	Very Low Density Lipoprotein	极低密度脂蛋白
WSC	Water Soluble Carbohydrate	水溶性碳水化合物
1,25-$(OH)_2$D3	1,25- dihydroxyvitamin D3	1,25-二羟维生素 D3
2DE	Two-Dimensional Gel Electrophoresis	双向凝胶电泳技术
5DO	5 Day Ovsynch	5 天同期排卵

目　　录

第1章 奶牛主要生产性疾病的概况

1.1 奶牛围产期和泌乳早期的营养生理学

在发达国家，奶牛泌乳周期被划分为 6 个阶段，其中围产期和泌乳早期是最重要的。此阶段奶牛经历了巨大的生理、内分泌、代谢和应激等变化，如妊娠、分娩、泌乳、发情配种、日粮更换、环境改变等，是泌乳、繁殖最关键和生产性疾病最多发的时期，至今仍有许多不明之处有待解决。

奶牛围产期和泌乳早期所面临的巨大挑战：营养需要、内分泌、代谢和生殖等都发生了巨大的变化，为满足泌乳和繁殖对碳水化合物、脂肪酸、氨基酸、矿物质与维生素的需要，通过体脂动员、肝糖异生、骨动员及神经内分泌等生理适应性调节作用，来满足机体对营养的需求，维持内分泌、代谢和生殖的健康，保证机体正常泌乳和繁殖的生理功能。

奶牛围产期和泌乳早期的生理特征：能量负平衡（NEB）、低钙血症、维生素或微量元素的不足等代谢紊乱与内分泌失调及繁殖力降低。究其原因是妊娠后期采食量或干物质摄入（DMI）减少，能量摄入少和钙动员能力下降，而产后泌乳使机体能量需求增加的同时，钙和微量营养素也大量丧失，泌乳高峰先于 DMI 高峰，奶牛产后极易发生能量和钙的负平衡、微量营养素的缺乏，常促发机体发生脂肪动员、氧化应激（OS）和免疫抑制（Immunosuppression），从而导致代谢病、繁殖障碍疾病和感染性疾病的高发。

目前，随着现代集约化养牛模式的大力发展，奶牛单产大幅提高，而生产性疾病发病率却居高不下。酮病发病率，日本和中国高达 40% 以上；脂肪肝发病率，美国和中国高达 30% 以上。生产瘫痪发病率，美国 8%，中国 10%～20%，但亚临床病例高达 70% 以上。据报道，每头患酮病的奶牛直接经济损失费达到 312 美元。每头患生产瘫痪的奶牛直接经济损失费达到 334 美元。由于它们常诱发难产、胎衣不下、子宫炎、皱胃变位、乳房炎、蹄叶炎和卵巢疾病及跛行等其他疾病或健康问题，给奶牛业造成严重的经济损失，故生产性疾病被各国列为最重要的奶牛群发普通病而备受重视。

1.1.1 奶牛主要代谢状况

1.1.1.1 能量代谢与矿物质代谢

奶牛围产期和泌乳早期主要包括能量代谢和矿物质代谢。其中，能量代谢涉及碳水化合物、脂肪、蛋白质及神经内分泌因子调节；矿物质代谢涉及钙、磷的生物学功能，日粮阴阳离子平衡和钙、磷的代谢调节（营养生理、内分泌和基因的调控）。这些内容在《奶牛酮病与脂肪肝综合征》与《奶牛主要代谢病》书中已有详细的介绍（夏成等，2013，2015），本书重点论述两个时期奶牛经历的氧化应激与免疫抑制。值得注意的是，氧化应激与免疫抑制不仅与奶牛能量代谢紊乱和矿物质代谢紊乱有关，而且还与微量元素和维生素的缺乏有着密切的关系。

近20年来，围产期和泌乳早期发生的氧化应激和免疫抑制成为高产奶牛面临的一大健康问题。奶牛围产期和泌乳早期 DMI 减少会导致营养摄入减少，同时因初乳合成和分娩等使奶牛对营养需要量增加。在此时期，母牛通常处于严重的NEB、某些矿物质和维生素的不足，加上围产期高水平的孕酮（P_4）、雌二醇（E_2）和糖皮质激素的免疫抑制作用，使得母牛免疫功能被严重地抑制，同时先天的特异性免疫功能损害是奶牛易发乳房炎、子宫内膜炎等感染疾病的一个重要因素。并且，围产前期日粮中硒或维生素 E 缺乏或不足会使奶牛产后乳房炎和胎衣不下的发病率升高，这与中性粒细胞功能的损害有关。另外，抗氧化能力低或氧化应激会使免疫功能下降，增加乳房炎和胎衣不下发生的风险。尽管氧化应激和免疫抑制对奶牛健康的重要性已受到重视，但是如何给围产期和泌乳早期母牛提供更适宜的营养，评估能量、矿物质和维生素等营养的需要量及其标准，评定奶牛抗氧化能力和免疫功能及营养或其他替代物的效果，仍需要更多的科学研究来解决。因此，应用最新生物技术研究奶牛围产期和泌乳早期的营养失衡、代谢紊乱、繁殖障碍等问题将是极具前景的，在未来会产生高效的预防策略。

1.1.1.2 氧化应激与免疫抑制

1）氧化应激

氧化应激是动物体内抗氧化能力降低使得自由基产生和清除失衡，因自由基积聚过多而引发的。体内自由基主要包括活性氧自由基（ROS）如羟自由基、过氧化氢、超氧阴离子等，活性氮自由基（RNS）如一氧化氮、二氧化氮、过氧化亚硝酸盐等，以及脂质自由基和脂质过氧化物（LPO）如丙二醛（MDA）、脂氧自由基、脂过氧自由基、脂肪自由基等。这些过多的自由基会损伤机体核酸、蛋白质、脂质等有机大分子物质，导致生理功能紊乱、组织损伤，以及疾病发生（薛俊欣和张克春，2011）。

　　奶牛围产期和泌乳早期经历妊娠、分娩和泌乳及发情配种对能量的需求和耗氧量增大，脂类代谢增加使机体活性氧生成增多，引起氧化应激。由于活性氧生成过多与抗氧化能力之间失衡，机体免疫功能和炎症应答能力会下降，造成免疫抑制。并且，奶牛围产期和泌乳早期易发生产性疾病，如胎衣不下、酮病、脂肪肝、乳房炎、子宫内膜炎、蹄叶炎和乏情等，与氧化应激和免疫抑制有关。因此，在奶牛生产中除了改善日粮和加强体况管理之外，最主要的措施是应用抗氧化剂，如维生素（维生素 E、维生素 A、维生素 C 等）、微量元素（Se、Cu、Zn 等）和天然植物提取物（黄酮类化合物、葛根素和茶多酚等）等（李泳欣等，2018）。因此，应用常规的抗氧化物质和研发新型的抗氧化物对提高奶牛抗氧化能力和保持机体健康具有重要的现实意义。

2）免疫抑制

　　围产期和泌乳早期奶牛感染性疾病增多，部分归因于免疫功能减弱，即免疫抑制。这两个阶段奶牛免疫功能下降是多种免疫细胞功能的改变所致，尽管免疫抑制病因学至今尚未完全清楚，但与内分泌和代谢的联合作用有关。除了糖皮质激素、E_2、P_4 的影响外，NEB、低钙血症、微量元素缺乏和维生素缺乏是影响免疫抑制的主要因素（赵莉媛，2017）。

　　由于奶牛在分娩和泌乳开始时代谢应激增高，泌乳对能量需求急剧增加，然而能量摄入减少，不仅会发生 NEB，还会伴发低钙血症、微量元素缺乏和维生素缺乏。众所周知，这些代谢病会减弱机体抗氧化能力，增加 OS，使机体免疫功能下降，对病原易感性增高，易发感染性疾病，如乳房炎和子宫内膜炎等（王建等，2014）。由此可见，引发围产期和泌乳早期奶牛免疫抑制的因素众多。从营养、内分泌和代谢的角度来看，激素、NEB、脂肪酸、酮体、矿物质、微量营养素在奶牛围产期和泌乳早期的免疫抑制中起着重要的作用。因此，减少机体氧化应激，保证动物正常免疫功能，是奶牛围产期和泌乳早期免疫抑制的解决策略，还是维护奶牛健康的重要环节。

3）氧化应激、免疫抑制与炎症的关系

（1）产犊前的相互作用

　　在泌乳奶牛中大约 75% 的疾病常发于产后第一个月，产后最初 10 天内疾病（如乳房炎、酮病、消化系统紊乱和跛足等）发生率最高。大多数是由于母牛从妊娠和干乳期进入泌乳后的变化和需求的适应不良所致，故被称为"过渡期奶牛"疾病。此期动物内分泌状态发生明显变化，当干乳期和泌乳期营养需求增加时，采食反而减少，会出现代谢紊乱、OS 和免疫失调。当氧化还原失衡导致细胞损伤和/或功能障碍时，机体就会发生 OS，此时 OS 是联系奶牛代谢和免疫系统之间的纽带。

代谢应激是生理稳态破坏后高的分解代谢反应，其特征是过度脂质动员、OS、免疫和炎症的功能障碍（图 1-1）。这三者有内在的联系，相互影响，与围产期奶牛代谢病和传染病风险增加有关。

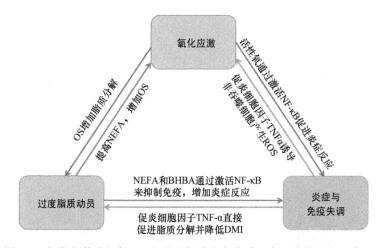

图 1-1 代谢应激过程中三元组分之间的内在关系（彩图请扫封底二维码）
NEFA. 非酯化脂肪酸；OS. 氧化应激；ROS. 活性氧；NF-κB. 核因子 kappa-B；
BHBA. β-羟丁酸；TNF-α. 肿瘤坏死因子 α；DMI. 干物质摄入

目前，围产期是奶牛生产中最具挑战的时期。在分娩后，奶牛 DMI 少，而能量、矿物质、微量营养素等需求增加。此时，大多数奶牛会经历 NEB，使得体脂动员增强以满足泌乳对能量的需求，这增加了 ROS/RNS 的生成，加上因饲料摄入抗氧化物也减少，会引起氧化还原平衡转向促氧化作用。

在正常生理活动时，奶牛体内有足够的抗氧化物可以抵消产生的 ROS 或 RNS。ROS 或 RNS 还发挥关键的生理功能，如基因激活、细胞生长和凋亡，或前列腺素的生物合成等。实际上，ROS 或 RNS 的生理功能与它们所造成的损害之间的平衡取决于 ROS 或 RNS 形成和去除的速率。当 ROS 或 RNS 的生成与机体抗氧化能力不平衡时，会导致氧化状态。当随后出现细胞或组织的损伤或功能障碍时，导致氧化应激。在围产期，奶牛体内抗氧化酶如超氧化物歧化酶（SOD）、谷胱甘肽过氧化物酶（GSH-Px），是保护细胞免受 ROS 损伤的主要抗氧化防御酶体系。SOD 催化超氧化物自由基分解为过氧化氢，随后通过 GSH-Px 被还原成水。由于奶牛抗氧化能力较低，在产犊当天较高的 SOD 活性与较高的 OS 相关。GSH-Px 活性依赖于体内硒的含量。除了作为抗氧化剂，硒还是维持其他相关生物功能，如免疫功能、甲状腺激素代谢和繁殖所必需的。

初乳产生和泌乳对奶牛代谢需求远远超过胎儿的需求。泌乳期代谢适应在妊娠晚期开始，特别是在临近干乳结束时。一般来说，干乳期是泌乳周期之间的关键时期，奶牛乳腺会进行重塑和再生，为随后的泌乳做准备。在此期间，高产奶牛会受到应激的影响，如突然停乳、乳腺不适和生理失衡，如激素失调和营养利用、OS 和炎症的变化。这些变化对围产期和泌乳早期奶牛的免疫功能、生产力和健康有重要的影响。然而，这些适应性变化在个体奶牛之间差异很大。高产奶牛估算的采食量，有时误差会超过 50%。另外，在产犊时体况评分（BCS）高的奶牛易发生 OS。产犊前后 BCS 变化程度也是 OS 发生的决定因素。BCS 损失较大的奶牛有更高浓度的 NEFA 和 OS。

BCS 损失与脂肪和蛋白质分解有关，以便从脂类和氨基酸中产生能量。脂质过氧化是自由基链反应，是 OS 的一个重要的结果。脂质过氧化是其形成的脂质氢过氧化物和次级产物有高反应性，可与许多生物成分，如蛋白质、氨基酸或DNA 相互作用。线粒体 DNA 不受蛋白质（如组蛋白）的保护，因此比核内 DNA更容易受到 OS 的损害。受损的线粒体 DNA 可导致线粒体 RNA 转录的下降，并导致线粒体生物发生功能障碍，以及 NOD 样受体蛋白 3（NLRP3）炎症小体活性失调而导致的炎症失控。另外，细胞/细胞膜的脂肪酸非常容易氧化，产生作用于相邻细胞脂质的脂质自由基，产生导致细胞损伤和凋亡的正反馈循环。因此，过度的脂肪动员导致血清 NEFA 浓度升高会增强 OS。然而，ROS 导致组织损伤和疾病易感性增加的水平仍然未知。脂肪组织过度动员是围产期奶牛处于代谢应激状态的标志，这种状态会破坏生理稳态，与动物所经历的 OS 程度有关（Abuelo et al.，2013，2019）。

围产期奶牛经历免疫失调增加了对传染病和代谢病的易感性。尽管围产期内分泌和代谢因素会导致免疫失调，但泌乳启动可能是主要因素。另外，由于葡萄糖（Glu）是免疫细胞的主要代谢燃料，对正常代谢功能和免疫是至关重要的。过度的脂肪动员和低血糖导致 NEFA 和 BHBA 浓度升高是引起免疫失调的重要因素。低浓度 Glu 与多形核中性粒细胞产生的致病性较弱的氧化爆发有关，且常伴有低浓度的谷胱甘肽（GSH），会损害宿主防御能力。因此，在干乳期，严格控制营养，稳定血糖浓度尤其重要，要防止母牛血糖降低。事实上，炎症有助于促进分娩，也可能在泌乳期稳态适应中发挥作用。然而，过度和失调的炎症会使奶牛易患代谢病和传染病。围产期过度的脂质过氧化和 OS 会导致过度和失调的炎症反应。在人，这与 NLRP3 炎性小体激活引起的无菌性炎症有关。然而，在牛中尚不清楚。

围产期炎症反应特点是：急性期阳性蛋白（如结合珠蛋白和血清淀粉样蛋白 A）的产生增加，同时急性期阴性蛋白（如白蛋白）的产生减少。在肝脏，触发炎症反应的因素是促炎细胞因子，如白细胞介素（IL）-6、IL-1 和肿瘤坏死因子 α（TNF-α）。

在脂肪分解率较高的奶牛脂肪组织中炎症和急性期阳性蛋白浓度增加。在此期间导致免疫失调的代谢因素包括过度脂质氧化和低血糖的产物，增加疾病易感性。然而，在干乳期 BCS 过高的奶牛体内 NEFA 和 BHBA 的浓度更高，而同时在脂肪组织中 NEFA 升高的原因尚未完全阐明。另外，产前 BCS 过高的奶牛和血液 BHBA 浓度高的奶牛之间，血中 NEFA 浓度的差异可能反映了产后较重的 NEB 及脂肪动员增加，而不是由于脂肪组织胰岛素信号的变化。此外，日粮中蛋白质含量高，RNS也升高，导致蛋白质氧化的物质包括还原性过渡金属如 Fe^{2+} 或 Cu^{2+}、活化的中性粒细胞，以及脂质和 NEFA 氧化的产物等增多。日粮浓缩料含量增加和日粮中性洗涤纤维（NDF）含量减少与瘤胃内毒素的增加有关，这刺激了促炎细胞因子、ROS和生物活性脂质的产生（Ingvartsen and Moyes，2015）。

总之，如果奶牛在生理上无法适应与产前胎儿生长、分娩和乳生成相关的营养需求的显著增加，就会产生代谢应激。这种状态的内在联系导致免疫失调和代谢紊乱，这与围产期代谢病和传染病风险增加有关。OS 对干乳期奶牛健康的影响是一个比较新的研究领域，目前正在研究瘤胃活性与 OS 之间的关系。临产时代谢紊乱和免疫防御机制受损会严重影响奶牛的健康、生产性能和寿命。

（2）泌乳初期的相互作用

迄今为止，最佳的干乳期天数和管理策略是尽量减少高产奶牛的代谢紊乱。缩短或省略干乳期可以改善产后能量平衡，因为产奶量减少或产后 DMI 增加会降低泌乳早期酮病的风险。然而，对于省略干乳期对奶牛氧化状态的影响仍存在一些争议。没有干乳期的奶牛比常规的 60d 干乳期的奶牛表现出更强的氧化还原平衡，而干乳期是通过测定活性氧代谢物和对氧磷酶来评估氧化状态。与传统的55～60d 的干乳期相比，省略干乳期可以改善能量平衡，但是产后疾病的发生率没有差异。

另外，Jolicoeur 等（2014）研究表明在产犊前减少日粮变化的次数可以促进瘤胃适应泌乳期日粮，并改善产后能量平衡。实际上，当奶牛从干乳状态过渡到泌乳状态时发生的日粮变化（尤其精料或浓缩料增加）不当时，奶牛瘤胃健康紊乱的风险增加，其中亚急性瘤胃酸中毒（SARA）最为常见，常发于泌乳早期。然而，当日粮突发变化和奶牛出现 SARA 时，会加剧 NEB，因为它会减少日粮摄入，促发炎症状态。围产期乳酸异构体（瘤胃活性生物标志物）的浓度与奶牛氧化状态有关。然而，L-乳酸的抗氧化剂和 D-乳酸的抗氧化剂的作用是不同的。

除了对泌乳开始时代谢适应，还存在着高浓度的 ROS。如果有足够的抗氧化剂可以有效地处理 ROS，这些 ROS 仅维持较短时间。因此，总氧化剂与抗氧化剂的比值可以更准确地反映动物的氧化还原状态。以前关于围产期氧化还原状况的相互矛盾的调查结果可能是分别表达氧化剂和抗氧化剂的结果。因此，Celi（2011）提出使用抗氧化剂前后的比例来监测奶牛氧化还原平衡的变化。Abuelo 等（2013）使用氧化状态指数（OSi）研究了奶牛在整个围产期的氧化还原状态，发现 OSi 比单独评估氧化剂和抗氧化剂更准确地量化氧化还原平衡的变化，因为它整合了氧化还原平衡的两种成分。然而，ROS 也会由炎症产生，在许多炎症过程中起着重要的作用，如免疫调节因子的产生及细胞内杀伤机制和脂质介质的产生。并且，ROS 还能通过激活核因子-κB（NF-κB）来增加炎症。

此外，围产期奶牛抗氧化能力降低还涉及其他因素。首先，增加的 ROS 可能导致抗氧化机制的耗竭，也可能导致氧化诱导的抗氧化酶系统失活。其次，参与抗氧化防御系统的维生素和矿物质的减少部分归因于初乳生成。另外，肝功能降低也可能导致抗氧化能力下降，因为肝脏负责产生抗氧化系统中涉及的物质。在给予 α 干扰素后，围产期奶牛炎症和代谢指标均出现恶化。此外，在泌乳早期，当脂质动员增加时，脂肪肝的风险增加。在诱导的泌乳早期酮病奶牛中 IL-6 mRNA 丰度增加，表明 IL-6 在围产期奶牛肝功能障碍中起关键作用。因此，免疫失调、疾病发生、炎症和代谢应激之间存在明显的关联性。在泌乳早期，奶牛更容易受到代谢病和传染病的影响，可能与许多会破坏奶牛的免疫防御能力的因素如遗传、生理和环境有关。

1.1.2　奶牛主要繁殖性能状况

奶牛繁殖性能的强弱直接关系到奶牛业的发展，近些年来奶牛的繁殖疾病（繁殖障碍）已成为阻碍全球奶牛业繁荣发展的第二常见疾病。奶牛繁殖疾病延长了奶牛的空怀期、提高了奶牛的淘汰率、加大了奶牛养殖的费用，严重制约了奶牛的生产性能。如何防控奶牛繁殖疾病进而提高奶牛的繁殖性能业已成为一个亟待解决的课题，国内外的研究普遍认为围产期和泌乳早期的能量和营养的供给平衡是提高奶牛繁殖性能的关键阶段。

1.1.2.1　能量与奶牛卵巢机能

奶牛在其围产期和泌乳早期存在一个相当重要的生理学变化，即奶牛的内分泌功能产生了显著的变化，而内分泌的剧烈变化直接影响着奶牛卵巢机能的恢复。奶牛在妊娠后期进入泌乳早期这一阶段，其 E_2 的浓度是先升后降，P_4 下降后维持低水平，同时其血浆中 Glu 和胰岛素（INS）的水平是下降的，但肾上腺素和糖皮质激素在分娩前开始迅速增多，分娩后下降。这些内分泌的剧烈变化导致了奶牛处于最低免疫力状态和慢性应激状态，增加了奶牛炎症的易感性和应激疾病的发生概率，进而诱发卵巢机能复旧延迟。众所周知，泌乳初期各种炎症如乳房炎、子宫内膜炎等均可影响奶牛的卵巢机能进而影响其繁殖效率。

在围产前期，奶牛的生殖激素分泌的水平和繁殖性能的优劣受到低能或高能饲养的影响。在围产前期，通过对奶牛的低能饲养能够增加其产后 DMI 和提高其泌乳量等生产性能，但在产后奶牛的血浆中 E_2 水平恢复缓慢，延长了奶牛产后乏情期；反之，围产前期高能饲养可造成奶牛过度肥胖甚至诱发脂肪肝，从而引起卵巢机能异常。因此，为实现奶牛每年产一犊的理想繁殖效率，奶牛产后尽快恢复卵巢周期是至关重要的。产后卵泡的生长和排卵依赖于正常模式的促卵泡素（FSH）分泌的重建，泌乳后促黄体素的分泌量较低，促黄体素的脉冲频率和幅度的逐渐增加导致产后第一次排卵。泌乳延迟了排卵所必需的促黄体素（LH）分泌的恢复，且并不影响外源性促性腺激素释放激素（GnRH）对 LH 的反应，说明泌乳诱导的 LH 抑制作用是受大脑调控的。许多研究着眼于营养和 BCS 与奶牛产后繁殖的关系，提示了营养的重要性及分娩时 BCS 可能是影响产后排卵恢复的最重要因素（Kawashima et al.，2012）。然而，围产期和泌乳早期的能量供给与卵巢机能恢复的关系尚有许多机制需要深入研究。

1.1.2.2　能量与胚胎发育

现代奶牛在泌乳早期经历一段时间的营养短缺，这是动员机体储备以支持产奶量所造成的。虽然研究发现它们之间的确切关系并不总是一致的，但奶牛的生育力可能会受到产犊前 BCS 与随后的身体组织动员的速度和程度及达到体重最低点的时间的影响。决定 BCS 最重要的因素是 DMI，这些变量均受到围产期奶牛的饮食和泌乳曲线形状的影响。一些奶牛很快达到了与 BCS 快速损失相关的泌乳高峰，而其他奶牛通过更大的产奶量来实现 305d 的高泌乳量。一些研究表明：对于泌乳初期发情周期正常的奶牛，受精率通常超过 90%，但许多奶牛随后发生不孕，其中大约 40% 是由于胚胎早期死亡造成的，而在高产奶牛中可达到 56%，且大多数是在人工授精后 8～16d 发生，但有许多胚胎在人工授精后的第 7 天就已经出现发育异常。胚胎早期死亡的几个潜在原因已基本上得到了共识：首先，卵母细胞的质量可能在一段时间内受到极端 NEB 的影响，这可能是由于 NEFA 的过度积累，或是饮食中高蛋白质饲喂引起的氨和/或尿素氮（BUN）的毒性作用造成；其次，多种因素改变了子宫微环境进而影响了奶牛的妊娠能力，众所周知：E_2 和 P_4 是血管环境的关键调节因子，因此影响卵泡和黄体发育的任何生理事件及其在适当时间分泌足够生殖激素的能力也会影响胚胎的发育，如前所述围产期和泌乳初期的能量代谢及疾病影响了生殖激素的产生和分泌；此外，还有胚胎死亡发生在妊娠的第二个月即人工授精后的 30～60d 的，其发生频率为 7%～20%，且在产量较高的奶牛中更为常见，这多与疾病发生有关。许多感染因素与奶牛的胚胎死亡和流产有关，如牛病毒性腹泻病毒和新孢子虫，它们在许多奶牛种群中广泛存在。胚胎死亡的另外一个潜在原因与乳房炎有关。因此，围产期和泌乳早期维持奶牛能量平衡对于提高奶牛的繁殖效率至关重要（Diskin et al.，2016）。

1.1.2.3　能量过剩与繁殖性能

能量过剩也是导致奶牛繁殖性能下降的重要因素。在奶牛泌乳后期，尤其是在干乳期，饲喂过度或高能饲养，可造成奶牛肥胖综合征的发生，诱发奶牛在分娩后发生繁殖障碍，诸如胎衣不下、子宫内膜炎、子宫复旧不良、卵巢囊肿等繁殖疾病，导致首配时间延后、受胎率减少、空怀期延长、利用年限缩短及淘汰率增高的不良结果，进而给奶牛业造成惨重的经济损失。另外，如果妊娠期间奶牛过度肥胖（BCS＞4）不仅对母体不利，而且对子代的发育也会产生不利的影响，因为它会增加对葡萄糖的供应，血浆甘油三酯（TG）的增加会使脂肪酸向胎儿的转移也相对地增加，从而导致犊牛出生体重过高和葡萄糖不耐受的风险增加，与此同时，对后代的繁殖力也产生负面影响。最近，有学者提出初步证据表明，在妊娠头三个月期间，将妊娠母牛的能量减少60%可导致在250日龄青年母牛的高质量卵泡（$\phi \geqslant 3\text{mm}$）数量减少30%，据此可以推测妊娠时能量限制对子代未来的生殖能力造成负面影响。然而，在奶牛中，几乎没有关于母体代谢状态对后代繁殖性能的潜在影响的信息，这需要去探究并进一步解析其潜在的生理基础（Grummer et al.，2010）。

1.1.2.4　乳产量与繁殖性能

近几十年来，由于管理、营养和遗传选择的改善，每头奶牛的泌乳量急剧增加。在美国，近十年来荷斯坦奶牛的产奶量增加了约20%；在日本，荷斯坦奶牛的产奶量增加了27%。然而，随着产奶量的增加，奶牛的繁殖效率下降，如产犊间隔延长、每次受孕率降低。在日本，奶牛的空怀期从116d延长到目前的147d；在美国，奶牛的首次受孕率从大约65%下降到目前的40%左右。现代高产奶牛的繁殖效率下降不仅仅发生在日本和美国，在英国、澳大利亚及爱尔兰等国均已报道了奶牛首次受孕率下降、空怀期延长等现象，在我国亦是如此。据此可以看出，与几十年前相比，现代高产奶牛的繁殖性能确实较低。造成这种低繁殖性能的因素之一是能量负平衡（NEB）。尽管营养管理对泌乳量高的奶牛繁殖效率有所改善，但现代泌乳量高的奶牛在泌乳早期都会经历一段严重的 NEB 期。由于产奶量的能量输出超过饲料消耗的能量摄入，产后奶牛必须在 NEB 下恢复正常的卵巢周期，以优化产后繁殖力。在最近的研究中证实了高产奶牛产后首次排卵间隔具有显著变长的趋势。进一步研究发现 NEB 影响产后早期奶牛首次排卵的发生，而奶牛产后首次排卵与卵巢功能的正常恢复、首次人工授精时间和受胎率又呈正相关。因此，奶牛的首次排卵延迟对其随后的繁殖力具有负面影响。这可能是由于 NEB 奶牛的代谢状况转向分解代谢,进而引起血浆生长激素(GH)和 NEFA 浓度升高,血浆胰岛素样生长因子-1(IGF-1)、INS 和 Glu 浓度降低,同时血浆 β-胡萝卜素浓度在整个干乳期下降,并在产后约第 1 周达到最低点,然而在奶牛的繁殖性能中 β-胡萝卜素具有独立发挥维生素 A 的功能,在过去几十年的许多研究中已经证明了补充 β-胡萝卜素与生殖功能有着正相关关系,目前高产奶牛的主要饲料是青贮玉米,而青贮玉米饲料中的 β-胡萝卜素含量非常低,或许这也是一个方面的原因,这些变化反映了围产期的能量平衡。一般情况下,卵巢功能恢复越早的奶牛繁殖力越高。目前研究观察到排卵奶牛产后 3 周卵巢功能的恢复和随后的繁殖性能优于无排卵奶牛,即这种排卵可以作为奶牛正常卵巢功能和随后繁殖性能恢复的早期指标。但调控产后首次排卵的机制尚未完全阐明。此外,也有人认为高产奶牛繁殖性能降低是 NEB 与增加牛奶产量的遗传选择共同作用的结果,而简单地通过减少 NEB 的营养干预不会大大提高高产奶牛的繁殖性能,应将二者结合起来,制订一个良好的育种和营养计划来实现奶牛繁殖性能和高产遗传收益的双增加(Berry et al., 2016)。

1.1.3 奶牛营养与蹄部健康

评估碳水化合物、蛋白质和脂肪及其他营养在跛行风险中的相互作用,特别是与高精饲料饲喂有关的跛行至关重要,因为对营养因素进行干预可以降低奶牛跛行风险。表 1-1 和表 1-2 是营养和日粮组成对跛行发生的影响,通过它们可以评估营养对跛行的影响。

表 1-1　主要营养素对跛行发生风险的影响

营养素	作用方式	主要症状	风险强度 [a]
碳水化合物(淀粉)	与高谷物含量有关的跛行的风险增加	跛行	中等到高
碳水化合物(糖)	与高果糖摄入有关的跛行的风险增加	跛行	高
碳水化合物(纤维)	较低的 NDF 可降低跛行的风险	跛行	中等到高
脂肪	与低 BCS 相关的蹄部缓冲垫耗尽	蹄底溃疡及白线病	中等到高
蛋白质	与高蛋白有关的跛行的风险增加	跛行	中等

a. 无分析、随机对照分析队列和观察分析

表 1-2　不同日粮成分对跛行发生风险的影响

成分	作用方式	主要症状	风险强度 [a]
常量元素			
钙	缺乏 长期过多	骨质疏松症 脊椎周围骨坏死和骨赘形成	中等 中等

续表

成分	作用方式	主要症状	风险强度 [a]
磷	缺乏	骨软化和病理性骨折	中等偏高
硒	缺乏（常与维生素 E 缺乏相结合）	白肌病	高
	毒性作用	硒中毒（"碱病"）	中等偏高
硫化铁	缺乏	蹄部质量下降	低到中等
微量元素			
铜	缺乏	病理性骨折；骨发育不全； 蹄部健康	中等 低
锌	缺乏	白线病 蹄部健康	低 低
锰	缺乏	软骨营养不良 蹄部健康	中等 低
氟	毒性作用	氟中毒	高
维生素			
维生素 D	缺乏	佝偻病	高
维生素 A	毒性作用	幼牛腿部疾病；骨骺闭合，脊柱融合	低
维生素 E	缺乏	白肌病	中等偏高
生物素	缺乏	蹄部健康	高

a. 无分析、随机对照分析队列和观察分析

1.1.3.1 营养与蹄部角质健康和跛行的关系

蹄部健康是根据蹄的特性、形状，以及生理解剖内部结构进行定义的。然而，对于蹄的形状是诱发蹄部病变因素还是蹄部发生病变后导致蹄的形状发生改变还存在争议。反过来，蹄部的健康状况在很大程度上取决于蹄部角质的抵抗力。决定蹄部抵抗力的物理和生化因素还未完全明确。

角蛋白是一种不溶于水的蛋白质，由分化细胞（角质形成细胞）和膜化材料角质化作用所产生。表皮最内层或基底层细胞产生丝状角蛋白和丝状相关蛋白，后者的特点是其半胱氨酸含量很高。这些蛋白质富含含硫氨基酸，如半胱氨酸，它们的含量高低决定了角化程度和结构稳定性。表皮棘层产生的膜包被物或细胞间胶结物由糖蛋白和复合脂类组成。糖蛋白机械地连接蹄角质细胞，而脂类有助于渗透屏障，这是维持蹄部角质适当水合所必需的。脂质是细胞间黏附物质的重要组成部分。细胞间胶结物质中的脂质对保持蹄部角质的结构完整性和生物功能至关重要。

蹄部角质是不断产生和消耗的。舍饲的牛长期生活在蹄部角质易磨损的环境如混凝土，而放牧牛群往返于牧场之间，路途遥远，这些情况下均可增加蹄部角质的磨损率，影响动物的生产性能。影响角质生成和消耗的因素包括饲养环

境、季节、胎次、年龄和营养。产犊会导致蹄部角质出现明显的变化（Lean et al.，2013）。

1.1.3.2 瘤胃酸中毒与蹄叶炎的关系

1）瘤胃酸中毒

众所周知，瘤胃酸中毒与蹄叶炎之间有着密切的关系。瘤胃 pH 值通常用于诊断瘤胃酸中毒，但是酸中毒严重程度的阈值的不一致，造成了定义的混乱。对于部分瘘管牛基于酸中毒 pH 值曲线下面积的研究和定义是合理的，但阈值与产奶量、肉牛体重或跛行无关。大量的研究发现，低瘤胃 pH 值与瘤胃环境之间的关联性，瘤胃 pH 值较低时总挥发性脂肪酸（VFA）增加，丙酸酯和戊酸酯含量显著增加，而氨含量较低。因为瘤胃内容物 pH 值不均匀，所以 pH 值不能准确预测酸中毒。

瘤胃对酸中毒很重要，但肠代谢在酸中毒和蹄叶炎中也起重要作用。将果糖注入小肠，会导致牛出现水样粪便，粪便 pH 值降低和 VFA 浓度增加，不会引起炎症反应。皱胃灌注 4kg/d 淀粉也会引起明显的酸中毒，包括粪便 pH 值降低和水样粪便。但是，应该注意的是，果聚糖在瘤胃中代谢迅速，肠中碳水化合物的微生物发酵仅占消化道总碳水化合物消化的 5%～10%，而且很少有大量的淀粉进入小肠。肠道上皮的完整性对于酸中毒和蹄叶炎的发病机制很重要，因为肠道有病变会增加消化道内产生的毒素。

2）蹄叶炎

蹄叶炎是非传染性的蹄真皮炎症，通常不会只出现在单个蹄上。继发症状包括角质受损，弥漫性软化和变色，蹄底、蹄壁和蹄后底壁出血（亚临床蹄叶炎），引发白线病（出血、分离），发生慢性蹄叶炎时，整个蹄部会出现变形。急性蹄叶炎是一种真皮无菌性炎症，表现为趾静脉充血、下肢动静脉吻合扩张，是一种全身性疾病。急性蹄叶炎发展迅速，但临床上相对罕见。蹄叶炎发生后可以在蹄部观察到这些症状。亚急性蹄叶炎是一种较轻的急性蹄叶炎，其特点是身体僵硬和体重变化。亚临床蹄叶炎不会立即产生临床症状，并且不会发生姿势或运动异常。它是一种慢性病，通过后遗症来进行鉴别诊断：蹄部角质质量较差（柔软，呈现微黄色蜡样质地），蹄部负重面出血，尤其是白线部。慢性蹄叶炎是指在蹄部的背缘可见脊状突起，没有全身症状，是经过长时间发展而成的。连续发作的蹄叶炎最终会导致蹄部特殊变形，如"拖鞋足"，即蹄部呈现细长、扁平，有宽而深的嵴（波纹状），末端为正方形，外观相当粗糙。患病动物通常行走困难。

简单地说，酸中毒和蹄叶炎可以独立存在。许多研究已经确定了潜在的血管活性物质，包括组胺、酪胺、乳酸、血清素和内毒素，这些物质产生于胃肠道和全身性疾病中，包括瘤胃酸中毒、乳房炎和子宫炎。

1.1.3.3　特定营养素对蹄部角质和蹄叶炎的影响

最重要的日粮成分是碳水化合物、蛋白质和脂质，这些因素与跛行关系如下所述。

1）碳水化合物

酸中毒患病率较高的奶牛群 NFC 摄入量较高，跛行患病率也高于其他牛群。浓缩料摄入增加和纤维含量降低与跛行和酸中毒有关，在浓缩料含量较高的日粮中会产生组胺和内毒素。

（1）淀粉：谷物中含有可变性的淀粉，其发酵能力与瘤胃反应明显不同。以青贮饲料为基础，评价每天 7kg 或 11kg 精饲料对奶牛跛行的影响。观察到高精料日粮奶牛每周的跛行次数是低精料日粮的 3.66 倍，跛行的严重程度和持续时间明显大于低精料日粮的奶牛。高发病的诱因是高精料、高代谢能摄入或高粗蛋白摄入。饲草比越大，日代谢能摄入量或日粗蛋白摄入量越多。碳水化合物的特定反应也会导致更大的跛行风险。

（2）水溶性碳水化合物（WSC）：果聚糖和单糖构成了植物的 WSC。果聚糖、β-D-果糖聚合物和末端葡萄糖单体，是 36 000 多种植物营养组织中合成碳水化合物的重要储备，可占温带禾草总干物质含量的 50% 以上。低聚果糖用于诱发马和牛的跛行和蹄叶炎的剂量，为 0.75%～1.70%。低聚果糖很容易被瘤胃细菌消化和代谢。

（3）纤维：在降低蹄叶炎或其他形式的跛行方面的报道较少，未来的饮食结构建议在保持最佳生产性能的前提下降低跛行的风险，包括特定的淀粉、糖、青贮酸和最佳的纤维含量。

2）蛋白质和氨基酸

高浓度的快速降解蛋白质会改变酸中毒和蹄叶炎发生的风险。高水平的瘤胃氨气可能会"缓冲"瘤胃 pH 值的变化。氨与氢离子的快速结合会从胃液中除去氢，并可能中和 10%～15% 的 VFA。此外，微生物的生长为氢的生成提供了重要的支持。如果肽和氨受到限制，微生物的生长将受到限制。日粮蛋白营养降低酸中毒风险的能力，还需要进一步的研究。

据报道，饲喂高降解蛋白饲料与牛蹄叶炎严重程度之间可能存在负相关。氨的毒性作用已经得到了详细的研究，高浓度的血氨和/或 BUN 可能损害敏感的胚层和真皮层的生殖细胞。此外，组氨酸在瘤胃中转化为组胺是由组胺酸杆菌在低 pH 值下进行的脱羧反应产生的。虽然喂饲谷物的牛的瘤胃中组胺的生成量为体重的 1.20%，但加入组氨酸的浓度未超过要求的量，而未生成额外的瘤胃组胺，这表明谷物提供了足够的底物来产生组胺。高蛋白饮食会显著增加运动评分（表明运动能力较差），以及跛行临床病例的数量和持续时间及外蹄趾长度。

含硫氨基酸如蛋氨酸和半胱氨酸供应不足可能会增加软角质的形成，从而导致跛行发生率增加。受蹄叶炎影响的奶牛蹄角质中半胱氨酸和蛋氨酸的比例降低。因此，补充蛋氨酸可改善蹄蛋白的完整性。

3）脂质

脂质含量丰富的细胞间胶结物质调节蹄角质的水合作用水平，而水合作用水平反过来又对蹄的力学性能起着关键作用。在温带草场新鲜饮食中脂质的含量较低，如黑麦草，以谷物为基础的饮食中脂质含量较低。这种日粮结构的改变因降低脂肪含量对蹄角质的完整性造成损害。蹄部角质中的脂质包括胆固醇（31%）、胆固醇硫酸盐（7%）、甘油三酯（10%）、双甘油酯（3%）、游离脂肪酸（24%）和鞘脂（16%）。

非传染性蹄部病变，包括蹄底溃疡和白线病，是造成牛跛行的主要原因。长期以来，报道称蹄底溃疡和白线损伤是亚临床蹄叶炎导致的结果。然而，这种由来已久的观点遭到了质疑，蹄底溃疡和白线损伤可能是蹄囊内的挫伤引起的。蹄部损伤的危险因素与趾部脂肪垫的解剖结构密切相关。

从营养管理的角度来看，产犊前后的生理和代谢变化会削弱或增加悬吊装置结缔组织成分的弹性，从而增加远端趾骨的灵活性及其在蹄底"下陷"的可能性。远端趾骨下沉会压迫和损伤远端趾骨下的骨痂，破坏蹄底角质的完整性，增加蹄底溃疡和白线病的风险。蹄底溃疡和白线病的患病率与蹄部脂肪垫的厚度显著相关，蹄部脂肪垫厚度也与身体状况评分（BCS）显著正相关。在泌乳早期，泌乳的奶牛会从蹄部脂肪垫中调动脂肪，并认为低 BCS 可能是导致跛行的风险因素。蹄底溃疡的最高患病率发生在泌乳高峰前后。产犊后蹄部脂肪垫厚度逐渐降低，至泌乳 4 个月时达到最低点。这一规律与高产奶牛 BCS 的动态变化相吻合，即 BCS 从产犊期一直下降到泌乳早期的最低点。

初产母牛更容易出现蹄部角质病变，如蹄底溃疡和白线病。初产牛的趾部缓冲垫比经产牛的薄。随着年龄的增长，趾部缓冲垫结构的差异，成年奶牛趾部缓冲垫中脂质含量明显高于幼龄奶牛。因此趾部缓冲垫的尺寸和组成成分的差异可能会影响其通过第三节趾骨降低对真皮层压力的能力。趾部缓冲垫的保护特性可能至少在一定程度上依赖于脂肪酸组成，而脂肪酸组成可能受到饮食的影响。改善趾部缓冲垫的保护功能，可作为进一步降低跛行率的方法。

1.1.3.4　矿物质、维生素与奶牛肢蹄健康

1）矿物质

（1）硫（S）：饮食中硫的含量为日粮 DM 的 0.30%（NRC，2001）。蛋氨酸和半胱氨酸是角质形成细胞结构完整性所必需的；反过来，角蛋白中的二硫键赋予了蹄结构完整性。角质形成细胞中的含硫氨基酸供应不足可能会降低角蛋白中的二硫键，就会导致合成结构不完整的角质，或完全停止角化。大量的研究表明，饮食中添加含硫氨基酸可能有助于治疗和控制跛行，特别是蹄叶炎。

（2）铜（Cu）：铜参与多种酶的活化。角化角质细胞中最重要的酶是硫醇氧化酶。这种酶负责角蛋白丝状物的半胱氨酸残基之间形成双硫化物键，为角化细胞基质提供结构强度和刚度。铜是激活细胞色素氧化酶（参与细胞有氧呼吸）所必需的，如果铜缺乏，限制分化角质形成细胞的能量供应，就会造成蹄角质病变。抗氧化酶铜锌超氧化物歧化酶（Cu-Zn-SOD）需要铜，它的功能是防止脂质过氧化。不饱和脂质特别容易受到氧化损伤和营养缺乏，如铜、锌、锰会使细胞间胶结物过度氧化损伤，可能产生劣质角质组织。

膳食中铜的适当浓度为 10mg/kg 膳食（DM）摄入量（NRC，2001）。然而，这个数字应该只作为一个基本的要求，如果饮食中钼、锌、硫或铁的浓度过高，就必须相应调整。

（3）锌（Zn）：锌参与角蛋白代谢，对蹄部角质的形成很重要。锌在角质化中起三个关键作用，特别是催化、结构和调节功能。催化酶是需要锌作为激活剂的锌金属酶，并且是角质形成细胞分化中不可或缺的组成部分。角质化过程中结构蛋白的生产及预防脂质过氧化的铜/锌超氧化物歧化酶都要锌的参与。锌调节钙调蛋白，钙调蛋白负责与钙离子结合并携带到角质化细胞的胞质溶胶中。这是角质形成细胞发展中重要的最后一步。锌在蹄健康中的作用来自以下发现：患蹄部病变的牛蹄角所含的锌比正常动物少。同样，与健康奶牛相比，患慢性蹄叶炎的奶牛的血锌水平明显降低。

（4）锰（Mn）：锰在角质化中起间接作用，是主要关键酶系统（如丙酮酸羧化酶）的活化剂，参与能量的产生。锰超氧化物歧化酶（Mn SOD）可以通过清除超氧化物自由基来保护脂质免受损害。

（5）硒（Se）：硒是谷胱甘肽过氧化物酶的中心元素，主要通过该酶发挥重要的生理作用，谷胱甘肽过氧化物酶与自由基的清除密切相关。因此，硒有助于保护和维持角质形成细胞的富含脂质的细胞间胶结物质。过量摄入硒可能会损害发育中的角质形成细胞。无机硒（如硒酸钠）和有机硒（如硒氨基酸）都

易于吸收。奶牛饲料中硒需求量为 0.10～0.30mg/kg DM，而 2mg Se/kg DM 为最大耐受水平（NRC，2001）。

（6）钴（Co）：钴缺乏症及维生素 B_{12} 缺乏症，是与蛋白质和能量代谢受损有关的慢性消耗性疾病。跛行可能是慢性钴缺乏症的结果。牛的钴需求量为 0.10～0.20mg/kg DM。

2）维生素

（1）生物素：生物素是涉及多种代谢途径的辅酶，是角质形成过程中最重要的维生素。它对角质化组织的产生和完整性至关重要。生物素依赖酶直接参与合成长链脂肪酸和角蛋白的形成。微量矿物质，如锌和铜，是生产一个健全的细胞结构所必需的，而生物素是生产细胞间胶结物质所必需的。这两种成分一起使角质化的鳞状细胞产生更坚固的角质，能更好地承受环境压力。

一直以来，我们都认为瘤胃可以合成足够数量的生物素以满足需要，但一些体内研究发现瘤胃生物素合成水平较低甚至为负值。与含有更多草料的日粮相比，含有超过 50%DM 谷物的日粮在体外降低了瘤胃的生物素合成。

（2）其他维生素：维生素 A、D 和 E 在蹄角质的角化过程中也起着不可或缺的作用。角化细胞的分化需要维生素 A。维生素 D 作为钙代谢的重要调节因子之一，对角质形成具有积极的作用。维生素 E 是一种脂溶性抗氧化剂，参与维持角质组织细胞间胶结物中富含脂质的细胞膜。

3）复合微量矿物质

由于协同作用，复合微量矿物质的组合可能比单一微量矿物质有利于保持蹄部完整性。饲喂锌蛋白的牛蹄强度和完整性比饲喂硫酸锌的牛更好。在已含有锌的特定氨基酸复合物或不含复杂微量元素的母牛日粮中添加钴葡庚酸酯和铜、锰的特定氨基酸复合物时，蹄的完整性得到改善。产犊后 75d，用复合性硫酸盐替代锌、锰、铜和钴可降低奶牛患蹄病的发生率（Whay and Shearer，2017）。

1.2 奶牛主要生产性疾病

近年来，奶牛现代化养殖模式在世界范围内得到了很大发展，中国奶牛养殖数量和规模都位居世界之首。然而，奶牛现代化高产生产体系中以围产期和泌乳早期代谢紊乱、繁殖障碍和肢蹄不健康为主要特征的一系列疾病呈现常发、并发和群发的趋势，给世界奶牛业带来了巨大的经济损失。为此，作者团队就奶牛主要生产性疾病（Main Production Diseases in Dairy Cows）做一综述（张江等，2017），以飨读者。

1.2.1　定义

在过去几十年里，奶牛遗传育种选择使奶产量达到很高水平，对日粮和机体组织储备营养物质的需求增加导致了疾病和不育。同时，现有的奶牛生产体系主要目标是提高奶牛生产效益。在奶牛高产生产体系中健康与经济效益是密切关联的。因此，现代化奶牛高产生产体系会对以草原为基础的"低成本"或"易护理"的奶牛养殖体系中动物健康产生不利的影响。

奶牛生产性疾病是高产奶牛不能适应高强度的新陈代谢需求的一类疾病，与高产和代谢需求的投入和产出的失衡有关，是乳业经济和动物福利受损的原因。虽然传统上它主要表现为奶牛代谢紊乱（低钙血症、瘤胃酸中毒、酮病和骨软症等），但是现在已扩展到胎衣不下、真胃变位、乳房炎、蹄叶炎及乏情等多个影响生产的围产期和泌乳早期其他疾病。因此，生产性疾病是人为导致动物代谢系统在现代集约化饲养和高产的联合作用下崩溃的结果。

最近，由于高产与管理，如动物行为、免疫和基因等因素的研究增多，生产性疾病得到进一步延伸，不仅包括代谢和营养性疾病，还有传染性和遗传性的疾病。重要的是生产和环境因素两者同样会对生产性疾病发生起着重要的作用。因此，生产性疾病是发生在环境应激和生产应激之间的交汇处。这些疾病的共同点是动物高效的生产管理和选育的联合作用的结果。

1.2.2　发生状况

尽管奶牛生产性疾病在临床和亚临床、生物化学和分子水平等多个方面的认知有了很大的进步，但在饲养管理规范的牛场生产性疾病发病率并未得到很好的控制。奶牛群体健康调查表明这类疾病发病率仍较高，如酮病、生产瘫痪、骨软症、胎衣不下、真胃变位、乳房炎、子宫炎、卵巢囊肿、乏情和跛行等，90%都发生于奶牛产后 60d 内，尤其产后 30d 内更加常见。并且，临床病例逐渐减少，而亚临床病例日渐增多，已成为当前集约化牛场牛群健康的潜在危害，需要奶牛养殖业给予高度的重视。

虽然奶牛生产性疾病的发病率增高常归因于产奶量增加，但是产奶量与生产性疾病的关系是复杂的。除了卵巢囊肿、乳房炎和跛行，产奶量与奶牛生产性疾病的关系涉及营养、管理和环境等多个因素影响。奶牛某些生产性疾病，如真胃变位、胎衣不下、瘤胃酸中毒，与产奶量无直接的关系，但是与其他因素如采食和饲喂等饲养管理有关。然而，奶牛生产性疾病更是因能量的输入与输出或生产的不平衡所致，而不仅是产奶量因素。泌乳早期能量平衡是采食量和产奶量两者的作用结果。因此，奶牛患生产性疾病的风险不仅与泌乳量高低有关，更与所处的营养或环境有关，采食量不足的高产或低产奶牛都易患生产性疾病。

1.2.3　重要性

目前，关于围产期的定义被广泛接受的是分娩前后各 21d 的时期，也是对于奶牛的生产性能和奶产量最为关键的时期，因奶牛在这一时期的内分泌、代谢和免疫功能发生了明显的变化，所以该期的营养管理是决定奶牛的牛奶质量和繁殖力优劣的关键。

围产期与任何其他时期相比，奶牛内分泌、代谢和免疫功能发生了更大的变化。在胎儿发育和乳形成时奶牛所需的营养增加，采食量却减少。当母牛临近分娩时，由于体内 P_4 浓度降低、E_2 浓度急剧升高等原因，会引起食欲减退。围产期奶牛还会经历临产期免疫抑制，并且经常要应对日粮突然改变导致的消化系统紊乱。因此，当泌乳启动时，采食量减少不仅会造成能量和矿物元素（尤其 Ca）与维生素的摄入与输出之间的不平衡，而且会加重免疫抑制和 OS。

另外，围产期奶牛除了经历新陈代谢、内分泌和免疫系统的紊乱外，还会经历与干乳和泌乳奶牛管理相关的正常改变所引起的环境应激。当这些影响与分娩合并时，生产性疾病（乳房炎、酮病、消化功能紊乱和蹄叶炎等）的最高风险期是围产后期和泌乳早期就不足为奇了。干乳牛过肥更易患酮病、脂肪肝或生产瘫痪，NEB、OS 可以直接抑制免疫功能，低钙血症、微量营养素的缺乏会加重免疫抑制，而免疫抑制是胎衣不下、乳房炎、子宫内膜炎的主要病因。预产奶牛的营养和管理策略可以改善围产期奶牛所经历的 NEB、低钙血症、免疫抑制和 OS。因此，围产期奶牛的营养和管理对健康状况、生育能力和奶牛生产力的改善有着巨大的作用，也是奶牛福利和生产盈利最关键的决定因素。

此外，BCS 过高的干乳牛产后患生产瘫痪的风险增高 4 倍；生产瘫痪奶牛产后患乳房炎的风险增高 8 倍。围产期奶牛 NEB 会促发产后真胃变位；产后 NEB 或生产瘫痪会降低奶牛繁殖力，并且瘤胃酸中毒的奶牛更易发生免疫低下、NEB 和蹄叶炎；这些疾病常继发传染病或其他疾病，引起繁殖力和产奶量的降低等级联反应。由于酮病、脂肪肝、生产瘫痪、胎衣不下、乳房炎、子宫炎和真胃变位及其他疾病在病因学上是相关联的，因此围产期奶牛生产性疾病的预防必须从整体来考虑，在奶牛福利和生产盈利方面的预防效果要在围产期结束后很长时间才会体现出来。

1.2.4　疾病概述

1.2.4.1　酮病和脂肪肝（Ketosis and Fatty Liver）

奶牛分娩后常处于 NEB 状态，使得体脂动员产生的脂肪酸增高，不仅会促发酮病，而且会导致脂肪肝和肝功损害。奶牛酮病和脂肪肝是 NEB 的结果，常呈高游离脂肪酸血症、酮血症，肝脂浸润越严重，能量代谢障碍越严重。肝脂浸润对奶牛危害尤其明显，因为新陈代谢中大约 85% 的葡萄糖由肝合成，同时在采食、生育力和免疫中起着重要的调控作用。

尽管奶牛围产期增加日粮中非纤维化碳水化合物、脂肪、能量对肝脂蓄积无明显的影响，但是在干乳期开始时保持高纤维或低能日粮、饲料中添加丙二醇和过瘤胃胆碱对预防酮病和脂肪肝是有益的。它们可以改善脂肪代谢，促进糖异生作用，促进脂肪酸从肝中输出，从而改善围产期和泌乳早期奶牛的 NEB。由于它们作用方式不同，可以协同作用，形成有效的补充策略。

奶牛管理是脂肪肝发展的重要因素。管理策略可以有效地降低 NEB 的严重程度，并减少肝中 TG 的蓄积。然而，围产期和干乳期营养及管理与脂肪肝的发展有明显的关系，就像干乳期过肥的奶牛比瘦的奶牛在分娩前后动员更多脂肪，更易患脂肪肝或酮病。

1.2.4.2　生产瘫痪/乳热症（Parturient Paresis/Milk Fever）

在奶牛生产性疾病中生产瘫痪（临床低钙血症和亚临床低钙血症）扮演一个经典的网络关联的疾病，因为它与许多其他围产期奶牛代谢或功能失调有关，如难产、胎衣不下、子宫内膜炎、不孕、不育、乳房炎、真胃变位、酮病和感染性疾病等。

生产瘫痪发病率与奶产量密切相关，高产奶牛产后瘫痪的发生率更高。临床低钙血症发病率为 3.50%～7%，亚临床低钙血症达到 33% 以上，而老龄奶牛亚临床低钙血症发生率高达 50% 以上，随着胎次增加，生产瘫痪发生风险增高 9%。奶牛生产瘫痪平均治疗费用为 334 美元/头，还会继发胎衣不下、乳房炎、子宫内膜炎等疾病，进而降低奶牛产奶量及奶品质，严重影响奶牛健康，给牛场带来巨大的经济损失。

目前，生产瘫痪预防措施重点集中于日粮阴阳离子差（DCAD）的作用。尽管产前低钙日粮或钙黏合剂可以诱导低血钙来预防生产瘫痪，但是该措施在牛场很难实现。这意味着日粮低的 DCAD 成为减少生产瘫痪风险的重要措施。Goff（2008）指出在牛场降低日粮中氯（Cl）或钾（K）水平，如日粮含 0.40% Cl 或 0.30% K，可以获得适宜的 DCAD 值。另外，产前日粮中添加过瘤胃维生素 D 能明显地提高奶牛产后血钙水平，从而降低生产瘫痪发病率。

低镁血症会抑制骨动员，促发低钙血症。因为镁（Mg）是影响生产瘫痪发生最重要的日粮因素，是生产瘫痪的另外一个风险因素。除了日粮 Mg 浓度外，日粮钙（Ca）和磷（P）的水平也会影响生产瘫痪发病率。产犊前高 Ca 日粮会增加生产瘫痪发生风险，但是高 Ca 日粮会降低产犊前长期饲喂阴离子盐日粮的奶牛生产瘫痪发生率。生产瘫痪发生风险的最大值与日粮干物质（DM）中 1.10%～1.30% Ca 浓度相关联，而高于需要的日粮 P 浓度也会增加生产瘫痪发生的风险。

1.2.4.3 亚急性瘤胃酸中毒（Subacute Rumen Acidosis，SARA）

美国奶牛在泌乳早期和中期的 SARA 发病率分别为 19% 和 26%。瘤胃微生物和瘤胃黏膜对日粮变化不适应是瘤胃酸中毒发生的主要机制。奶牛 SARA 不仅易发于围产期和泌乳早期，而且常与干物质采食量和乳脂率降低，以及肝脓肿和蹄叶炎发生有关。

通常采食量降低提示奶牛患了 SARA，采食量减少不随瘤胃 pH 值降低而减少，但与 SARA 是一致的。关于采食量减少与 SARA 的关系，是因奶牛器官发生炎症所致，而不是受瘤胃纤维的消化影响。因为 SARA 导致血中急性期蛋白（APP）、淀粉样蛋白 A 和结合珠蛋白的浓度升高。然而，尽管日粮诱导的 SARA 增加了血中 APP 的浓度，但是 SARA 不是由减少的纤维颗粒大小诱导的。急性炎症可能由瘤胃（和/或大肠）中革兰氏阴性菌细胞壁的脂多糖（LPS）引起，并通过血液转运到肝中，由细菌如大肠杆菌和其他肠道细菌产生的其他致病因素参与这个炎性过程。并且，SARA 与免疫抑制之间有密切的联系。由 SARA 引起的代谢性酸中毒导致葡萄糖依赖性胰岛素分泌的降低，皮质醇分泌增加，吞噬活性和中性粒细胞的迁徙速度降低。

另外，临床上经常根据采食量下降、反刍迟缓、粪便理化性质改变、蹄叶炎增加、尿液 pH 值下降、乳脂率降低等临床特征来综合诊断 SARA。然而，现场 SARA 诊断仍存在问题，归因于综合因素，包括瘤胃 pH 测定有效性。SARA 发作后表现出多种临床症状，与许多其他病症重叠。不过，瘤胃穿刺技术在美国实现了群体水平的监测。关于 SARA 诊断包括瘤胃内 pH 值、瘤胃戊酸盐和尿酸碱净排泄。

此外，SARA 在畜群水平的诊断还需要彻底的调查，确定为何许多临床症状比 SARA 发作本身要晚。目前，牛场实施奶牛生产性能测定（DHI），DHI 报告中乳脂率、乳蛋白率、乳脂蛋比三项指标直接反映了奶牛营养状况和健康水平，特别是乳脂率和乳蛋白率接近或倒挂时应引起高度重视。DHI 报告可作为牛场监测瘤胃酸中毒的有效工具，预防 SARA 仍将是优先工作。

1.2.4.4　氧化应激、抗氧化剂和免疫

感染性疾病如乳房炎，与围产期和泌乳早期的管理不当有关，因为奶牛在临产时经历明显的免疫抑制。并且，奶牛在妊娠后期、分娩或泌乳高峰会受到 OS 或 ROS 的影响。由于细胞膜含较高的多不饱和脂肪酸，易受到脂质过氧化和大量 ROS 的损害，也增加了免疫细胞的氧化应激损伤。

某些微量元素和维生素对维持围产期和泌乳早期奶牛抗氧化能力是有利的。通常作为抗氧化剂组分的微量元素，主要包括铜（Cu）、硒（Se）、锌（Zn）和铬（Gr）及维生素 E 和 β-胡萝卜素等。它们会降低临产奶牛乳房炎和胎衣不下的发病率。从分娩前 60d 到产后 42d 补充 Cu 的小母牛，牛奶中大肠杆菌和体细胞的数量减少，并且临床症状轻、直肠温度低。日粮中 Se 含量高于 0.30mg/kg 提高了奶牛免疫系统功能，增强了抗病能力，降低了乳房炎发病率。然而，β-胡萝卜素的需要取决于在补充前奶牛体内维生素 E 或 β-胡萝卜素/维生素 A 的状态。在干乳期饲喂储存的牧草如干草和青贮玉米，会降低奶牛血中维生素 E 和 α-生育酚的浓度。

关于微量元素，补充形式对胃肠道吸收量有很大的影响。通过螯合技术生产电中性形式补充微量元素，会增加其吸收。避免微量元素在胃肠道中相互作用的负面影响，是由于带负电荷的矿物离子在达到小肠绒毛上皮未混合水层与带负电的黏液层遇到时会相互干扰。为了提高奶牛健康状况，应通过减少奶牛体细胞数来评价无机非螯合的与有机螯合的微量元素的补充效果。

1.2.4.5　分娩和子宫健康

奶牛分娩过程中较为严重的福利问题之一是难产所带来的急性疼痛。现代奶牛养殖的方式和体系使得奶牛骨架更大，近亲繁殖，助产接产不当，分娩应激及体成熟前配种的增长趋势，造成舍饲牛比放牧牛的难产发生更为普遍。并且，随着更多的注意力放在奶牛群体管理上，着重于亚临床状态和未达标的性能，个别奶牛会受到较少关注，这种情况被称为离群综合征。初产牛骨盆与胎儿不相称是主要风险因素，而经产奶牛胎势不正是最重要的风险因素。应用选择指数包括产犊难易和持续时间的现场培训教育可以为难产问题提供最佳的解决方法。

奶牛产后胎衣不下和子宫感染的发生是临产期免疫力降低的两个临床表现。更为有趣的是，胎衣不下与在分娩前高 NEFA 水平和采食量减少相联系，最适预防策略是与围产期良好的保健和免疫关联的措施。例如，在防治奶牛子宫感染上，至关重要的是在产后初期对胎衣及恶露正常排出的奶牛与采食量减少、直肠温度升高、胎衣未排出及罹患子宫内膜炎的奶牛之间进行区分。免疫功能异常会造成奶牛发生子宫感染，利用调节围产期免疫功能的手段防治奶牛子宫感染的潜力是

巨大的。在临床型和亚临床型子宫内膜炎高发牛群中，采用注射前列腺素 $F_{2\alpha}$（$PGF_{2\alpha}$）并不能增加奶牛的繁殖性能，而采用子宫内注入抗生素则可在一定程度上提高奶牛繁殖性能，但其又给食品安全带来了隐患。

显而易见，现场诊断与治疗因子宫疾病的不同而不同。文献概述了不同子宫疾病的临床表现和简单清晰的临床定义。Sheldon 等（2006）提出了一个系统的定义，认为应该改进这个问题的均匀性和稳定性。根据检查阴道黏液的性状及其评分系统进行一致的评分是目前兽医在现场鉴别各种类型的子宫感染和改进防治的最佳策略。奶牛胎衣不下及子宫感染造成的主要后果是降低奶牛繁殖力，而奶牛繁殖力减退是导致绝大多数奶牛养殖场经济利益降低的一个非常关键的因素。

总之，21 世纪全球奶牛生产中面临的挑战是预防疾病，提高动物福利和效益，以及食品安全和环境。欧盟农业政策由以前关注提高生产转变为专注于乳业竞争力、动物福利、食品质量和安全及环境的可持续性。当前，虽然对奶牛生产性疾病已有更多了解，建立了较好的知识体系，但是它们仍持续造成乳业经济损失和动物福利损害。在现代化奶牛场的复杂环境中，奶牛 NEB 会增加酮病、乳房炎、胎衣不下和真胃左方变位（LDA）等发生的风险，影响牛群的健康、福利、奶产量和繁殖效率。这些疾病与营养策略、饲养环境的关系，会影响感染性疾病如乳房炎、子宫内膜炎的发生，多个因素的复杂相互作用，给预防和控制这些疾病带来了挑战。因此，奶牛业所面临的最为严峻的挑战之一就是在预防奶牛生产性疾病上开展并实施简便实用的、综合的、最有效的实践方案或措施，同时对其进行经济效益评价。目前，国外已经提出并实施了牛群健康的综合计划方案，包括养殖户、兽医及其他技术咨询人员参与的围产期奶牛生产性疾病管理措施，这项方案不仅是关注增加泌乳量，而且更注重牛场生存能力的可持续性。

1.2.4.6 跛行与肢蹄病

大多数导致奶牛跛行的疾病都起源于蹄部。根据病因，蹄部病变通常可分为感染性和非感染性两大类。由于严禁在有机食品中使用抗生素和其他合成物质的规定，感染性损伤引起的跛行是牛场临床兽医面临的最大挑战。事实上，许多情况下创伤性损伤也会导致细菌感染。常见的感染性蹄部病变包括蹄皮炎、蹄踵糜烂、趾间皮炎、蹄尖脓肿和腐蹄病等。非感染性蹄病与创伤、过度磨损、营养缺乏或过度修剪导致的组织完整性丧失有关。常见的非感染性蹄病包括蹄叶炎，白线病，足底、足尖和足跟溃疡，螺旋状趾，蹄裂，趾间皮肤增生等。据估计，每头临床跛行的奶牛治疗成本超过 500 美元。跛行奶牛的实际福利成本远远不止这些，奶牛福利价值也很难用单一标准来衡量。虽然对奶牛福利问题的重视程度在逐渐加强，但对跛行奶牛所面临的福利挑战的研究仍然有限。如何更好地提高跛行奶牛福利并尽量减少疾病是当前亟待解决的问题。

大多数兽医的印象是跛行会使奶牛变瘦。跛行奶牛体重下降的原因是食欲不振和饮食行为的改变，这些都与跛行有关。因为跛行会导致疼痛，使奶牛减少进食次数和进食时间及降低争夺饲养空间的能力。蹄部病变、跛行状况与趾垫厚度密切相关，随着趾垫厚度的减小，蹄底溃疡和白线病的患病率增加。趾垫厚度在整个泌乳周期稳定下降，在奶牛产犊后 120d 达到最低点，即奶牛 BCS 与趾垫的厚度呈正相关。蹄底溃疡的患病率最高发生在泌乳高峰期（泌乳期60～100d），即趾垫萎缩接近最低点。另外，瘤胃酸中毒性蹄叶炎、蹄部组织酶或金属蛋白酶活性的激活和/或围产期激素变化也是影响奶牛跛行的重要因素。

奶牛跛行还与牛舍环境、牛床设计、通风、采光等方面密切相关，即与奶牛的舒适度有关。临床经验表明，跛行奶牛的治疗康复率较低，主要原因不是治疗措施不当，而是由于治疗的奶牛舒适度不够。柔软的地面，如沙子和厚稻草，可为奶牛提供比床垫或垫子更好的支持。更安全的地面可减少伤害，并为试图躺下或起身的奶牛提供便利条件。对处于高温高湿地区的奶牛，随着环境变热，奶牛躺卧时间减少。当奶牛站立时，能够暴露更大的体表面积用于蒸发散热。跛行运动评分较高的奶牛，因站立时间少，而不利于调节体温。因此，良好的护理本身可能对于改善跛行奶牛预后是最关键的影响因素。

跛行是一种不正常的步态，通常是一只或多只肢蹄的损伤、疾病或功能障碍引起的。步态改变最常见的原因是疼痛。因此，缓解疼痛是跛行奶牛的一个福利问题。与跛行相关的牛急性和慢性疼痛的性质表明多模式综合方法可以提升疼痛管理的效果。这些方法包括使用药物、矫正修剪、用蹄垫减轻受伤蹄部的负重，以及在康复期间使用舒适的牛舍等。具体实施要考虑六点：①使用静脉局部麻醉或环形阻滞麻醉矫正修蹄和治疗疼痛情况；②彻底修蹄矫正，避免对邻近的健康真皮组织造成损害；③在健康蹄上使用矫形蹄块减轻受伤蹄的负重；④避免局部治疗时增加不适感，延长恢复时间；⑤镇痛药、非甾体抗炎药、镇静镇痛药的使用；⑥治疗期间，提供舒适牛舍及对跛行牛的细心管理。

1.3　作者的科学研究

近 30 年来，我国奶牛养殖经历了从放牧到舍饲、从散养到集约化及从粗放到精细化的发展过程，目前在养殖数量、规模和模式上发生了很大的变化，正向着现代化养殖方式稳步发展。然而，随着高产奶牛选育和规范化管理水平提高，在奶牛泌乳量大幅增加的同时生产性疾病的发生却逐渐增高，现已成为危害奶牛群体健康的重大疾病。现将我们近 20 年在奶牛主要代谢病、氧化应激、免疫抑制、繁殖障碍疾病和肢蹄病方面的科学研究及其综述论文概括如下。

1.3.1 奶牛围产期和泌乳早期的主要代谢状况

奶牛围产期和泌乳早期营养需要、代谢和内分泌的变化，代谢病对泌乳和繁殖的影响，以及与其他疾病的关系，国内外均有许多研究报道。在《奶牛酮病与脂肪肝综合征》和《奶牛主要代谢病》书中也有详细的描述（夏成等，2013，2015），这里仅概述了有关的论文。

1.3.1.1 营养对奶牛围产期健康的影响

夏成和张洪友（2010）综述了过去 30 年营养与母牛免疫功能和抗病力的关系、奶牛代谢疾病、其他围产期疾病的研究进展，明确了奶牛围产期营养状况直接影响到奶牛生产性疾病的发生。简言之，对于高产奶牛，由于奶牛产后体内钙流失或者能量负平衡及维生素和微量元素的不足，容易发生生产瘫痪、酮病、脂肪肝、低磷血症等疾病，通过改善妊娠后期奶牛营养可减少这些疾病的发生。围产期奶牛的感染性疾病的易感性取决于抗氧化应激的能力与免疫系统的完整性，营养因素可影响机体氧化应激与免疫功能，其他非感染性疾病也可以通过改善营养来预防，并展望了存在的问题和未来解决的方向。

1.3.1.2 奶牛围产期和泌乳早期的能量平衡及其影响

奶牛围产期和泌乳早期的能量负平衡是牛场高产奶牛面临的巨大挑战之一，如何维持能量代谢平衡和减少相关的疾病，已成为奶牛营养生理学的一大研究热点。

1）能量平衡对围产期奶牛泌乳量和干物质摄入量及机体代谢的影响

（1）方法：本研究在某集约化牛场选取胎次、年龄相近的奶牛，分为高血糖组（H）和低血糖组（L），每组各 15 头。在产前 21d、14d、7d 和分娩当天，产后 7d、14d、21d，分别记录两组奶牛围产期 DMI、泌乳量（MY），并测定血浆血糖（Glu）、NEFA、BHBA、INS、胰高血糖素（Gn）、瘦蛋白（LEP）、皮质醇（COR）的浓度。

（2）结果：试验奶牛产后泌乳量和干物质摄入量均增加，但是产后能量负平衡发生率高于产前，产后 21d 达最高；两组产后血浆 Glu 水平降低，血浆 NEFA 和 BHBA 升高，L 组血浆 NEFA 和 BHBA 水平高于 H 组（$P < 0.05$）；H 组血浆 INS 与 LEP 水平高于 L 组（$P < 0.05$），血浆 Gn 与 COR 水平低于 L 组（$P < 0.05$）。

（3）结论：围产期不同能量平衡状态的奶牛能量代谢发生了各自适应性的变

化。血浆低水平 INS、LEP 和高水平 COR 在缓解能量负平衡中发挥了重要作用（夏成等，2010）。

2）能量负平衡对泌乳早期奶牛生产性能、繁殖性能和机体代谢的影响

（1）方法：本试验在某集约化牛场随机选取年龄、胎次、泌乳量相近的奶牛 60 头，分别在产后 1d、14d、28d、42d、56d 和 70d 时颈静脉采血，根据血糖浓度在 6 个时间点分为能量负平衡组和对照组，同时调查和分析奶牛日粮营养水平（能量、CP、CF、Ca、P）、生产性能（BW、MY、DMI）、繁殖性能（首次配种间隔、情期受胎率、发情率、配种指数）、血液生化指标（Glu、BHBA、NEFA）和内分泌指标（INS、Gn、LEP、E_2、P_4）。

（2）结果：奶牛泌乳早期存在不同程度的能量负平衡（NEB），产后 14d 最高。NEB 能使奶牛产后血浆 E_2、P_4 水平降低，产后 DMI、BW 和 MY 均减少。能量负平衡奶牛血浆 INS、Gn 和 LEP 浓度降低，表现低血糖、高血浆 NEFA 和 BHBA 生化特性，首次配种间隔延长，情期受胎率和发情率降低，配种指数增高。

（3）结论：奶牛泌乳早期易发能量负平衡，不仅与日粮能量水平低、泌乳量高、干物质摄入少和体重损失有密切关系，而且与机体内分泌未完全协调发挥作用有关。并且，能量负平衡会降低奶牛生产性能和繁殖性能（夏成等，2009）。

3）正常泌乳奶牛的血清瘦蛋白、血糖和血酮浓度及其相关性

（1）方法：本试验随机选取正常的黑白花泌乳牛 20 头，按乳酮阳性分为阴性组（11 头）和阳性组（9 头）。对它们的泌乳量、泌乳天数、血糖、血酮、血清瘦蛋白等指标进行统计分析。

（2）结果：血清瘦蛋白、血糖、血酮等指标水平处于正常的范围，5 项指标彼此之间的相关性不明显。但是，乳酮阳性组奶牛与阴性组比较，泌乳量降低，血酮升高，血糖水平降低，血清瘦蛋白水平略高，除血清瘦蛋白外，其余都差异显著（$P < 0.05$）。

（3）结论：正常的泌乳奶牛血清瘦蛋白等 5 项指标之间无显著相关性，乳酮阳性能大致反映机体血糖、血酮的变化，但是未能体现出血清瘦蛋白的变化。因此，需要进一步深入研究了解泌乳奶牛血清瘦蛋白的变化特点，为应用瘦蛋白调控奶牛营养提供科学依据（夏成等，2004）。

1.3.1.3 奶牛围产期和泌乳早期的矿物质平衡及其影响

奶牛围产期和泌乳早期的钙磷负平衡是牛场高产奶牛面临的另外一个巨大挑战，如何维持钙磷代谢平衡和减少相关的疾病，是国内外奶牛营养生理研究的另一大热点。

1）奶牛围产期血浆 Ca、P、碱性磷酸酶（ALP）和羟脯氨酸（HYP）的变化

（1）方法：本研究在某集约化牛场选取围产期健康奶牛 20 头，分别在产前 7d、3d，分娩当天，产后 3d、7d 测定了试验奶牛血浆 Ca、P、ALP、HYP 的浓度。按每个时间点血钙水平将试验奶牛分为血钙正常组（C）和低血钙组（L）。

（2）结果：奶牛在产前 7d 至产后 7d 低血钙发生率分别为 45%、20%、80%、25%、15%。产前 7d 到产后 7d，C 组奶牛血浆 Ca、ALP、HYP 水平均显著高于 L 组（$P<0.05$）。两组奶牛血浆 P 浓度围产期无显著差异（$P>0.05$）。

（3）结论：奶牛围产期易发生低血钙，以分娩时发生率最高；围产期奶牛低钙血症的发生可能与骨钙动员能力低有关（武福平等，2010）。

2）围产期奶牛血清中阴阳离子状况的分析

本研究在黑龙江某 3 个集约化奶牛场分别选取荷斯坦经产奶牛 8 头，分别在产前 21d、14d、7d，分娩当天，产后 7d、14d、21d 尾静脉采血，并测定 Cl、Na、K、Mg、Ca、P 等离子血清浓度。结果：围产期奶牛血清 Cl、Na、K、P 含量在分娩后呈现降低趋势；Ca 含量呈分娩前降低、分娩后升高的趋势。并且，3 个牛场奶牛围产期血清阴阳离子存在较大差异，这可能与围产期奶牛日粮阴阳离子供应水平有关（鲁明福等，2011）。

3）不同地区泌乳奶牛 14 项血液生化指标的测定

本研究在 5 个地区集约化牛场中随机选取各奶牛场胎次、年龄相近的 10 头泌乳奶牛进行 Ca、P、Cl、Na、K、低密度脂蛋白（LDL）、高密度脂蛋白（HDL）、胆固醇（CHE）、总蛋白（TP）、白蛋白（ALB）、球蛋白（GLB）等 14 项血液生化指标的测定。结果：不同地区泌乳奶牛体内矿物质、载脂蛋白、蛋白质等水平存在某些差异，这可能与不同地区日粮中 Ca、P、Cl、Na、K、蛋白质、脂类等含量差异有关。因此，合理搭配日粮，全价饲养和适宜的营养水平，是奶牛高产和健康的保证（吴晨晨和夏成，2006）。

1.3.1.4 奶牛围产期和泌乳早期的氧化应激与免疫抑制及其影响

奶牛围产期和泌乳早期的氧化应激与免疫抑制是牛场高产奶牛面临的一个新的挑战，如何抗氧化应激和增强免疫功能及减少相关的疾病，是国内外奶牛营养生理研究的又一个热点。

1）奶牛酮病对抗氧化系统、红细胞膜上 ATP 酶活性、血清中 NO 含量及 NOS 活性的影响

（1）方法：本研究选择荷斯坦奶牛作为实验动物，应用酮粉法和改良式水

杨醛比色法随机检测并分组，I 组为 10 头对照牛、II 组为 10 头阳性牛（酮病牛）。两组牛进行了血清中 GSH-Px 活力、T-SOD 活力、MDA 含量、红细胞膜上 ATP 酶活性、一氧化氮（NO）含量和一氧化氮合成酶（NOS）活性的检测和统计分析。

（2）结果：酮病奶牛血清中 GSH-Px 活力极显著降低（$P < 0.01$），T-SOD 活力、红细胞膜上 ATP 酶活性、NO 含量及 NOS 活性都显著降低（$P < 0.05$），而血清中 MDA 含量显著增高（$P < 0.05$）。

（3）结论：奶牛发生酮病时机体抗氧化能力减弱，伴发氧化应激。同时，体内红细胞膜的物质转运和能量代谢减弱，以及 NO 刺激免疫功能与杀菌能力减弱。这提示奶牛酮病发生过程中伴有多种生理功能异常变化（武瑞等，2005，2004；张洪友等，2005）。

2）泌乳奶牛血浆硒水平与机体抗氧化和免疫功能的关系

（1）方法：本研究随机选取黑龙江某集约化牛场年龄、体况、胎次及泌乳量相近的泌乳奶牛（产后 15～20d）50 头，以血浆硒水平低于 70mg/L 为界定，试验牛被分为低硒组（30 头）与正常硒组（20 头），检测试验奶牛的能量代谢指标（NEFA、BHBA 和 Glu），抗氧化指标（GSH-Px、SOD、T-AOC、MDA、T-NOS、LPO、NO、CAT）和免疫功能指标（TNF-α、IL-6、IgG、IL-1β、IL-2），并进行皮尔逊相关性分析和回归分析。

（2）结果：与正常硒组相比，低硒组奶牛抗氧化指标血浆 GSH-Px 活性显著降低，与血浆硒水平呈显著正相关（$r = 0.36$，$P = 0.01$）；MDA、T-NOS 和 LPO 水平明显升高，MDA（$r = -0.36$，$P = 0.02$）、T-NOS（$r = -0.30$，$P = 0.05$）、LPO（$r = -0.30$，$P = 0.05$）与血浆硒水平呈显著负相关。同样，低硒组奶牛免疫功能指标血浆中 IL-1β、TNF-α、IgG 和 IL-6 水平都显著降低（$P < 0.05$），TNF-α（$r = 0.37$，$P = 0.02$）、IgG（$r = 0.39$，$P = 0.02$）与血浆硒水平呈显著正相关，IL-6（$r = -0.35$，$P = 0.03$）与血浆硒水平呈显著负相关。血浆 GSH-Px 与血浆硒水平密切相关，血浆 GSH-Px < 42.37U/ml 会增大泌乳奶牛缺硒的风险。

（3）结论：泌乳奶牛血浆硒水平低于临界值会降低机体的抗氧化能力和免疫功能，并且血浆 GSH-Px 活性降低对泌乳奶牛硒缺乏具有良好的预警作用（吴凌等，2015）。

1.3.2　奶牛围产期和泌乳早期的主要繁殖状况

伴随着奶牛产奶量的不断提高，奶牛的空怀期延长、繁殖效率低下、死淘率增高等问题日趋严重，业已成为奶牛养殖业经济效益下降的关键因素。尽管奶牛的繁殖疾病（繁殖障碍）和代谢疾病绝大多数在泌乳早期发生，但其实际上起始于干乳期和围产期。因此，围产期奶牛的营养供给和能量代谢平衡与饲养管理在提高奶牛繁殖效率、降低死淘率和增加奶牛利用年限上，其重要性要远超于泌乳早期，诚然，泌乳早期也是非常重要的。如何将二者有效地结合起来，寻找解决围产期和泌乳早期奶牛繁殖疾病的防治方法是兽医科研工作者共同关注的课题。

1.3.2.1 奶牛围产期和泌乳早期激素状况对繁殖性能的影响

哺乳动物的生殖活动是一个十分复杂精密的生理事件，如发情的周期性变化、卵子发生、卵泡发育、排卵、合子形成、胚胎发育、胚胎植入及发育、分娩和泌乳等活动。这些生理机能必须相互协调，且必须以严格的时空顺序进行，同时必须在正常生殖激素水平的调控下完成，若生殖激素作用发生紊乱，将会造成不孕不育。此外，在现代奶牛业生产实践中，人们希望能更多地在人工控制的条件下进行奶牛的繁殖活动，进而提高繁殖效率也便于管理。因此，探明各生殖激素与奶牛繁殖性能的调控作用，对提高奶牛繁殖效率和防治繁殖疾病具有重要意义，而奶牛围产期和泌乳早期的激素水平是如何影响其后期的繁殖性能的问题已成为一个亟待解决的课题。有鉴于此，我们开展了以下研究。

1）瘦素与奶牛泌乳早期能量平衡和生殖机能的关系

（1）目的与方法：为阐明奶牛血浆瘦素、能量状况与生殖机能之间的关系，随机选取年龄、胎次、泌乳量相近的奶牛 60 头，分别在产后 1d、14d、28d、42d、56d 和 70d 时颈静脉采血，根据血糖浓度在 6 个时间点分为低血糖组（L）和对照组（CK）。同时调查和检测奶牛的生产性能（BW、MY 和 DMI）、繁殖性能（首次配种间隔、情期受胎率、发情率和配种指数）、血液生化指标（Glu、BHBA 和 NEFA）和内分泌指标（INS、Gn、LEP、E_2 和 P_4）。

（2）结果：奶牛泌乳早期存在不同程度的能量负平衡，产后 14d 最高。NEB 能使奶牛产后干物质 DMI、BW 和 MY 减少，首次配种间隔延长，情期受胎率和发情率降低，配种指数增高，血浆 INS、Gn、LEP、E_2 和 P_4 浓度降低，呈现低 Glu、NEFA 和 BHBA 生化特性；NEB 时，奶牛血浆 LEP 与血浆 Glu、E_2、P_4 之间呈显著正相关，与 BW 损失、血浆 NEFA 之间呈明显负相关；能量平衡时，奶牛血浆 LEP 与 DMI、Glu、INS 之间呈显著正相关，与 BW 损失呈显著负相关，与血浆 E_2 和 P_4 之间相关不显著。这提示奶牛泌乳早期易发 NEB 不仅与 DMI、BW、MY 密切相关，而且与机体内分泌未完全协调发挥作用有关。NEB 明显降低泌乳早期奶牛的生产性能和繁殖性能。

（3）结论：血浆瘦素与生产性能指标、血浆生化指标的相关性分析证实，瘦素在奶牛能量平衡、生产性能和繁殖性能之间起到一个平衡纽带的作用（郑家三等，2010）。

2）泌乳量对奶牛繁殖性能、血浆代谢产物和生殖激素的影响

（1）方法：本试验选取年龄、胎次相近的健康泌乳奶牛 30 头，按泌乳量分为高（H）、中（M）、低（L）三组，每组 10 头，在产后 30d、40d、50d、60d、70d、80d 及发情时记录试验奶牛 DMI、BCS、MY 和繁殖性能，检测其血浆 Glu、NEFA、LH、FSH、E_2、P_4 和 $PGF_{2\alpha}$ 的水平。

（2）结果：随 MY 增高，泌乳奶牛 DMI 增加，但 BCS 降低，首次发情时间延长，情期受胎率和年受胎率下降，配种指数和平均产犊间隔增加；随 MY 增高，试验奶牛血浆 E_2、LH 的水平增高，血浆 Glu、FSH、P_4 水平降低；发情时三组奶牛 7 项血浆参数的水平相近。

（3）结论：高泌乳量加重机体能量负平衡，抑制卵泡周期性活动，从而降低奶牛产后繁殖性能（夏成等，2009）。

3）荷斯坦泌乳牛情期体内生殖激素与生化指标的关系

本研究应用放射免疫法和生物化学方法测定随机选取的 60 头发情与乏情泌乳奶牛情期血液 LH、FSH、催乳素（PRL）、$PGF_{2\alpha}$、E_2、P_4 和 Glu、BUN、ALB、TP 的变化。结果表明：发情奶牛血液激素变化规律性显著，发情奶牛 Glu 浓度显著高于乏情奶牛。发情奶牛血清 BUN 含量低于乏情奶牛。产后奶牛应该给予高能日粮，并适当控制蛋白质比例，有利于奶牛产后发情（朱玉哲等，2008）。

1.3.2.2　产后乏情奶牛血浆生化参数的变化

（1）方法：在某一集约化牛场通过跟踪检测发情和乏情奶牛（每组 15 头）产后 45d、55d、65d、75d 和 85d 血浆中内分泌指标（LH、FSH、P_4、E_2、PRL）和代谢指标（Glu、NEFA、BHBA、BUN）。

（2）结果：乏情奶牛产后血浆 Glu 浓度低于发情奶牛，而 NEFA 浓度却高于发情奶牛，且差异显著；发情组奶牛血浆中 LH、FSH 和 E_2 的含量均显著高于乏情组；乏情奶牛血浆呈现低 BUN 浓度、低 Glu 浓度和高 NEFA 浓度的生化特征。

（3）结论：产后奶牛能量负平衡是造成奶牛产后乏情的主要原因。奶牛生殖激素分泌量不足、分泌模式紊乱及缺乏峰值是导致奶牛发情时间间隔延长及乏情的直接原因（段宇等，2014）。

参 考 文 献

段宇, 夏成, 吴凌, 等. 2014. 产后乏情奶牛血浆生化参数的变化. 中国兽医杂志, 50(4): 26-28.

李泳欣, 邹艺轩, 刘建新, 等. 2018. 奶牛氧化应激及天然植物抗氧化提取物研究进展. 浙江大学学报(农业与生命科学版), 44(5): 549-554.

鲁明福, 吴凌, 舒适, 等. 2011. 围产期奶牛血清中阴阳离子状况的分析. 黑龙江八一农垦大学学报, 23(3): 24-26+33.

孙宏亮, 许美花, 金吉东, 等. 2018. 胎衣不下奶牛血液生化预警指标的筛选. 畜牧与兽医, 50(8): 99-103.

王建, 孙鹏, 卜登攀, 等. 2014. 围产期奶牛免疫抑制发生原因及其缓解的营养对策. 动物营养学报, 26(12): 3579-3586.

吴晨晨, 夏成. 2006. 不同地区泌乳奶牛 14 项血液生化指标的测定. 中国奶牛, 11: 31-33.

吴凌, 夏成, 张洪友, 等. 2015. 泌乳奶牛血浆硒水平与机体抗氧化和免疫功能的关系. 中国兽医学报, 35(12): 1974-1978.

武福平, 夏成, 张洪友, 等. 2010. 奶牛围产期血浆 Ca、P、AKP 和 HYP 的变化. 畜牧兽医科技信息, 2: 28-30.

武瑞, 张洪友, 夏成, 等. 2004. 酮病奶牛血清中 NO 含量及 NOS 活性变化的研究. 动物科学与动物医学, 21(11): 52-53.

武瑞, 张洪友, 夏成, 等. 2005. 荷斯坦奶牛酮病对抗氧化系统影响的研究. 动物医学进展, 26(1): 89-90.

夏成, 王洪斌, 张洪友, 等. 2009. 能量负平衡对泌乳早期奶牛生产性能、繁殖性能和机体代谢的影响. 中国畜牧杂志, 45(21): 32-35.

夏成, 徐闯, 吴凌. 2015. 奶牛主要代谢病. 北京: 科学出版社.

夏成, 张洪友. 2010. 营养对奶牛围产期健康的影响. 黑龙江八一农垦大学学报, 22(5): 44-50.

夏成, 张洪友, 王哲, 等. 2004. 正常泌乳奶牛的血清瘦蛋白、血糖和血酮浓度及其相关性. 吉林畜牧兽医, 3: 10-11.

夏成, 张洪友, 徐闯. 2013. 奶牛酮病与脂肪肝综合征. 北京: 中国农业出版社.

夏成, 朱玉哲, 张洪友, 等. 2009. 泌乳量对奶牛繁殖性能、血浆代谢产物和生殖激素的影响. 中国奶牛, 11: 29-32.

夏成, 朱玉哲, 张洪友, 等. 2010. 能量平衡对围产期奶牛泌乳和干物质摄入量及机体代谢的影响. 动物医学进展, 31(2): 48-51.

薛俊欣, 张克春. 2011. 奶牛氧化应激研究进展. 奶牛科学, 14: 29-32.

张洪友, 张喜玲, 武瑞, 等. 2005. 奶牛酮病红细胞膜上 ATP 酶活性变化的研究. 动物医学进展, 26(4): 64-65.

张江, 赵畅, 范子玲, 等. 2017. 围产期奶牛生产性疾病的研究进展. 湖北畜牧兽医, 38(12): 18-21.

赵莉媛. 2017. 围产期奶牛免疫抑制的研究进展. 青海畜牧兽医杂志, 47(4): 55-58.

郑家三, 夏成, 张洪友, 等. 2010. 瘦素与奶牛泌乳早期能量平衡和生殖机能的关系. 中国农业大学学报, 15(3): 75-82.

朱玉哲, 夏成, 张洪友, 等. 2008. 荷斯坦泌乳牛情期体内生殖激素与生化指标关系的研究. 中国牛业科学, 34(6): 13-15.

Abuelo A, Hernandez J, Benedito J L, et al. 2013. Oxidative stress index (OSi) as a new tool to assess redox status in dairy cattle during the transition period. Animal, 7: 1374-1378.

Abuelo A, Hernández J, Benedito J L, et al. 2019. Redox biology in transition periods of dairy cattle: Role in the health of periparturient and neonatal animals. Antioxidants, 20: 1-19.

Berry D P, Friggens N C, Lucy M, et al. 2016. Milk production and fertility in cattle. Annu Rev Anim Biosci, 4: 269-290.

Celi, P. 2011. Oxidative stress in ruminants. *In*: Mandelker L, Vajdovich P. Studies on Veterinary Medicine. New York: Humana Press: 191-231.

Diskin M G, Waters S M, Parr M H, et al. 2016. Pregnancy losses in cattle: Potential for improvement. Reprod Fertil Dev, 28(1-2): 83-93.

Goff J P. 2008. The monitoring, prevention, and treatment of milk fever and subclinical hypocalcemia in dairy cows. Vet J, 176 (1): 50-57.

Grummer R R, Wiltbank M C, Fricke P M, et al. 2010. Management of dry and transition cows to improve energy balance and reproduction. J Reprod Dev, 56 Suppl: S22-28.

Ingvartsen K L, Moyes K M. 2015. Factors contributing to immunosuppression in the dairy cow during the periparturient period. J Vet Res, 63(2): 15-24.

Jolicoeur M S, Brito A F, Santschi D E, et al. 2014. Short dry period management improves peripartum ruminal adaptation in dairy cows. J Dairy Sci, 97: 7655-7667.

Kawashima C, Matsui M, Shimizu T, et al. 2012. Nutritional factors that regulate ovulation of the dominant follicle during the first follicular wave postpartum in high-producing dairy cows. J Reprod Dev, 58(1): 10-16.

Lean I J, Westwood C T, Golder H M, et al. 2013. Impact of nutrition on lameness and claw health in cattle. Livest Sci, 156(1-3): 71-87.

NRC (National Research Council). 2001. Nutrient Requirements of Dairy Cattle. 7th rev. ed. Washington, DC: Natl. Acad. Press.

Sheldon I M, Lewis G S, Leblanc S, et al. 2006. Defining postpartum uterine disease in cattle. Theriogenology, 65(8): 1510-1530.

Whay H R, Shearer J K. 2017. The impact of lameness on welfare of the dairy cow. Vet Clin North Am Food Anim Pract, 33(2): 153-164.

第 2 章　奶牛主要生产性疾病的流行病学调查

当前，奶牛生产性疾病的定义已得到很大的扩展，不仅从传统的奶牛代谢病，如酮病、脂肪肝、生产瘫痪、骨软症等延伸到瘤胃酸中毒、皱胃变位、胎衣停滞、蹄叶炎、乳房炎、子宫内膜炎等疾病，而且涵盖了亚临床病例，如亚临床的酮病、瘤胃酸中毒、低钙血症、乳房炎、子宫内膜炎等。集约化牛场奶牛生产性疾病防控重点已从个体转向群体、从治病转变为防病。兽医流行病学调查在 21 世纪才被广泛地应用于奶牛生产性疾病，主要归因于疾病的群发特点。流行病学调查是疾病防控的重要内容，并作为一种方法定量分析疾病产生的相互危险因素。因此，在正常规范管理模式下，任何造成动物群体不健康和生产性能下降的因素都会成为疾病发生的风险因素。

围产期和泌乳早期是奶牛生产性疾病的高发期。为了解奶牛生产性疾病的流行病学，牛场应该建立完整的各类数据采集和分析平台。在欧美国家部分牛场已推行了生产数据的收集及专业数据分析系统，对牛场生产管理、疾病防治和效益等产生了巨大作用。因此，牛场奶牛生产性疾病的群体健康评估和精准防控受到了国内外养牛业的高度重视。

2.1　兽医流行病学调查

2.1.1　目的与意义

动物和公共健康面临的共同挑战是对多种的、直接的或间接的病因及其相互作用，疾病致病因素进行识别、定量和集中检查。兽医流行病学调查涉及疾病的致病因素在动物群体中的分布情况，了解疾病对动物生产力（多产性）、动物福利或效益的影响。兽医流行病学调查通常应用科学的结构方法，整合不同的科学技术获得疾病的数据，重点是为合理防控决策提供科学依据（Pfeiffer，2010）。

根据牛场实际情况针对一个特定的动物健康问题，提供一个广泛的兽医流行病学调查方法和建议。兽医流行病学调查一般先了解是否存在动物健康问题，什么样的问题？这需要收集或获取已有的数据，包括动物、管理、经济和环境等多方面，可以从分子到群体水平等不同方式来收集。调查的第一步是依据发病率和经济学方法进行数据描述性分析。然后，调查将确定潜在的危险因素与疾病发生之间的因果关系，为疾病的控制或预防提供科学依据。这样的因果研究常涉及数据驱动建模或知识驱动建模。两者的区别在于前者是从获得的数据推演关系，后者是从生物学系统内已知的知识来发展模式。一旦阐明了因果关系，就可以评估干预的影响。兽医流行病学调查的最终目的是利用整合的最新科学证据做出防治疾病的合理决策，解决好疾病的预防和控制问题。由于《奶牛酮病与脂肪肝综合征》和《奶牛主要代谢病》书中阐述了兽医流行病学调查（夏成等，2013，2015），这里仅做概述和补充。

2.1.2　研究设计

兽医流行病学调查（Veterinary Epidemiological Survey）常用来研究群体健康状况，阐明疾病的病因，预防或控制疾病的发生、发展和分布。它们需要利用数据来分析。收集的数据必须明确它的目标群体和来源群体是什么。目标群体是指研究中要解决的问题群体。来源群体是指研究中的一个实际单位，如被选择的动物或种群。

兽医流行病学调查通常分为描述性和分析性或解释性的研究。前者包括病例报告（Case Report）、病例分析（Case Analysis）及调查研究（Investigation）；后者包括实验性研究（Experimental Study）和观察性研究（Observational Study）。它们包含了动物分组间一个或多个危险因素及实验结果之间的统计学关系，可以推论诱发的关联性。所有生物学系统的现象都是相互关联的，需要运用各种不同形式的统计分析方法来研究它们。

兽医流行病学调查的统计学方法包括描述性（Descriptive）、实验性、观察性和循证医学（Evidence-Based Medicine）的研究方法。这里仅提供简要的例证，供参考。

2.1.2.1　描述性研究

该研究以病例报告和病例分析为代表。

1）食管沟功能障碍：新生犊牛瘤胃臌气的原因之一

（1）背景：食管沟功能障碍是瘤胃膨胀的主要原因之一。如果不及早治疗，这种疾病对于新生牛犊是致命的。在健康哺乳犊牛，牛奶会绕过前胃进入皱胃来消化牛奶蛋白。然而，食管沟损伤使牛奶进入前胃，导致微生物发酵产生多余的气体。因此，腹部膨胀，尤其反刍动物左侧腹胀，是前胃产气过多引起的一个严重的临床表现。

（2）案例介绍：在某个奶牛场一头 10 日龄的杂交雄性犊牛表现左腹部膨胀和呼吸困难。该犊牛虚弱无力，喜卧，可视黏膜明显充血。犊牛仅饲喂牛奶，没有吃干饲料（干草、浓缩物和粗饲料）。主诉该犊牛有轻微到中度的腹胀，在喂乳 3～5h 后，腹胀会自动消失。在腹胀期间，脉搏、呼吸都增加。体检发现左腹部严重膨胀，叩诊发现左腹部积存气体和液体。通过插入胃管并灌服抗生素尝试从前胃释放气体；然而，病情没有得到缓解。每次喂奶后，腹胀频繁复发，常规治疗难以治愈，经瘤胃造口术治疗效果较好。并且，配合静脉输液和其他支持治疗，并停喂牛奶。然而，为了给犊牛提供营养，应给予犊牛适量的牛奶，因为其不会导致瘤胃瘘的产生。此外，在减少牛奶摄取量的同时，让犊牛比通常推荐的时间更早地采食饲料（新鲜草和干草），增强瘤胃功能。

（3）结论：这种情况下当常规治疗失败时，瘤胃造口术可以成功地治愈病例（Kaba et al.，2018）。

2）不同剂量人绒毛膜促性腺激素（hCG）对卵泡囊肿奶牛产后卵泡发育的影响

（1）目的与方法：本研究旨在探讨肌内注射不同剂量 hCG 对难治性的卵泡囊肿（COF）奶牛卵泡发育的影响。诊断为 COF（直径≥25mm）的奶牛被分为 4 个治疗组：hCG-1（n=3），第 1 天单次剂量为 4500IU；hCG-2（n=3），2250 IU；hCG-3（n=3），1 天、3 天、5 天 1500IU；hCG-C（n=3），第 1 天给予生理盐水。4 个治疗组分别在第 1 天、3 天、5 天、7 天、14 天进行采血和超声检查卵巢。P_4 值< 1ng/ml 被用作缺乏功能性黄体（CL）的指标。

（2）结果：在第 5 天，hCG-2 组卵泡直径<4mm 数量明显增多（$P<0.05$）。此外，在第 5 天，hCG-2 和 hCG-3 组<4mm 卵泡数量与 hCG-C 组比较有显著差异（$P<0.05$）；在第 7 天，hCG-3、hCG-2、hCG-1 组比 hCG-C 组在 5～9mm 卵泡数量上有一个差异的趋势（$P=0.08$）。在第 7 天和第 14 天，hCG-1 组奶牛 P_4>1ng/ml 的比例分别为 100%（3/3）和 100%（3/3）；hCG-2 组的比例分别为 100%（3/3）和 67%（2/3）；hCG-3 组的比例分别为 67%（2/3）和 100%（3/3）；hCG-C 组的比例分别为 33%（1/3）和 33%（1/3）。给予 hCG 后，hCG-1 组（$P=0.054$）和 hCG-2 组（$P=0.051$）P_4 呈明显的升高趋势。此外，与 hCG-C 组相比，hCG-1 组在第 5 天的 P_4 值往往更高（$P=0.07$）。

（3）结论：多次小剂量 hCG 与一次大剂量 hCG 对 COF 奶牛卵泡发育的调节作用相同（Ono et al.，2018）。

2.1.2.2 实验性研究

该研究以随机对照试验（RCT）、田间试验研究为代表。

1）随机对照试验（RCT）：口服免疫球蛋白补充治疗新生犊牛腹泻的临床效果

（1）背景：应用局部肠道免疫的非抗生素替代品治疗 102 例犊牛腹泻来证实

口服免疫球蛋白是否可以减少犊牛腹泻的消失时间、治疗的病例数和死亡率。

（2）方法：犊牛被随机分配到三组中的任意一组。治疗组每天两次在牛奶中添加 20g 免疫球蛋白，共 14d。安慰剂组每天两次在牛奶中添加 20g 营养价值与治疗组相似的产品，但不添加免疫球蛋白，共 14d。对照组没有服用替代品。比较药物治疗腹泻消退的时间和病死率。

（3）结果：各组间治疗病例的比例（治疗组 79%，安慰剂组 79%，对照组 77%）无显著性差异（$P = 0.69$）。治疗组腹泻平均缓解时间[10.5d；95%置信区间（CI），7d, 13d]与对照组（8d；95% CI，5d, 10d）之间（$P = 0.08$），或安慰剂组（6.5d；95% CI，3d, 9d）与对照组之间（$P = 0.89$）均无明显性差异。与治疗组相比，安慰剂组的中位缓解时间更短（$P = 0.08$）（6.5d vs.10.5d）。组间病死率（治疗组 2%，安慰剂组 3%，对照组 3%）无差异（$P = 0.36$）。

（4）结论和临床意义：补充免疫球蛋白对腹泻幼犊局部肠道免疫的预期益处不明显（Chung et al.，2019）。

2）田间试验研究：2 种钙补充剂对经产荷斯坦奶牛泌乳早期健康和生产的影响

（1）目的：检测奶牛产后口服钙剂或皮下注射钙剂和未补钙剂后头 48h 血清钙浓度和评估这些处理对产后子宫炎、皱胃变位、乳房炎和其他疾病（生产瘫痪、胎衣不下、子宫内膜炎、真胃变位）的发病率及其从牛群淘汰，首次受精怀孕及在泌乳头 10 周日均产奶量的影响。

（2）方法：在纽约的一个商业化牛场开展了两个实验。在实验一中，经产荷斯坦奶牛（$n=30$）根据胎次（2 和 ≥ 3）的限定和产犊顺序，在分娩时随机分配为未补钙剂的对照组（CON，$n = 10$）、皮下注射 500ml 23%葡萄糖酸钙组（SC，$n=10$），或者口服含 43g 钙丸剂，12h 后再次口服组（OB，$n=10$）。补钙前及补钙后 1h、2h、4h、8h、12h、24h、48h 采血，测定血清总 Ca 浓度。在实验二中，1478 头经产荷斯坦奶牛按照产期先后分配到上述 3 个处理组（CON，$n=523$；SC，$n=480$；OB，$n=475$）。

（3）结果：在实验一中，SC 组奶牛在补钙后 1～12h Ca 浓度比 CON 组奶牛高，OB 组奶牛在补钙后 1h 和 24h Ca 浓度比 CON 组奶牛高。在实验二中，在不同的处理方法中，发现子宫炎、真胃变位、泌乳早期疾病诊断或首次受孕的风险没有差异。SC 组或 OB 组奶牛日平均产奶量无明显影响（CON = 46.70kg；SC = 47.10kg；OB = 47kg）。与 CON 组奶牛相比，接受 SC 或 OB 组奶牛在前一次泌乳中泌乳量相对较高的奶牛在产后头 60 天被诊断为乳房炎的可能性几乎是50%[风险比（RR）：SC = 0.57；OB = 0.54]；然而，在不同的处理方法之间，乳房炎风险在泌乳量相对较低的泌乳牛群没有区别。第二胎奶牛产前饲喂负的日粮阴阳离子差和 SC 或 OB 组奶牛更容易从牛群中被淘汰（RR：SC = 3.91，OB =

4.72）；这种差异在产前饲喂中性的日粮阴阳离子差的二胎奶牛或胎次≥3 的奶牛中没有出现。

（4）结论：补钙会增加血清钙，但并未显著提高奶产量或健康和生殖性能，有待进一步证实（Domino et al.，2017）。

2.1.2.3 观察性研究

该研究主要包括队列研究、个案对照研究和横截面研究。

1）队列研究：与 G6G 方案的再同步——对商业奶牛场第二次和以后定时人工授精（TAI）进行回顾性、观察性研究

（1）方法：本研究记录了商业奶牛场在应用激素重新同期排卵后的第二次和晚些时候定时人工授精（TAI）的受孕率（CR）和估计怀孕率，使用了 G6G 方案（PGF 第 0 天；GnRH 第 2 天、8 天；PGF 第 15 天、16 天，GnRH 第 17 天；TAI 第 18 天），5 天 Ovsynch 方案或 5DO（GnRH 第 0 天；PGF 第 5 天、6 天；GnRH 第 7 天；AI 第 8 天）。在 4 个牛场中，两种方案并行实施，分别使用 1368 头牛实施 TAI 进行基于逻辑回归的方案比较（初产牛 544 头，经产牛 824 头）。G6G 后 1024 头给予 TAI（经产牛 600 头，初产牛 424 头）；5DO 后 344 头给予 TAI（经产牛 224 头，初产牛 120 头）。炎热季节有 280 头给予 TAI；凉爽季节有 1088 头。

（2）结果：所有奶牛受孕率为 31.70%±12%，用 G6G 方案同期排卵的奶牛 CR 为 35.10%±10.70%，用 5DO 方案同期排卵的奶牛 CR 为 21.80%±9.70%（$P < 0.0001$）。炎热季节奶牛 CR（19.30%±8.40%）低于凉爽季节奶牛 CR（34.90%±10.60%）（$P < 0.0001$），用 G6G 方案观察到相似的季节结果。逻辑回归分析显示，在同期排卵方案的第二次和随后 TAI，对 CR（OR = 0.514；95%置信区间 0.385～0.686；$P < 0.0001$）和季节（OR = 0.486；95%置信区间 0.350～0.676；$P< 0.0001$）有显著影响。胎次对第二次和随后 TAI 后 CR 无影响（$P > 0.1$），与季节和再同期排卵方案无交互作用。

（3）结论：基于这两种激素方案的 CR 数据估计的怀孕率表明，G6G 可以有效地用于第二次和以后 TAI，并强调了在奶牛养殖场设计第二次和以后 TAI 策略时考虑的方案和季节的重要性（Patron et al.，2019）。

2）病例对照研究：荷兰奶牛场中与幼犊大量使用抗生素有关的因素

（1）背景：自 2012 年以来，荷兰兽医局每年都会报道奶牛饲养场幼犊（<56 日龄）使用抗生素（AMU）的情况。AMU 在这个年龄段的分布是倾斜的，在大多数奶牛场幼犊中 AMU 较低，而在相对较少的奶牛场中 AMU 较高。这导致了平均值和中值 AMU 之间的显著差异。为了进一步降低平均 AMU，必须降低高 AMU 农场的 AMU。本研究的目的是评估在荷兰奶牛场中，幼犊 AMU 值高或低

的奶牛场中，幼犊管理、农户心态与幼犊 AMU 之间的关系。这一知识有助于减少高 AMU 农场幼犊 AMU。

（2）方法与结果：依据病例对照研究，200 个奶牛场（100 个 AMU 高，100 个 AMU 低）参与了研究。根据 2012 年幼犊抗生素使用量的第 90 个百分位数，将病例农场定义为 2012 年和 2013 年幼犊>28 是动物日定义剂量的农场。2012 年和 2013 年，对照农场对幼犊的动物日剂量为<0.5，被确定为低剂量。对整个农场和幼犊库存管理、卫生、牛舍、疫苗接种和幼犊健康进行了问卷调查。通过问卷中陈述（同意/不同意），确定农民对 AMU 和病牛治疗的心态。此外，常规收集的数据，牛群规模、增长的牛群规模、替换和幼犊死亡率可用于分析。立即开始对患病犊牛进行抗菌治疗的奶农比开始对患病犊牛进行支持性非抗菌治疗的奶农属于高 AMU 组的概率更高。其他与幼犊 AMU 偏高相关的变量包括：将幼犊安置在部分板条地板上、呼吸道疾病的高患病率、沙门氏菌状况不佳，以及不同意幼犊需要特殊管理的说法。

（3）结论：无论是奶牛场管理，还是奶牛场生产者对 AMU 的看法，都是一种心态的体现，在区分幼犊 AMU 高低的牧场时，这两方面都很重要。尽管这种心态背后的理论基础需要更多研究，但似乎需要在这两个方面都做出改变，才能降低奶牛场幼犊 AMU（Holstege et al.，2018）。

3）横截面或交叉研究：自由放牧奶牛的飞节损伤（HL）——流行和危险因素的调查研究

（1）背景：奶牛飞节损伤是散栏饲养体系里现代奶牛生产中一个常见的动物福利问题，但在瑞典没有大规模的研究阐明其流行病学。本研究目的是调查 100 个瑞典散栏饲养奶牛群中不同严重程度 HL 的患病率，确定奶牛和牛群相关的风险因素。此外，还调查了 HL 与乳房炎及淘汰之间的关系。

（2）结果：统计分析共纳入 99 个畜群的 3217 头奶牛。奶牛飞节毛脱落（轻度 HL）的患病率为 68%，飞节溃疡或明显肿胀（伴有或不伴有脱毛）的患病率为 6%（重度 HL）。牛群内患病率在群间存在差异，轻度 HL 为 23%～100%，重度 HL 为 0%～32%。品种（瑞典荷斯坦牛的风险高于瑞典红牛）和泌乳天数（181～305d 的风险高于 0～9d 的风险）是相关的风险因素，与这两种类型损伤有关，而胎次高和干净的奶牛只与重度 HL 的风险增加有关。与橡胶垫相比，在床垫上奶牛患轻度 HL 的风险较低；与其他床垫用品相比，在泥炭上的奶牛患轻度 HL 的风险较低。此外，年龄大于 17 个月的未受精小母牛中比例较高的牛群比比例较低的牛群患轻度 HL 的风险更低。与推荐宽度相比，在推荐宽度范围内的小隔间；与常规生产相比，在有机生产中；与在泌乳后使用乳头浸泡或不使用乳头处理相比，在使用乳头喷雾时，发生重度 HL 的风险较低。对于轻度和重度 HL，鱼骨式挤奶厅的风险均高于串联式挤奶厅。我们发现 HL 与乳房炎或淘汰之间没有明显的联系。

（3）结论：瑞典奶牛群中 HL 的患病率较高，但大部分病变较轻。确定了几种与奶牛和群体有关的危险因素，其结果可用于改进瑞典散栏饲养牛群中预防 HL 的建议（Ekman et al.，2018）。

2.1.2.4 循证医学

循证医学是根据发表的文献证据解决临床医学问题并对证据进行严格分级，提供对医学文献评价分级的实践指南，并充分考虑患者的需求来解决具体临床医学问题。换句话说，是将最佳的研究证据与临床医生的技能、经验和患者的期望、价值观三者更好地结合，并在特定条件下付诸实践的实用性科学。

系统评价（System Review）和荟萃分析（Meta Analysis）是循证医学重要的手段。系统评价分为定性和定量描述，当纳入研究缺乏可用数据或异质性过大而无法进行 Meta 分析时就只能进行定性描述。

1）系统评价

系统评价是根据某一具体的临床医学问题，采用系统、明确的方法收集、选择和评估相关的临床医学原始研究，筛选出合格者，并从中提取和分析数据，为疾病的诊治提供科学依据。

2）Meta 分析

Meta 分析是在系统性评价时合并多个独立的研究结果所使用的统计方法。它可以将针对同一问题的、多个独立的研究结果进行定量分析。共分为 8 个步骤：提出问题，制订研究计划；检索资料；选择符合纳入标准的研究；纳入研究的质量评价；提取纳入文献的数据信息；资料的统计学处理；敏感性分析；形成结果报告。

自 Karl Pearson 于 1904 年使用 Meta 分析方法以来，该方法已在人类医学领域得到了广泛的应用，Meta 分析的结果现已成为当前人类医学循证决策的重要证据。然而，未来如何借鉴人类医学的循证医学所取得的成功经验，来解决奶牛生产性疾病方面的难题，仍需要开展相关评述与验证工作，为丰富和完善奶牛兽医学领域的理论知识奠定基础。

3）奶牛亚临床酮病（SCK）与疾病、繁殖性能和奶产量的关系：Meta 分析与评价

（1）方法：根据查阅的 23 篇论文的 131 种不同的模式，或当相关文献缺乏时引用的评论，通过优势比（OR）、相对风险或危险比减少研究之间的异质性影响，排除奶产量的影响，发现有两种主要的参数对疾病、繁殖性能的风险有重要影响。第一，通过定义 SCK 为①产后 BHBA 浓度>1.40mm/L，②产前 NEFA 浓度>0.40mm/L，或③产后 NEFA 浓度>1.00mm/L 调整或纠正了低估疾病、繁殖性能的风险。这是因为使用低阈值较使用高阈值获得疾病的风险降低。第二，在有 SCK 的情况下，使用多因子条件产生的修正，纠正了过高估计的风险，因为许多试验报告只使用单变量模型。

（2）结果：SCK 与皱胃变位、临床酮病、早期扑杀和死亡、子宫炎、胎衣不下、临床乳房炎、跛行和患 SCK 病例乳中体细胞计数（SCC）倍增的相对风险或 OR（95%置信区间）分别为 3.33（2.60~4.25）、5.38（3.27~8.83）、1.92（1.60~2.30）、1.75（1.54~2.01）、1.52（1.20~1.93）、1.61（1.24~2.09）、2.01（1.64~2.44）和 1.42（1.26~1.60）。在直接调整了皱胃变位、临床酮病、子宫炎和胎衣不下的影响后，与 SCK 相关的 305d 奶产量损失为 251kg±73kg。在患 SCK 情况下，产犊到首次配种的风险 OR（95%置信区间）为 0.67（0.53~0.83）。患有 SCK 的奶牛产犊到首次配种的间隔延长 8d，产犊到受胎的间隔延长 16~22d。

（3）结论：本文强调 SCK 与疾病之间的风险，奶产量变化与生殖特征之间的关系需要进一步评述（Raboisson et al.，2014）。

2.2　奶牛主要生产性疾病流行病学概况

近 20 年来，我国奶业稳步发展，奶牛规模化程度和单产水平都大幅提高，因各地饲养模式、管理水平和疾病防治等方面的差异，集约化牛场奶牛生产性疾病发生表现为代谢病日趋增多，危害加大；繁殖障碍和肢蹄病发生率高，危害严重（朴范泽和夏成，2011）。因此，生产性疾病已成为危害我国奶牛健康的主要群发普通病，必须采取科学的预防措施，保障奶业可持续健康发展。

众所周知，奶牛围产期和泌乳早期是奶牛发病高峰期，约 70%疾病发生在此期。奶牛主要代谢病包括酮病、脂肪肝、生产瘫痪、微量元素和维生素的缺乏等。其中，临床型病例明显减少，而亚临床病例日益增多。高产奶牛亚临床酮病或脂肪肝高达 30%以上，亚急性瘤胃酸中毒达 20%以上，亚临床低钙血症高达 60%以上。然而，微量元素和维生素的亚临床缺乏尚未引起重视，由此引起的氧化应激和免疫抑制问题却日益凸显。此外，奶牛主要代谢病，如酮病、脂肪肝、生产瘫痪、瘤胃酸中毒、真胃变位等，与胎衣不下、难产、乳房炎、子宫内膜炎、蹄叶炎等是相互关联的，这与营养、代谢、内分泌和免疫功能有关。奶牛代谢紊乱可导致级联效应，使感染性疾病和其他疾病发生率升高，还造成繁殖力降低、产奶量下降等一系列问题。

另外，繁殖障碍疾病一直是妨碍奶牛健康的最棘手的问题之一。奶牛繁殖障碍疾病的病因众多，大致分为传染性因素和非传染性因素。传染性疾病曾是繁殖障碍的重要因素，而现在非传染性因素已成为繁殖障碍的主要病因。非传染性因素主要包括饲养管理方式方法不当、先天性或后天性生殖器官的疾病发生、繁殖技术失误或不良。随着集约化、规模化和现代化饲养，奶牛场的养殖密度过大、管理方式老旧或不当等因素影响，造成了繁殖障碍疾病日趋严重，除屡配不孕，生殖器官疾病如卵巢静止、卵巢机能不全、排卵延迟、持久黄体、卵巢囊肿和胎衣不下及子宫内膜炎等明显增加外，产后 60～90d 奶牛乏情问题极其普遍。泌乳量越高，奶牛乏情问题越严重，可达到 70% 以上，造成奶牛产后发情延迟到 120d 以上，甚至更长，极大地降低了奶牛繁殖力。

此外，肢蹄病仍是奶牛健康的一大瓶颈。肢蹄病种类多，主要有蹄叉腐烂、蹄底溃疡、蹄叶炎、腐蹄病、犊牛多发性关节炎、蹄变形和骨营养不良等；病因复杂，涉及营养、管理、环境、遗传、疾病等因素。发病率为 4.75%～30%，个别牛场高达 30% 以上。肢蹄病可造成牛运动障碍、泌乳量下降、繁殖率降低、牛群寿命缩短、过早淘汰等问题，给养牛业带来很大经济损失。

总之，在规模化饲养条件下，牛场在营养、蹄保健、繁殖、牛舍环境和饲养管理等方面如不能达到高产奶牛保健要求，奶牛主要生产性疾病发病率将会进一步增高，对养牛业危害会更加严重。它们已被列为当前奶牛业急需解决的主要群发普通病。

2.2.1　奶牛主要代谢病

奶牛主要代谢病包括能量代谢障碍、钙磷代谢障碍的疾病及氧化应激和免疫抑制。其中能量代谢障碍和钙磷代谢障碍的疾病流行病学内容在《奶牛酮病与脂肪肝综合征》和《奶牛主要代谢病》书中有详细的阐述（夏成等，2013，2015）。本节重点介绍氧化应激和免疫抑制的风险因素。

2.2.1.1　能量代谢障碍性疾病的风险因素

以酮病、脂肪肝为代表的奶牛能量代谢障碍性疾病发生的风险因素包括分娩、胎次、季节、泌乳量、遗传、品种、饲养模式及管理等。其中，主要影响因素是营养管理、体况及环境等。

奶牛体况评分（BCS）是评估奶牛所拥有的体脂比例，是奶牛管理中的一个重要环节。衡量 BCS 因国家而异，但低值反映消瘦，高值等同于肥胖。泌乳期 BCS 状况是泌乳状况的一个反映。奶牛在产犊后 50～100d 内会损失体况，这是由于在生长发育轴上发生的变化，周围组织对胰岛素的敏感性，以及脂肪组织分解途径的上调。在胰岛素抵抗（IR）的自然时期过去并恢复生长轴之前，管理和饲养对产后早期体况损失（产后第 1 周至 4 周）几乎没有影响。然而，管理和日粮会影响生长轴的恢复时间和干扰周围组织对胰岛素的敏感性，产后 30d 奶牛脂肪组织基因表达差异证实了能量摄入对脂肪酶的影响。奶牛分娩时 BCS、产后BCS 最低点，以及产后 BCS 损失与奶牛生产、繁殖和健康有关。分娩时 BCS 和产后 BCS 最低点之间的关联存在相对的一致性，BCS 在泌乳量、产后发情、成功怀孕、子宫复旧天数、子宫感染风险及代谢紊乱风险上存在差异。泌乳奶牛许多生产和健康的参数与 BCS 的关系是非线性的，分娩时最佳临界 BCS 为 3.00～3.25（5 分制）；泌乳奶牛 BCS 低与低的生产和繁殖能力有关，而泌乳奶牛分娩时BCS≥3.50（5 分制）与泌乳早期干物质摄入量和泌乳量的减少及代谢紊乱风险的增加有关。体况评分自动化分析会被纳入决策支持系统，有助于管理者做出合理的决策。因此，遗传学、围产期营养和管理是与 BCS 相互作用的因素，用来确定健康障碍的风险（Roche et al.，2009）。

2.2.1.2　钙磷代谢障碍性疾病的风险因素

以生产瘫痪、骨软症为代表的奶牛钙磷代谢障碍性疾病发生的风险因素包括年龄、胎次和发病时间，品种、个体，日粮因素（Ca、P、DCAD），管理，以及气候与地域等。其中，饲料钙磷比例、阳离子（P、Mg、K）含量和酸碱平衡是主要的风险因素。

分娩前后的围产期或泌乳早期以疾病风险明显增加为特征。分娩时低钙血症是许多疾病的一个危险因素，也是增加淘汰的一个间接危险因素。临床低钙血症（生产瘫痪或乳热）的发生率一般为 0～10%，但有的可超过 25%。在刚分娩的奶牛亚临床低钙血症发生率有的高达 80% 以上。钙稳态调节是由甲状旁腺素、降钙素和 $1,25\text{-}(OH)_2$ 维生素 D3 完成的。年龄增加了患生产瘫痪风险的比率约 9%。以往控制乳热的核心是通过产前饲喂低钙的日粮来刺激体内的平衡机制。最近，通过观察性研究和荟萃分析，发现日粮 DCAD 在预防低钙血症中的作用。DCAD 方程最合适的形式一直存在争议，但荟萃分析表明，方程 $[(Na^+ + K^+)] - [(Cl^- + S^{2-})]$ 是预测生产瘫痪风险最有效的方法。生产瘫痪风险的降低与 DCAD 呈线性关系，而 DCAD 对尿 pH 值的影响呈曲线关系。荟萃分析证实了在产前提供日粮镁的关键作用，并发现钙对生产瘫痪风险的二次效应，其峰值发生在日粮干物质中1.10%～1.30% 的水平。随着产前日粮中磷含量的增加及天数的增加，发生生产瘫痪风险也会增加。荟萃分析表明，日粮钙、镁、磷的重要作用，以及在控制生产瘫痪策略中产前日粮的时间长短与 DCAD 无关。关于精心设计产前日粮的影响可以在生产、繁殖和动物健康方面做出重大改善，但需要进一步检查不同饲料的时间影响（DeGaris et al.，2008）。

2.2.1.3 氧化应激和免疫抑制的风险因素

1）内分泌和能量

（1）激素：在奶牛分娩期间，升高的糖皮质激素会抑制淋巴因子合成，诱导淋巴细胞凋亡，抑制与炎症介质有关的分子合成与释放，抑制淋巴细胞的吞噬、消化，减少淋巴细胞数量等，而 E_2、P_4 的变化也会影响免疫活性，导致免疫抑制（Ingvartsen et al.，2015；Abuelo et al.，2019）。

（2）能量负平衡：它是围产期奶牛免疫抑制的主要因素。能量负平衡所致的酮病会减少奶牛外周血中性粒细胞数、淋巴细胞数或转化率、中性粒细胞吞噬率和总抗氧化能力等，降低机体免疫功能。由于泌乳奶牛能量需求和耗氧量增大，代谢增强，血液 NEFA 升高，使 ROS 生成增多，引起氧化应激。这使得机体免疫功能和炎症应答能力下降，加重免疫抑制，增加了疾病易感性（Ingvartsen et al.，2015；Abuelo et al.，2019）。

2）矿物元素

（1）低钙血症：离子钙可以提高 T 淋巴细胞对抗原的敏感性，促进 T 淋巴细胞活化。围产期奶牛常处于钙负平衡状态，发生低血钙时会出现免疫抑制，而详细的抑制机制未完全明确（薛俊欣和张克春，2011；赵莉媛，2017）。

（2）硒、锌和铜：是奶牛必需的微量元素。硒是 GSH-Px 的中心元素，此酶最突出的作用是增强免疫功能和抗氧化应激。围产期奶牛补硒提高了溶菌酶活性、中性粒细胞杀菌能力、T 淋巴细胞数量和分泌 IL-6 的活性、吞噬细胞的吞噬指数，增强了细胞免疫功能。另外，锌与铜是 SOD 的组成成分，通过该酶维护生物膜结构和功能的完整，防止免疫细胞损害，发挥抗氧化应激和增强免疫功能的作用。此外，锌是胸腺素的组成成分，促进 T 细胞分化成熟为 T 细胞亚群，增强 T 细胞亚群的反应能力，调节机体免疫平衡。铜会借助铜蓝蛋白和血清免疫球蛋白发挥抗炎和增强免疫功能的作用（薛俊欣和张克春，2011；赵莉媛，2017）。

3）脂溶性维生素

奶牛容易缺乏脂溶性维生素，尤其是维生素 E、维生素 A、维生素 D（王建等，2014；李泳欣等，2018）。

（1）维生素 E（生育酚）：有抗氧化功能，维持免疫细胞及组织的完整性，增强细胞免疫功能。它主要有两种方式：一是增加中性粒白细胞和免疫球蛋白的数量，刺激巨噬细胞的增殖，提高细胞免疫能力；二是减弱过氧化氢活性，延长细胞寿命，减少自由基产生，保护细胞免受损伤。

（2）维生素 A：作为一种免疫抑制缓解剂能够增加奶牛血中免疫球蛋白，提高白细胞数量、细胞吞噬功能和免疫机能，促进 T、B 淋巴细胞协同性，以及抗体产生，从而降低子宫和乳房的炎症。

（3）维生素 D：作为调节免疫的一种类固醇激素如维生素 D3 能够增加免疫球蛋白水平和多形核中性粒白细胞数量，促进 B 淋巴细胞分化，诱导单核巨噬细胞对病原的杀伤作用，提高奶牛免疫功能。

2.2.1.4　危害

酮病和脂肪肝是奶牛围产期常见的能量代谢障碍性疾病。当前，集约化牛场该类疾病的临床病例常不超过 10%，但亚临床病例常高达 40% 以上。临床病例直接经济损失高达 312 美元/例。该类疾病会降低生产性能（产乳量下降 15%～20% 或更多），在疾病恢复后泌乳量也很难回到高峰。患病牛伴有低乳蛋白和乳糖，产后乏情、配种率低、产犊间隔延长、卵巢疾病和乳房炎发生的风险增高。

生产瘫痪和骨软症是奶牛围产期常见的钙磷代谢障碍性疾病。当前，集约化牛场该类疾病的临床病例常呈零星发生，通常不超过 5%，但亚临床病例分娩后头 3d 发生率高达 60% 以上。骨软症往往不表现临床症状。该类疾病会增加难产、真胃变位、卧地不起综合征、酮病、乳房炎、胎衣不下、子宫内膜炎及肢蹄病等疾病的风险，增加奶牛淘汰率。全世界每年因该类疾病造成的直接损失超过 20 亿美元，而继发疾病的损失高达 100 亿美元。

微量元素或维生素的缺乏症，在高产奶牛中时有发生。当前，集约化牛场该类疾病的临床病例较少发生，而亚临床缺乏较为常见，一般低于 10%，有的高达 50% 以上。有关该类疾病所造成经济损失的评估缺少相关报道。然而，由于该类疾病常引起氧化应激和免疫抑制，更重要的是公认它们对奶牛生长、泌乳、繁殖和健康等有着不利的影响，严重者会诱发胎衣不下、子宫炎、乳房炎、卵巢疾病、脂肪肝、肢蹄病等生产性疾病，并降低奶牛泌乳量和乳品质。因此，该类疾病的危害不容忽视。

2.2.2　奶牛主要繁殖障碍疾病

奶牛繁殖障碍疾病是兽医产科学的临床疾病之一，是指奶牛的繁殖活动一时的或永久性的停止的状态，其临床表现为异常发情、无发情、屡配不孕、流产、死产等导致奶牛无法妊娠或产犊的一类疾病。主要有子宫复旧延迟、胎衣不下、子宫内膜炎、卵巢机能不全、流产、难产等。奶牛繁殖障碍疾病严重影响奶牛繁殖性能，使奶牛产犊间隔延长，泌乳量锐减，甚至被迫过早淘汰，进而造成乳业生产的经济效益下滑。目前已成为限制我国奶业发展的第二大奶牛疾病。诱发奶牛繁殖障碍疾病发生的因素有很多,诸如病原微生物、饲养环境、营养供给水平、内分泌机能、机体免疫程度、繁殖技术等,一般情况下单一因素致病较少,多数情况是多种病因共同作用而导致的(梁小军,2012)。

2.2.2.1 奶牛生殖器官的解剖学异常

1)生殖器官的先天异常因素

奶牛生殖器官先天性异常主要有幼稚病、两性畸形、子宫发育不良、双子宫颈等。由于近亲繁殖、遗传缺陷等引起生殖器官的异常发育,或者卵子、精子及合子的发生发育过程存在生物学缺陷,而造成母畜繁殖能力下降或丧失。由于对选育及留种的认识提高,在繁殖奶牛中先天性繁殖障碍已很少发生。

2)生殖器官的后天异常因素

由子宫及卵巢疾病的治疗及分娩助产、难产的救助不当和人工授精技术不良而引起的卵巢、输卵管、子宫颈及阴道等器官的组织损伤、粘连、瘀着、狭窄及闭锁。这些均可以造成一时的或永久性的不孕。

2.2.2.2 生殖激素分泌异常的风险因素

众所周知,GnRH 刺激 FSH 和 LH 的分泌,而 FSH 和 LH 可调控卵泡的发育和黄体形成,卵泡发育不良动物会出现乏情及不排卵,黄体形成不良会造成不受胎。因此生殖激素的分泌异常是导致繁殖障碍的关键因素。奶牛在维持代谢与繁殖效率之间是通过内分泌系统和神经系统联合作用发挥着调控新陈代谢和繁殖效率的信号通路,这些信号分子都属于调节能量和营养物质分配及繁殖性能的控制系统。例如,促性腺激素是在繁殖中起关键作用,而 GH 在泌乳、脂解、组织维持中起关键作用。对下丘脑调节位点的信号输入可能会对促性腺途径和 GH 途径产生不同的影响,如刺激 GH 产生的信号可能会抑制 GnRH 的释放。GH 亦可影响 IGF-1、INS 和生物碱等多种信息分子的释放,这些信息分子被运输至控制食欲和繁殖的中枢器官组织的靶细胞上发挥作用,同时它们也可直接在乳腺和生殖器官上发挥功能。GH 和 NEFA 浓度的升高可抑制 INS 的作用,并使产后奶牛处于一个 INS 受到抑制的状态。INS 受到抑制后,通过依赖 INS 的 Glu 转运过程降低了外周组织 Glu 浓度的上升,由此保存牛奶合成所需的葡萄糖。因此,INS 和 IGF-1通过影响 Glu 的转运而影响奶牛体况评分,奶牛的体况状态涉其卵泡的发育、排卵和早期胚胎发育、着床。此外,INS 和 IGF-1 可直接作用于卵巢,同时也能直接作用于子宫和胚胎(Cummins et al.,2012)。

2.2.2.3　饲养管理的风险因素

1）营养和能量供给的风险因素

奶牛日粮中的营养成分诸如蛋白质、维生素、微量元素及能量等的均衡搭配是奶牛维持其正常的繁殖性能所必需的条件。在蛋白质代谢影响奶牛繁殖性能的相关研究中，认为高产奶牛血浆 BUN 高于 19mg/dl 可导致繁殖率降低。日粮中能量水平的高低直接影响着奶牛的胚胎质量和受胎率，处于能量负平衡的奶牛在配种后的受胎率明显低于能量正平衡奶牛，同时奶牛的繁殖障碍疾病的发生率较高。产后能量负平衡可降低 FSH 的分泌频率，减少发育卵泡的直径。在实际生产中，养殖场盲目追求高产奶量，通过提高日粮粗蛋白水平来增加产奶量，从而导致繁殖能力下降，同时高蛋白日粮又进一步加速了能量负平衡。另外，常量元素、微量元素和维生素的缺乏和过量均可引发奶牛繁殖障碍（如前所述）。还有饲料的霉变及有害物质亦是引发奶牛繁殖障碍的风险因素之一（Grummer et al.，2010）。

2）体况评分状况的风险因素

奶牛适宜的体脂储备是提高其繁殖效率和保证其高泌乳量的关键因素之一。奶牛 BCS 过低或过高均可导致繁殖障碍的发生和泌乳量的下降。奶牛的体脂储备程度可通过 BCS 进行度量，对于不同阶段的奶牛进行适时的 BCS，能够及时发现其营养状况和饲养管理中存在的不足和问题，进而进行及时的调整和改善，以便保证奶牛的健康和生产性能的发挥。文献表明：妊娠后期、产犊及泌乳早期的能量储备会影响产后首次发情时间的长短和受胎率的高低；而在泌乳初期的任何时候，BCS 较低或较高均与卵巢复旧延迟、FSH 和 LH 释放较弱及卵泡发育能力下降相关联。例如，在实际生产中，由于管理粗放，不分泌乳期、干乳期，甚至不分大小，在同一个日粮配方下混群饲喂，造成泌乳牛 BCS 过低，而育成牛和干乳牛的 BCS 过高，导致奶牛繁殖性能低下。因此，BCS 过高或过低均是诱发奶牛繁殖障碍的风险因素（D'Occhio et al.，2019）。

3）环境应激的风险因素

环境应激通常是指改变动物正常生存状态的环境因素，不仅仅局限于气候因素，也包含食物及水的供给不足、疾病、运输及饲养环境的改变等刺激。在现实生产中突然改变日粮配方、营养水平和日粮的蛋白质水平不均衡及饮水不足等都可诱发繁殖障碍的发生。此外，冷热应激是一个关键的因素，如冷应激环境下，营养供给不足，奶牛的 BCS 会下降，易产弱胎或胎儿出生体重较轻，而热应激环境下，奶牛的受胎率降低。另外，在没有公畜存在的育成牛群中，青年母牛的初情期会较迟到来（Walsh et al.，2011；Ferreira et al.，2011）。

2.2.2.4 病原微生物感染的风险因素

由于细菌、病毒、真菌及寄生虫等感染而引发流产或生殖器官炎症可以造成繁殖障碍疾病的发生，此外还有传染性很强的病原体如布鲁氏杆菌、弯曲菌、牛细小病毒、新孢子虫和弓形虫等感染而诱发奶牛流产或不孕，近些年来，奶牛由于病原微生物感染而引起的繁殖障碍疾病得到了有效的控制，这与抗生素类药物及生物制剂的研发是密不可分的，病原微生物感染诱发的繁殖障碍疾病目前已不是实际生产中主要的疾病（肖杰等，2015）。

2.2.2.5 人为的风险因素

人为的风险因素主要是繁殖技术不良造成的繁殖障碍，这是奶牛繁殖障碍疾病发生的关键因素。例如：在配种过程中存在发情鉴定错误、输精时间不正确、精液储藏及解冻方法不正确和输精技术不良等问题；在疾病治疗过程中存在误诊或未及时治疗进而继发子宫炎、子宫颈炎及输卵管炎等疾病，从而直接造成奶牛不孕的发生。此外，人为因素还包括牛舍的卫生状况、运动场建设、粪污清理及驱赶奶牛方式等，如粪污清理不及时、粗暴赶牛等造成奶牛突然摔倒受到惊吓，冬季饲喂带冰雪的饲料或霉变饲料等都能造成奶牛妊娠终止（那立冬等，2016）。

2.2.2.6 危害

奶牛繁殖障碍在全球的发生率大约为12.70%，处于较高水平。在美国大约有14%的繁殖母牛终其一生而不孕，每年由于繁殖障碍疾病而被淘汰的奶牛占美国奶牛总淘汰率的52.37%之多，给该国的乳业造成了每年4亿～5亿美元的损失。而在日本，由于奶牛繁殖障碍疾病的发生，其空怀期已经超过115d。在我国，根据奶牛协会的数据可知：奶牛繁殖障碍发病率为15%～20%，每年由于奶牛患繁殖障碍而被淘汰的数量占奶牛总淘汰率的60%～70%。据此，奶牛的繁殖障碍疾病已经严重地制约了奶牛业的发展，这不仅在我国而且在其他国家亦是如此。如何防控奶牛的繁殖障碍疾病对于奶业的发展已是一个亟待解决的关键性课题（梁小军，2012）。

2.2.3 奶牛主要肢蹄病

2.2.3.1 腐蹄病的风险因素

（1）与病原菌感染的关系：一种情况是病原菌直接侵入机体引起腐蹄病的发生；另一种是由于趾间皮肤损伤或皮肤屏障机能下降，导致病原微生物的侵入而发病。

（2）高产：腐蹄病常发于高产奶牛，泌乳量越高，发病越多。在高产奶牛中经常可见蹄和趾间皮肤的损伤，随着产奶量的增加，腐蹄病的发生率显著增加。

（3）热应激：热应激会增加奶牛的呼吸频率和心率，降低免疫应答，改变奶牛的行为。奶牛会站立更长时间以散热，从而使血液在蹄部汇集。此外，热应激导致奶牛采食量减少，更喜欢精料而不是草料及总电解质潴留减少。以上因素增加了在湿热天气时亚急性瘤胃酸中毒发生的风险。同时也对免疫功能产生负面影响，增加患腐蹄病的风险。

（4）与饲养管理的关系：奶牛饲养环境差，卫生状况不良，牛舍地面不平、坚硬，牛床过短等都可促发该病。

（5）蹄的护理程度：蹄的过度生长、畸形及不专业的修蹄可使蹄壁形成微裂纹。

（6）动物的一般健康情况：代谢紊乱（SARA，酮病，临床或亚临床低钙血症等）导致免疫系统受损，免疫力和抵抗力下降，使动物更易感染腐蹄病。营养素缺乏，如维生素 A 或锌的缺乏可导致蹄角质疏松，同样能够导致奶牛腐蹄病的发生。

（7）与其他跛行病因之间的关系：局部感染并发蹄炎是感染腐蹄病的风险因素（郑家三，2017）。

2.2.3.2　蹄叶炎的风险因素

（1）与机体代谢的关系：蹄叶炎是奶牛机体代谢紊乱的局部表现，其中乳酸、内毒素和组织胺是主要的致病因素。

（2）与营养的关系：过食高能饲料，矿物元素和维生素的缺乏可促发该病。

（3）与环境和管理的关系：饲养环境恶劣，卫生不良，牛舍地面不平、坚硬，牛床过短等都可促发该病。

（4）与年龄和遗传的关系：初产奶牛发病率更高，遗传关系不明确，但是，瑞典黑白花奶牛比瑞典红白牛更容易发生蹄底溃疡和蹄底出血。

（5）宿主因素：分娩（早期泌乳）似乎是腐蹄病的一个危险因素。新生奶牛所经历的代谢、免疫、营养和环境变化与产后蹄叶炎发病率的激增有关（Bergsten，2003）。

2.2.3.3　变形蹄的风险因素

（1）与营养的关系：奶牛日粮搭配不合理，营养成分不均衡，如矿物质或微量元素和维生素缺乏或比例不合理等能够引起该病。饲喂较多精料也容易引起蹄变形。

（2）与饲养管理的关系：管理不当可促发该病。质地坚硬且狭窄的水泥牛床、运动不足、槽位过低、牛舍内地面污秽不洁等造成蹄部更容易发病。

2.2.3.4 蹄皮炎的风险因素

（1）与病原菌感染密切相关：螺旋体在蹄皮炎的感染中起重要作用，奶牛蹄皮炎病变中存在多种密螺旋体属，多存在于表皮病变和更深处真皮内。

（2）与环境和饲养管理密切相关：奶牛蹄皮炎发病率在春夏季最高。季节的变化引起了环境因素的改变，这是造成发病率差异的主要原因，研究表明泥泞与潮湿的环境会增加奶牛蹄皮炎发病概率。

（3）饲养策略和饮食营养成分是蹄皮炎的危险因素：奶牛分娩后增加精料补充的速度也与 DD 患病率相关，这可能是由于代谢失衡增加导致对疾病的易感性增加。

（4）动物分群的方式也对蹄皮炎的感染有影响：产犊前将妊娠奶牛和产奶牛混群增加了蹄皮炎的风险，如果在分娩后立即将其引入产奶牛群中，风险最低。

（5）与胎次、泌乳阶段和品种相关：胎次与蹄皮炎的发病有关，初产奶牛最容易患蹄皮炎，发病率的增加是奶牛在第一次产犊时所经历的环境和代谢变化所致。干乳期奶牛发生蹄皮炎的风险低于泌乳奶牛，跛足和品种之间存在差异，荷斯坦-弗里斯兰（及其杂交品种）比其他品种更易感蹄皮炎（岳阳，2019；Palmer and O'Connell，2015）。

2.2.3.5 危害

近年来，随着我国奶牛养殖业的集约化发展，奶牛一些重大传染病如结核、布病等已经得到了有效控制，奶牛肢蹄病成为严重影响牛场经济发展的重要因素之一，其发病率一般在 30% 以上。奶牛发生肢蹄病时，给牛场造成的经济损失是十分巨大的，主要包括以下几个方面。

（1）肢蹄病治疗周期长，治疗费用增加；

（2）由于肢蹄疼痛，患病奶牛采食量和运动减少，体重下降；

（3）即使治愈后，泌乳量也会减少；

（4）由于肢蹄疼痛，患病奶牛发情和配种延缓，造成奶牛产犊间隔延长。有研究表明，奶牛患有肢蹄病被治愈后，整个泌乳期产奶量损失可达 20%。种种原因都应引起养殖户的高度重视，从而降低奶牛肢蹄病对牛场经济效益的影响。

国外奶牛肢蹄疾病的发病率一直呈上升趋势，包括趾（指）间皮炎、趾糜烂、白线病、蹄底溃疡和腐蹄病等，其中趾（指）间皮炎、趾糜烂、白线病、蹄底溃疡发病率分别为 4.20%、7.90%、7.30%、2.80%。在欧洲，跛行在牛群中的发病率为 19.20%，肢蹄病在所有奶牛的疾病中的比例为 17.50%。因为蹄病而淘汰的奶牛占3.73%。与健康奶牛相比,蹄病奶牛的平均产犊间隔延长25d,体重下降6.60%,经测算,患有蹄病的奶牛可造成300欧元/(头·年)的经济损失,经济损失最严重的疾病是腐蹄病,腐蹄病可以造成产奶量严重下降,另外腐蹄病会导致牛群过早淘汰。在美国,肢蹄病的发病率在某些牛场最高可达25%,大约20%的奶牛跛行是蹄病导致的(郑家三,2017)。

2.3　作者的调查研究

从经济角度上,奶牛生产性疾病的直接治疗费用和间接费用给牛场造成了很大损失。除了临床病例外,群发的亚临床病例对代谢、内分泌、生殖、乳房和肢蹄的健康都有更大的危害。因此,开发和制订一个多学科整合的奶牛生产性疾病群体健康调查计划对牧场动物健康和盈利是十分重要的。

针对整个泌乳周期尤其是围产期和泌乳早期奶牛生产性疾病的调查,国外提出群体性能目标概念来完成群体健康目标,并制定了牧场生产性疾病控制目标:生产瘫痪发生率为0%~5%;卧地不起综合征发生率在生产瘫痪中<10%;低镁血症性搐搦发生率为0%;酮病发生率为0%~5%;真胃左方变位发生率为0%~3%,真胃右方变位发生率<1%;低乳脂(<2.50%)综合征发生率<10%;胎衣不下发生率<10%,跛行发生率<15%;铜缺乏的血浆Cu阈值<9.40μmol/L(血清<7.50μmol/L);硒缺乏的全血Se阈值<210ng/ml(全血GSH-Px>50IU/g血红蛋白);锌缺乏的血浆阈值<0.40μg/ml;α维生素E缺乏的血浆阈值<3μg/ml;氧化应激的血浆MDA阈值>2.00μmol/L(Mulligan et al.,2006)。

集约化牛场需要将生产性疾病群体状况与目标发生率进行对比,这是预防方案的依据。在动物健康方面群体状况与目标之间的差距就是不足或缺陷。这将改进群体调查的重点和优先顺序,以便提供直接的或必要的预防策略。然后,必须详细调查不足的原因,着眼于识别促进疾病发生的危险因素。当不足的原因被查明,根据涉及的危险因素来制定短期和长期控制方案,而后连续开展调查和检测生产性能以评估采取措施的效果。以一个循环为依据,再重复一个周期,包括重复调查、检测和不足的评估。在调查中,从整体考虑相关的标准,提供一个群体健康的系统评价依据。

近20年,国外开展了奶牛群发生产性疾病的兽医流行病学调查工作,提出了相关的群体健康监控理念,并制定了相应的指标和判定标准。然而,国内缺乏该类疾病群体健康标准的系统调查工作,这成为当前我国规模化牛场奶牛生产性疾病防控的重要问题。因此,在我国开展相应的流行病学调查工作是十分必要的,将为丰富和发展我国奶牛生产性疾病的群体防控水平提供科学依据。现就国内相关研究概述如下。

2.3.1　我国牛病的发生特点和流行趋势

朴范泽和夏成（2011）综述了近 20 年的国内外牛病文献和 15 年来的研究成果，概述了我国牛病的发生特点和流行趋势。当前，随着我国奶牛养殖量大幅增加，单产水平、营养需求不断提高，规模化养殖程度加大，国内外贸易日益增多，牛群流动速度快且范围广，加上各地饲养模式参差不齐、管理水平高低不一、动物疫病防控系统尚不健全和疾病防治措施不当等众多原因，牛病的发生特点和流行趋势表现为旧病未除，新病不断，传染病发生增多，牛源性的人畜共患病发生率明显上升，疫病危害加大；细菌混合感染、细菌耐药性及环境污染等问题日益严重；规模化牛场主要代谢病、繁殖障碍和肢蹄病不断出现，危害增大。因此，牛病是当前影响我国养牛业经济效益的一个关键的因素，需要各级政府高度重视，采取积极的预防措施，才能保障养牛业可持续地健康发展。

2.3.2　奶牛普通病

2.3.2.1　黑龙江省西部良种澳牛场常见病的流行病学调查

（1）背景：2001～2003 年在黑龙江省西部奶牛小区调查了九三管局 A 农场和 B 农场黑白花奶牛，年均存栏头数分别为 2450 头和 2300 头，均采取分户舍饲饲养模式。

（2）调查结果：A 农场和 B 农场普通病发病率（98.64%、86.25%）明显地高于传染性疾病（1.36%、13.75%）。两农场普通病中以内科病发病最多，分别为 72.50%、45.75%；其次是产科病 22.18%、26.11%；最后是外科病 3.95%、14.39%（高玉霞和夏成，2008）。

2.3.2.2　黑龙江省西部奶牛养殖小区疾病调查分析

（1）背景：2005 年调查了黑龙江省西部一个良种奶牛场，澳大利亚引进的良种奶牛头数为 1193 头，调查年发病次数、年发病率、疾病的种类及分布。

（2）调查结果：该牛场全年发病率偏高，其中，成母牛发病率为 66.16%，犊牛发病率为 19.78%，育成牛发病率为 14.06%。在各科疾病中，产科疾病最多，其次为内科和外科疾病。主要的常见病有乳房炎、消化不良和肢蹄病。这些疾病的存在，表明该奶牛场在饲养管理、环境控制和技术水平等多个方面存在问题，应该进一步完善和提高，才能继续提高奶牛场的经济效益（郑都春等，2007）。

2.3.2.3　大庆地区奶牛真胃疾病的流行病学调查

（1）背景：为了阐明奶牛真胃疾病在大庆周边地区的流行病学特点，对肇源县、林甸县、杜蒙县、大庆红岗区等地的 14 210 头奶牛的 4 种真胃疾病（真胃炎、真胃阻塞、真胃溃疡和真胃变位）进行了调查。

（2）调查结果：真胃疾病约占 6.62%，其中发病率最高的是真胃溃疡，依次为真胃炎、真胃变位和真胃阻塞。以 2～4 胎牛多发，高产奶牛多发。并提出了建设性的防治对策（郑都春等，2007）。

综上所述，尽管调查了我国东北寒区集约化牛场和奶牛小区的普通病发生和分布情况，但是由于牛场缺乏数据管理系统平台或数据不完整，仅是按照传统方法对普通病做了简单的记录。另外，由于奶牛平均单产不足 5t/年，代谢病发生率低，常不超过 15%，加上缺乏快速的、实用的监控技术和手段，亚临床生产性疾病（如生产瘫痪、酮病、脂肪肝、骨软症、微量元素和维生素的缺乏等）的流行情况牛场多无记录，因此群发性的亚临床生产性疾病未被重视。

2.3.3　奶牛主要代谢病

在 2010 年以后，我国奶牛集约化、规模化养殖模式得到大力发展，随着奶牛平均单产突破至 10t/年，奶牛主要代谢病发生率日益增高，酮病发病率高达 40% 以上，分娩当天低钙血症发生率高达 60% 以上，严重地危害了奶牛健康，受到奶牛业高度重视。为此，我们开展了奶牛围产期和泌乳早期的能量代谢障碍性疾病、钙磷代谢障碍性疾病和氧化应激与免疫抑制的调查工作，现概述如下。

2.3.3.1　能量代谢障碍性疾病的调查

1）奶牛围产期能量负平衡的调查研究

（1）方法：在三个集约化奶牛场（Ⅰ、Ⅱ、Ⅲ）各选取 30 头（胎次、年龄相近）高产奶牛。在产前 21d、14d、7d，分娩当天，产后 7d、14d、21d，分别测定奶牛围产期日粮营养水平（能量、CP、CF、ADF、NDF、钙和磷）、干物质摄入量、日泌乳量及血液生化指标（Glu、NEFA、BHBA）。

（2）结果：三个牛场试验奶牛围产期日粮营养水平均低于 NRC（2001）规定的标准，围产期均呈现不同程度的能量负平衡，其中牛场Ⅰ营养水平最低，能量负平衡发生率最高；试验奶牛产后 DMI 和 MY 均增加，血浆 Glu 浓度下降，而血浆 NEFA 和 BHBA 浓度升高，其中牛场 I 的 MY 最高，血浆 BHBA 水平最高。

（3）结论：日粮营养水平与 DMI 不能满足泌乳需要是造成围产期奶牛能量负平衡的主要原因（徐鹏，2009）。

2）黑龙江省某集约化牛场高产奶牛酮病的流行病学调查

（1）方法：在 2011～2013 年，在黑龙江省两个集约化高产牛场（A 和 B）随机选择产后 14～21d 的年龄、体况和胎次相近的试验奶牛，A 场在 2012 年、2013 年和 2014 年分别为 45 头、31 头和 45 头；B 场在 2013 年和 2014 年均为 30 头。根据试验奶牛血浆 BHBA 浓度，将试验奶牛分为酮病组及健康对照组，跟踪调查了奶牛酮病的发病情况、泌乳性能和繁殖性能，并检测了两组奶牛的 NEFA、Glu 和 AST 等指标。

（2）结果：酮病发病率，A 牧场三年依次为 46.67%、16.13% 和 20%；B 牧场两年依次为 40% 和 23.33%。酮病奶牛血浆中 AST 活性极显著地升高（$P<0.01$），与酮病的发生呈极显著的正相关（$r=0.432$，$P=0.006$）；Ca、P 的含量显著地降低（$P<0.05$），与酮病的发生呈显著的负相关（$r=-0.603$，$P=0.024$；$r=-0.592$，$P=0.049$）；产后 60～90d 酮病组奶牛泌乳量显著低于健康组（$P<0.05$）；酮病奶牛首次发情天数、输精次数和配种天数及产犊间隔显著地增加（$P<0.05$），并与血浆 BHBA 含量呈现显著正相关（$r=0.338$，$P=0.029$；$r=0.306$，$P=0.049$；$r=0.423$，$P=0.011$；$r=0.360$，$P=0.021$）。奶牛酮病与蹄叶炎具有显著的相关性。与健康奶牛相比，酮病奶牛平均每头在产后 14～21d 每天产奶净损失 4.59 元（刘建波等，2016）。

3）围产期酮病奶牛高糖现象的研究

（1）方法：在黑龙江省某集约化奶牛场随机选取产后 14d、21d 的 69 头奶牛，旨在调查产后酮病奶牛的高血糖现象。根据血浆 BHBA 浓度，将试验牛分成酮病组（K）和健康对照组（C）。在酮病组中将产后 14d 和 21d 都发病的分为病程长组（LTK），否则分为病程短组（STK）。检测所有试验牛血浆中 Glu、NEFA、BHBA 和肝功指标。

（2）结果：围产期高血糖现象主要集中在 STK 组中；LTK 组 BHBA 极显著高于 STK 组和 C 组。LTK 组和 STK 组 NEFA 极显著高于 C 组，而 LTK 组与 STK 组之间差异不显著。LTK 组 Glu 显著低于 STK 组和 C 组，而 STK 组 Glu 与 C 组之间无显著差异。

（3）结论：肝功正常的酮病奶牛病程短，血糖维持正常，具有高糖现象；反之，肝功异常的酮病奶牛病程长，血糖水平低于正常。患病奶牛病程长短与奶牛血糖的调节能力及肝功状况密切相关（姚远等，2014）。

4）奶牛Ⅰ型和Ⅱ型酮病的调查研究

在黑龙江省 A 和 B 两个牛场，选取了产后 4 周内 92 头泌乳奶牛，经检测奶牛产后血中酮体，发现奶牛酮病的发病率不同，B 牧场酮病发病率（64.15%）明显高于 A 牧场（17.95%），但两个牛场奶牛Ⅰ型和Ⅱ型的酮病发病率相接近。Ⅰ型酮病奶牛体况较差，呈现低血糖症；Ⅱ型酮病奶牛体况较好，血糖维持正常或较高水平，二者能量代谢调节存在差异。在国内率先开展了该项研究，调查结果提示牛场应开展Ⅰ型和Ⅱ型酮病的检测和诊断，为更好地防治奶牛酮病提供科学依据（牛聪等，2016）。

2.3.3.2　钙磷代谢障碍性疾病的调查

1）围产期奶牛钙、磷代谢障碍调查研究

（1）方法：本试验在黑龙江某两个牛场选取胎次、体况、泌乳量相近和健康的分娩当天荷斯坦奶牛作为试验动物。随机选取产前 2～15d 奶牛（Ⅰ组），分娩当天奶牛（Ⅱ组）及产后 2～15d 奶牛（Ⅲ组），并将其分为 6 组，A 牧场：ⅠA 组（n=21），ⅡA 组（n=31），ⅢA 组（n=30）；B 牧场：ⅠB 组（n=31），ⅡB 组（n=21），ⅢB 组（n=30）。两奶牛场所有试验动物在三个时间段检测血浆中 Ca、P、K、Mg 水平。

（2）结果：①在两牛场产前、产后及分娩当天三个时间点，血浆 Ca、P 浓度均在分娩当天时降低，产后 Ca、P 水平升高，但并未恢复到正常水平。②牧场 A 分娩时低血钙发病率为 90.32%，牧场 B 为 80.95%。牧场 A 分娩当天奶牛血清 Ca、P 的水平与牧场 B 无显著差异。③通过皮尔逊相关分析系数确定胎次（r=−0.216，P=0.027）与血钙水平呈显著的负相关，血清 P（r=0.748，P=0.015）水平、Mg（r=0.228，P=0.019）水平与血钙水平呈显著的正相关。

（3）结论：明确了黑龙江集约化牛场奶牛围产期钙、磷代谢障碍发生情况及其他离子的状况，为预防奶牛围产期钙、磷代谢障碍提供了理论依据（金锡山等，2014）。

2）奶牛低钙血症与其他疾病的关系

（1）方法：本研究在某集约化牛场随机选取分娩当天（0d，31 头）、围产后期（产后 14～21d，25 头）、泌乳早期（产后 50～60d，39 头）、泌乳中期（产后 120～150d，40 头）和泌乳后期（产后 200～220d，40 头）的奶牛为试验动物，调查和记录临床各类资料并检测血钙浓度。

（2）结果：5个时期奶牛的低钙血症发生率分别为90%、64%、41%、25%和43%，分娩当天发病率最高；分娩当天患低钙血症奶牛随后易患繁殖疾病、乳房炎、肢蹄病、消化系统疾病和酮病，发病率分别为33.33%、22.22%、20.37%、9.26%和14.81%，淘汰率为41%。

（3）结论：该牛场低钙血症较为多发，并易引发其他疾病，淘汰率较高（王刚等，2016）。

2.3.3.3 氧化应激与免疫抑制的调查

1）黑龙江省泌乳奶牛主要维生素和微量元素状况的调查研究

（1）泌乳奶牛维生素和微量元素缺乏的调查分析

a. 方法：本研究在两个集约化牛场（Ⅰ、Ⅱ），随机选取泌乳前期（15～20d）、泌乳盛期（50～60d）、泌乳中期（120～150d）、泌乳后期（200～220d）4个泌乳时期的奶牛各20头，通过检测日粮维生素A、维生素D、维生素E和Zn、Se、Cu及试验奶牛血浆维生素A、维生素D、维生素E和Zn、Cu的水平。

b. 结果：各泌乳期日粮中维生素A、维生素E、Se水平，牛场Ⅰ均低于牛场Ⅱ，并且两个牛场维生素A水平均高于NRC（2001）饲养标准。日粮维生素D水平，在泌乳晚期和泌乳早期牛场Ⅰ低于牛场Ⅱ，但在泌乳中期高于牛场Ⅱ，并且两个牛场维生素D水平均高于NRC（2001）饲养标准。牛场Ⅱ各泌乳期维生素E水平均高于牛场Ⅰ，且两个牛场维生素E水平均高于NRC（2001）饲养标准。各泌乳期日粮微量元素Cu、Zn水平，牛场Ⅰ均低于牛场Ⅱ，但牛场Ⅱ高于NRC（2001）饲养标准，而牛场Ⅰ低于NRC（2001）饲养标准。另外，牛场Ⅰ和牛场Ⅱ泌乳奶牛均未发生维生素A、维生素D、Zn缺乏，但是维生素E均发生缺乏；各泌乳期奶牛Cu缺乏的发生率，牛场Ⅰ依次为0%、20%、10%、40%；牛场Ⅱ依次为30%、0%、30%、25%。

c. 结论：两牛场各泌乳期饲料和血浆中维生素A、维生素D、维生素E和微量元素Zn、Se、Cu的水平不一致，均存在维生素E缺乏，也存在Cu缺乏，但是发生率不同（刘健男，2014）。

（2）泌乳奶牛肝功和氧化应激的调查分析

a. 方法：本研究选取上述两个集约化牛场（Ⅰ、Ⅱ）的试验动物，在泌乳4个时期检测TP、ALB、GLB、SOD、T-AOC及GSH-Px等指标。

b. 结果：TP水平，牛场Ⅰ泌乳前期显著低于泌乳中期（$P<0.05$），其他泌乳期相比差异不显著（$P>0.05$）；牛场Ⅱ泌乳前期显著低于其他三个泌乳期（$P<0.05$），其他泌乳时期相比差异均不显著（$P>0.05$）；ALB水平，两个牛场泌乳前期显著低于其他三个泌乳期（$P<0.05$），其他泌乳时期相比差异均不显

著（*P*>0.05）；GLB 水平，牛场 II 泌乳前期与其他泌乳期相比差异显著（*P*<0.05），牛场 I 各泌乳期相比差异均不显著（*P*>0.05）；A/G 水平，两个牛场泌乳前期显著低于泌乳后期（*P*<0.05），其他各泌乳时期相比差异不显著（*P*>0.05）；SOD 水平，两个牛场泌乳前期和泌乳盛期均显著低于泌乳中期和泌乳后期（*P*<0.05），其他泌乳期相比差异不显著（*P*>0.05）；T-AOC 水平，牛场 I 各泌乳时期相比差异均不显著（*P*>0.05），但是牛场 II 泌乳盛期显著低于泌乳后期（*P*<0.05），其他泌乳时期相比差异均不显著（*P*>0.05）；GSH-Px 水平，两个牛场泌乳前期均显著高于其他各泌乳期（*P*<0.05），其他泌乳期相比差异均不显著（*P*>0.05）。

c. 结论：两牛场泌乳奶牛肝功和氧化应激发生不同程度的异常变化。

综上所述，两牛场泌乳期日粮维生素 A、维生素 D、维生素 E 和 Se、Cu、Zn 水平存在差异，不同程度地低于或高于 NRC（2001）饲养标准，应给予调整，以满足奶牛泌乳期营养水平。并且，两牛场泌乳奶牛未发生维生素 A、维生素 D 及 Zn 缺乏，但发生了维生素 E 和 Cu 的缺乏，可能与机体抗氧化应激或肠道吸收障碍有关。此外，两牛场泌乳奶牛经历了不同程度的氧化应激，存在肝功异常及免疫功能异常的风险。

2）奶牛酮病与肝功和氧化应激之间的关系

（1）方法：本实验在某集约化牛场选取产后 14～21d 的奶牛 48 头，分成酮病组（K 组，24 头）和健康对照组（C 组，24 头），分析血液能量代谢指标、肝功指标及抗氧化指标。

（2）结果：与健康对照组比较，酮病组奶牛 BHBA 和 NEFA 含量极显著升高（*P*<0.01），而 Glu 含量显著降低（*P*<0.05）；天门冬氨酸转移酶活性（AST）和直接胆红素（DBIL）含量极显著升高（*P*<0.01），总胆红素（TBIL）含量显著升高（*P*<0.05），而胆碱酯酶（CHE）活性极显著降低（*P*<0.01），TP 含量显著降低（*P*<0.05）；SOD 和 MDA 含量显著增高（*P*<0.05）。

（3）结论：酮病组奶牛机体处于能量负平衡状态，机体肝功发生异常，遭受氧化应激（刘健男，2014）。

2.3.4　奶牛主要繁殖障碍疾病

2.3.4.1　繁殖状况的调查

1）散栏式集约化牛场奶牛繁殖性能状况的调查

（1）方法：本调查选择了黑龙江省某奶牛场，共存栏奶牛 2420 头，该牧场采用国际先进的散栏式饲养模式，奶牛自由卧栏，全混日粮（TMR），阶段饲养，自由采食，计算机管理。根据 2004～2006 年奶牛繁殖记录，收集数据有奶牛体重、日泌乳量和发情率、乏情率、受胎率、产科疾病及奶牛日粮组成和营养水平。

（2）结果：该牛场三年奶牛平均发情率为 74.08%，乏情率为 25.92%，总受胎率为 76.63%。该牛场以乏情奶牛居多，乏情率分别为 55.12%、61.66% 和 60.43%，主要原因是日粮营养成分搭配不合理，还有乳房炎、腐蹄病、子宫内膜炎和胎衣停滞等疾病。

（3）结论：该奶牛场在饲养管理、疾病的防治等多方面存在问题。今后，应加强与奶牛繁殖相关产科疾病的预防和奶牛产后子宫的护理工作，以及加强妊娠奶牛的饲养管理，才能获得更好的经济效益（吴晨晨等，2007）。

2）黑龙江省某集约化牛场奶牛产后能量平衡与乏情的调查研究

（1）方法：本试验选取产后 0～30d 体况、胎次相近的奶牛，依据血钙指标确定低血钙组 20 头和健康组 25 头作为试验动物，跟踪记录各临床资料，进行统计分析。

（2）结果：患低钙血症的奶牛繁殖性能整体降低，表现在首次发情天数、初配天数、配种天数和产犊间隔延长，以上指标差异均极显著高于健康组（$P<0.01$），低血钙组奶牛输精次数显著高于健康组（$P<0.05$）；低血钙组奶牛的泌乳天数极显著高于健康组（$P<0.01$），但平均每天产奶量极显著低于健康组（$P<0.01$），患低钙血症的奶牛泌乳性能下降；患低钙血症的奶牛容易患肢蹄病、胃肠疾病、乳房炎、子宫炎、子宫感染，其中与乳房炎呈极显著正相关（$P<0.01$），与子宫感染呈显著正相关（$P<0.05$）。

（3）结论：低钙血症会对随后的繁殖性能和泌乳性能有不利的影响，并会增加其他疾病发生的风险（许楚楚等，2015）。

2.3.4.2 卵巢疾病的调查

1）高产奶牛产后主要卵巢疾病的调查

（1）方法：本试验调查了黑龙江某规模化奶牛场（存栏头数 1395 头）的奶牛产后卵巢疾病类型与发生时间的关系，选取产后 31～60d、61～120d、121～180d 的体况、胎次相近的奶牛，根据其发情、配种及孕检情况进行超声波及直肠检查，同时结合牧场繁育技术人员的记录，进行统计分析。

（2）结果：在产后 61～120d 的卵巢疾病发生率约为 42.60%，这其中卵巢囊肿占卵巢疾病的 25.30%，卵巢静止占卵巢疾病的 37.90%，患持久黄体的占

20.50%,排卵延迟的约占 16.30%;产后 121～180d 的卵巢疾病发生率仅为 17.40%,与 31～60d 的 17.80%相近似,但产后 31～60d 的卵巢静止的发生率(21.40%)明显高于产后 121～180d 的(10.80%)。

(3)结论:在产后 61～120d 卵巢疾病发生率最高。

(4)讨论:在产后 61～120d 卵巢疾病发生率最高可能是与机体能量代谢有关,因为这阶段恰恰是高产奶牛泌乳盛期,同时也是高产奶牛体重由最低开始增加的阶段,使得机体在泌乳、体重恢复与繁殖性能上进行能量的再分配。本数据尚未公开是由于实验牧场和奶牛的样本数均较少,今后需扩大样本数量进一步深入调查研究,但本调查的卵巢疾病的发病率与已经报道的奶牛卵巢疾病占疾病性不孕的 35%～55%相符合(钱伟东,2016)。

2.3.4.3　子宫疾病的调查

1)奶牛养殖场疾病性不孕奶牛的子宫疾病的调查

(1)方法:本研究调查了日本东京都千叶县 4 家奶牛养殖场的疾病性不孕奶牛的子宫疾病的发病情况,4 家共有 172 头疾病性不孕奶牛,针对这些奶牛采用冲洗回流液观察其状态并与超声波诊断相结合的方法,诊断子宫疾病类型并进行统计分析。

(2)结果:患子宫疾病奶牛为 103 头,占到不孕奶牛的 59.90%;其中慢性子宫内膜炎占到不孕奶牛的 8.70%,占到患子宫疾病奶牛的 14.60%;慢性卡他性子宫内膜炎占到不孕奶牛的 19.20%,占到患子宫疾病奶牛的 32.1%;慢性脓性子宫内膜炎占到不孕奶牛的 15.20%,占到患子宫疾病奶牛的 26.20%;子宫积脓或积液占到不孕奶牛的 8.30%,占到患子宫疾病奶牛的 13.50%;慢性子宫颈炎占到不孕奶牛的 8.50%,占到患子宫疾病奶牛的 13.60%。

(3)结论:在疾病性不孕奶牛中子宫疾病所占比例最高接近 60%,表明防治奶牛疾病性不孕应着重从防治奶牛子宫疾病入手(鲁文赓,2008)。

2.3.5　奶牛主要肢蹄病

2.3.5.1　黑龙江垦区规模化奶牛场肢蹄病的调查与分析

奶牛四肢、蹄部的疾病总称为奶牛肢蹄病,在临床上,是引起跛行的主要原因,研究表明,在奶牛跛行病例中有 90%是由蹄病引起的。奶牛肢蹄病有很多种,常见的包括变形蹄、蹄叶炎、腐蹄病、趾间皮炎及外伤等。该病常常被人们忽视,主要原因是该病在临床上表现为渐进性,虽然发病率较高,但死亡率低。一般在临床表现为跛行、蹄裂、蹄变形、姿势异常等。奶牛肢蹄病能够造成患病奶牛生产和繁殖性能降低，饲料报酬率下降，另外，由该疾病带来的额外经济损失也是值得注意的，包括奶牛群淘汰率和治疗费用过高等。

本实验目的是调查黑龙江东部某规模化牛场泌乳期奶牛肢蹄病、变形蹄的发病情况，并根据数据收集和统计，调查分析奶牛变形蹄的发生规律。调查时该牛场牛群结构为奶牛存栏总数为 1244 头，成母牛 608 头（其中，泌乳牛 536 头，干乳牛 72 头），后备牛 636 头。在泌乳牛中，一胎奶牛 240 头，二胎奶牛 131 头，三胎及以上 165 头。泌乳奶牛的平均泌乳天数为 298d，平均产犊间隔为 437d，产后平均始配天数 85d，后备牛首次输精 13.3 月龄，年平均产奶量 9625.4kg。

奶牛肢蹄病发病率的调查结果显示，该牛场在该阶段发生肢蹄病的奶牛有 115 头，发病率达到 21.47%。根据结果可知，该规模化牛场主要的发病类型为变形蹄、蹄叶炎及腐蹄病等。其中变形蹄是发病率最高的疾病，发病率可达到 42.61%。在该规模化牛场泌乳期 536 头奶牛中，发生变形蹄的奶牛有 49 头，平均发生率为 9.14%。发生的变形蹄包括延蹄、广蹄、螺旋蹄、低蹄、交叉蹄、芜蹄、开蹄及高蹄等。

奶牛胎次对肢蹄病的发生也有一定的影响，本实验对该场泌乳期奶牛胎次进行阶段区分，并记录发生肢蹄病的奶牛。结果显示，在奶牛 1～6 胎过程中，1～4 胎该病的发生率较高，其中第 2 胎奶牛发生肢蹄病的情况最高，可高达 23.48%。但这与以往的报道结果不一致。

奶牛年龄对肢蹄病的发生也有一定的影响，本实验对该场泌乳期奶牛年龄进行阶段区分，并记录发生肢蹄病的奶牛。结果显示，2～5 岁奶牛患有肢蹄病的发病率较高，6 岁以后肢蹄病发病率较低。因此，随着年龄的增长，奶牛肢蹄病的发病率先增高而后降低。

奶牛泌乳量对肢蹄病发生的影响，本实验对该场泌乳期奶牛泌乳量进行阶段区分，并记录发生肢蹄病的奶牛，结果显示，该规模化牛场的奶牛肢蹄病发病率较高的牛群集中在年产奶量在 8t 以上的牛群，说明在同一饲养管理水平下，奶产量高的奶牛更容易发生肢蹄病。季节和气候与奶牛肢蹄病也有密切的关系。结果显示，4～8 月发病率最高，发生蹄病 190 例，占 59.56%。

根据对该牛场肢蹄病患病情况的临床调查研究结果可知，该牛场肢蹄病的患病情况主要为变形蹄、蹄叶炎及腐蹄病。另外，研究还表明奶牛的泌乳量、年龄、胎次及季节等因素与肢蹄病的发生有着密切的关系（王海林等，2015）。

参 考 文 献

高玉霞, 夏成. 2008. 黑龙江省西部良种澳牛场常见病的流行病学调查. 河北农业科学, 12(10):

54-55, 65.

金锡山, 舒适, 夏成, 等. 2014. 围产期奶牛钙、磷代谢障碍调查研究. 湖北畜牧兽医, 35(9): 6-8.

李泳欣, 邹艺轩, 刘建新, 等. 2018. 奶牛氧化应激及天然植物抗氧化提取物研究进展. 浙江大学学报(农业与生命科学版), 44(5):549-554.

梁小军. 2012. 奶牛繁殖障碍的现状、危害和病因分析及防制对策的思考. 上海畜牧兽医通讯, 17: 56-58.

刘建波, 高阳, 曹宇, 等. 2016. 黑龙江省某集约化牛场高产奶牛酮病的流行病学调查. 现代畜牧兽医, 5: 39-44.

刘健男. 2014. 黑龙江省泌乳奶牛主要维生素和微量元素状况的调查研究. 黑龙江八一农垦大学硕士学位论文.

刘健男, 史国纯, 孙照磊, 等. 2014. 奶牛酮病与肝功和氧化应激之间的关系. 黑龙江畜牧兽医, 19: 18-21.

鲁文赓. 2008. 奶牛子宫内灌注液体石蜡的研究. 日本东京农工大学博士学位论文.

那立冬, 王东升, 董书伟, 等. 2016. 奶牛子宫内膜炎病因学研究进展. 动物医学进展, 37(9): 103-107.

牛聪, 姚远, 高阳, 等. 2016. 奶牛 I 型和 II 型酮病的调查研究. 中国兽医杂志, 52(1): 57-59.

朴范泽, 夏成. 2011. 当前牛病发病特点和流行趋势. 兽医导刊, 2: 33-35.

钱伟东. 2016. 高产奶牛产后主要卵巢疾病的调查和血液临床病理学变化及其预警评估. 黑龙江八一农垦大学硕士学位论文.

桑松柏, 夏成, 张洪友, 等. 2009. 奶牛围产期低血钙发生状况及其调节作用. 中国奶牛, 3: 38-41.

王刚, 舒适, 金锡山, 等. 2016. 奶牛低血钙症与其他疾病的关系. 中国兽医学报, 36(10): 1758 -1762.

王海林, 舒适, 郑家三, 等. 2015. 黑龙江垦区规模化奶牛场肢蹄病的调查与分析. 湖北畜牧兽医, 36(1): 5-6.

王建, 孙鹏, 卜登攀, 等. 2014. 围产期奶牛免疫抑制发生原因及其缓解的营养对策. 动物营养学报, 26(12):3579-3586.

吴晨晨, 夏成, 张静, 等. 2007. 散栏式集约化牛场奶牛繁殖性能状况的调查. 黑龙江畜牧兽医, 10: 38-39.

夏成, 徐闯, 吴凌. 2015. 奶牛主要代谢病. 北京: 科学出版社.

夏成, 张洪友, 徐闯. 2013. 奶牛酮病与脂肪肝综合征. 北京: 中国农业出版社.

肖杰, 孙攀峰, 李燕. 2015. 奶牛子宫内膜炎病因研究进展. 河南农业, (10): 48-50.

徐鹏. 2009. 奶牛围产期能量负平衡及其代谢调节机制的研究. 黑龙江八一农垦大学硕士学位论文.

许楚楚, 李昌盛, 肖鑫焕, 等. 2015. 黑龙江省某集约化牛场奶牛产后能量平衡与乏情的调查研究. 畜牧与饲料科学, 36(Z1): 213-217.

薛俊欣, 张克春. 2011. 奶牛氧化应激研究进展. 奶牛科学, 14:29-32.

姚远, 王博, 孙雨航, 等. 2014. 围产期酮病奶牛高糖现象的研究. 中国兽医杂志, 50(4): 3-5.

岳阳. 2019. 水杨酸软膏治疗奶牛蹄皮炎效果的研究. 黑龙江八一农垦大学硕士学位论文.

张洪友, 张喜玲, 武瑞, 等. 2005. 奶牛酮病红细胞膜上 ATP 酶活性变化的研究. 动物医学进展, 26(4):64-65.

赵莉媛. 2017. 围产期奶牛免疫抑制的研究进展. 青海畜牧兽医杂志, 47(4):55-58.

郑都春, 王相友, 张洪友, 等. 2007. 大庆地区奶牛真胃疾病的流行病学调查. 黑龙江农业科学, 1: 60-61+64

郑都春, 夏成, 张洪友. 2007. 黑龙江省西部奶牛养殖小区疾病调查分析. 现代畜牧兽医, 3: 33-34.

郑家三. 2017. 奶牛腐蹄病的蛋白质组学和代谢组学研究. 东北农业大学博士学位论文.

Bergsten C. 2003. Causes, risk factors, and prevention of laminitis and related claw lesions. Acta Vet Scand, 44(1): S157.

Chung J J, Rayburn M C, Chigerwe M. 2019. Randomized controlled clinical trial on the effect of oral immunoglobulin supplementation on neonatal dairy calves with diarrhea. J Vet Intern Med, 33: 1807-1813

Cummins S B, Lonergan P, Evans A C, et al. 2012. Genetic merit for fertility traits in Holstein cows: II. Ovarian follicular and corpus luteum dynamics, reproductive hormones, and estrus behavior. J Dairy Sci, 95(7): 3698-3710.

DeGaris P J, Lean I J. 2008. Milk fever in dairy cows: a review of pathophysiology and control principles. Vet J, 176(1): 58-69.

D'Occhio M J, Baruselli P S, Campanile G. 2019. Influence of nutrition, body condition, and metabolic status on reproduction in female beef cattle: A review. Theriogenology, 125: 277-284.

Domino A R, Korzec H C, McArt J A A. 2017. Field trial of 2 calcium supplements on early lactation health and production in multiparous Holstein cows. J Dairy Sci, 100(12): 9681-9690.

Ekman L, Nyman A K, Landin H, et al. 2018. Hock lesions in dairy cows in free stall herds: A cross-sectional study of prevalence and risk factors. Acta Vet Scand, 60(1): 47.

Ferreira R M, Ayres H, Chiaratti M R, et al. 2011. The low fertility of repeat-breeder cows during summer heat stress is related to a low oocyte competence to develop into blastocysts. J Dairy Sci, 94(5): 2383-2392.

Grummer R R, Wiltbank M C, Fricke P M, et al. 2010. Management of dry and transition cows to improve energy balance and reproduction. J Reprod Dev,56 Suppl: S22-28.

Holstege M M C, de Bont-Smolenaars A J G, Santman-Berends I M G A, et al. 2018. Factors associated with high antimicrobial use in young calves on Dutch dairy farms: A case-control study. J Dairy Sci, 101(10): 9259-9265.

Ingvartsen K L, Moyes K M. 2015. Factors contributing to immunosuppression in the dairy cow during the periparturient period. J Vet Res, 63(2):15-24.

Kaba T, Abera B, Kassa T. 2018. Esophageal groove dysfunction: A cause of ruminal bloat in newborn calves. BMC Vet Res, 14: 276.

Mulligan F J, Grady L O, Rice D A, et al. 2006. A herd health approach to dairy cow nutrition and production diseases of the transition cow. Anim Reprod Sci, 96: 331-353.

NRC (National Research Council). 2001. Nutrient Requirements of Dairy Cattle. 7th rev. ed. Washington, DC: Natl. Acad. Press.

Ono T, Takagi M, Kawashima C, et al. 2018. Comparative effects of different dosages of hCG on follicular development in postpartum dairy cows with cystic ovarian follicles. Front Vet Sci, 7(5): 130.

Palmer M A, O'Connell N E. 2015. Digital dermatitis in dairy cows: A review of risk factors and potential sources of between-animal variation in susceptibility. Animals, 5(3): 512-535.

Patron R, Lopez-Helguera I, Pesantez-Pacheco J L, et al. 2019. Resynchronization with the G6G protocol: A retrospective, observational study of second and later timed artificial inseminations on commercial dairy farms. Reprod Domest Anim, 54(2): 243-251.

Pfeiffer D U. 2010. Veterinary Epidemiology: An Introduction. 1st Edition. Oxford: Wiley-Blackwell.

Raboisson D, Mounié M, Maigné E. 2014. Diseases, reproductive performance, and changes in milk production associated with subclinical ketosis in dairy cows: a meta-analysis and review. J Dairy Sci, 97(12): 7547-7563.

Roche J R, Friggens N C, Kay J K, et al. 2009. Invited review: Body condition score and its association with dairy cow productivity, health, and welfare. J Dairy Sci, 92(12): 5769-5801.

Walsh S W, Williams E J, Evans A C. 2011. A review of the causes of poor fertility in high milk producing dairy cows. Anim Reprod Sci, 123(3-4): 127-138.

第 3 章　奶牛主要生产性疾病的病因学

奶牛泌乳周期根据生理特性和营养需要被划分为 6 个阶段。通常分娩前 2～3 周的干乳末期到分娩后 2～3 周的泌乳初期被统称为围产期（Periparturient Period），产后 14～100d 被称为泌乳早期。围产期和泌乳早期是奶牛健康的关键时期，因奶牛经历了生理、代谢、内分泌和营养等多方面应激，需要自身生理发生适应性调节来满足泌乳需要，否则极易发生代谢紊乱、繁殖障碍和肢蹄病。临近产犊和泌乳初期时，奶牛经历妊娠、分娩和泌乳的应激，内分泌发生巨大的变化，因胎儿增大、分娩应激等因素使奶牛采食量下降，加上胎儿生长和母体泌乳对营养需要大大增加，不可避免地出现能量或钙的负平衡及维生素与微量元素的缺乏。此时，如果瘤胃功能、采食量不能迅速恢复适应，不仅会发生酮病、脂肪肝和低钙血症，而且也会发生骨软症、氧化应激和免疫抑制，使得奶牛患感染性疾病的风险增大。同样地，奶牛围产期和泌乳早期的代谢紊乱不仅引起代谢病，而且会影响到奶牛生殖机能、肢蹄运动机能，其主要是由于能量负平衡和/或代谢紊乱造成了内分泌系统的分泌异常及体况的衰减，进而导致了卵巢功能不全、发情异常、胚胎发育不良或胚胎死亡及子宫复旧延迟，还会引起肢蹄发育不健全、变形或运动障碍等问题，增加了奶牛繁殖疾病或肢蹄病的发生风险。这三类疾病会相互影响、叠加作用，使得生产性疾病高发或并发，常会给奶牛生产性能带来不良影响，甚至导致淘汰。

目前，围产期和泌乳早期已成为奶牛营养生理学的最新研究领域，更是国内外反刍动物的研究热点。围产期和泌乳早期奶牛的生产性疾病均为相互影响、相互诱发的，且与日粮和饲养管理密切相关。日粮配制不合理会使奶牛患上代谢病、繁殖障碍疾病和肢蹄病，也会造成机体抵抗力降低，进而使动物易患感染性疾病（诸如子宫内膜炎和乳房炎等）。如果采取有效的预防措施，整个泌乳期疾病发病率将降低 90%，产奶量也将大幅增高。

尽管我国奶牛养殖规模得到很大发展，饲养管理者对围产期和泌乳早期营养生理的认知在不断提高，然而由于专业人才缺乏，规模化牛场智能管理水平不高，各类生产数据处理和分析能力缺乏或不足，造成疾病的病因难以被及时查明，使得集约化奶牛生产性疾病发生率日益增高。因此，探究奶牛主要生产性疾病的病因学是保障我国牛群健康的重要内容。由于奶牛能量和矿物质的代谢病病因学在《奶牛酮病与脂肪肝综合征》和《奶牛主要代谢病》中已有详尽的描述（夏成等，

2013，2015），这里仅做了概述。本章内容重点是氧化应激与免疫抑制、繁殖疾病和肢蹄病的病因学。

3.1　奶牛主要代谢病

3.1.1　能量代谢障碍性疾病

3.1.1.1　病因

以酮病和脂肪肝为代表的能量代谢障碍性疾病，常根据临床表现将奶牛酮病分成原发性、继发性、消化性、饥饿性、特定营养缺乏引起的五大类。然而，奶牛酮病还分为 Ⅰ 型、Ⅱ 型和丁酸型三大类，这三类在临床上未被重视和加以区别，报道也少。另外，根据肝脂（甘油三酯）（以湿重计算）的百分比，可将脂肪肝分为正常（<1%）、轻度（1%～5%）、中度（5%～10%）和重度（>10%）。尽管奶牛能量代谢障碍性疾病的病因复杂，但主要的致病因素概括如下。

1）营养和管理

奶牛未分群饲养，运动不足，干乳期延长使得围产期奶牛肥胖（BCS ≥4.0），产后短期饥饿或限饲，饲喂腐败饲料、丁酸含量过高的青贮料，日粮突变，高蛋白浓缩料日粮和氨基酸、微量元素、维生素或其他抗氧化剂等缺乏，抗脂类添加剂（胆碱、烟酸、蛋氨酸、丝氨酸等）不足，优质牧草缺乏等因素，因增加产后脂肪分解或 β-羟丁酸、内毒素和致炎细胞因子，尤其发生瘤胃酸中毒，会进一步减少饲料摄入，促发严重的能量负平衡，增加酮病和脂肪肝发生的风险。因此，日粮营养不均衡或不足、饲养管理不当（尤其是肥胖、干物质摄入减少）是主要致病因素。

2）其他因素

牛舍内外卫生差，高温、高湿及通风差等环境卫生不良，引起儿茶酚胺类、脂肪组织游离脂肪酸的释放，减少饲料摄入和增加感染的风险，促发酮病和脂肪肝的发生。

另外，难产、瘫痪、胎衣不下、前胃迟缓、真胃变位、乳房炎、子宫炎，以及因四氯化碳、有毒植物等中毒，会减少饲料摄入，继发酮病和脂肪肝。

此外，可能存在一些遗传因素。但目前尚未发现奶牛酮病和脂肪肝发生的特异基因，不清楚肝脏合成载脂蛋白能力弱的遗传病因。真胃变位、酮病都与脂肪肝有关，遗传力估计值低于 0.32。迄今遗传病因尚未明确。

3.1.1.2 发病机理

围产期高产奶牛常发酮病和脂肪肝等能量代谢障碍性疾病,尤其是产后高发。这是因为高产奶牛葡萄糖转化率低而易发 NEB,促发该类疾病。

目前,公认的酮病发病机理是糖缺乏理论,尤其适用于 I 型酮病,主要病理学基础为能量负平衡和脂肪动员,主要生化特征是低血糖症、酮血症、高非酯化脂肪酸。众所周知,高产奶牛产后因大量泌乳,干物质摄入减少,而易发能量负平衡。在能量负平衡时奶牛体内葡萄糖和草酰乙酸的缺乏,加上低血糖、胰岛素与胰高血糖素比例低和生长激素升高会促使脂肪动员释放大量游离脂肪酸,增强了生酮作用。一旦致病因素使得奶牛适应性代谢调节作用紊乱,就会发生酮病。然而,因酮病类型不同,发病机理仍存在不明之处。有关奶牛 I 型酮病与免疫功能、氧化应激和内分泌等的关系已有许多报道,但 II 型酮病病因学研究有限,值得进一步深入探究。

如果母牛分娩时体脂过多,在分娩前后任何导致能量摄入不足的因素作用下,会迅速发生能量负平衡,促使体脂大量动员,释放过多游离脂肪酸进入肝、肾等器官。由于肝中肉碱酰基转移酶活性被抑制、载脂蛋白合成不足和利用游离脂肪酸能力有限,过多的游离脂肪酸会转化形成大量的酮体而引发酮病;同时,肝中沉积的甘油三酯运出和降解少而引起脂肪肝。因此,妊娠期肥胖、产后体脂大量动员和肝脂变性是脂肪肝发生的主要致病环节。并且,奶牛发生脂肪肝与肝内极低密度脂蛋白(VLDL)合成、分泌过程慢有关,它在奶牛酮病和脂肪肝发生中所起的作用尚不清楚,限制奶牛肝中合成和分泌 VLDL 微粒的主要环节至今仍未明确。

3.1.2 钙磷代谢障碍性疾病

3.1.2.1 病因

以生产瘫痪和骨软症为代表的奶牛钙磷代谢障碍性疾病发生的主要病因通常被认为是钙、磷摄入不足和吸收障碍及排出过多。一般致病因素包括饲料中钙磷的绝对缺乏,或妊娠和泌乳时期相对含量不足;任何妨碍钙磷溶解的因素都会影响钙磷吸收或利用;常见因素是日粮钙磷比例不当;诱发因素是日粮维生素 D 缺乏或不足,以及运动不足或缺乏光照;促发因素包括肝或肾病变干扰维生素 D 转化,日粮碘缺乏或阳离子含量高,都会影响钙磷调节;胃肠炎、前胃疾病、子宫内膜炎和乳房炎等会引起消化障碍,影响钙磷吸收或丧失增多(朴范泽等,2008;夏成等,2015)。

3.1.2.2　发病机理

奶牛钙磷代谢障碍性疾病的发生机理大致相同,其中钙稳态调节机制失衡是关键环节,但是因疾病致病因素的不同而发病机制也存在着差异。

1）生产瘫痪

发病机制尚未完全清楚。一般公认,直接原因是分娩后血钙水平迅速降低引起的低钙血症。并且,分娩、泌乳、干物质摄入少、血镁低、酸碱平衡失调等因素共同作用,促使血钙降低。

（1）经历分娩的奶牛会处于虚弱状态,随着分娩、胎水流失及产后初乳,体内大量钙流失,血钙迅速下降,引起生产瘫痪。并且,奶牛临近分娩时雌激素、脑啡肽和阿片样肽的增高会抑制胃肠平滑肌蠕动,降低采食量,再加上妊娠后期限制饲料摄入。因此,分娩、泌乳和干物质摄入少会促发该病。

（2）奶牛产前饲喂高钙、高钾饲料而镁含量相对不足,因 Mg^{2+} 在瘤胃内的吸收易受日粮 K^+ 的抑制,机体低镁会诱导 G-刺激蛋白复合体构象和 PTH 受体构象的异常,干扰靶器官受体的敏感性,妨碍骨钙动员。因此,分娩后低血镁会降低骨钙动员的能力,促发该病。

（3）奶牛干乳后期饲喂大量干草、苜蓿等粗料,因含 K^+、Na^+ 等阳离子较多,引起机体代谢性碱中毒。这会诱导靶器官 PTH 受体构象异常,对 PTH 的应答弱,进而抑制骨钙重吸收和 1, 25-$(OH)_2D3$ 生成。因此,围产前期奶牛代谢性碱中毒会抑制机体钙稳态机制发挥升钙的作用,诱发该病。

综上所述,健康奶牛钙稳态调节系统发挥正常的作用可以维持血钙的动态平衡,保障神经和肌肉正常功能。由于奶牛产后大量泌乳,进入乳腺的钙量超过肠道吸收的和骨重吸收的钙量,机体对钙的需求猛增,但是机体尚处在分娩应激中,肠道吸收和骨动员尚不能供给泌乳所需的钙,同时干物质摄入减少,使得钙稳态调节系统无法满足机体对钙的需求。因此,当分娩时奶牛发生低血钙时,如钙稳态调节机制能发挥作用,血钙暂时降低后会恢复正常。否则,血钙剧烈下降,会突发该病（夏成等,2015；郭定宗,2016）。

2）骨软症（Osteomalacia）

（1）日粮缺磷是主要致病因素,维生素 D 不足或缺乏是重要的促发因素。在正常生理活动下,动物成骨过程与破骨过程之间常保持动态平衡。当饲料中磷缺乏严重时,奶牛发生低磷血症,为了维持生理需要如妊娠、泌乳,随着机体钙磷调节机制发挥作用,溶骨作用增强、肠道钙磷的吸收增加,以维持血中钙磷的稳定。然而,长期存在干扰钙磷调节机制发挥作用的因素,如维生素 D

缺乏、肝和肾的病变及甲状旁腺功能亢进等,使骨中钙磷持续溶解,而钙磷可经尿液排泄,骨骼发生脱钙,造成骨质疏松、变形,甚至骨折(朴范泽等,2008;夏成等,2015)。

(2)其他内分泌因子在该病发生中也起到了重要的作用。GH 可以促进骨中 IGF 生成,IGF-1 经成骨细胞上的受体刺激细胞增生、分化。IGF-1 还可促进骨保护素和骨钙素的形成。骨钙素增强破骨细胞的分化和骨吸收;骨保护素抑制破骨细胞生成。因此,这些内分泌代谢异常时会促发该病(夏成等,2015;郭定宗,2016)。

3.1.3　氧化应激与免疫抑制

奶牛在围产期和泌乳早期常经历氧化应激与免疫抑制,是生产性疾病发生的重要促发因素之一。由于这两个时期奶牛特殊的生理需求,机体易发生能量负平衡、脂质代谢旺盛,引起氧化应激。并且,免疫功能下降、疾病易感性增加,造成围产期乳房炎、子宫内膜炎等生产性疾病发生风险增高,都与氧化应激与免疫抑制有关。另外,主要微量元素(硒、铜和锌等)和/或维生素(维生素 E、维生素 A 及维生素 C 等)缺乏或不足也是引起机体氧化应激与免疫抑制的重要因素。因此,这里重点概述奶牛氧化应激与免疫抑制的发生病因和机制(薛俊欣和张克春,2011;Celi,2011;Ingvartsen and Moyes,2015;赵莉媛,2017)。

3.1.3.1　病因

1)氧化应激

氧化应激引起的因素众多,主要包括生理状况、营养状况和环境因素等。

(1)生理状况:奶牛所处的生理阶段直接影响其代谢速度,进而影响氧化应激的发生。高产奶牛代谢旺盛,其血清中脂质过氧化物含量明显高于中产奶牛,因而高产奶牛体内自由基反应更加活跃,更易遭受氧化应激。奶牛围产期由于生理上的巨大变化,产生大量自由基用于能量代谢,进而生成过量羟基酸和脂质过氧化物等次级自由基,不仅造成氧化应激发生率大大增加,还可能增加代谢病发生的风险。因此,高产奶牛在围产期和泌乳早期最易发生氧化应激。

(2)营养状况:日粮成分影响奶牛体内自由基的产生。日粮中多不饱和脂肪酸对脂质氧化反应敏感,使用富含 n-3 多不饱和脂肪酸的亚麻籽代替大豆饲喂奶牛后,血中 MDA 浓度显著升高,自由基和脂质过氧化反应增加。饲料中微量元素会影响抗氧化剂与自由基之间的平衡。由于钙、铜、锰等矿物元素配比不均衡造成的奶牛跛行病例发生了氧化应激,导致 MDA 水平和氧化谷胱甘肽比例显著升高。为了将营养供给不均衡带来的负面影响降至最小,需要给奶牛提供精准的微量元素来保证机体抗氧化系统的活性。

（3）环境因素：尽管奶牛热应激会诱发氧化应激，然而冷应激与奶牛氧化应激的关系尚不清楚。在热应激下，奶牛产热和散热之间失衡，会引起心率、呼吸都加快，体温升高。并且，奶牛血清中 MDA 含量，SOD、CAT、GSH-Px 的活性都升高，缓解氧化损伤。与秋冬季节相比，夏季奶牛脂肪动员增加，总还原性物质减少，奶牛抗氧化能力降低，随后 SOD 和 GSH-Px 的活性代偿性升高以维持氧化还原反应的平衡状态。

2）免疫抑制

免疫抑制引起的病因涉及生理因素、营养与应激及其他因素。

（1）生理因素：围产期奶牛免疫抑制会促发感染疾病。奶牛在分娩与泌乳期间生理状态发生了很大的改变，其中分娩后奶牛血中免疫球蛋白转入初乳。然而，奶牛分娩时免疫功能下降是由多种免疫细胞功能的改变引起的。这是因为增高的糖皮质激素抑制淋巴因子 DNA 合成，诱发淋巴细胞凋亡，减弱淋巴细胞的吞噬、消化，减少与炎症介质相关分子的合成与释放，抑制淋巴细胞前期代谢物质等功能，进而导致免疫抑制。另外，P_4 在奶牛整个妊娠期间有明显的免疫抑制作用，但产后血中 P_4 浓度下降，P_4 免疫抑制作用会减弱。因此，还存在其他因素造成免疫抑制。

奶牛围产期内分泌和代谢都发生了明显的变化。此期奶牛对营养需要增加，而采食量下降，会引起机体能量失衡。众所周知，能量负平衡是围产期奶牛免疫抑制的主要因素。经历能量负平衡的奶牛血中糖皮质激素、血清结合珠蛋白和白蛋白等都升高，而中性粒细胞数量下降。并且，能量负平衡会促发奶牛酮病，会降低血中总抗氧化能力、中性粒细胞数和吞噬率、淋巴细胞数和淋巴细胞转化率等，使得机体抗氧化能力减弱。另外，奶牛围产期易发感染疾病，如乳房炎、子宫内膜炎、腐蹄病等，与免疫抑制有关。在分娩后 1 周内减少挤奶次数，甚至每天仅挤奶一次，循环代谢产物和免疫指标等得到改善，缓解了能量负平衡。然而，该种方法降低产后疾病发病率的效果还有待证实。

（2）营养与应激：应激是非特异性刺激因子，与多种疾病有关。它可以引起营养物质急性缺乏，降低围产期奶牛抗病力，而营养物质是维持奶牛正常免疫功能所必需的。例如，日粮、环境、代谢和内分泌等改变都会诱发免疫抑制。奶牛在分娩和泌乳初期，营养缺乏或不足及代谢应激从产后第 1 天出现，并持续数周，泌乳早期发生的能量代谢失衡将损害正常免疫功能。另外，奶牛产后瘤胃消化功能下降，将限制奶牛能量、蛋白质的摄入，能量严重缺乏会诱发酮病，加上并发的低血钙和高循环皮质醇水平，会加重免疫抑制，使乳房炎发生风险增大。此外，奶牛分娩和泌乳早期体内低水平的维生素 A、维生素 E 也是氧化应激和免疫抑制的主要原因，补充维生素 A 和维生素 E 会改善奶牛免疫功能。硒和维生素 E 通过刺激中性粒细胞活性在乳房炎发生中发挥作用。

（3）其他因素：热应激抑制奶牛免疫功能的主要作用机理是经大脑调控肾上腺皮质激素或交感神经的免疫修饰作用实现的。与非热应激相比，热应激会降低泌乳奶牛血清免疫球蛋白的水平和合成能力；夏季奶牛产前免疫球蛋白水平低于春季。另外，分娩应激会促发奶牛围产期免疫抑制，与白细胞介素（IL）如 IL-2、IL-4 等基因表达下调，T 淋巴细胞亚群分化抗原簇 CD4$^+$、CD8$^+$等数量和比例的变化有关。此外，氧化应激增高了围产期奶牛对疾病的易感性，与免疫细胞对氧化应激的敏感性有关。当围产期奶牛免疫细胞受到大量活性氧攻击，并超过抗氧化能力时机体就会发生氧化应激，造成免疫细胞或组织的损伤和功能失常，进而降低奶牛正常免疫功能，易发感染疾病。

3.1.3.2 发病机理

1）氧化应激

氧化应激引起的病因众多，导致氧化应激的发生机理是复杂的，可概括为以下几点。

（1）损伤 DNA：动物体内过量活性氧会造成脱氧戊糖分解，DNA 碱基改变、破坏或脱落，磷酸二酯键断裂及核苷酸链单链和双链断裂，使 DNA 与附近蛋白质形成 DNA-蛋白质交联。

（2）损伤生物膜：在生理状态下动物生物膜结构与功能会维持正常。在疾病或衰老时自由基损伤程度会超过生物膜修复能力，引起膜或生物分子的损伤。过量自由基引发的脂质过氧化产物如 MDA 等，会与 RNA、DNA、蛋白质和磷脂等结合，引起膜成分和功能的改变。自由基攻击 PUFA 的不饱和双键来损伤细胞膜结构，引起膜脂过氧化，形成脂质自由基和过氧化产物如 MDA，造成蛋白质结构及功能的改变，膜流动性降低和通透性增高，反映了细胞膜功能完整性和膜生物学特性受到损害。

（3）损伤蛋白质：丙二醛是脂质自由基的最终产物。它的强大交联作用会引起蛋白质分子聚合，破坏蛋白质构象，损伤蛋白质功能。通常动物体能够修复蛋白质的轻微损伤，否则蛋白质会被分解，丧失其生物学功能，导致膜蛋白组成和构象的改变，进而发生相关的疾病如溶血。

（4）与疾病的关系：氧化应激与人类白内障的发生有关，血中 β-胡萝卜素高的人患白内障的风险低。不饱和脂肪酸被氧化成脂质过氧化物会损伤细胞膜，以及某些自由基过氧化物如 ROS 等，会促发癌变。并且，许多心血管疾病如冠心病、心肌缺血/缺氧的损伤，以及机体衰老都与自由基脂质过氧化有关。另外，由于参与氧化还原调节的炎性因子（如类花生酸类物质和细胞因子）表达增强，如依赖于 15-脂肪氧化酶 1（15-LOX1）的花生四烯酸代谢过程会引起 15-氢过氧化二十四碳四烯酸（15-HPETE）生成，这一过程会因奶牛氧化应激状态而增强，组织和细胞中 15-HPETE 的增加会促进某些促炎症反应基因表达血管细胞黏附分子 1（VCAM-1）、细胞间黏附分子 1（ICAM-1）。ICAM-1 在内皮白细胞移行到感染部位上发挥重要作用，ICAM-1 或者 VCAM-1 的表达增强引发促炎症反应。此外，围产期奶牛易发多种疾病与氧化应激有密切关系。如果奶牛分娩后处于氧化应激状态，会增强乳腺组织中 15-LOX1 活性，促进 15-HPETE 在上皮细胞蓄积，使 ICAM-1 或 VCAM-1 表达升高，会增加炎症所致的组织损伤。因此，氧化应激是引起奶牛围产期免疫抑制和发病率高的一个重要因素。

2）免疫抑制

引起因素多而复杂，其发生机理迄今仍未明确，可概括为以下几点。

（1）营养与免疫：在过去的 30 年里，奶牛泌乳量和效率都有了很大的提高。尽管奶牛在遗传、饲养、管理和环境方面得到了很大的改善，但是疾病发生率并未降低。现代奶牛生产更多的牛奶，从而更大程度上动用机体组织的营养，以满足日益增长的泌乳需求。特别是在泌乳早期，血中大量的 NEFA 进入肝脏可导致 TG 蓄积及 BHBA 增高，增加了酮病等代谢病发生的风险。在围产期，奶牛机体组织动员速度和程度与免疫抑制及疾病发生的风险有关，其他因素如干物质摄入和体况也与组织能量动员的增加有关。

在大多数奶牛妊娠晚期和泌乳早期自发免疫抑制，免疫细胞在围产期参与先天免疫应答和适应性免疫应答。中性粒细胞是动物机体抵抗微生物入侵的第一道防线，在围产期其功能被减弱。这包括趋化性（向感染部位迁移），吞噬微生物的氧化爆发，杀死微生物等。并且，在围产期淋巴细胞数量和增殖会减少，而分娩时血中糖皮质激素增加，都与此时自发的免疫抑制有关。然而，糖皮质激素升高只有 24h，而围产期都存在免疫抑制。因此，糖皮质激素可能不是围产期免疫抑制的主要因素。

除了增加代谢性疾病的风险外，内分泌、代谢、免疫和神经系统的变化，增加了感染疾病的风险，如子宫内膜炎、乳房炎。在健康奶牛乳中体细胞主要包括巨噬细胞、淋巴细胞。在乳房炎期间，体细胞群转变为大量的中性粒细胞约占 90%，中性粒细胞是乳房炎发生过程中杀死入侵微生物的主要免疫细胞，由于分娩前后发生免疫抑制，围产期被认为是乳房炎发展的高风险时期。

（2）动物自身变化：动物间变异的大小因动物生理阶段不同而异。在泌乳早期奶牛中，血浆 NEFA、BHBA 和 Glu 等的变异较大。泌乳早期奶牛关注的重点是要利用这种变化来考虑在未来管理和饲养策略上防止与减少生产性疾病及生殖问题的发生，同时优化牛奶产量和效率水平。由于在不同奶牛群之间，产奶量和健康状况有很大的差异。很明显，群体内动物在生产参数和重要代谢参数方面也存在更大的差异。要利用这些参数的变化来预防疾病和达到最佳生产性能。

奶产量的个体差异很大程度上可以用所选择的血浆激素、代谢物和能量摄入的差异来解释。能量校正后奶牛产奶量与激素和代谢物之间的差异通常是相当大的，特别是三碘甲状腺素、GH、NEFA 和 BHBA 的总差异发生了变化。当使用偏最小二乘模型分别分析时，激素、代谢物和能量摄入量分别占能量校正牛奶（ECM）变异性的 24%、25%和 26%。研究发现激素、代谢物和能量摄入量是相关的，表明了代谢和摄入量的整合和协调关系。

传统上认为相同的奶牛，即有相同的品种、相同的胎次、相同的饲养和营养史，但是在内分泌和代谢参数上有非常大的差异。这些所谓相同的奶牛在尽可能恒定的环境中（营养、管理、牛舍），在 ECM、激素、代谢物和能量摄入方面，奶牛间也存在相当大的差异。这些奶牛之间的差异有两个问题值得注意：差异的来源是什么；如何在实践中利用这种变化呢？一般认为，奶牛间的差异至少部分地反映了奶牛间的基因差异。差异的另一个来源可能是奶牛所经历的生理失衡程度的差异。当动物无法应对外部约束或应激时，生理失衡就会出现，因此无法保持最佳的性能和功能。生理失衡被定义为奶牛生理参数偏离正常，从而增加了发生生产性疾病（临床或亚临床）的风险，并降低了生产和/或繁殖性能。由于奶牛产奶量在遗传潜能上存在差异，那么不同的奶牛会或多或少地受到营养环境的制约，导致不同程度的生理失衡。无论其来源如何，这种牛与牛之间的差异，如果能在实践中利用奶牛个体管理来预防疾病和不佳的性能，那么会给牛的个体管理带来巨大的益处。

（3）代谢产物与免疫抑制：二者在奶牛围产期的关系有很多，重点关注 NEFA、BHBA 和 Glu。与脂肪酸相比，葡萄糖是免疫细胞较理想的营养燃料。研究表明葡萄糖对免疫应答有促进作用而无抑制作用，包括增加白细胞增殖和分化，改善中性粒细胞趋化和吞噬。大多数评估血中葡萄糖浓度对炎症反应的影响都集中在人类 2 型糖尿病（T2D）上，它反映了与 IR 相关的高血糖状态。值得注意的是，与 T2D 相关的其他机制，如内分泌与炎症反应有关。然而，高血糖被认为是 T2D 患者炎症加剧的主要原因。在产后早期血糖浓度较低，这可能部分解释了奶牛自然发生的免疫抑制。

酮体，如 BHBA，会对免疫反应产生负面影响，如抑制淋巴细胞转化能力、中性粒细胞趋化和吞噬。然而，免疫细胞既不用酮体作为燃料源，也不用酮体增强体外免疫。

NEFA 对免疫反应的影响是不确定的，也不清楚。目前，血中 NEFA 对奶牛免疫应答的影响大多集中在代谢状态和疾病。在人类，脂质可以激活白细胞。T2D 和高脂血症（FHC）患者的白细胞活化，其中 FHC 患者的白细胞活化水平高于对照组。世界卫生组织制定的高脂血症诊断标准为血浆载脂蛋白 B 和甘油三酯水平升高（>1.70mmol/L）。最近的报道发现，与 BHBA 和葡萄糖或计算的能量平衡相比，血中 NEFA 被认为是子宫炎、生产瘫痪和胎衣不下的危险因素。这些证明了血中 NEFA 可以改变免疫应答，但其机制尚不清楚。

在人或啮齿动物模型的比较医学中，单个脂肪酸对免疫应答既有抑制作用，又有刺激作用。一般来说，不饱和脂肪酸（如 C18：1、C18：2 和 C20：4）损害免疫应答，而饱和脂肪酸（如 C12：0、C14：0 和 C16：0）改善免疫应答。饱和脂肪酸可能刺激 Toll 样受体（TLR）信号转导。在能量负平衡的奶牛中，中性粒细胞 TLR-4 和 TLR-2 的编码基因表达上调，而在能量正平衡的奶牛中没有上调。在奶牛正常分娩后脂肪分解过程中，血中 NEFA 中富含脂肪组织的主要脂肪酸，如 16：0。TLR 识别病原体联合的分子模式基序，其中包括脂质如月桂酸（C12：0）、肉豆蔻酸（C14：0 和 C16：0）。并且，吞噬细胞氧化爆发活性增加，而中性粒细胞存活率降低。因此，NEFA 种类与围产期奶牛免疫应答之间的深层关系还有待进一步研究。

（4）生理失衡与疾病：大多数关于代谢状态、免疫抑制与疾病风险之间的关系都涉及能量负平衡。这主要基于美国国家营养研究委员会（NRC，2001）提出的建议，该建议考虑了日产奶量、乳脂和蛋白质含量、母乳净能量和体重。能量平衡的其他计算主要基于一个方程，包括从饲料能量输入到机体能量变化，以及对泌乳、肌肉生长、胎儿生长、维持和活动的能量需求。并且，能量平衡的严重程度与生殖问题和疾病风险的增加有关。除了能量平衡外，其他在围产期常见的疾病如低钙血症，也与免疫抑制有关。

如何通过营养策略减少围产期能量负平衡的严重性和对抗免疫抑制？控制能量摄入是目前一种常用的营养管理策略。在奶牛干乳期满足能量需求可以防止能量平衡发生较大变化，减少产后血浆 NEFA 和 BHBA 及肝脂的积累。最近的研究发现在干乳期奶牛自由采食可以降低血清结合珠蛋白和活性氧代谢产物，上调血中中性粒细胞的关键基因的转录与细胞外陷阱形成，氧化代谢和 TLR 信号（如 TLR2）。这为控制能量平衡提供了一种很有前途的营养策略，也提高了围产期奶牛免疫力。虽然计算能量平衡被普遍认为是监测奶牛在特定生理状态下代谢状态的"黄金标准"，但最近的研究表明，生理失衡（PI）比计算能量平衡更能预测疾病风险。并且，提供了一个 π 指数的计算公式：$\pi = [x_1 \times (NEFA) + x_2 \times (BHBA) - x_3 \times (Glu)]/3$；$x_1$、$x_2$、$x_3$ 为泌乳一周内 NEFA、BHBA、Glu 的回归系数估计的调整权重。利用该公式及血中 NEFA、BHBA 浓度的变化，计算 PI 指数，是一个比计算能量平衡更直接的与疾病发展相关的生物标志物（Ingvartsen and Moyes，2015）。

较高 PI 的产前奶牛发生感染性疾病如乳房炎和子宫炎，以及非感染性疾病如胎衣不下、生产瘫痪、跛行的风险更大。因此，血中 NEFA、BHBA 和 Glu 的联合作用会对泌乳早期免疫抑制的严重程度起重要作用。了解 PI 程度与疾病风险之间的关系将提供新的管理策略，从而预防和减少疾病的发生率和繁殖/生产的问题。然而，与 PI 程度和免疫抑制相关的机制尚未阐明。

在牛奶中识别反映 PI 程度的生物标志物是一种新手段，以满足日益增长的动物健康和患病风险的监测需求。未来可以对牛奶成分进行检测，将其作为衡量牛场自动化系统的生物标志物。为了及早发现牛场的"危险"动物，有必要建立自动监测系统，以便进行在线和实时监测，这将对提高奶牛福利、繁殖、生产率和经济效益及牛场可持续性发展至关重要。

众所周知，高产奶牛围产期和泌乳早期对能量的需求迅速增高，而能量摄入减少，引起能量负平衡，使得体内代谢应激增高，一旦机体自由基平衡被破坏，会导致氧化应激，引起免疫功能下降，增加高产奶牛患病风险，易患许多疾病如难产、胎衣不下及感染性疾病。另外，近百年来奶牛矿物质和维生素营养方面取得了许多重大研究进展。最初研究集中在矿物质平衡和预防典型缺乏症，重点研究了牛奶矿物质和维生素的营养价值，以及奶牛日粮对牛奶中营养素的影响。随着矿物质和维生素分析方法的改进，研究和确定了矿物质和维生素的需要量和最佳补充策略，促进健康和减少疾病。而后，开展了矿物质和维生素对细胞调节、免疫功能、氧化应激和基因表达的影响。通过营养手段缓解奶牛免疫功能和氧化应激是预防疾病发生的重要环节（Weiss，2017）。今后，应用系统生物学中多组学技术发现维生素和矿物质的未知功能将成为一个新研究领域，将为改善奶牛健康和生产力、提高牛奶和其他乳制品的营养价值提供新的策略。

3.2 奶牛主要繁殖障碍疾病

3.2.1 卵巢疾病

3.2.1.1 病因

引起奶牛繁殖效率降低的卵巢疾病（Ovarian Disease）主要包括异常发情、排卵障碍、卵泡发育障碍、卵巢囊肿和黄体发育不全等。卵巢疾病的发病原因主要是与内分泌、能量、应激及饲养管理等因素有关，具体致病因素可概括如下。

1）内分泌失调

（1）生殖激素分泌不足或释放时间不当，如 LH 脉冲分泌较弱可导致卵泡发育不良造成异常发情；LH 波峰的延迟出现或不出现将导致奶牛排卵延迟或无排卵。

（2）高产奶牛的 PRL 分泌水平过高，可能是导致卵巢对 LH 的敏感性降低的原因，进而引起卵泡的生长发育受到抑制。

（3）能量负平衡可导致 PG 分泌不足，进而抑制排卵事件的发生。

（4）酶活性降低或失活。例如，雄激素在芳香酶的作用下转化合成雌激素，而芳香活化酶的活性低或失活，将导致多卵泡症或卵泡闭锁；此外参与排卵的各种酶（如纤维蛋白酶、蛋白水解酶、透明质酸酶、胶原酶等）的活性降低是造成排卵障碍的一个非常重要的因素，因为排卵过程是在这些酶的共同参与下完成的。

2）饲养管理不当

（1）营养不足或过剩（饲喂精饲料过多）：饲料品种单一，品质不良，奶牛营养不良可导致卵泡发育受阻或不排卵，而饲喂精饲料过多，奶牛过度肥胖，导致卵巢囊肿的发生。

（2）日粮的均衡程度差：蛋白质与碳水化合物的配比不当可诱发卵泡生长发育不良；日粮中的微量元素及矿物质不足或缺乏，特别是维生素 A、维生素 D、维生素 E 的不足可导致卵泡生长发育不良及排卵障碍，临床上的主要表现是异常发情和/或受胎率降低。

（3）利用过度：过度榨乳可引起卵巢机能不全，这与机体能量再分配有关。

（4）管理不当：牛舍狭小，奶牛密度过大，无运动场地或运动场地窄小使奶牛运动不足和光照不足，环境卫生条件差、温湿度的突然变化等均可诱发卵泡生长发育不良，表现为乏情或发情异常。

3）应激因素

（1）饲养条件的骤变：因气候温度、日粮及饲喂方式方法的突然变更及不适应，造成无排卵的发生，主要表现为卵泡生长发育不良或延迟或无排卵。

（2）热应激：夏季的高温可导致肾上腺分泌机能增强，使血浆中类固醇皮质激素的浓度增高，造成卵巢机能障碍，主要表现为夏季的奶牛不易发情和受胎率降低。

（3）其他疾病：如子宫炎、乳房炎及蹄病等可导致卵巢机能紊乱进而表现为发情异常或受胎率降低。

4）奶牛自身因素

（1）年老体衰：卵巢萎缩，生殖机能减退或异常。

（2）生殖系统疾病：内外毒素的影响引起卵巢机能减退，导致卵泡发育不良和排卵障碍。

（3）遗传性遗传变异：如患卵泡囊肿的奶牛在治愈后受孕而下一个繁殖周期中再次发生卵泡囊肿，同时排卵障碍也具有遗传性。

3.2.1.2　发病机理

卵巢的功能是受到下丘脑–垂体–性腺轴精密调控的，卵巢机能的正常与否是由下丘脑、垂体及其自身分泌的激素水平正常与否决定的，下丘脑合成分泌 GnRH，GnRH 作用于垂体前叶，使之合成分泌 FSH 和 LH，而后 FSH 和 LH 经血流运至性腺（卵巢），促进卵泡的生长发育和成熟，同时诱导排卵和黄体充分形成。此外，卵巢所产生的雌激素和孕激素，除了协同促进并调控母畜发情排卵之外，二者还对下丘脑和垂体发挥着负反馈调节作用。因此，下丘脑-垂体-卵巢之间是调控动物繁殖性能的统一体，是相互制约与促进的，其中任何一个环节发生错乱，均可引发卵巢疾病的发生。奶牛在泌乳初期采食量与泌乳量失衡，造成了能量负平衡，这就迫使奶牛再分配机体能量，使其对繁殖的能量分配落后于机体生存所需的能量分配，弱化或限制了内分泌系统合成或分泌与生殖相关的激素或因子，从而限制卵巢中卵泡的数量及卵泡的发育和优势卵泡的大小，导致卵泡发育不良或排卵障碍，同时也降低了血浆 P_4 浓度。此外，随着采食量的增加可促进类固醇激素代谢，导致 E_2 和 P_4 代谢加快，造成优势卵泡发育缓慢，由于 $PGF_{2\alpha}$ 生成不足，引起不排卵、黄体功能不全或黄体退化延迟的发生，导致奶牛发情异常和/或排卵障碍（Thatcher，2017；Argiolas and Melis，2003）。

3.2.2 子宫疾病

3.2.2.1 病因

产后最为常见的奶牛子宫疾病是子宫炎，因为产后有 80%～100%的奶牛子宫腔受到细菌污染。子宫腔内的细菌感染可导致 36%～40%的奶牛在产后一周内发展为子宫炎。此后，在分娩 3 周之后有 15%～20%的奶牛患有临床型子宫内膜炎，而患有亚临床型子宫内膜炎的大约为 30%。细菌感染是引起子宫疾病的主要病因，一般来讲子宫疾病的致病因素包括以下几个方面。

（1）病原微生物感染：病原微生物感染是造成奶牛产后子宫疾病发生的最重要的因素，其感染的病原微生物主要有细菌、病毒、支原体、真菌等。

（2）生殖激素分泌水平：子宫感染与生殖激素分泌水平是密不可分的关系。FSH、LH、E_2 和 P_4 等激素的分泌紊乱均可诱发奶牛产后子宫疾病的发生。

（3）饲养管理不当：营养不良、管理利用不当、配种时操作不当、消毒不严及过度榨乳均可造成奶牛子宫疾病的发生。

（4）疾病因素：奶牛分娩后的子宫脱出、胎衣不下、宫颈炎及产后代谢紊乱、微量元素和/或维生素缺乏等因素均能导致奶牛子宫疾病的发生，反之子宫疾病的发生也可继发其他疾病的发生。例如，当奶牛发生胎衣不下、子宫脱出、宫颈炎等疾病时，若不彻底治疗将造成奶牛子宫疾病的发生。反之，当奶牛发生低钙血症、生产瘫痪症、结核病、布鲁氏杆菌病等疾病时，可诱发产后奶牛子宫复旧不全，延长恶露排出时间，进而导致子宫内膜炎的发生。

（5）其他因素：分娩后奶牛子宫疾病的发生概率是与奶牛的胎次及品种密切相关的。通常来讲，奶牛在 2~3 产的发病率比初产的明显增多，在 6~7 产时，奶牛的子宫内膜炎发生率可达 66.70%。另外，该病的发生也与遗传有关，自身抵抗力较差的品种更易发病，如黑色杂种母牛与红色草原母牛相比，其机体抵抗力较低，子宫疾病发病率相对较高。

3.2.2.2　发病机理

奶牛产后子宫疾病发生的主要因素是子宫被病原微生物污染，致病病原微生物黏附于子宫黏膜上，进行大量繁殖或入侵到上皮细胞内并释放毒素而造成奶牛子宫疾病的发生。子宫感染的发生可能依赖于机体的内分泌环境：如 E_2 的分泌增多抑制了子宫疾病的发生，其机理可能是由于 E_2 促进了子宫收缩和子宫内膜上皮细胞增殖及其血管的生成，同时促进了宫颈黏液的分泌和增加子宫的新陈代谢等作用。但是，P_4 的功能恰恰与 E_2 相反，P_4 增多抑制了宫颈黏液的分泌和子宫的收缩，为病原微生物的侵入和繁殖提供了方便，造成了子宫疾病的发生。一个有趣的现象：通常情况下，奶牛产后第一次黄体形成和 P_4 分泌增多经常出现在子宫疾病发生之前，这说明 P_4 具有抑制子宫防御能力，P_4 的作用机制很复杂，而且对其免疫抑制作用的了解是非常有限的，P_4 可以调节 $PGF_{2\alpha}$ 和一些免疫调节因子的合成，它们对抑制子宫感染起到一定作用。此外，E_2 和 P_4 分别调控着子宫的体液免疫和细胞免疫，泌乳初期二者均处于较低水平分泌，子宫的体液免疫和细胞免疫被抑制或许是子宫疾病发生的另一个发病机理，但这仍需进一步深入探究（Dadarwal et al.，2017）。

3.2.3　胎衣不下

3.2.3.1　病因

胎衣不下（Retained Fetal Membrane，RFM）是奶牛产后常发病。其致病因素包括免疫反应、细胞凋亡、细胞外基质重塑和炎症反应等很多方面，但目前仍没有一个确切的定论，主要因素如下所述。

（1）分娩后子宫收缩无力：常见于胎儿过大、双胎、产程延长等情况，这些状况导致了子宫过度扩张，使之收缩乏力，引起胎盘充血或水肿进而造成胎衣难以脱落排出。另外，死胎、早产、流产等的发生，导致子宫内分泌突然失调进而诱发胎衣排出受阻。

（2）胎盘未发育成熟或老化及胎盘炎症：早产或激素诱导早产引起子叶分离机能紊乱，主要是胎儿胎盘发育不成熟而造成胎衣无法与母体分离。反之，过期产引起的胎衣不下主要是由于维生素 A 缺乏、胎儿的垂体-肾上腺轴的分泌机能不良或胎儿胎盘提前退化而老化，从而引发胎衣分离障碍。

（3）免疫功能异常：在临近分娩时胎盘中中性粒细胞数量不足，导致胎衣不下，同时胎盘组织中的 MHC-I 分子、巨噬细胞、淋巴细胞和细胞因子的活性变低，也会导致胎衣不下。

（4）氧化应激：奶牛脂质过氧化过程加强，过氧化物的存在导致了胎衣不下。

（5）内分泌环境的变化：分娩是子宫在 E_2、催产素（OT）及 PG 等的协同作用下，子宫的兴奋性提高进而加强了子宫收缩，而分娩后这些激素减少造成宫缩无力进而发生胎衣不下。

（6）营养代谢紊乱：低血钙、低血糖、低血磷及硒和维生素 E 的缺乏可导致胎衣不下的发生。

3.2.3.2　发病机理

奶牛的分娩启动是胎儿的下丘脑-垂体-肾上腺轴引起的，产前一个月内胎盘组织将发生一系列变化，同时胎盘分泌的激素也随之发生变化，分娩前 E_2 提前升高，但分娩时反而下降，这就造成胎儿的成熟与胎盘的分离不同步，进而引起了胎衣分离停滞。此外，E_1 和 E_2 可能直接或间接影响胎盘中其他激素的合成与释放，如 $PGF_{2\alpha}$ 等，从而影响胎盘胶原崩解及滋养层细胞和子宫上皮细胞的功能，进而影响到胎儿胎盘和母体胎盘的分离过程，据此，雌激素分泌失衡可能是造成胎衣分离障碍的重要机理之一。此外，分娩时的损伤和分娩后子宫污染造成了炎症反应，而致炎因子刺激 NOS 生成，进而产生大量的 NO，进一步促进炎症反应，造成胎衣无法排出。另外，分娩也是一个免疫排斥应答过程，在这一过程中，由于各种原因奶牛的免疫排斥应答被抑制，造成了母体不能对胎儿胎盘产生免疫排斥，从而使胎衣无法分离排出，这也是胎衣不下的一个关键机理所在（Boro et al.，2014；Pathak et al.，2015；Kankofer et al.，2015）。

中兽医的传统理论认为：奶牛胎衣不下多因风冷相干，产后无力，使血脉受寒，瘀血郁结所致。另外，血入胞衣、胀大，津枯血燥，致使瘀血恶露排出不净滞留于胞宫，造成气虚，胞宫收缩乏力，胞衣滞留。

3.2.4　屡配不孕

3.2.4.1　病因

屡配不孕（Repeat Breeding，RB）是奶牛严重的生殖障碍之一，是指发情周期正常，但临床学检查并未见异常，经 3 次以上（含 3 次）配种仍不孕的奶牛，称为屡配不孕奶牛。RB 的原因有很多种，但主要原因是受精障碍或胚胎早期死亡，据此可分为两大类，即内在和外在因素（Bage et al.，2002；Katagiri and Moriyoshi，2013；Sood et al.，2017；Kurykin et al.，2011）。

1）内在因素：与正常生理学的改变有关，是奶牛个体异常所引起的。

（1）先天性或后天性生殖器官异常；

（2）卵子发育不良（不成熟或老化）或受精卵发育异常；

（3）内分泌失调，此为关键性致病因素；

（4）子宫颈黏液对精子的受容性不良或产生抗精子抗体。

2）外在因素：是指管理、环境、人为等因素所导致的 RB。

（1）营养代谢障碍；

（2）生殖器官的感染，如隐性子宫内膜炎；

（3）冷热应激；

（4）人为因素：发情鉴定不足、授精时机不当、精液品质不良、AI 技术不良或错误及消毒灭菌不严等。

3.2.4.2　发病机理

尽管关于 RB 的发病机理不是十分清楚，但普遍认为内分泌异常是发病机理之一。RB 奶牛的发情周期看似正常，其实机体生殖激素分泌已不正常。例如，E_2 的分泌波峰到来延迟，使其发情期延长，同时引起 LH 的波峰出现延迟，导致排卵延迟，造成卵子老化和/或受精障碍。在排卵后的血浆中 P_4 升高缓慢，影响了受精卵发育、早期胚胎发育及胚泡着床。此外，内分泌异常也造成卵母细胞质量异常，以及母-胎妊娠识别的信号传导异常，如黏附分子、细胞因子、生长因子和脂质等转导异常，进而导致植入失败而造成 RB（Salasel et al., 2010；Plontzke et al., 2010；Pothmann et al., 2015）。

综上所述，奶牛的繁殖障碍疾病的发病病因及发病机理均与营养代谢有关，而营养代谢状况受到饲养管理、饲料配方、人为因素和奶牛自身体质等综合因素影响，尤其是在围产前期和泌乳早期的影响更为突出，因此，在围产前期和泌乳早期调理好奶牛的营养状况对于防控奶牛繁殖障碍疾病至关重要。

3.3　奶牛主要肢蹄病

3.3.1　腐蹄病

3.3.1.1　病因

奶牛腐蹄病（Foot Rot）的发生不外乎两种因素：一种是病原菌直接侵入机体

引起腐蹄病；另一种是因饲养管理不当造成趾（指）间皮肤损伤或皮肤屏障机能下降，导致病原微生物的侵入而发病。坏死梭杆菌和/或节瘤拟杆菌是导致奶牛发生腐蹄病的主要致病菌，趾（指）间隙是病原菌侵入的主要部位。

1）病原微生物

研究表明，奶牛腐蹄病的致病菌主要是坏死梭杆菌和节瘤拟杆菌。除此之外还包括产黑色素拟杆菌、脆弱拟杆菌、金黄色葡萄球菌、化脓棒状杆菌、螺旋体、粪弯杆菌、变形杆菌、奇异变形杆菌、大肠杆菌等。

（1）节瘤拟杆菌：节瘤拟杆菌是引起反刍动物腐蹄病的一种主要的病原菌。根据感染菌株的毒力、临床症状，节瘤拟杆菌引起的腐蹄病分为轻微的趾间皮炎（良性腐蹄病）和严重的蹄壳坏死、脱落（恶性腐蹄病）两种形式。也有研究表明，在奶牛发生腐蹄病过程中，节瘤拟杆菌与密螺旋体属（*Treponema* spp.）细菌协同作用而导致发病。

（2）坏死梭杆菌：坏死梭杆菌是一种条件致病菌，导致许多坏死性疾病（坏死杆菌病）。坏死梭杆菌分为 A 型、B 型和 AB 型。各亚型有不同的形态、生化特性和生物学特性。A 型和 B 型坏死梭杆菌能引起腐蹄病和肝脓肿，而 AB 型坏死梭杆菌在腐蹄病的病例中比较少见。坏死梭杆菌的致病机制比较复杂，尚不十分明确。一些毒素如白细胞毒素、内毒素、溶血素、血凝素和黏附素被认为与毒力因子密切相关。其中，白细胞毒素和内毒素被认为是突破宿主的防御机制引起感染最重要的因素。在混合感染的病例中经常能分离到坏死梭杆菌，因此，坏死梭杆菌和其他病原菌之间的协同作用可能在感染过程中发挥重要作用。

（3）其他病原微生物：除了以上两种主要的病原微生物能引起奶牛腐蹄病之外，还有一些其他病原微生物也能引起奶牛腐蹄病的发生。引发牛腐蹄病的病原微生物还有大肠杆菌、奇异变形杆菌、普通变形杆菌和梭状芽孢杆菌等。用感染的奶牛蹄部坏死组织直接抹片发现了大量细菌，这些细菌包括葡萄球菌、链球菌、化脓性棒状杆菌、坏死梭杆菌、绿脓杆菌和变形杆菌及螺旋体等。从感染奶牛蹄组织中获得的混合细菌培养物能够再次引起健康牛腐蹄病的发生，由此可见，在腐蹄病的发生过程中，除了节瘤拟杆菌和坏死梭杆菌以外，其他一些病原微生物对腐蹄病的发生也起到了一定的促进作用。

2）营养因素

营养因素也能引起奶牛腐蹄病的发生。日粮中精料过多，瘤胃内产生大量的组织胺和内毒素并进入血液循环，造成奶牛蹄部真皮层外周血管的损伤，使奶牛的蹄底发生溃疡、腐烂从而继发腐蹄病的发生；饲料中矿物元素及维生素缺乏能够引起奶牛体质减弱、蹄角质疏松、免疫力和抵抗力下降，同样能够导致奶牛腐蹄病的发生；另外，奶牛长期营养不良，机体代谢紊乱，当奶牛所摄入的营养物质不能满足机体生长需要时，需要动员体内骨骼、血液和其他组织中的钙、蛋白质和维生素，从而破坏机体代谢平衡，导致蹄骨疏松软化而继发腐蹄病。

3）饲养管理

饲养管理不当也是导致奶牛腐蹄病发生的因素之一。奶牛活动空间狭小，卧床较小，长期拴养，牛舍地面坚硬，易造成奶牛蹄部挫伤继发腐蹄病；牛舍环境不良，粪尿清理不及时，使奶牛长期伫立在粪尿及污水中，泥泞和潮湿的环境使奶牛蹄部角质变软，丧失保护作用，极易导致细菌感染诱发腐蹄病的发生；运动场不平整或石块、砖瓦块等坚硬异物引起奶牛蹄部的外伤，致使蹄部感染病原菌而引起蹄病的发生。奶牛肢蹄保健工作不及时、修蹄护蹄不及时、蹄病治疗不及时和不彻底都会导致奶牛发生腐蹄病。因此，牛舍环境、饲养密度、运动场的设置、厩舍的设计及舍内地面状态都与奶牛腐蹄病的发生密切相关。

4）环境及管理因素

温暖、潮湿的环境有利于腐蹄病的发生。这反映了环境中致病细菌存活率高，或牛有在阴凉或潮湿地区聚集和排便的趋势。在温带气候中，腐蹄病在一年中较温暖的月份出现的频率更高。同时，降雨的周期也增加了放牧牛跛行的发生率，这种联系被归因于泥泞的环境，趾间皮肤的浸渍，以及雨水将石头冲到了奶牛场的混凝土地面区域。在某些情况下，季节性降雨可能与产犊季节同时发生，而分娩带来的腐蹄病风险增加可能被错误地归因于降雨。在铁栏中饲养的牛比散养的牛患病风险更低，这可能反映出前者发生趾间创伤的可能性更低、干燥环境和蹄部粪便污染较少使患病风险更小。补充矿物质、足浴和饮食中添加生物素可能对蹄部具有不同程度的保护作用。不良的围栏卫生、干燥的泥土、岩石、作物残茬、树枝、冰冻的粗糙地面和环境中的冰都被认为是发病的原因，因为这些会对趾间皮肤造成创伤。

5）宿主因素

分娩（早期泌乳）是腐蹄病的一个危险因素。在对丹麦奶牛进行的一项为期两年的大型研究中，Alban 及其同事发现，近 40% 的腐蹄病病例发生在产犊后的头 30d；产后第一个月的发生率是产后任何一个月及产犊前一个月的 6 倍。这一发现与英国和美国对奶牛腐蹄病的研究一致。据推测，新生奶牛所经历的代谢、免疫、营养和环境变化与产后腐蹄病发病率的激增有关（Alban et al.，1995）。

6）遗传因素

蹄病的遗传力范围为 0.09～0.31，一般在 0.15～0.22。不同品种牛腐蹄病发生率也有差异，夏洛莱牛与荷斯坦牛发病率比其他品种奶牛要高。

3.3.1.2 发病机理

腐蹄病的发生与坏死梭杆菌和节瘤拟杆菌感染密切相关。节瘤拟杆菌最早是在牛的趾间腐烂病灶中分离出来的，但是后续的研究发现，不同地区、不同牛舍奶牛蹄部致病微生物不尽相同，节瘤拟杆菌在侵入趾（指）间上皮之前，牛粪中的坏死梭杆菌可能已经先移居在蹄表面角质，使牛蹄上皮受损害，而节瘤拟杆菌属于继发感染。节瘤拟杆菌引起的炎性反应轻微，但它能产生蛋白酶消化蹄角质，使蹄的表皮基层易受侵入，节瘤拟杆菌在牛腐蹄病发病机制中的作用尚不明确。本病典型病变表现为趾间表皮的坏死和糜烂，但是这些症状与坏死梭杆菌有极大的关系。坏死梭杆菌在蹄组织由于外伤、浸软或被其他细菌感染而受损伤时，侵入蹄部组织并繁殖，表现腐蹄病中特有的腐臭气味。坏死梭杆菌的致病因素主要是其分泌的各种毒素和酶，如白细胞介素、内毒素、溶血素、血凝素和各种蛋白酶。病原菌在牛趾间皮肤入侵处生长、繁殖，并引起炎症的发生，细菌毒素使病变组织发生凝固性坏死。病变组织感染其他细菌（如化脓菌、腐败菌等），则往往出现湿性坏疽或气性坏疽，在病变组织与健康组织交界处，可见到放射状排列的菌体。在坏死过程的同时，中性粒细胞、巨噬细胞及浆细胞进入坏死组织中及其周围，进而形成肉芽组织，坏死组织被排出或被结缔组织包围、机化或钙化；坏死组织周围皆被上皮样细胞所包围。多数死于趾间腐烂病的牛，除在体外有病变外，一般在内脏也有蔓延性或转移性坏死灶，多在肺内形成大小和数量不等的灰黄色结节，圆而坚硬、切面干燥，其他器官也可能有坏死灶。

蹄是奶牛的主要负重器官，具有坚实的角质趾壳，具有保护知觉部和支撑体重的功能。角蛋白是蹄高度角化的特殊结构蛋白。角蛋白作为一种生物材料为牛蹄提供了独特的结构基础并为其提供保护功能，以应对外界复杂的环境变化。牛蹄是表皮细胞通过一个复杂的分化过程（角质化）产生的。角蛋白的形成与生化结合、胞间胶结物质的合成和分泌是角质化的标志。蹄的功能完整性主要取决于分化的程度，即蹄表皮细胞角化程度。蹄表皮角化是由多种生物活性分子和激素调节的。这个过程依赖于适当的营养素供应，包括维生素、矿物质和微量元素。这些物质对于调节和控制表皮细胞分化的质量和营养代谢及确保蹄的功能完整性起着核心的作用。越来越多的证据表明，维生素、矿物质和微量元素在蹄的正常发育即角蛋白形成过程中起着至关重要的作用。

大量的研究表明氧化应激参与了奶牛蹄病的发病过程。在氧化应激条件下，过量的自由基可导致蹄组织的角化不良、软骨细胞凋亡及软骨退化。为了维持机体正常的生理功能和代谢循环，机体产生和消除自由基处于动态平衡。但是如果机体处于疾病状态，自由基就会在体内大量产生并积聚，如果无法及时有效地清除这些自由基，便会进一步损害机体的代谢反应。研究显示腐蹄病奶牛在微量元素和矿物元素代谢紊乱的同时，血浆 SOD、GSH-Px 水平显著降低；MDA 显著升高，微量元素在细胞水平上具有独特的限制自由基的作用，而且影响抗氧化/自由基平衡。例如，锌是维持机体金属硫蛋白（MT）（一种强有力的自由基清除剂）足够水平的关键因素，也影响着 SOD 活性。研究发现跛行牛锌、铜、锰等微量元素代谢异常与氧化应激增强有密切关系。微量元素在清除细胞水平的自由基中起重要作用，从而影响抗氧化/自由基平衡。更重要的是，微量元素对高质量蹄的形成起到了重要的作用，如锌、铁和生物素等通过多种生物途径参与蹄生成与角化，而钙、镁和磷可以提高蹄的硬度和密度，加快蹄角质形成和再生。体内矿物质和微量元素代谢紊乱，抗氧化应激水平降低，导致骨骼、蹄角质等发育不良，均能够导致奶牛肢蹄病的发生（Osová et al.，2017）。

3.3.2　变形蹄

3.3.2.1　病因

奶牛变形蹄（Hoof Deformities）是各种不良因素导致的蹄角质异常生长，蹄外形发生改变而不同于正常蹄形的一种疾病。

1）营养因素

日粮搭配不合理，精料过多，矿物质比例如钙磷比例不当或者维生素缺乏如生物素缺乏等，都能够引起变形蹄。奶牛的蹄保持完整的角质功能需要多种维生素、微量元素和矿物质参与。这些物质不足会使得角质功能比较差，角质对各种外界因素的抵抗力下降，从而引起蹄的变形。

2）饲养管理因素

奶牛长时间站立，牛舍地面坚硬，反冲力较大，加之舍饲奶牛运动不足，导致蹄正常磨灭不充分或者不均匀，造成其过度生长，容易发生变形。另外，奶牛前肢内蹄长时间过度负重，会导致远轴侧壁逐渐替代负面，甚至朝向轴侧上翘、翻卷。开始时只是出现偏歪、倾斜，可称为倾蹄，但如果没有及时进行矫正，随着病程的延长就会逐渐变成卷蹄，最终引起螺旋蹄。

3.3.2.2 发病机理

蹄角质在角化过程中需要多种物质，包括维生素、矿物质及微量元素等，这些物质对保持角质功能的完整性具有重要作用，如果缺乏会使角质的质量变差，使角质对化学、物理及微生物的抵抗力降低，从而发生蹄变形。对于慢性蹄叶炎的奶牛，由于蹄骨长期处于转位状态，导致奶牛蹄角质异常生长，也会引起蹄变形。

另外，奶牛蹄部血液循环障碍，特别是真皮层毛细血管回流受阻，血液微循环淤滞，使得大量的血浆成分渗出，积聚于真皮小叶与角小叶之间压迫神经末梢分布密集的真皮层，引起持续性剧烈疼痛。蹄尖底壁真皮炎症时，病畜为缓解疼痛，蹄踵着地负重，趾（指）深层肌腱高度紧张，使蹄角质细胞代谢紊乱，蹄角质变软，也可能引起蹄变形的出现。

3.3.3 蹄叶炎

3.3.3.1 病因

在牛群中，由于蹄叶炎（Laminitis）引起的蹄底病变包括蹄出血、双蹄底、蹄趾溃疡、蹄白线分离，以及整个蹄表面的变形。这些病变常发生在蹄踵部，如3区、4区和6区。蹄叶炎病变的原因多种多样。病变的发生率和严重程度受奶牛蹄部、肢蹄结构、硬地面和蹄角质等外部力学因素的影响。病变的全身性因素与瘤胃酸中毒、酮血症和内毒素血症有关。具体发病机制与蹄部真皮微循环的系统性损伤有关。由于蹄的板层区内悬浮物的损坏，蹄骨在角囊内下沉，并挤压下皮层产生所谓的"第3期病变"。

1）营养对蹄叶炎的影响

在用于研究的马的实验模型中，通过喂食过量的碳水化合物很容易诱发蹄叶炎。同样的方法还没有成功地应用于牛的实验中，但是营养因素可以引起蹄叶炎症状和蹄损伤。研究表明，单独饲喂限制饲料的奶牛有68%在产犊时出现临床蹄叶炎症状，64%的奶牛在2~3个月后出现蹄底溃疡。在一系列代谢研究中，高浓度饲料比、高浓缩量和高膳食蛋白质摄入量都比低强度饮食的对照组的跛行评分更高。与跛行相关的病变为蹄底溃疡和蹄底出血。单纯出血被认为是亚临床蹄叶炎的症状（Livesey and Fleming，1984）。

饮食组成、饲料配制和饲养方式，以及动物的饲养行为也是引起蹄叶炎的重要危险因素。瑞典的一项研究结果表明，由于饲养管理不当，瘤胃代谢受到干扰可诱发蹄叶炎。英国最近的研究比较了在相同的牛舍环境下，饲喂小母牛湿饲粮（青贮饲料 DM 19%）与干饲粮（稻草和浓缩饲料 DM 86%）相比，尽管其他成分具有可比性，但在产犊前后，湿饲粮导致的跛行和蹄底损伤明显多于干饲粮。

当饲喂的饲料中没有足够的功能性纤维时，咀嚼次数会减少，奶牛分泌的缓冲唾液也会减少，导致瘤胃 pH 值下降，并使食物快速地通过消化道。当奶牛摄入过量的精料时，瘤胃中的微生物，尤其牛链球菌会迅速繁殖为优势菌株，产生大量的乳酸和内毒素及其他血管活性物质会进入全身血液循环，增加血管壁的通透性，改变血液流变学指标，主要是红细胞和血小板凝聚性升高，造成微循环障碍，容易形成血栓，而角质形成细胞由于供养不足，从而角质合成出现障碍，长期下去会发生蹄变形。

2）损伤对蹄叶炎的影响

一旦角囊中的蹄骨附着部被破坏，蹄就有进一步受损的危险。由于破坏的严重程度、负荷和生物力学，蹄骨下沉和/或在蹄内旋转，骨的突出部分与相邻的蹄底角质层发生挤压和摩擦，引起蹄底角质层的继发性损伤，伴有水肿和出血，最常受影响的区域是蹄骨的后部（"典型"的蹄底溃疡部位）、后外壁的底白线交界处和趾区。从最初的损伤到能够发现出血的时间取决于蹄底的生长速度和蹄底厚度。由于需要 2～3 个月的时间才能看到蹄部病变，所以了解蹄部病变和蹄叶炎之间的密切关系比较困难。

3）蹄形与重量分布对蹄叶炎的影响

内外蹄之间的重量分布及蹄底和蹄壁区域足部的减震机制都与蹄底角质层及地面的损伤有关。在正常步态下，蹄踵球茎和外侧壁将第一次接触地面，重量将均匀地分布在外蹄和内蹄之间。软球减少了蹄后部分的冲击，由于蹄的轻微张开，壁上的重量将成功地转移到蹄底。在松软地基上放养的牛，蹄底很少有损伤，而且从外壁到中央都是凹进去的。研究发现当哺乳动物从牧场迁移到坚硬的地面时，后外侧蹄的天然蹄底凹陷消失，而内侧蹄的凹陷保留，使得蹄底增长和磨损区增大，并导致牛蹄不对称。不对称后蹄是蹄底损伤最常见的部位，其外蹄大于内蹄，蹄底呈扁平状。因此，如果牛蹄的自然凹陷消失，蹄底是平的或凸的，那么蹄底最初会比蹄侧壁承受更多的重量，通过对比正常奶牛和蹄底溃疡的奶牛蹄部发现，蹄底溃疡的奶牛蹄骨更凹陷，软组织更容易受到挤压。

4）产犊对蹄叶炎的影响

通常，奶牛在产犊期会经历许多变化，如饲料改变和新的畜舍环境，首次生育的小母牛也会经历这些变化，因此人们认为它们比经产奶牛更容易受到影响。荷斯坦母牛产犊前几个月蹄出血，而在舍饲的小母牛身上，这种损伤比在干燥环境中的小母牛身上更为严重。其中一些动物在产犊后不久出现蹄底溃疡。在小母牛产犊前几个月对其蹄底病变进行评分，其中白线病变在产犊后 2 个月达到高峰，产犊后 4 个月出现蹄底出血。研究表明，分娩本身、分娩前的环境和管理变化是亚临床蹄叶炎发生的主要因素。

5）牛舍环境对蹄叶炎的影响

硬地面会增加亚临床蹄叶炎的风险。混凝土地面饲养的奶牛有更高的蹄底出血评分，与在坚硬地面上自由行走的牛相比，拴系饲养的奶牛很少见到白线损伤和蹄壁损伤。

在舒适的环境中，奶牛每天躺卧 12～15h，而且大多是在反刍的时候。在不舒适的牛棚里，奶牛通常半站在隔间里，后腿，特别是后蹄长时间负重且接触不卫生环境。不舒适的隔间会延长站立时间。在分娩时，小母牛躺在更舒适的隔间里的时间明显更长。分娩 2 个月后，在不舒适的隔间里的动物有更多的蹄部出血。蹄底出血反映了站立时间较长（Leonard et al.，1994）。

动物进食时的行为也会影响蹄叶炎的发展。对槽内饲料空间减少的动物的相互作用行为进行评分，高相互作用行为的奶牛蹄底出血评分显著高于低相互作用行为的评分。研究得出的结论是，在槽里争夺食物可能会引发动物之间的互动，导致蹄部出血。另外，跛牛的行为也会产生影响。与健康的牛群相比，跛牛在牛群中失去了等级，进食时间更短，消耗的干物质更少，且进食率更高，这类牛群更容易发生蹄叶炎。

6）修蹄对蹄叶炎的影响

正确地修蹄已被证明可以减少蹄叶炎引起的跛行。研究表明，断奶前修蹄可以减少跛行奶牛的数量。每年只修一次的动物蹄底溃疡的数量几乎是那些每年修剪两次的动物的 2 倍。修蹄的一个功能是在临床症状或严重病变发展之前的早期阶段检测病变。另一个功能是通过纠正负荷来预防损伤。当蹄部之间的重量分布不均匀，蹄底承受的重量过大时，发生蹄底损伤的风险较大。当蹄被修剪时，重量在蹄子之间和蹄子内部分布得更均匀（Manske et al.，2001）。

3.3.3.2 发病机理

长期以来，牛蹄损伤的发病机制一直被认为与蹄叶炎的病变有关，类似于马的蹄叶炎，是由于蹄部真皮微循环受到损伤，随后在真皮和表皮交界处发生退化和炎症变化。蹄部损伤的反应主要发生在血管系统。血管活性物质如组织胺或血液中内毒素的作用会导致真皮的血液供应紊乱。血管壁麻痹和血管扩张导致血液停滞，蹄部的动静脉分流，血液则主要流向真皮层。周围组织和血管壁会发生缺氧，继而组织开始水肿。随后发生红斑，水肿，出血，血栓，最后坏死。大的暗红色斑点通常出现在粉红色的真皮内。以上过程导致蹄部剧烈疼痛。

蹄角质的生长和表皮基底细胞的增殖由真皮中的血管提供营养和氧。真皮和表皮交界处的基底层细胞退化。真皮和表皮连接处的损伤导致蹄部悬吊物的病变。真皮和表皮连接处开始分离，整个蹄在其角囊内下沉并进入病理第二阶段。蹄骨的下沉会压迫蹄底和蹄踵的真皮，并进一步发生毛细血管损伤、出血、血栓形成、细胞炎症反应，最终导致缺血性坏死。慢性水肿，再加上动物体重的压力会对动物造成进一步的损害。这些损伤对奶牛的蹄部健康构成了严重的危害，导致奶牛严重的疼痛。

随着病情进一步发展，大约 8 周后，角囊中的病变特征变得很明显。硫酸盐在板层增生处或表皮-真皮交界处积累，造成白线的损伤和变宽。此外，坏死的组织肿块和表面的血液淤积可阻碍蹄角质的生长。当蹄角质继续生长时，一些碎屑就会被融合到新的角质中，然后逐渐长到表面，形成红色的斑点，或者当血肿足够大时，形成一个双蹄底。当蹄角质的生长完全被阻断时，会引起溃疡；溃疡形成的位置取决于坏死的位置。典型溃疡部位在组织被挤压和损坏最严重的部位。真皮慢性弥漫性病变会导致劣性的蹄角质。在老年动物中，长期跛行的蹄通常是由一系列的跛行病变引起。随着时间的推移，蹄会变宽，变得扁平，蹄背壁出现凹陷（Bergsten，2003）。

3.3.4　蹄皮炎

3.3.4.1　病因

尽管有大量的研究集中于阐明蹄皮炎（Digital Dermatitis）的病因，但关于确切病因的争论仍然存在。截至目前有两点得到广泛认可。首先，蹄皮炎病变始终与密螺旋体的丰富多样的种群相关联。其次，这些不同的密螺旋体种群作为一个更多样化和更复杂的细菌群落的组成部分而存在，这个群落包括蹄皮炎病变的全部微生物群。此外，该菌群的非密螺旋体成分不是随机的，而是与病变的发展阶段有关。未受感染的动物会携带有丰富的葡萄球菌科、链球菌科、拟杆菌科、棒状杆菌科和巴斯德杆菌科，随着病变的进展被其他细菌科所取代。虽然尚未确定明确的病原体，但病毒或真菌病原体与蹄皮炎无关。此外，通过检测与临床病变相关的多种不同细菌因子及它们对抗生素应答的反应可证明，蹄皮炎是一种多细菌性疾病。虽然已经从蹄皮炎病变中鉴定和培养多种细菌，但与蹄皮炎相关的最常见的细菌是来自密螺旋体属的种系。在一系列与牛蹄相关的病变中发现的主要致病菌是螺旋体。除此以外，导致该病的病原微生物还有坏死梭杆菌、嵴链球菌、节瘤拟杆菌、单胞菌等（Evans et al.，2016）。

3.3.4.2 发病机理

密螺旋体在角质层产生毒素，从而溶解角蛋白。当皮肤破坏病原体时，皮肤会出现上皮增殖和增生，而间质细胞、淋巴细胞、单核细胞等炎性细胞浸润，从真皮层渗透到上皮细胞。并且，上皮细胞在使条件致病菌渗入真皮中部后，在某些情况下，皮肤倾向于产生弹性纤维，类似于疣性皮炎，同时在真皮乳头内，会发现单核细胞的浸润。

3.4 作者的科学研究

3.4.1 奶牛主要代谢病

3.4.1.1 能量代谢障碍性疾病

1）胰岛素抵抗与奶牛Ⅱ型酮病的关系

（1）方法：本研究在某集约化牛场选取产后 14～21d 的酮病奶牛和健康奶牛各 8 头。跟踪检测进行糖耐量试验的奶牛血浆 Glu 浓度，以糖耐量 120min 的血糖浓度为分界点，将奶牛分成酮病糖耐量异常组（TH 组）、酮病糖耐量非异常组（TL 组）和健康对照组（C 组），同时检测血中肝功能指标、氧化应激指标和 IR 指标。

（2）结果：在静注葡萄糖后，血糖浓度 TL 与 C 组间无显著差异，TH 组始终显著高于其他组，且 TH 组胰岛素敏感性指数（RQUICKI）值明显低于其他组。TH 组肝功能异常比其他组严重。TH 组的氧化应激高于其他组。

（3）结论：奶牛发生Ⅱ型酮病与 IR 所致的葡萄糖利用障碍有关，而肝功能异常与氧化应激可引起胰岛素抵抗（王朋贤等，2015）。

2）奶牛酮病、脂肪肝的糖异生和脂肪动员的神经内分泌调控作用及其分子机制

（1）围产期低血糖、自然发生酮病和脂肪肝病牛肝糖异生及脂肪动员的神经内分泌调控机制。

a. 方法：本实验开展了奶牛饲养实验、自然发病奶牛、体外肝细胞和脂肪细胞原代培养技术及定量反转录酶-聚合酶链反应（RT-PCR）检测等研究工作。

b. 结果：围产期奶牛易发生低血糖，产后呈现亚临床酮病，但是大多逐渐恢复正常。酮病、脂肪肝奶牛伴发低血糖，泌乳量下降，血液多种生化指标、激素、肝脂肪含量及肝磷酸烯醇丙酮酸羧激酶（PEPCK）mRNA、脂肪 HSL mRNA 和 LEP mRNA 表达发生改变。脂肪肝病牛发生肝功不全，酮病奶牛亦存在肝功不全。另外，胰岛素能抑制体外培养肝细胞 PEPCK-C mRNA、脂肪细胞 HSL mRNA 的表达，促进 LEP mRNA 的表达；而胰高血糖素能促进肝细胞 PEPCK-C mRNA、脂肪细胞 HSL mRNA 的表达，不影响 LEP mRNA 的表达；瘦蛋白对体外培养的脂肪细胞 HSL mRNA 的表达具有促进和抑制双重作用，能抑制脂肪细胞 LEP mRNA 的表达。

c. 结论：神经内分泌因子参与了奶牛低血糖、酮病和脂肪肝糖异生、脂肪动员的调控作用（夏成，2005）。

（2）生糖底物和神经内分泌因子对新生犊牛肝细胞 PEPCK-C mRNA 表达水平的影响。

a. 方法：本实验在原代单层培养的新生犊牛肝细胞培养液中分别加入不同浓度丙酸钠、丙酮酸钠、INS、Gn 和 LEP，培养 12h 后，应用半定量 RT-PCR 方法检测体外培养的肝细胞 PEPCK-C mRNA 的丰度。

b. 结果：随着丙酸钠、丙酮酸钠浓度的升高，肝细胞 PEPCK-C mRNA 的丰度均先升高后下降（$P<0.01$）；随着 INS、Gn 和 LEP 的浓度升高，肝细胞 PEPCK-C mRNA 的丰度分别呈现剂量依赖性地降低、升高（$P<0.01$）和无显著变化。

c. 结论：丙酸钠、丙酮酸钠能通过上调体外培养的新生犊牛肝细胞 PEPCK-C mRNA 的表达而促进肝糖异生代谢，但上调作用是有限的；INS 能通过下调体外培养的新生犊牛肝细胞 PEPCK-C mRNA 的表达而抑制肝糖异生代谢，且下调作用呈剂量依赖性；Gn 与 INS 的作用刚好相反；LEP 未起直接的调节作用（夏成等，2006）。

（3）丙酸盐、丙酮酸盐、β-羟丁酸对牛肝细胞 PC mRNA 和 PEPCK mRNA 丰度的影响。

a. 方法：本研究通过体外新生牛肝细胞单层培养，采用竞争 PCR 方法检测不同浓度的不同底物对肝糖异生关键酶丙酮酸羧化酶（PC）mRNA 丰度和 PEPCK mRNA 丰度的影响。

b. 结果：随着丙酸盐浓度的升高，肝细胞 PC mRNA 丰度呈上升趋势，PEPCK mRNA 丰度呈先升高后降低的趋势，各浓度组之间差异显著（$P<0.01$），丙酸盐浓度与肝细胞 PC mRNA 丰度呈明显的正相关（$r=0.94$，$P<0.01$），丙酸盐在一定浓度范围内对 PEPCK mRNA 丰度具有上调作用；随着丙酮酸盐浓度的升高，肝细胞 PC mRNA 丰度和 PEPCK mRNA 丰度均呈先上升后下降的趋势，不同浓度处理组间差异显著（$P<0.01$），丙酮酸盐浓度为 4.00mmol/L 时 PC mRNA 丰度最高，

丙酮酸盐浓度>4.00mmol/L 时 PC mRNA 丰度呈下降趋势,但仍高于对照组,丙酮酸盐在 8mmol/L 时,PEPCK mRNA 丰度最高,表明在一定浓度内丙酮酸盐对肝细胞 PC mRNA 和 PEPCK mRNA 丰度有上调作用;添加 BHBA 的浓度不超过生理浓度范围(<1.00mmol/L)时,PC mRNA 丰度有所增加($P<0.05$),但当 BHBA 浓度>1.00mmol/L 时,PC mRNA 丰度则急剧降低,显著低于未添加组,BHBA 作为代谢产物对 PC mRNA 表达主要起抑制作用。

c. 结论:适量的丙酸盐、丙酮酸盐通过上调 PC mRNA 和 PEPCK mRNA 表达水平提高肝糖异生能力;而 BHBA 浓度超过生理范围则可抑制 PC mRNA 表达,降低糖异生能力,加剧能量负平衡(徐闯,2005)。

3)奶牛酮病和脂肪肝的组学机制

(1)酮病奶牛肝脏的比较蛋白质组学研究

a. 方法:本研究运用 2D-E 图谱展示酮病奶牛肝脏蛋白质差异表达,利用 MALDI-TOF-MS 鉴定差异表达蛋白质,克隆表达差异蛋白 3-羟酰辅酶 A 脱氢酶(HCDH)和乙酰辅酶 A 乙酰转移酶 2(ACAT),进行 Western blot 验证;基于 HCDH、ACAT、延伸因子 Tu(EF-Tu)、α-烯醇化酶(ENO1)和肌酸激酶(CK)的差异表达情况,构建酮病奶牛肝脏代谢网络图谱;通过检测酮病奶牛肝脏脂肪酸氧化代谢途径关键酶的活性和主要中间代谢物的浓度,确证酮病奶牛肝脏脂肪酸氧化代谢特征。

b. 结果:应用比较蛋白质组学技术共鉴定酮病奶牛肝脏差异表达蛋白质 38 种,主要参与能量代谢、碳水化合物代谢、脂肪酸代谢、氨基酸代谢、抗氧化代谢、结构蛋白和核酸代谢。酮病时肝细胞结构形态已遭到一定程度的破坏,肝细胞抗氧化能力降低,糖异生途径增强,脂肪酸氧化能力降低,蛋白质合成代谢降低。应用 Western blot 验证了差异蛋白中的 HCDH 和 ACAT,与 2D-E 一致。应用比较蛋白质组学技术发现 HCDH、ACAT 和 EF-Tu 表达下降,ENO1 和 CK 表达上升,并构建了酮病奶牛肝脏代谢网络图谱。在此基础上确证了酮病奶牛肝脏脂肪酸氧化代谢特征,酮病奶牛血清 BHBA 和 NEFA 显著高于健康组奶牛,血糖、肝组织草酰乙酸、肉毒碱棕榈酰基转移酶Ⅱ、3-羟脂酰 CoA 脱氢酶显著低于健康组奶牛,受试牛(酮病牛和健康牛)血清 NEFA 浓度与肝组织草酰乙酸、肉毒碱棕榈酰基转移酶Ⅱ、3-羟脂酰 CoA 脱氢酶的含量呈显著的负相关;但血清 BHBA 与脂肪酸氧化代谢指标不相关。

c. 结论:奶牛酮病肝脏代谢的特点为脂肪酸氧化代谢减弱,酮体生成代谢和蛋白质合成代谢减弱,糖异生代谢增强。但是酮病奶牛仍然处于低糖血症和高酮血症状态,同时 ATP 过剩并以磷酸肌酸的形式储存于肝细胞内,乙酰辅酶 A 在肝细胞中聚集。高浓度血清 NEFA 抑制了奶牛肝脏脂肪酸氧化代谢,是影响奶牛酮病发生发展的主要代谢途径之一（徐闯，2008）。

（2）奶牛临床和亚临床酮病的血浆代谢组学研究

a. 目的：基于代谢组学的气相色谱/质谱（GC/MS）联用技术分析临床酮病、亚临床酮病和健康的奶牛血浆代谢谱，观察奶牛体内代谢产物的变化，寻找内源性代谢分子标志物，用于发现奶牛临床和亚临床酮病的早期诊断及病情进展的特征生物标志物，并阐明该病发病机制。

b. 方法：收集临床酮病奶牛血样 24 例，亚临床酮病奶牛 33 例，健康对照组奶牛 23 例，静脉采集试验奶牛血液，分离血浆，检测其 BHBA、Glu 等生化指标。将血浆样品预处理后，运用 GC/MS 联用技术检测各组奶牛血浆代谢产物，利用质谱数据库对其进行鉴定。采用主成分分析（PCA）和偏最小二乘判别分析（PLS-DA）等多元统计方法对临床酮病组、亚临床酮病组和健康对照组奶牛检测数据进行模式识别分析。通过 PLS-DA 方法建立疾病诊断模型后，筛选潜在的疾病生物标志物。

c. 结果：以 80 例奶牛血浆样品为分析对象，研究建立了内源性代谢物谱的 GC/MS 分析方法，并利用 NIST（2008）商业质谱数据库对检测到的代谢物进行快速鉴定，共检测出 267 个变量。将代谢组数据导入 SIMCA-P 软件进行主成分分析和偏最小二乘法判别分析，代谢组数据可将患病组与健康组分别聚类区分，并且寻找到组间种类无差别代谢物 40 种。与对照组相比，临床和亚临床酮病的差异代谢物均为 32 个，临床酮病组与亚临床酮病组相比有 13 个差异代谢物。通过查找 KEGG，对代谢物进行分析，这些代谢物主要与氨基酸代谢、脂肪代谢和碳水化合物代谢等能量代谢途径相关。

d. 结论：基于代谢组学的 GC/MS 技术对酮病奶牛血浆进行检测，并结合多元统计分析，共在临床、亚临床酮病和健康组之间发现 40 种代谢物（主要为脂肪酸、氨基酸和碳水化合物等物质）。它们证明了奶牛血浆样品的 GC/MS 代谢谱可以有效地区分临床酮病组、亚临床酮病组与健康对照组。该结果也进一步证明了利用代谢组学技术，在一定程度上可以揭示奶牛临床和亚临床酮病的发生和发展变化，而这些对组间分类有贡献的差异代谢物可能是奶牛酮病诊断的潜在代谢标志物和客观指标。通过研究可以发现奶牛临床和亚临床酮病的发生和发展过程中，其血浆内的部分代谢物的代谢模式和代谢途径发生了改变。此外，新的潜在的代谢物也为奶牛酮病的诊断和预防提供了新的思路（孙玲伟等，2014）。

（3）基于 ^{1}H NMR 技术的奶牛 I 型和 II 型酮病血浆代谢谱分析

a. 方法：本实验选取产后 7～28d，平均胎次为 2～3 胎的实验奶牛 50 头。根据血中 Glu、BHBA 和 NEFA 的含量与临床发病特点分为 I 型酮病、II 型酮病与健康对照组，其中 I 型酮病 20 头，II 型酮病为 20 头，健康对照组为 10 头。当患病牛血中 BHBA>1.20mmol/L、Glu<2.50mmol/L、NEFA>0.50mmol/L 时，被认为患

I 型酮病；当患病牛血中 BHBA>1.20mmol/L、Glu>2.80mmol/L、NEFA>0.50mmol/L 时，被认为患 II 型酮病；当奶牛血中 BHBA<1.00mmol/L、Glu>3.75mmol/L、NEFA<0.40mmol/L 时，被认为属于健康对照组。运用代谢组学中 ^{1}H NMR 技术分析实验奶牛的血浆代谢物，获得相应的代谢图谱，并结合多元统计分析中的主成分分析、正交偏最小二乘判别分析（OPLS-DA）的模式判别，从而寻找潜在的生物标志物。

b. 结果：通过 ^{1}H NMR 分析，I 型酮病、II 型酮病与健康对照的代谢图谱差异明显，3 组代谢产物各自聚集，分散区域显著。II 型酮病与健康对照比较，获得 7 种血浆差异代谢物，主要为丙氨酸、赖氨酸、β-羟丁酸、丙酮、乳酸等，其中血浆中 β-羟丁酸、丙酮、乳酸浓度升高；丙氨酸、赖氨酸、酪氨酸、肌酸浓度呈现下降。I 型酮病与健康对照组比较，获得 19 种血浆差异代谢物，主要为酪氨酸、苯丙氨酸、肌酸、β-羟丁酸、丙酮等，其中 β-羟丁酸、丙酮浓度升高；酪氨酸、苯丙氨酸、赖氨酸、组氨酸、丙氨酸、肌酸、肌醇、β-葡萄糖、谷氨酰胺、谷氨酸、柠檬酸、α-葡萄糖、甲酸、甘氨酸、O-乙酰葡萄糖胺、磷酸胆碱浓度呈现下降。I 型酮病与 II 型酮病比较，获得 24 种血浆差异代谢物，主要为柠檬酸、组氨酸、β-葡萄糖、异亮氨酸、极低密度脂蛋白/低密度脂蛋白等，其中 β-羟丁酸、低密度脂蛋白和极低密度脂蛋白、异亮氨酸、缬氨酸、丙酮、亮氨酸、乙酸浓度升高；柠檬酸、酪氨酸、组氨酸、肌醇、谷氨酰胺、β-葡萄糖、苯丙氨酸、谷氨酸、α-葡萄糖、赖氨酸、甲酸、甘氨酸、磷酸胆碱、丙氨酸、O-乙酰葡萄糖胺浓度呈现下降。

c. 结论：^{1}H NMR 与多元统计分析的结合筛选出 I 型酮病、II 型酮病与健康对照组之间血浆差异性代谢物，为进一步探究奶牛 I 型酮病、II 型酮病的发病机理及诊断与防治提供了新方向（李影等，2015）。

3.4.1.2 钙磷代谢障碍性疾病

1）奶牛围产期低血钙发生状况及其调节作用

（1）目的与方法：为了解奶牛围产期低血钙发生状况及其调节作用，本试验选取围产期经产的健康奶牛 20 头，分别对其产前 21d、14d、7d，产后 7d、14d、21d 及分娩当天血中 Ca、P、ALP、HYP、PTH、BGP、CT 浓度进行测定。按血钙水平将试验奶牛按上述时间点均分为对照组（血钙正常）和低血钙组。

（2）结果：奶牛在产前 21d 至产后 21d 低血钙发生率分别为 0%、45%、20%、80%、25%、15%、10%。对照组奶牛血浆 Ca、BGP 的浓度产前 14d 到产后 21d 显著高于低血钙组（$P<0.05$），ALP、HYP 在产前 7d 到产后 21d 显著高于低血钙组（$P<0.05$）。两组奶牛血浆 P 浓度在围产期无显著差异（$P>0.05$）。对照组血浆 CT 浓度在产前 7d 和分娩当天显著低于低血钙组（$P<0.05$），其他时间点差异不显著（$P>0.05$）；对照组血浆 PTH 浓度在产前 7d 到产后 21d 时显著低于低血钙组（$P<0.05$）。

（3）结论：奶牛围产期易发生低血钙，以分娩时发生率最高。奶牛围产期易发低血钙与钙代谢调节激素未能发挥其动员骨钙的调节作用有关（桑松柏等，2009）。

2）奶牛低钙血症的组学机制

（1）基于 ^{1}H NMR 技术的生产瘫痪奶牛血清代谢组学分析

a. 方法：本试验选取年龄、胎次、体况和泌乳量相近的分娩当天的荷斯坦高产奶牛共 32 头，根据其血钙浓度及其有无临床症状分为两组。其中，24 头奶牛为健康对照组（Group1，血钙>2.50mmol/L，无症状），8 头奶牛为生产瘫痪组（Group2，血钙<1.40mmol/L，有明显临床症状）。32 头奶牛分别于清晨饲喂和榨乳前从颈静脉采集血液 10ml，离心得到血清，–80℃保存待测。待测样品经预处理后取 550μl 上清液在 500MHz 的核磁共振波谱仪下采集信号。然后，利用 Topspin 和 MestReNova 等软件将采集到的信号进行傅里叶转换，同时进行调零、校正基线和相位等预处理，去除水峰和尿素峰信号，将一维图谱进行积分分段，并将图谱信息转换为 TXT 格式文件。而后使用 Chenomx NMR 软件进行化合物指认，最后应用 SIMCA-P 软件对得到的图谱数据进行多元统计分析，包括 PCA 和 OSC-PLS-DA，同时结合 SPSS 软件对核磁数据进行单因素方差分析得到 P 值及载荷图，最终筛选出表现差异的小分子代谢物。

b. 结果：获得了生产瘫痪组和健康对照组奶牛的血清代谢图谱及差异表达代谢物的载荷图；PCA 结果显示每组样品均在 95% 置信区间内，无须剔除，主成分贡献率较低，其中 PC1=26.20%、PC2=16.70%，组间差异变量不能被选择；OSC-PLS-DA 结果显示经过 5 次正交信号修正，与分组无关的变量被去除，组间差异达到最大化；与健康对照组相比，共筛选出 9 种血清差异表达代谢物，其中，4 种表达上调，分别为 β-羟基丁酸、丙酮、丙酮酸和赖氨酸，5 种表达下调，分别为葡萄糖、丙氨酸、丙三醇（甘油）、磷酸肌酸和氨基丁酸；9 种差异代谢产物多为糖和氨基酸，相互之间形成了一个能量转化网络图，通过多种代谢途径参与了机体能量代谢过程，其中较为特殊的差异代谢产物，如磷酸肌酸可直接为机体提供能量，其降低可能与病牛肌无力和瘫痪有关。此外，本试验中生产瘫痪组奶牛氨基丁酸降低，临床表现为精神沉郁，甚至昏迷，这与人类抑郁症患者的氨基丁酸表现相吻合，有关氨基丁酸下降与奶牛生产瘫痪的关系有待研究者进一步证实。

c. 结论：^{1}H NMR 技术能够被应用于筛选生产瘫痪奶牛血清表现差异的小分子代谢物，表现出能量负平衡及脂肪动员的病理学特征，提示生产瘫痪与能量代谢障碍有关（孙雨航等，2015）。

（2）基于蛋白质组学技术的奶牛低钙血症血清蛋白谱分析

a. 基于 SELDI-TOF-MS 技术的患亚临床低钙血症奶牛血浆蛋白质组谱分析

①方法：本实验收集 32 头患亚临床低钙血症奶牛和 59 头健康奶牛的血浆，应用 SELDI-TOF-MS 技术测得血浆蛋白质谱，经 Wilcoxon sum rank test 分析两组峰值，结合 Swiss-Prot 蛋白质数据库鉴定，从而获得组间差异表达蛋白质，并进行决策树分析。

②结果：获得了 7 个差异峰，经鉴定得到 6 种差异表达蛋白质。经决策树模型分析得出神经分泌蛋白片段和淀粉样 β-蛋白 4 可能为诊断健康牛和亚临床低钙血症牛的生物标志物。

③结论：应用 SELDI-TOF-MS 技术可有效分离健康牛与患病牛之间的血浆差异表达蛋白质，对探究奶牛亚临床低钙血症发病机制及其对机体生物学功能的影响具有重要的理论价值（王朋贤等，2014）。

b. 基于 2D-DIGE/MALDI-TOF-MS 技术筛选奶牛低钙血症生物标志物

①背景：奶牛生产瘫痪（MF）是一种严重的营养代谢性疾病，通常被分为临床型及亚临床型低钙血症（SH）。奶牛生产瘫痪的诊断通常是应用奶牛血浆中的钙浓度进行判定的，但是在奶牛生产瘫痪整个发生发展的过程中，发病的具体机制仍是研究的盲点。

②方法：在本试验中通过筛选奶牛生产瘫痪、亚临床低钙血症及健康奶牛间生物标志物进而解释可能的发生机制。选取 27 头奶牛作为实验动物，并根据其血浆钙浓度及有无临床症状分为生产瘫痪组（MF 组）、亚临床低血钙组（SH 组）和健康组（C 组）。在组内每 3 个样品混合成为 1 个混合样本应用于 2D-DIGE 试验。

③结果：实验得到 110 个差异蛋白质点，选取其中 80 个点进行 MALDI-TOF-MS 质谱分析，得到 66 个阳性结果并整合成为 16 种蛋白质。根据试验结果，选取 A2M、HP 和 PON-1 进行 Western blot 验证试验。

④结论：本试验首次证实 A2M、HP 和 PON-1 是奶牛生产瘫痪症 3 种新的生物标志物，并分析了其在生产瘫痪症发生过程中的可能作用机制（舒适等，2015）。

c. 奶牛亚临床低钙血症的蛋白质组学分析

①方法：根据血钙浓度将奶牛分为试验组和对照组，并设置 2 个平行试验组。应用同位素标记相对和绝对定量（iTRAQ）联合多维液相色谱串联质谱（LC-MS/MS）技术对两组样品进行差异表达蛋白质的筛选和鉴定，并结合生物信息学软件对试验结果进行分析。

②结果：试验共得到 398 个差异表达蛋白质，其中 2 个平行试验组重叠的蛋白质为 265 个，经过筛选共得到 14 种具有统计学差异的表达蛋白质。结合生物信息学分析中的基因功能分析，结果得到 74 个注释结果，细胞组成、分子功能和生物过程为 61 255 个。根据结果分析可知，奶牛亚临床低钙血症生理和病理现象能够从 3 个方面解释其生理和病理现象，分别是血钙调节、免疫与炎症反应及血液

凝固与补体途径。

③结论：本试验首次应用 iTRAQ 结合 LC-MS/MS 技术对亚临床低钙血症奶牛进行蛋白质组学分析，填补了该技术对亚临床低钙血症研究的空白，并提供了科学依据（舒适等，2017）。

d. 奶牛生产瘫痪血浆差异表达蛋白质的分离鉴定及其生物信息学分析

①背景：奶牛低钙血症是一种以钙代谢负平衡为主的代谢病，常发生于奶牛围产期。它被分为临床型低钙血症即奶牛生产瘫痪，以及亚临床型低钙血症。由于钙稳态调节机制受多种因素影响，以往单纯地只针对某种病因或某种因素的单一研究，无法从整体角度了解其发病机理，因此本研究应用 iTRAQ 定量蛋白质组学技术筛选和鉴定奶牛低钙血症发生过程中有价值的潜在的差异表达蛋白质，探讨它们在奶牛低血钙发生过程中的作用，这对丰富和发展该病病因学理论具有重要的意义。

②目的：应用 iTRAQ 联合 LC-MS/MS 技术筛选和鉴定健康奶牛、生产瘫痪奶牛及亚临床低钙血症奶牛之间的血浆差异表达蛋白质，探究这些蛋白质在低钙血症发生过程中所起的作用。

③方法：实验动物被分为奶牛生产瘫痪组（MF）、亚临床低钙血症组（SH）和对照组（C），每组 10 头奶牛。同组内，每 5 个奶牛血浆样品等量混合为一组，去除高丰度蛋白质和经胰酶消化为多肽之后用 iTRAQ 试剂标记。应用多维 LC-MS/MS 技术分离血浆中蛋白，并应用 Proteome Discoverer 1.3 软件进行定量分析，再结合 NCBI 数据库搜索，鉴定出差异蛋白质。设定 1.33 和 0.75 分别作为差异蛋白质上调、下调阈值，筛选差异蛋白质。最后应用生物信息学技术对差异蛋白质进行 Network 分析、GO 分析和 Pathway 分析。

④结果：本实验通过两次生物学重复实验共得到可用于定量分析的重叠蛋白质 146 个，以 1.33 和 0.75 作为差异蛋白质上调、下调阈值，成功获得差异蛋白质 42 个。生物信息学分析提示这些蛋白质主要参与生命活动过程中生物功能、代谢途径、应激反应、信号转导、细胞增殖、酶调节等，其中生产瘫痪组差异蛋白质 22 个，12 个表达上调，10 个表达下调；亚临床低血钙组共有 36 个差异蛋白质，其中，29 个表达上调，7 个表达下调。同时在两个实验组鉴定具有完全相同变化的差异蛋白质有 15 个，主要是与凝血过程、补体激活途径、酶活性调节、炎症反应、激素分泌、应激反应、免疫调节及骨骼代谢等相关的蛋白质。

⑤结论：本试验首次应用 iTRAQ 标记联合 LC-MS/MS 技术进行了奶牛低钙血症血浆蛋白质组学轮廓分析，共得到 146 个蛋白质，并筛选出符合条件的差异表达蛋白质 42 个。探讨了这些差异表达蛋白质与奶牛低钙血症之间的关系，然而它们在奶牛低血钙发病过程中所发挥的作用还有待今后的验证。本研究为今后深

入揭示奶牛低钙血症发病机制和防治提供了新的思路（舒适，2013）。

3.4.1.3 氧化应激和免疫抑制

1）反刍动物铜缺乏症的研究进展

铜缺乏症是动物体内铜含量不足所致的以贫血、腹泻、运动失调和被毛褪色为特征的一种营养代谢性疾病。目前，该病几乎遍布世界各地，并多以地方性铜缺乏症形式出现。反刍动物发生铜缺乏症时，因发病地区及动物的种类不同其名称也各异，如牛铜缺乏症发生在澳大利亚被称为猝倒病，发生在新西兰被称为泥炭病，发生在美国则被称为舔盐病等。羊也多发，如绵羊的铜缺乏症被称为摆腰病。关于其他反刍动物如骆驼、鹿等铜缺乏症的报道相对较少。

铜缺乏症可分为原发性缺铜和继发性缺铜两类。原发性缺铜又称为真性缺铜，是指饲养环境中铜先天缺乏，在家畜生长、繁殖过程中采食的牧草、饲料及饮水中铜的含量偏低，而在饲养过程中也未添加铜，从而导致缺铜症。这种缺铜常与动物的种类、品种、年龄、自身的营养状况等有关。主要表现为腹泻、骨质代谢障碍、运动障碍、贫血和被毛生长差等。继发性缺铜主要是指动物采食铜能够满足需要，但由于某些原因影响了铜的吸收、利用而导致缺铜乏。继发性缺铜也表现为原发性缺铜的症状，但贫血比较少见。

目前，人们对铜在动物体内的营养代谢机理，以及铜对维持动物正常生长发育的重要性已有了较为深刻的认识，但对其在反刍动物铜缺乏时的繁殖性能、机体免疫、基因表达、神经系统的影响及酶活性改变等方面的了解还不是很深入。因此，对铜生物学功能方面的研究尚需进一步加强（唐晓艳等，2007）。

3.4.2 奶牛主要繁殖障碍疾病

3.4.2.1 卵巢疾病

1）卵巢静止血液蛋白质标识物的筛选

（1）目的：本研究应用蛋白质组学开展奶牛卵巢静止血液蛋白质标识物的筛选及关键因子的信号通路研究，旨在揭示所获得的蛋白质在卵巢静止发生中的作用，为建立该病风险预警体系奠定基础。

（2）方法：本实验选取产后 14～21d 能量正平衡（PEB）和能量负平衡（NEB）荷斯坦奶牛，跟踪至其产后 60～90d，通过发情表现、直肠检查和 B 超检查，按判定标准将实验奶牛分为卵巢静止组（IO）、正常发情对照组（CON），每组50 头采集血清。另外，在屠宰场收集来自同品种、背景相近、无繁殖疾病、产后健康的经产奶牛卵泡颗粒细胞，根据卵泡直径分为 3 组，大卵泡（L）、中卵泡（M）、小卵泡（S），每组 10 个样品。此外，在 IO 组和 CON 组中，每组随机选取 15 头奶牛血清用于蛋白质组学实验，另外 35 头奶牛血清用于 ELISA 检测的验证实验。

（3）结果：①应用 iTRAQ/LC-MS/MS 联用技术筛选出 23 种与能量负平衡相关的血清差异表达，其中，NEB 组表达上调的有 16 种，表达下调的有 7 种。根据生物信息学结果提示，这些差异表达蛋白质多与脂类代谢（APOA1、APOA5、APOF、TTR）、蛋白质酶复合体系统（PSMA2、PSMA4、PSMA7 和 PSMB1），及糖酵解（SORD 和 GAPDH）相关。②经产后 60～90d 奶牛血液生殖激素分析揭示，能量负平衡能够引起生殖激素分泌紊乱（FSH 和 E_2 的浓度降低），是引起奶牛卵巢静止的原因之一。③应用 iTRAQ/LC-MS/MS 联用技术对奶牛卵巢静止血清进行蛋白质组学研究，共获得 61 种差异表达蛋白质。其中与卵巢静止相关的有14 种差异表达蛋白质。经免疫印迹和/或 ELISA 方法验证的 10 种差异蛋白质中 ADIPOQ、IGFBP2 和 RBP4 会通过影响生殖激素生物过程而影响卵泡发育，GPX3 会通过氧化应激而影响卵泡发育，且验证结果与组学结果一致。④为了获得与卵巢静止直接相关的代谢通路及代谢通路的作用机制，实验选取不同大小卵泡研究糖代谢在卵泡颗粒细胞中的作用，发现颗粒细胞内糖酵解的关键限速酶 HK、PFK 和差异蛋白质 ALDOB 在从小到大的卵泡中先升高再降低，而关键限速酶 PKM2 和差异蛋白质 LDHB 一直降低，提示糖酵解在卵泡发育早期发挥作用，且一旦发生紊乱能够成为卵巢静止发生的主要原因之一。⑤为了建立卵巢静止的预警体系，实验对产后 60～90d IO 组和 CON 组奶牛血液中 3 种能量指标、4 种生殖激素及 10 种关键差异表达蛋白质，经过相关性分析、二元逻辑回归建模及 ROC 分析，建立了基于 APOA4 和 ITIH3 的单一指标的预警技术，其预警值分别为 APOA4>28.825μg/L，ITIH3>195.07ng/L；建立了基于 APOA3+ITIH3+E_2 潜在生物标志物的多指标预警体系，其预警值为 APOA4>47.56μg/L，ITIH3>187.80ng/L，E_2<69.63ng/L。⑥通过对卵巢静止发生机制的网络构建，提示能量负平衡所致的卵巢静止与机体多种代谢异常相关联，包括脂类代谢、氧化应激、维生素代谢、INS 及 IGF 系统，以及卵丘-卵母细胞复合体的形成等，说明了能量负平衡所致的奶牛产后卵巢静止发生机制的复杂性。

（4）结论：通过对能量负平衡蛋白质组学的分析，提示能量负平衡与脂类代谢、糖类代谢及蛋白酶复合体存在密切相关；明确了糖酵解过程对卵泡发育的作用，推测糖酵解的紊乱是引起卵巢静止的主要原因之一；建立了卵巢静止发生风险预警体系，确定了单一指标和多指标的预警值；构建了卵巢静止发生的代谢网络图，提示卵巢静止发生的多重病因理论，为今后卵巢静止发生机制和防治的深入研究奠定了基础（舒适，2018）。

2）卵巢疾病的血液临床病理学及其预警评估

（1）方法：选择黑龙江省 2 个牛场的高产奶牛，在产后 60～90d 调查卵巢静止，检测发情和卵巢静止奶牛的生殖激素、能量代谢、肝功能和矿物质等指标，通过 Pearson 相关分析、二元逻辑回归分析和 ROC 分析对奶牛场产后卵巢静止进行预警评估。

（2）结果：2 个牛场（Ⅰ、Ⅱ）卵巢静止发病率分别为 29.5%、47.2%，主要由于产后早期能量负平衡。2 个牛场卵巢静止组与发情组相比，血浆中 BHBA、NEFA 和 AST 均显著地升高。牛场Ⅰ，当产后 60～90d 奶牛血浆中 BHBA>0.94mmol/L、NEFA>0.56mmol/L、AST>95.5U/L 时；牛场Ⅱ，当奶牛产后 60～90d 血浆中 BHBA>1.00mmol/L、NEFA>0.585mmol/L、AST>103.5U/L 时；奶牛患卵巢静止的风险增高。

（3）结论：奶牛产后发生的能量负平衡可扰乱奶牛发情周期的生殖激素分泌，是引起 2 个牛场奶牛产后卵巢静止的主要病因。奶牛泌乳早期血浆中 NEFA、BHBA 和 AST 等指标可用于产后卵巢静止的风险预警（钱伟东等，2018）。

3）卵巢囊肿的血液临床病理学变化

（1）方法：选择黑龙江省某牛场产后 60～90d 奶牛共 70 头（平均泌乳量 34.55kg/d±8.44kg/d，2.24 胎次±1.01 胎次）。通过对发情和卵巢囊肿奶牛生殖激素、能量代谢、肝功和矿物质等 10 项指标检测，结合 Pearson 相关分析、二元逻辑回归分析及 ROC 分析。

（2）结果：奶牛卵巢囊肿发病率为 9.8%，其主要原因为能量负平衡；卵巢囊肿奶牛血浆中 FSH、LH 和 P_4 质量浓度均低于发情组，但仅 E_2 质量浓度（101.95ng/L±6.2ng/L）显著高于发情组（91.97ng/L±10.62ng/L）；奶牛在 14～21d 和 60～90d，卵巢囊肿组的 NEFA、BHBA 和 AST 均显著地高于发情组，而 Glu 显著低于发情组；当产后 14～21d 奶牛血浆中 BHBA>0.86mmol/L、NEFA>0.56mmol/L、AST>77U/L 时，患卵巢囊肿的风险增高。

（3）结论：能量负平衡引起奶牛产后生殖激素分泌紊乱，进而造成卵泡囊肿。奶牛产后血浆 NEFA、BHBA 和 AST 等指标可作为卵巢囊肿发生的风险预警（赵阳等，2017）。

3.4.2.2　胎衣不下

1）胎衣不下奶牛围产期血液生化预警体系的确立及发病机制的研究

（1）方法：选取体况相似的胎衣不下和胎衣正常排出的奶牛各 2 头，收集分娩 0h 和 12h 的母体–胎儿胎盘，制作组织且切片，用 HE 染色的方法观察发病组和对照组中胎盘组织的差异。

（2）结果：在 0h 时发病组比对照组有显著低的白细胞聚集和母体胎盘小血管增生现象，显著高的胎盘血管充血淤血现象，表明胎衣不下的发生可能与分娩后胎盘组织的高度充血和白细胞的减少有关。

（3）结论：本实验从组织形态学上证明了发生胎衣不下的奶牛在分娩时的白细胞迁移的数量要显著低于胎衣正常排出的奶牛，这使得胎衣不下的奶牛在分娩后绒毛组织被吞噬的程度大大下降，增加了胎儿胎盘的分离难度；同时也发现了胎衣不下的奶牛的绒毛组织和肉阜组织都存在广泛的小血管充血和淤血，这让本应增大的绒毛和腺窝之间的间隙反而缩小，进而将胎儿胎盘牢牢地锁在肉阜当中，使其更难于分离，从而导致了胎衣不下的发生（孙宏亮，2018）。

3.4.3　奶牛主要肢蹄病

3.4.3.1　基于蛋白质组学技术的腐蹄病奶牛血清蛋白谱分析

（1）方法：实验选取黑龙江某集约化牛场年龄、胎次、体况相近的奶牛作为实验动物，根据奶牛蹄部患病情况，选取患有腐蹄病奶牛 18 头作为实验组（T 组），选取健康奶牛 18 头作为对照组（C 组）。腐蹄病的判定标准：患病奶牛表现一个或多肢跛行，患蹄趾间皮肤肿胀、化脓和坏死。奶牛患蹄趾间棉拭子采样，通过 PCR 方法验证样品中有坏死梭杆菌白细胞毒素基因的存在，从而确认奶牛患有坏死梭杆菌感染引起的腐蹄病。

本实验是首次应用 2DE/MALDI-TOF-MS 技术对患腐蹄病奶牛与健康奶牛血浆蛋白质进行分析，筛选腐蹄病奶牛血浆差异表达蛋白质，采集实验奶牛血浆样本进行双向凝胶电泳分离蛋白质，应用 DeCyDer 软件进行差异分析筛选差异蛋白质。然后，将所选取的差异蛋白质进行 MALDI-TOF-MS 分析，再结合 NCBI 数据库搜索，鉴定差异蛋白质。最后，对差异蛋白质进行 Networks 分析、GO 分析和 Pathway 分析。

（2）结果：①获得腐蹄病奶牛血浆差异表达蛋白质 2D 电泳图谱，运用质谱技术和生物信息学技术鉴定出 11 种腐蹄病奶牛血浆差异表达蛋白质。②与对照组比较，腐蹄病组表达上调的蛋白质分别为 Ig、MapK、FG、HP，表达下调的蛋白质分别为 HP25、Fb、EALB、RB、ALB、APOA、CB，应用 Western blot 验证了 FG 蛋白质表达上调。③通过 Networks 分析、GO 分析和 Pathway 分析及搜索，发现这些蛋白质参与机体炎症反应、细菌感染、免疫应答等病理生理过程。

（3）结论：本试验对奶牛腐蹄病的血液蛋白质组进行轮廓分析，并对有可能与奶牛腐蹄病发病相关的蛋白质进行分析讨论，发现了参与奶牛腐蹄病发生的蛋白质变化及机体在患病时血浆蛋白质发生的变化。但仍有部分结果与奶牛腐蹄病存在模糊的相关性，需要进一步研究和验证（郑家三等，2015；Zheng et al.，2016a）。

3.4.3.2 基于 ^{1}H NMR 技术的腐蹄病奶牛血清代谢组学分析

（1）方法：在黑龙江省暴发急性腐蹄病的某集约化牧场进行样品采集，选取 3～5 岁且产 2～3 胎的经产荷斯坦奶牛作为实验对象，其中，10 头奶牛为急性腐蹄病组（T 组），10 头奶牛为健康对照组（C 组）。急性腐蹄病奶牛选取标准：患病奶牛出现跛行，且呈急性经过（病程为 1～3d），患病的蹄趾间皮肤呈现肿胀、坏死和化脓，并通过 PCR 方法验证患蹄趾间棉拭子采样样品中有坏死梭杆菌白细胞毒素基因存在，从而确诊奶牛患有急性腐蹄病。经鉴别诊断，排除患有乳房炎等其他炎性疾病、呼吸系统疾病和消化系统疾病等奶牛。记录本研究中两组奶牛的年龄、胎次。实验奶牛饲喂全混日粮，其组成为精料（8～9kg）、青贮（17～20kg）、干草（3.5～4kg）、脂肪（0.3～0.4kg），其营养水平为干物质（DM，55.60%）、粗蛋白（16%）、脂肪（5.60%）、中性洗涤纤维（39.10%）、酸性洗涤纤维（20.30%）、钙（0.18kg）和磷（0.116kg）。清晨空腹采集实验奶牛尾静脉血液样本 10ml 后，静止放置 30min 后 4℃下以 3000r/min 离心 10min。将上清液等分到 EP 管中（1.5ml 血清/管）中，并储存于–80℃检测待用。对 C 组和 T 组奶牛血浆样品进行 ^{1}H NMR 检测，对比其血浆代谢组学图谱，进行 PCA、PLS-DA 和 OPLS-DA 等多元统计分析，筛选及鉴定腐蹄病奶牛血浆差异代谢产物，并进行生物信息学分析。

（2）结果：①与 C 组相比，T 组奶牛血浆共 21 种代谢物表现异常，包括表达上调的 Gl、But 和 Lac，以及表达下降的 Ibut、Eth、Ace、Ala、Acet、Car、Pyr、Sar、Suc、Bet、Cre、Etg、Gly、Glu、Gle、Ser、Val 和 His。其中呈显著性变化的包括 Pyr、Sar、Suc、Lac 和 Val。这些代谢物与糖代谢、氨基酸代谢、脂蛋白代谢异常密切相关。②差异代谢物代谢通路的拓扑分析共映射至 28 条血浆代谢通路。其中参与腐蹄病奶牛机体代谢变化的通路主要有丙酮酸代谢通路，氨酰 tRNA 生物合成，甘氨酸、丝氨酸和苏氨酸代谢通路，缬氨酸、亮氨酸和异亮氨酸的生物合成，甘油酯代谢通路，甲烷代谢通路，丁酸代谢通路，酮体合成和降解，糖酵解或糖异生通路和 TCA 循环通路。

（3）结论：本研究应用基于 ^{1}H NMR 检测技术的代谢组学方法与生化指标检测相结合，从实验室指标与临床表现等多层面阐述奶牛急性腐蹄病的发病机理。本研究不仅检测了急性腐蹄病奶牛血清中的代谢物，并通过与对照组奶牛血清代谢谱进行比较，分析差异代谢物，也揭示了腐蹄病与机体内氨基酸代谢、糖代谢和脂代谢途径的内在联系，并将差异代谢物与以往的研究进行比较研究。综合以上结果，阐明了急性腐蹄病奶牛伴随的代谢通路异常，进一步揭示了其病理机制（郑家三等，2016；Zheng et al.，2016b）。

参 考 文 献

郭定宗. 2016. 兽医内科学. 第三版. 北京: 高等教育出版社.

李影, 徐闯, 夏成, 等. 2015. 基于 ^{1}H NMR 技术的奶牛 I 型和 II 型酮病血浆代谢谱分析. 中国农业科学, 48(12): 2449-2459.

李泳欣, 邹艺轩, 刘建新, 等. 2018. 奶牛氧化应激及天然植物抗氧化提取物研究进展. 浙江大学学报(农业与生命科学版), 44(5): 549-554.

朴范泽, 夏成, 侯喜林, 等. 2008. 牛病类症鉴别诊断彩色图谱. 北京: 中国农业出版社.

钱伟东, 李昌盛, 白云龙, 等. 2018. 高产奶牛产后卵巢静止血液临床病理学变化及其预警评估. 中国兽医学报, 38(7): 1400-1405.

桑松柏, 夏成, 张洪友, 等. 2009. 奶牛围产期低血钙发生状况及其调节作用. 中国奶牛, 3: 38-41.

舒适, 夏成, 张洪友, 等. 2015. 基于 2D-DIGE/MALDI-TOF-MS 技术筛选奶牛低血钙症生物标志物. 畜牧兽医学报, 46(7): 1238-1245.

舒适, 肖鑫焕, 王刚, 等. 2017. 奶牛亚临床低血钙症的蛋白质组学分析. 中国兽医学报, 37(9): 1756-1762.

舒适. 2013. 奶牛生产瘫痪血浆差异表达蛋白的分离鉴定及其生物信息学分析. 黑龙江八一农垦大学硕士学位论文.

舒适. 2018. 奶牛卵巢静止血液蛋白标识物的筛选及其预警体系的建立. 黑龙江八一农垦大学博士学位论文.

孙宏亮. 2018. 胎衣不下奶牛围产期血液生化预警体系的确立及发病机制的研究. 黑龙江八一农垦大学硕士学位论文.

孙玲伟, 包凯, 李影, 等. 2014. 奶牛临床和亚临床酮病的血浆代谢组学研究. 中国农业科学, 44(10): 1667-1674.

孙雨航, 许楚楚, 李昌盛, 等. 2015. 基于 ^{1}H NMR 技术的生产瘫痪奶牛血清代谢组学分析. 中国农业科学, 48(2): 362-369.

唐晓艳, 张洪友, 夏成. 2007. 反刍动物铜缺乏症的研究进展. 黑龙江畜牧兽医, 10: 22-24.

王朋贤, 舒适, 王博, 等. 2014. 基于 SELDI-TOF-MS 技术的患亚临床低血钙症奶牛血浆蛋白质组谱分析. 畜牧兽医学报, 45(11): 1895-1903.

王朋贤, 许楚楚, 孙雨航, 等. 2015. 胰岛素抵抗与奶牛 II 型酮病的关系. 畜牧与兽医, 47(5): 76-80.

夏成, 王哲, 徐闯, 等. 2006. 生糖底物和神经内分泌因子对新生犊牛肝细胞 PEPCK-C mRNA 表达水平的影响. 中国兽医科学, 36 (4): 320-326.

夏成, 徐闯, 吴凌. 2015. 奶牛主要代谢病. 北京: 科学出版社.

夏成, 张洪友, 徐闯. 2013. 奶牛酮病与脂肪肝综合征. 北京: 中国农业出版社.

夏成. 2005. 奶牛酮病、脂肪肝糖异生和脂肪动员的神经内分泌调控机制. 吉林大学博士学位论文.

徐闯. 2005. 丙酸盐、丙酮酸盐、β-羟丁酸对牛肝细胞 PC mRNA 和 PEPCK mRNA 丰度的影响. 吉林大学硕士学位论文.

徐闯. 2008. 酮病奶牛肝脏的比较蛋白质组学研究. 吉林大学博士学位论文.

薛俊欣, 张克春. 2011. 奶牛氧化应激研究进展. 奶牛科学, 14: 29-32.

赵莉媛. 2017. 围产期奶牛免疫抑制的研究进展. 青海畜牧兽医杂志, 47(4): 55-58.

赵阳, 钱伟东, 曹宇, 等. 2017. 高产奶牛产后卵巢囊肿的血液临床病理学变化及其预警评估. 中国兽医学报, 37(8): 1600-1604.

郑家三, 舒适, 夏成, 等. 2015. 基于双向凝胶电泳/基质辅助激光解析离子化飞行时间质谱技术的腐蹄病奶牛血浆蛋白质组学轮廓分析. 中国生物制品学杂志, 28(7): 682-687.

郑家三, 张洪友, 夏成, 等. 2016. 基于 ^{1}H NMR 技术的急性腐蹄病奶牛血清代谢组学分析. 中国兽医杂志, 6: 7-9.

Alban L, Lawson L G, Agger J F. 1995. Foul in the foot (interdigital necrobacillosis) in Danish dairy cows: Frequency and possible risk factors. Prev Vet Med, 24: 73-82.

Argiolas A, Melis M R. 2003. The neurophysiology of the sexual cycle. J Endocrinol Invest, 26(3 Suppl): 20-22.

Bage R, Gustafsson H, Larsson B, et al. 2002. Repeat breeding in dairy heifers: Follicular dynamics and estrous cycle characteristics in relation to sexual hormone patterns. Theriogenology, 57(9): 2257-2269.

Bergsten C. 2003. Laminitis and sole lesions in dairy cows: Pathogenesis, risk factors, and precautions. Acta Vet Scand, 44(S1): P58.

Boro P, Kumaresan A, Singh A K, et al. 2014. Expression of short chain fatty acid receptors and pro-inflammatory cytokines in utero-placental tissues is altered in cows developing retention of fetal membranes. Placenta, 35(7): 455-460.

Dadarwal D, Palmer C, Griebel P. 2017. Mucosal immunity of the postpartum bovine genital tract. Theriogenology, 104: 62-71.

Evans N J, Murray R D, Carter S D. 2016. Bovine digital dermatitis: Current concepts from laboratory to farm. The Vet J, 211: 3 -13.

Ingvartsen K L, Moyes K M. 2015. Factors contributing to immunosuppression in the dairy cow during the periparturient period. J Vet Res, 63(2): 15-24.

Kankofer M, Wawrzykowski J, Miller I, et al. 2015. Usefulness of DIGE for the detection of protein profile in retained and released bovine placental tissues. Placenta, 36(2): 246-249.

Katagiri S, Moriyoshi M. 2013. Alteration of the endometrial EGF profile as a potential mechanism connecting the alterations in the ovarian steroid hormone profile to embryonic loss in repeat breeders and high-producing cows. J Reprod Dev, 59(5): 415-420.

Kurykin J, Waldmann A, Tiirats T, et al. 2011. Morphological quality of oocytes and blood plasma metabolites in repeat breeding and early lactation dairy cows. Reprod Domest Anim, 46(2): 253-260.

Leonard F C, O'connell J, Ofarrell K. 1994. Effect of different housing conditions on behavior and foot lesions in Friesian heifers. Vet Rec, 134: 490-494.

Livesey C T, Fleming F L. 1984. Nutritional influences on laminitis, sole ulcer and bruised sole in Friesiancows. Vet Rec, 114: 510-512.

Manske, T, Hultgren J, Bergsten C. 2001. The effects of claw trimming on hoof health of Swedish dairy cattle. Prev Vet Med, 54: 113-127.

NRC (National Research Council). 2001. Nutrient Requirements of Dairy Cattle. 7th rev. ed. Washington, DC: Natl. Acad. Press.

Osová A, Mihajlovičová X, Hund A, et al. 2017. Interdigital phlegmon (foot rot) in dairy cattle -an update. Wiener Tierärztliche Monatsschrift-Veterinary Medicine Austria, 104: 209-220.

Pathak R, Prasad S, Kumaresan A, et al. 2015. Alterations in cortisol concentrations and expression of certain genes associated with neutrophil functions in cows developing retention of fetal membranes. Vet Immunol Immunopathol, 168(3-4): 164-168.

Plontzke J, Madoz L V, De la Sota R L, et al. 2010. Subclinical endometritis and its impact on reproductive performance in grazing dairy cattle in Argentina. Anim Reprod Sci, 122(1-2): 52-57.

Pothmann H, Prunner I, Wagener K, et al. 2015. The prevalence of subclinical endometritis and intrauterine infections in repeat breeder cows. Theriogenology, 83(8): 1249-1253.

Salasel B, Mokhtari A, Taktaz T. 2010. Prevalence, risk factors for and impact of subclinical endometritis in repeat breeder dairy cows. Theriogenology, 74(7): 1271-1278.

Sood P, Zachut M, Dekel I, et al. 2017. Preovulatory follicle characteristics and oocyte competence in repeat breeder dairy cows. J Dairy Sci, 100(11): 9372-9381.

Thatcher W W. 2017. A 100-Year Review: Historical development of female reproductive physiology in dairy cattle. J Dairy Sci, 100(12): 10272-10291.

Weiss W P. 2017. A 100-Year Review: From ascorbic acid to zinc-mineral and vitamin nutrition of dairy cows. J Dairy Sci, 100 (12): 10045-10060.

Zheng J, Shu S, Xia C, et al. 2016a. 2-DE-MS based proteomic investigation of dairy cows with footrot. J Vet Res, 60(1): 63-69.

Zheng J, Sun L, Shu S, et al. 2016b. Nuclear magnetic resonance-based serum metabolic profiling of dairy cows with footrot. J Vet Med Sci, 78(9): 1421-1428.

第 4 章　奶牛主要生产性疾病的症候学

奶牛主要生产性疾病中每个疾病的症候学在相关的书籍或文献中已有描述，但是最新的症候学研究进展少。这类疾病因相互关联，常表现并发或伴发、继发的状况，使得病症更为复杂，临床上需要实施鉴别诊断，更要借助必要的实验室检测和诊断来区别。另外，由于集约化养殖模式和饲养管理的改善，临床病例逐渐减少，而亚临床病例日益增多，因其临床缺乏典型的症状、隐秘性强，加上亚临床疾病群体表现与个体临床表现是不同的，仅有轻微的异常表现如食欲、反刍、咀嚼、排粪尿或泌乳量略有减少或降低，在群体养殖中易被忽视。因此，亚临床疾病的非典型性、长期的慢性经过，以及早期不易被发现或诊断，还会引发其他疾病，从而危害奶牛健康，给奶牛业造成难以估算的经济损失。

由于奶牛能量代谢障碍性疾病和钙磷代谢障碍性疾病的症候学在《牛病类症鉴别诊断彩色图谱》、《奶牛主要代谢病》和《兽医内科学》书中有详尽的描述（朴范泽等，2008；夏成等，2015；郭定宗，2016），这里仅做一概述。本章重点介绍微量元素和维生素的缺乏症、繁殖疾病和肢蹄病的症候学（韩博等，2006；徐世文和唐兆新，2010；肖定汉，2012；Radistis et al.，2000）。

4.1　奶牛主要代谢病

4.1.1　能量代谢障碍性疾病

4.1.1.1　酮病

根据是否有临床症状，奶牛酮病通常被分为临床酮病和亚临床酮病。

1）临床酮病

可被分为消耗型和神经型。

（1）消耗型：常见消化紊乱或前胃弛缓。主要表现为病牛消瘦，似枯树状。体温、呼吸和脉搏多维持正常。尿少，易起泡沫。重病牛呼气、乳、尿和汗中有烂苹果味。

（2）神经型：较少见，常突然发病。站立时斜靠障碍物，或四肢叉开或交叉，步伐蹒跚，转圈，有时横冲直撞。有时流涎，吼叫，抽搐。有时呆立，眼睑闭合，低头耷耳，嗜睡。

2）亚临床酮病

高产奶牛泌乳早期易发病。病牛尿酮阳性，无明显症状，泌乳性能、繁殖性能降低。常发不孕、卵泡发育异常、发情延迟、乏情或子宫内膜炎等疾病。

3）临床病理学变化

呈现为低血糖症、酮尿症、酮乳症、酮血症等病理特征。

（1）生化检查：当奶牛血酮浓度高于 3.44mmol/L，并有明显的临床症状时，被认为患临床酮病；当奶牛血酮浓度在 1.72～3.44mmol/L，并无明显的临床症状时，被认为患亚临床酮病。并且，病牛血糖为 1.12～2.22mmol/L（正常水平高于 2.80mmol/L），血中甘油三酯、蛋白质和生糖氨基酸降低，挥发性脂肪酸、生酮氨基酸增高。

（2）血液检查：中性粒细胞、淋巴细胞、嗜酸粒细胞的比例都增高。

（3）尿液检查：尿呈酸性，总氮、氨氮、氨基酸氮的排出增高，而尿素氮却减少。

4）病程与预后

轻症，多自愈。病死率低于 5%，预后多良好。继发脂肪肝、真胃变位、乳房炎、子宫内膜炎等其他疾病，使病情恶化，甚至昏睡而死。病程不一，长达数周，甚至数月。

4.1.1.2　脂肪肝

1）重度脂肪肝

急性病例，异常肥胖。精神高度沉郁，持续的食欲废绝、泌乳量下降。有严重的临床酮病症状，按酮病治疗效果不佳或无效。某些病例，病初就出现神经症状，常昏迷，甚至淘汰、死亡。

2）中度或轻度脂肪肝

症状轻，类似临床酮病的一般症状或亚临床酮病症状。

3）临床病理学变化

（1）生化检查：基本与酮病的类似。然而，血中酮体、游离脂肪酸的浓度会更高，而蛋白质、胆固醇、胰岛素、钙、镁的浓度常减少。并且，血中肝功酶活性增高，尤其 AST 更为明显。

（2）血液检查：中度和重度病例，血中淋巴细胞、中性粒细胞常减少。

（3）超声检查：监测病牛肝脏脂肪浸润程度，其灵敏性、准确性和特异性高。

（4）尸体剖检：肝脏肿大，肝细胞脂肪浸润。肾脏脂肪变性，肾上腺肿大和脂肪变性。

4）病程及预后

轻度或中度病牛如果吃草，多逐渐康复。但是康复的病牛繁殖性能常降低。重度病牛，因厌食或废食常难治愈。因继发化脓性子宫内膜炎、化脓性乳房炎、不孕症、产后败血症等，会引起淘汰或死亡。

4.1.2　钙磷代谢障碍性疾病

4.1.2.1　生产瘫痪

可分为典型的和非典型的两种病症。

1）典型生产瘫痪

经历前驱症状、瘫痪症状和昏迷症状三个阶段，发病率低，发病快，病重。

（1）前驱症状：常在产后 3d 内发生。兴奋，肌肉震颤，站立不稳，行走摇晃。有前胃弛缓体征。

（2）瘫痪症状（卧地不起）：在前驱症状后不久发生。精神沉郁，呈犬坐或侧卧的姿势。卧地时颈部呈"S"状，或头置于肋部。四肢末端发凉，某些反射、痛觉减弱或消失，心音弱而增数，体温低。

（3）昏迷症状：瘫痪症状后常呈侧卧姿势，昏睡状。体表及四肢发凉，呼吸深而慢，有时蹬地。体温降低。多数病牛，心率快且每分超百次。瘤胃臌气，便秘。多在 1~2d 内昏迷而死。

2）非典型生产瘫痪

发病率高，但发病慢而症状轻且不典型。

病例多发于产前或产后数天及数周。无瘫痪、昏迷等典型症状。主要表现在伏卧时头颈部呈轻度"S"状。喜卧，不愿站立，行走后躯摇晃。食欲、精神、反射略差，体温正常。

3）临床病理学变化

（1）生化特征：病牛呈低钙血症，即血钙低于 2.00mmol/L，瘫痪病牛常低于

1.20mmol/L，甚至低至 0.50mmol/L。并且，病牛血磷降为 0.48~0.97mmol/L。病牛血镁含量升高为 1.60~2.06mmol/L，但放牧牛血镁可能降低。另外，病牛血中 Glu 含量升高，甚至高于 8.96mmol/L；血浆中 CPK、AST 活性常升高，尤其长期卧地不起的病牛，与损伤有关。

（2）血液检查：病牛中性粒细胞减少、嗜酸性粒细胞和淋巴细胞减少，呈现应激变化。

（3）尸体剖检：缺乏特征病变。有时肝、肾、心等发生脂肪浸润。卧地不起病牛的主要剖检变化为后躯肌肉、神经的出血、变性和坏死，尤其骨盆联合处、股关节周围组织及心肌。

4）病程与预后

典型病例，病程短，不及时治疗，50%左右会淘汰或死亡。若有伴发或并发的疾病，且未及时治疗，护理 7d 后仍不能站立的，多预后不良。

4.1.2.2　骨软症

1）临床表现

（1）消化功能紊乱：病初有异嗜癖，反刍少而无力，消化不良，如便秘、腹泻。

（2）运动障碍：病牛腰腿僵硬、弓背站立，后肢呈"X"形。运步强拘或后躯摇摆，跛行。

（3）骨骼和蹄异常：病重者，关节肿大，骨骼变形，易骨折。最后尾椎骨变软或消失。肋骨与肋软骨结合部肿胀似串珠状。常见蹄变形，严重者蹄质呈石灰粉末状。额骨穿刺呈阳性。

（4）全身症状：无明显变化。易疲劳，渐消瘦。因患并发症而使症状复杂。

2）临床病理学变化

（1）生化检查：病牛血钙水平不确定，但血磷浓度下降至 0.77~1.30mmol/L。血中 HYP 和 ALP 活性都升高，是该病早期监测和诊断的指标。

（2）X 射线检查：骨关节变形，尾椎骨密度降低，尾椎体移位、萎缩或消失。

（3）尸体剖检：脊柱拱起或下凹，骨骼变软而变形。肋骨与肋软骨接合处肿胀突出。尾椎骨变形、萎缩或消失。头额部和骨盆骨变形，牙齿松动、脱落。甲状旁腺肿大。

3）病程与预后

该病病程 1~2 周，多预后良好，极少会死亡。常见的继发症，如食道阻塞、创伤性网胃炎、蹄病、四肢及腰椎扭伤、跟腱剥脱、骨折、发育缓慢、乏情、胎衣不下、难产、流产、不孕等。一旦伴有继发症，病程会延长，预后谨慎，淘汰率增加。

4.1.3 氧化应激与免疫抑制

由于引起氧化应激与免疫抑制的因素多而复杂，诱发的疾病种类众多。其中与之相关的酮病、生产瘫痪的症状前面已有描述。这里重点概述与氧化应激和免疫抑制紧密相关的主要微量元素缺乏和主要维生素缺乏的主要症状。然而，随着奶牛日粮中添加维生素和微量元素，临床上有明显症状的病例越来越少，无症状的亚临床病例或隐性缺乏病例逐渐增多，而报道很少。由于缺乏实用的快速监测手段，加上继发的其他疾病病症，临床上难以做出及时诊断，亚临床病例易被牛场管理人员忽视，应引起重视。

4.1.3.1 硒/维生素 E 缺乏症

该病是世界范畴的人畜共患营养代谢病，土壤、饲料中硒/维生素 E 缺乏所致的一种营养代谢病。各种动物均可发生。我国约 2/3 的地区存在硒缺乏，黑龙江省较为严重。该病具有地区性、季节性和群发性的流行特点。

1）临床表现

（1）主要症状：因硒/维生素 E 缺乏的程度，表现出运动机能障碍（如喜卧、僵硬），心脏机能障碍（如心律不齐、猝死），消化机能障碍（如顽固性腹泻），神经机能障碍（如运动失调），繁殖性能障碍（如胎衣不下、不孕等），免疫功能失调（如子宫内膜炎、乳房炎等）。

（2）犊牛：常表现为白肌病病症，多发于幼龄犊牛，尤其是 2～4 月龄。最急性、急性型，多为心肌营养不良，病程短，因急性心衰而猝死。在受惊等外界刺激下，常突然倒地、呼吸困难或急促、可视黏膜发绀、心律不齐、心搏动亢进或急速、心杂音。亚急性型，主要是骨骼肌营养不良，喜卧，四肢无力，站立不稳，步态强拘，肩、背、臀部肌肉肿胀、发硬，尤以肩胛骨肌肉最为明显，呈典型的翼状肩胛骨状。病程 1～2d 死亡。慢性型，腹泻，消瘦，被毛粗乱无光，全身乏力，喜卧不愿站立。

（3）育成牛或后备牛：多见于 1.5～2 岁。病症类似于犊牛，但相对轻些。

2）临床病理学变化

（1）剖检：犊牛，白肌病病变明显。皮下有胶冻样的液体呈黄色或黄褐色。

心内膜可见点状、片状的出血点或斑。心包积液、心包膜粗糙，肝脏轻度肿胀，胰腺萎缩。肺充血或水肿，肠道黏膜充血。骨骼肌和心肌易碎，可见变性、坏死及出血，切面有白色或灰色条纹或斑点。特别是前后肢肌肉、背最长肌、髋关节下方肌肉尤为明显，呈淡红褐色或黄白色。肌肉损伤是非炎症性的，透明质变性后出现凝固性坏死和不同程度的矿化。

（2）土壤、饲料、血、肝中 Se 含量：缺 Se 土壤，Se 含量<0.50mg/kg。缺 Se 饲料，Se 含量<0.05mg/kg。健康牛全血 Se 含量为 0.88mg/kg 以上，缺 Se 的为 0.05mg/kg 以下，是动物体内 Se 营养状况是否良好的评价指标。健康牛肝 Se 含量为 0.24mg/kg 以上，是动物 Se 营养状况的敏感指标。

血液和牛奶中 Se 水平被用来衡量牛的 Se 状况和日粮补充的效果。成年牛，血清 Se 正常值在 70～100ng/ml。血清 GSH-Px 活性与血 Se 浓度呈高度正相关（r =0.87～0.96）。血 Se 低于 50ng/ml 被认为是缺 Se 的，50～100ng/ml（126.60nmol/L）是边缘水平的，大于 100ng/ml 是足够的。

（3）血液生化：血清特异性酶（CK、AST 和 LDH）活性升高，血液和组织中 GSH-Px 活性降低。GSH-Px 活性是补 Se 反应的一个敏感指标。牛正常 Se 状态表现为全血 Se 浓度为 100ng/ml（1270nmol/L），血 GSH-Px 活性约为 30mU/mg 血红蛋白。

（4）血清和肝中维生素 E 含量：正常牛血浆维生素 E 为 12～25μmol/L（5～10μg/ml），病牛低于 2.50μg/ml（6μmol/L）。

4.1.3.2　铜缺乏症

该病是指牛体内微量元素铜缺乏或不足的一种营养代谢病，曾称为晃腰病、猝倒病、泥炭泻和消瘦病等。临床上以育成牛多发，其次是奶牛和犊牛。

1）临床表现

典型的特殊病症包括猝倒病（摔倒病）、泥炭泻和泻痢病、憔悴病、毛褪色等。

（1）猝倒病：一种特异行为。貌似健康的牛在运动后发生运动失调，后肢突然不能控制，发生仰头、哞叫和跌倒或呈犬坐姿势。有些牛跌倒后，侧卧而做无力挣扎，伴有划水动作，试图起立。多数死亡。

（2）泥炭泻和泻痢病：放牧后不久，在 8～10d 内排出水样、黄绿色到黑色的粪便，呈现持续性腹泻。食欲虽好但严重衰竭。

（3）犊牛憔悴病：最早病征是登梯步，最常侵害后肢。随后进行性消瘦，发育不良，常发骨折。

（4）被毛刚直、褪色：红色或黑色被毛常褪色成铁锈样红色或灰色，特别是眼周围，毛粗糙、刚直。

2）临床病理学变化

（1）剖检：尸体消瘦，贫血。多数病例的脾、肝和肾中沉积大量含铁血黄素。犊牛，腕或跗关节囊纤维增生，骺端矿化延迟，骨质疏松。猝倒病时，心脏柔软、色淡。有的真胃和肠黏膜充血。肝、脾肿大，静脉淤血等。

（2）血液检查：红细胞数和血红蛋白浓度均降低，许多红细胞体内可见亨氏小体，但无明显的血红蛋白尿，随着血铜浓度降低而贫血加重。

（3）血液生化：当奶牛血浆 Cu 由 0.90～1.00mg/L 降至 0.70mg/L 时，被认为患低铜血症；当降至 0.50mg/L 以下时，会发生临床铜缺乏症。当奶牛缺 Cu 时血浆铜蓝蛋白酶活性下降，常低于 30mg/L（正常为 45～100mg/L），酶活性与血 Cu 浓度成正比。当血 Cu 浓度<0.40mg/L，而超氧化物歧化酶活性下降时，被作为铜缺乏的可靠诊断指标。

（4）肝脏铜水平：肝中 Cu 浓度，出生犊牛为 380mg/kg，生后不久由于用于合成铜蓝蛋白而迅速下降至 8～109mg/kg。成牛，缺 Cu 时肝中 Cu 由 100mg/kg 降至 15mg/kg，甚至仅为 4mg/kg。当肝中 Cu 大于 100mg/kg DM 为正常，小于 30mg/kg DM 为缺乏。由于肝 Cu 浓度发生变化更早，因此肝中 Cu 水平比血中 Cu 水平更有诊断价值。在继发性铜缺乏症时，饲料中的钼和无机硫酸盐及组织中含钼量的测定有助于诊断。

4.1.3.3 锌缺乏症

该病是因饲料中锌含量绝对或相对不足引起的一种微量元素缺乏症。其临床特征是皮肤破裂和皮屑多、创伤愈合慢、生长受阻、骨骼发育异常、蹄壳变形和繁殖性能障碍等。

1）临床表现

（1）犊牛：表现为食欲不振、废绝。在鼻镜、耳根、尾根、阴户、肛门、跗关节等皮肤可见角化不全、干燥、肥厚等病症，在阴囊、四肢部位呈现瘙痒、脱毛、粗糙，蹄及趾间的皮肤破裂等皮炎的症状。生长缓慢，后肢弯曲，关节肿大，四肢无力，步样强拘等。

（2）成年牛：最明显的表现是鼻镜、耳部、颈部、尾尖等处皮肤角化不全、脱毛。牙龈溃疡，牙周出血，创伤愈合延迟。肘部、膝关节、蹄冠及关节处肿胀，行走僵硬。母牛表现为发情延迟、不发情、屡配不孕，胎儿早产、畸形，死胎等。公牛表现为垂体、睾丸、附睾和前列腺等发育受阻，精子数和精液量减少等性机能减退。

2）临床病理学变化

（1）剖检：多见口腔、网胃和真胃黏膜肥厚或角化。组织学检查可见表皮上有突出的棘皮症特征，如角质层增生、肥厚，颗粒层增生，以及角化不全等病变。

（2）血液生化：病犊，血清 Zn 含量为 0.40μg/ml 以下（正常为 0.80～1.20μg/ml）。成年病牛，血清 Zn 含量降至 0.18～0.40μg/ml（正常为 0.80～1.20μg/ml），乳中 Zn 含量低于 5μg/ml，被毛中 Zn 含量低于 135mg/kg，血清 ALP 活性降至（2.03±0.39）IU/ml，碳酸酐酶（CAH）活性升至（4.52±1.35）IU/ml，血清中 TP 含量增多，ALB 含量减至（2.42±0.39）g/100ml，而 GLB 含量增至（4.05±0.58）g/100ml。

4.1.3.4　维生素 A 缺乏症

该病是指奶牛体内胡萝卜素或维生素 A 缺乏所引起的一种维生素营养代谢病。犊牛多发。

1）临床表现

（1）夜盲症、失明、干眼病：犊牛最易发生视力障碍，在其他症状尚不明显时，先表现明显的夜盲症。12～18 月龄牛和 2 岁以上牛常发失明，而后发生干眼病，如角膜云雾状或增厚。

（2）皮肤病变、癫痫：皮肤上附有大量麸皮样鳞屑，蹄表面有鳞皮和纵向裂纹。6～8 月龄的肉犊牛常发阵发性或强直性抽搐。

（3）繁殖障碍：公牛精液品质下降，睾丸小，母牛易发流产、死胎、胎儿畸形和胎衣滞留。

（4）继发感染：多诱发角膜炎、结膜炎、胃肠炎、支气管炎、肺炎、乳房炎等疾病。

2）临床病理学变化

（1）血浆维生素 A：牛，正常浓度为 25～60μg/dl，20μg/dl 是临界值。视网膜神经乳头水肿是维生素 A 缺乏的早期症状，低于 18μg/dl；育成牛，在体重丧失时为 8.89～18.05μg/dl，共济失调和失明时为 4.87～8.88μg/dl，癫痫和视神经压迫时低于 4.88μg/dl，出现临床症状时低于 5μg/dl。

血浆维生素 A 水平与肝脏中维生素 A 水平之间不存在一个直接关系，因为血浆维生素 A 和胡萝卜素水平直到肝中储存被耗尽才开始下降。牛血浆中维生素 A 正常水平高于 100μg/L，临界水平为 70～80μg/L，低于 5μg/L 时出现症状。血浆中胡萝卜素最佳浓度为 15mg/L，低于 90μg/L 时出现症状。牛肝脏维生素 A 和胡萝卜素正常水平分别为 60μg/g 和 4μg/g，低于 2μg/g 和 0.50μg/g 时出现症状。

（2）脑脊液压升高：是犊牛维生素 A 缺乏的一个最早期的敏感指标。

（3）结膜涂片检查：犊牛，每个视野观察到结膜角化上皮细胞数目由 3 个增至 11 个以上。

（4）眼底检查：犊牛，观察到视网膜绿毯部特征性褪色，即由正常的绿色至橙黄色变成苍白色。

4.1.3.5　维生素 C 缺乏症（坏血病）

该病是指动物体内抗坏血酸缺乏或不足所引起的胶原和黏多糖合成障碍及抗氧化能力下降，使毛细血管壁通透性增大而引起的一种出血性的营养代谢性疾病。其临床特征为鼻端皮肤出血，齿龈溃疡、坏死，关节肿胀和抗病力减弱等。犊牛多发，先天性维生素缺乏症发病率较高。成年牛少发，表现为皮炎，齿龈化脓，易发酮病。然而，成年牛维生素 C 缺乏的临床病理学变化很少报道，缺乏详细的描述。

4.2　奶牛主要繁殖障碍疾病

4.2.1　卵巢疾病

4.2.1.1　异常发情

根据临床症状可分为乏情、持续发情、断续发情、短促发情、安静发情和孕期发情。乏情根据其病因分为卵巢萎缩型、卵巢静止型、黄体囊肿型和持久黄体型（Peter et al.，2009；Dahiya et al.，2018）。

1）乏情

（1）临床表现。主要表现为长期不发情，其他均正常。

（2）临床病理学变化。该病呈长期不发情病理特征。

a. 生化检查：当奶牛血中 P_4 浓度<1ng/ml，血中雌激素浓度较低，且临床表现长期不发情的症状时，被诊断为卵巢静止型、卵巢萎缩型；当奶牛血中 P_4 浓度＞1ng/ml，且临床表现长期不发情的症状时，诊断为持久黄体型或黄体囊肿型。同时结合直肠检查或经直肠 B 超检查。

b. 直肠检查或经直肠 B 超检查：卵巢上既无直径＞9mm 的卵泡同时也无黄体为卵巢静止；卵巢缩小且缺乏弹性，既无卵泡也无黄体为卵巢萎缩；间隔两周检查，卵巢上黄体大小及位置未发生变化的为持久黄体；间隔两周检查，卵巢上存在异常大的囊肿样物时，可诊断为黄体囊肿。

（3）病程与预后。轻症者，多自愈。与年龄有关的卵巢静止和卵巢萎缩预后不良。其余的均预后多良好。病程不一，长达数周，甚至数月。

2）持续发情

主要为卵泡囊肿和排卵延迟两种类型（Blowey and Weaver，2011）。

（1）卵泡囊肿型。

有明显的症状，常呈持续发情。奶牛表现出非常明显的兴奋不安，不停哞叫，采食量减少。增加排尿、排粪次数，并追爬其他奶牛，同时阴门红肿显著，从阴门处有透明的黏液不断流出。部分奶牛坐骨韧带明显松弛，处于非常兴奋状态，最后精神萎靡，体质消瘦。

（2）排卵延迟型。

主要表现为发情时间长，甚至维持 2～3d，阴门红肿明显，且有透明的黏液不断从阴门流出，兴奋不安，采食量和泌乳量下降。

（3）临床病理学变化。该病呈长期持续发情病理特征。

a. 生化检查：血中雌激素水平呈持续高水平，LH 呈低水平。

b. 直肠检查或经直肠 B 超检查：卵巢上存在直径 25～75mm 的囊肿样结构，且一般有 2～4 个同时存在者可诊断为卵泡囊肿；而卵巢上存在直径<25mm、触摸柔软的大卵泡，且超过 24h 仍然不破时，可认为排卵延迟。

（4）病程与预后。均可自愈，但维持时间较长。卵泡囊肿可连续维持几个月。除影响空怀期外，预后多为良好。

4.2.2 子宫疾病

4.2.2.1 子宫炎症

分为子宫内膜炎、子宫肌炎和子宫浆膜炎。

1）子宫内膜炎

可分为急性黏液脓性、纤维蛋白性、坏死性（Dahiya et al.，2018；Gilbert，2019）。

（1）急性黏液脓性子宫内膜炎：其分泌物多为黏液性或脓性。患牛恶露量增多并稍带有腥臭味，有时可见患牛弓背努责，个别病例将出现较轻的全身症状，如食欲减退、体温增高等。检查阴道可发现阴道黏膜发红，阴道底壁存有炎性分泌物，同时可见子宫颈口开张，而且有炎性分泌物存留于子宫颈口处或正在流出。

（2）纤维蛋白性子宫内膜炎：此型炎症主要是子宫黏膜及其深层发炎，造成组织坏死分解，严重时炎症可发展到子宫全层。病牛表现为努责、拱背、举尾呈排尿状，常见从阴门处流出带有污红色或褐红色的恶臭味的稀糊状液体，同时伴有明显的全身症状，如食欲废绝、体温增高、泌乳停止等。

（3）坏死性子宫内膜炎：是子宫黏膜广泛性腐败坏死性炎症。患牛全身症状严重，精神沉郁，喜卧，体温升高明显，呼吸脉搏数增加且加快，食欲废绝，反刍停止、瘤胃蠕动紊乱，经阴门排出褐色或灰褐色的恶臭的稀薄液体，常见腐败分解的组织碎片或碎块。检查阴道可见阴道黏膜呈暗红色且干燥，阴唇呈紫色。

2）子宫肌炎

临床表现为非特异性炎症，是子宫内膜炎的深入发展。 精神不振，体温升高，食欲及泌乳量骤减，努责拱背，作排尿姿势，一般少见分泌物流出。阴道检查可发现子宫颈外口充血肿胀，子宫颈口闭锁，宫颈内缩（Dahiya et al., 2018; Gilbert, 2019）。

3）子宫浆膜炎

分娩后很快表现出病症，主要以严重的腹膜炎和败血症的症状为主。全身症状相当明显且较重，其精神极度沉郁，体温一般高达 40℃ 以上，食欲减退或废绝，胃肠蠕动减弱或停止，心率加快，在每分钟 120 次以上。病牛磨牙、拱背、不愿活动或卧地不起，常发出呻吟声，不断举尾努责，但恶露不能正常排出（Dahiya et al., 2018; Gilbert, 2019）。

4）临床病理变化

食欲下降、体温升高，患牛弓背努责，恶露增多，经阴门流出多呈污红色或褐红色恶臭的稀糊状黏液（Dahiya et al., 2018; Gilbert, 2019）。

5）病程与预后

子宫内膜炎经及时治疗一般预后良好；子宫肌炎和子宫浆膜炎多预后不良（Dahiya et al., 2018; Gilbert, 2019）。

4.2.2.2 子宫蓄脓或积水

1）子宫蓄脓

根据症状可分为子宫颈闭锁型和开放型。患病奶牛的子宫角内含有大量的脓性分泌物，开放型在奶牛卧地时常流出大量成团成块、黄色的脓性物或液体，而闭锁型则无。通常为双侧子宫角发病，偶尔也有单侧子宫角发病。

2）子宫积水或积液

患病奶牛的子宫角内蓄积了大量的颜色为棕黄色或红褐色或灰白色的液体。食欲及食量的降低导致患病奶牛机体虚弱，采食量降低与胎儿营养需要的不平衡继发了奶牛酮病或其他代谢疾病。

3）临床病理变化

患病奶牛的体温略有升高，日渐消瘦，食欲下降，精神萎靡不振，泌乳量降低，喜卧不喜立，时而努责，拱背、作排尿姿势，经阴门处排出黏性脓性分泌物，气味腥臭，一般常见其附着于阴门下或尾根上，其干燥后形成痂皮。检查阴道时可见子宫颈外口充血肿胀、略微开口，存有少量的脓性分泌物附着于子宫颈外口处。

4）病程与预后

一般预后不良，经及时治疗预后尚可，但病程较长，且易继发酮病及其他代谢疾病（Mandhwani et al.，2017）。

4.2.3　胎衣不下

4.2.3.1　临床表现

从症状上可以分为全部和部分胎衣不下。全部胎衣不下的奶牛临床表现为，胎儿胎盘与母体几乎全部连接，只在阴门处露出极小部分胎衣，而部分胎衣不下为部分胎儿胎盘与母体相连，胎衣的大部分已经在阴门处脱垂。

4.2.3.2　临床病理变化

其可造成胎衣腐败、恶露排出不净，继发子宫内膜炎或子宫蓄脓症，患病奶牛常见其努责弓背。如果胎衣腐败分解且细菌感染，将会造成自体中毒，这是由于毒素被吸收所致，其表现出明显的全身症状。具体表现为患病奶牛呈现精神沉郁，食欲废绝，体温升高，产奶量骤降或无泌乳，严重者将发展成脓毒败血症。

4.2.3.3　病程与预后

及时治疗一般 8～9d 可自行排出。一般预后良好，全部不下比部分不下预后更好。未及时治疗且发生自体中毒者，预后不良（Blowey and Weaver，2011）。

4.2.4 屡配不孕

4.2.4.1 临床表现

主要表现为连续 3 次以上（含 3 次）配种而不受胎，但无明显可见临床异常表现。使用一般临床诊断方法进行诊断不呈现任何疾病结果，仅表现为 3 次以上配种后间隔正常周期长（18～24d）反复发情，不能受胎。

4.2.4.2 临床病理变化

3 次以上配种不受胎，发情周期正常，无其他临床病理变化。

4.2.4.3 病程与预后

病程较长，病因不同其预后也不同，如生殖器官异常及卵母细胞异常则预后不良（Sood et al.，2015）。

4.3 奶牛主要肢蹄病

4.3.1 腐蹄病

腐蹄病是一种主要由坏死梭杆菌、节瘤拟杆菌及其他病原微生物单一或混合感染的高接触性传染病，又称为趾（指）间蜂窝织炎，主要侵害趾（指）间皮肤及深层软组织，引起急性或亚急性炎症。临床上以高产奶牛多发（郑家三，2017）。

4.3.1.1 临床表现

（1）食欲减退：精神沉郁，食欲下降。

（2）运动障碍：奶牛表现伫立时间缩短，喜卧，强行驱赶时可以勉强起立，但患牛会提起患蹄，避免负重或减负体重，发生轻微到严重的跛行。

（3）蹄部异常：趾（指）间隙和冠部出现肿胀，随着病情发展，皮肤坏死，腐脱，双趾分开，球节肿胀，趾间和蹄冠发生肿胀，趾间出现裂口，气味恶臭，蹄冠、蹄球至整个蹄底部腐烂分解，引起蹄冠蜂窝组织炎，病变进一步可侵害至系部、球部、腱、腱鞘、韧带、骨和关节，发生不同程度的化脓性炎症，重者可引起蹄匣角质分离，甚至整个蹄匣脱落。

（4）全身症状：体温升高，精神沉郁，产奶量下降，消瘦。易患并发症，使症状复杂。

4.3.1.2　临床病理学

（1）蹄部变化：可见到放射状排列的菌体。在坏死组织及其周围中因中性粒细胞、巨噬细胞及浆细胞浸润而形成肉芽组织，坏死组织被排出或被结缔组织包围、机化或钙化。

（2）剖检变化：可见胃及肺部坏死灶。有些病牛还可在肝脏见到圆球形病灶，小如针头帽，大至数厘米，以及带有包囊的脓肿坏死性局灶性肝炎病变。

（3）血液检查：腐蹄病奶牛血浆 Na、Mg、Zn、维生素 E、维生素 H、SOD 和 GSH-Px 含量极显著降低（$P<0.01$），血浆 K、Cu 和 MDA 含量极显著升高（$P<0.01$）。

4.3.1.3　病程与预后

急性腐蹄病病程 3～5d，慢性型病程较长，可达数月。腐蹄病治疗及时预后良好，如治疗措施不当或不及时，病牛卧地不起，全身症状恶化，发生脓毒败血症而死。

4.3.2　变形蹄

4.3.2.1　临床表现

奶牛变形蹄的种类有很多，目前国内外并没有统一的分类。通常将奶牛的变形蹄分为低蹄、高蹄、滚蹄、散蹄和趾跷蹄 5 种；日本将蹄变形分为长蹄和变形蹄，其中前者包括 4 种，后者包括 13 种；肖定汉（2012）将变形蹄分为长蹄、宽蹄和翻卷蹄。

（1）延长蹄：延长蹄是指奶牛蹄前壁延长，蹄角度低，蹄不卷不翻，趾轴后方波折的变形蹄。

（2）广蹄：广蹄是指奶牛蹄壁倾斜缓、负面广的变形蹄，又称为宽蹄，严重者称为平蹄。广蹄的蹄横径增加，纵径不发生变化。趾轴波折不明显，肢势良好。

（3）剪状趾：剪状趾是指奶牛内、外侧趾的蹄尖部向对侧趾延长、生长，以致内、外侧趾的蹄尖部交叉在一起，外形如剪刀样的变形蹄，又称为交叉蹄。剪状趾并不沿其长轴旋转。轴和远轴二者的侧壁均呈弧形，并且趾间隙增大。

（4）低蹄：无论是蹄前壁延长或者是蹄踵磨损过度都可能造成奶牛发生低蹄，两者也可同时发生。奶牛趾轴后方显著波折且球部下沉，导致屈腱受到过度的牵张。

（5）高蹄：高蹄是指奶牛蹄角度大于 55°且蹄前壁与蹄踵壁比值约为 5：4 的变形蹄。蹄前壁倾斜度急且趾轴前方显著波折，由于蹄踵部位磨损不足导致蹄角度增加。有时蹄前壁长度也会随蹄角度增加而增加，蹄底增厚。

（6）倾蹄：倾蹄是指奶牛蹄的一侧趾的远轴侧壁向蹄底生长且轴侧壁过度生长的变形蹄，又称为卷边蹄，严重者称为螺旋状趾。倾蹄最明显的特征就是远轴侧壁转向蹄底的部位呈圆弧形，与对侧趾相比，因磨损不正常导致患趾的蹄底出现明显的磨损不足。

（7）螺旋状趾：螺旋状趾是指奶牛蹄的一侧趾沿长轴方向呈螺旋状扭曲，远轴侧壁则向蹄底生长的变形蹄。患趾沿其长轴方向向轴侧壁旋转，致使远轴侧壁转向蹄底，替代蹄负缘负重；此时轴侧壁向上卷曲，不再为同一平面。

（8）长嘴蹄：长嘴蹄是指奶牛蹄呈喙状延长，蹄尖上翘，严重者蹄尖出现交叉，又称为嘴状蹄。

（9）拖鞋蹄：拖鞋蹄是指奶牛蹄前壁与远轴侧壁的倾斜度小，缓慢地向外不正形扩张，又称为扁平蹄，俗称"大蹄板"。因蹄形外观如拖鞋一样而得此名。蹄前壁与远轴侧壁缓慢地向外不正形扩张，蹄横径和纵径均过长且程度比广蹄、丰蹄、平蹄都要严重。

4.3.2.2　临床病理学变化

变形蹄奶牛血浆中矿物元素和微量元素及氧化应激指标发生明显变化，呈现镁离子含量降低，而磷离子升高，钙离子无明显变化；铁和锌的含量降低，而铜含量升高；SOD 和 GSH-Px 活性降低，而 MDA 水平升高。

4.3.2.3　病程与预后

奶牛变形蹄一般取慢性经过，如果能够及时采取修蹄措施，依旧能够生存多年。当变形蹄并发其他蹄病时，由于炎症的蔓延，常预后不良。

4.3.3　蹄叶炎

4.3.3.1　临床表现

1）急性蹄叶炎

步态拘谨，拱背，前肢发病时后肢前踏，后肢发病时前肢后踏。后外侧和前部内侧蹄患蹄叶炎时牛常常交叉站立，前肢和后肢分开，以减轻发病肢负重。奶牛起卧困难。在疾病的最初阶段，会出现大量出汗现象。单纯蹄叶炎时奶牛食欲和产奶量不受影响。急性蹄叶炎的奶牛经常表现脉搏和呼吸频率的增加，脉搏和呼吸频率的增加与疾病的严重程度成正比。使用叩诊器和测试器检查蹄显示出敏感性增加。急性蹄叶炎奶牛的平均动脉血压明显低于正常奶牛的动脉血压。

2）亚急性蹄叶炎

亚急性蹄叶炎，是指患急性蹄叶炎 10d 以上的奶牛。这些奶牛表现为中度到重度跛行。亚急性蹄叶炎被认为是急性和慢性蹄叶炎之间的中间型。

3）慢性蹄叶炎

持续 6 周以上的蹄叶炎称为慢性蹄叶炎。奶牛步态柔弱，跛蹄可发生在一肢或多肢，蹄的形状会发生改变。嵴到冠状缘的距离显示了慢性蹄叶炎的持续时间。背缘的形状弯曲和凹陷。蹄底变得扁平，修剪蹄底时会发现出血和黄色病变，尤其是在白线区和典型的溃疡部位。蹄底角比平时柔软。在白线区域，背壁面与蹄底之间常见分离状态。由于蹄角质的过度生长，外侧后蹄可能要比内侧后蹄高得多，蹄底更凸出。

4）亚临床蹄叶炎

早期不经常出现蹄叶炎症状，在产犊后 80～100d 剥去蹄底，会呈现亚临床蹄叶炎的病变（出血发生率增加，蹄底变成黄色和蹄底损伤）。根据定义，亚临床蹄叶炎并不表现为可察觉的跛行，但在修蹄时会发现。亚临床蹄叶炎与慢性蹄叶炎的区别是背壁是否出现嵴；当背壁出现嵴时，应是慢性蹄叶炎。蹄底单纯性溃疡和白线区病变与亚临床蹄叶炎有关。

4.3.3.2 临床病理学

健康蹄表皮组织的最大特点是轴侧和远轴侧蹄壁有角小叶形成。蹄叶炎奶牛蹄组织发生增生性变化，不论是轴侧还是远轴侧蹄壁，真皮小叶和角小叶变长，颗粒层和棘细胞层细胞减少，表现过度角化。慢性蹄叶炎多表现为变形蹄，最明显的变化是患病趾（指）变长、变宽，蹄背侧有明显的蹄轮，另外慢性蹄叶炎可以观察到蹄小叶连续性遭到破坏，表皮过度角化，真皮小动脉硬化，慢性肉芽组织增殖及毛细血管增生等（齐长明等，2000）。

4.3.3.3 病程与预后

急性蹄叶炎早期及时治疗预后良好。慢性蹄叶炎预后不良。

4.3.4 蹄皮炎

4.3.4.1 临床表现

蹄皮炎的特征是皮肤炎症性皮炎，常见于趾间裂的足底面。典型病变是局限的、潮湿的溃疡性糜烂区域。这种疾病也被称为蹄部炎、多毛足跟疣乳头状瘤性DD 等。现采用 D□pfer 等（1997）开发的 M 阶段评分系统，描述蹄皮炎发展阶段的各种临床表现。

（1）M0 阶段：定义为正常蹄部皮肤，无皮炎迹象；

（2）M1 阶段：存在一个小的（直径<2cm）的局限性红或灰色上皮缺损；

（3）M2 阶段：溃疡面积直径>2cm，红色或灰色表面，有时周围有白色光环样组织；

（4）M3（愈合阶段）：M2 之后病变表面变硬，瘢痕状；

（5）M4（慢性阶段）：病变表面呈棕色或黑色组织，角化过度、鳞状或增生性突起；

（6）M4.1 阶段：定义为发生在现有 M4 病变边界内的红色局限性小病变；

（7）全身症状：患病奶牛会卧床不起、发烧、食欲不振、产奶量下降。

4.3.4.2 临床病理学变化

（1）受侵蚀的角质表皮的局限斑块，由螺旋体（密螺旋体）引起的角化性乳头状增生。

（2）颗粒层损失。

（3）螺旋体侵入棘层。

组织学活动可以是局灶性的、节段性的或连续的。早期病变为过度角化，伴有表面出血，而发育期和终末期病变有节段性局部坏死性表皮炎，上皮细胞膨胀变性，坏死性血管炎和病灶内细菌（包括螺旋体）。

4.4 作者的科学研究

4.4.1 奶牛主要代谢病

4.4.1.1 能量代谢障碍性疾病的病理学变化

1）奶牛酮病、脂肪肝的血液临床病理学变化

（1）方法：本试验在黑龙江省某集约化牛场（年泌乳量 5t 以上），选择自然发生酮病牛 10 头、脂肪肝病牛 13 头和正常对照组奶牛 13 头。分析三组奶牛的血浆中 Glu、TG、NEFA、BHBA、TBIL、AST、BUN、CHE、γ-谷氨酰转移酶（GGT）、肌酐（Cr）等水平并测定三组奶牛肝脂总量。

（2）结果

a. 酮病、脂肪肝奶牛的生产性能：酮病、脂肪肝奶牛的泌乳量明显降低（$P<0.01$），三组奶牛发病时间无差异，酮病和脂肪肝奶牛的胎次呈现减少的趋势，其他各组年龄、发病日期之间无显著差异。这表明酮病、脂肪肝明显地降低了奶牛泌乳性能。

b. 酮病、脂肪肝的奶牛血液生化和肝脂的水平：酮病、脂肪肝奶牛的肝脂肪含量分别为 18.80%和 41.90%。脂肪肝奶牛血清 TG、AST、GGT、TBIL、CHE 等多项肝功能指标明显增高，表明其肝功能发生障碍。而且血清 Cr 显著地升高，显示肾功能可能也受到损害。酮病奶牛血清 AST、GGT、TBIL、CHE 等多项功能指标呈现升高的趋势，尤其肝脂升高显示肝发生轻度脂肪浸润，肝功能可能受到一定程度的影响。

（3）结论：患酮病、脂肪肝奶牛泌乳量明显下降，血中 Glu 显著降低，血浆 NEFA 和 BHBA 明显增高。脂肪肝奶牛血清 AST、GGT、TBIL、CHE 等多项肝功能指标明显增高，表明其肝功能不全。血清 Cr 显著升高，显示肾功能可能也受到影响。酮病奶牛血清 AST、GGT、TBIL、CHE 等多项指标呈现升高的趋势，提示存在肝功能不全（夏成，2005）。

2）奶牛酮病对机体代谢和生产性能的影响

（1）方法：在黑龙江省某集约化奶牛场采集产后 14d、21d 的 75 头奶牛乳样和血样，通过酮粉法定性判定酮病，测定血浆 BHBA、NEFA 和 Glu 的含量，记录试验牛泌乳量、左方变位发生和受胎天数。

（2）结果：该牛场酮病发病率为 41.33%；酮粉检测乳酮判定酮病效果假阳性为 9.40%，假阴性为 3.90%、准确率为 89.20%±2.40%；泌乳量在产后 14d 极显著低于同期健康组（$P<0.01$），而产后 21d 酮病组比同期健康组降低 4.30kg，但差异不显著；酮病组奶牛成功受精时间极显著长于健康组（$P<0.01$）；酮病奶牛 Glu 极显著低于健康组（$P<0.01$），NEFA 和 BHBA 极显著高于健康组（$P<0.01$）；奶牛发生左方变位前 3~7d 的血浆 BHBA 水平达到酮病水平。

（3）结论：该牛场奶牛酮病发病率高。病牛处于能量负平衡状态，但多数在产后 21d 能自我恢复；酮病严重影响奶牛生产性能和正常代谢；酮粉法假阳性率高、特异性低，但假阴性率低、敏感性高和准确性较高，故它应广泛地用于现场快速诊断奶牛酮病（孙照磊等，2013）。

3）奶牛 I 型和 II 型酮病的血液临床病理学研究

（1）背景：尽管奶牛酮病的发病机理普遍公认为"糖缺乏学说"，但已有文献提出将奶牛酮病分为 I 型和 II 型。I 型酮病典型特征同奶牛自发性与饥饿性酮病相同，该类型酮病奶牛主要在产后 3～6 周发病，生化特征是胰岛素浓度低，血酮浓度较高，血糖浓度较低。II 型酮病，呈现高胰岛素、高血糖现象，胰岛素抵抗是致病因素，病理基本病变是脂肪肝。患牛在产犊后 1～2 周内发展为酮病。然而，国内对 II 型酮病的临床病理学研究很少。因此，本试验开展 I 型与 II 型酮病奶牛的临床病理学研究。

（2）方法：本试验选取年龄、胎次、泌乳量相近的试验奶牛 46 头，跟踪采取产后 0～28d 血液样品，根据血浆 BHBA、Glu、NEFA 含量，将试验奶牛分为健康组（C 组）、I 型酮病组（I 组）和 II 型酮病组（II 组）。所有被选动物均为分娩后的泌乳奶牛，如奶牛血浆 BHBA>1.20mmol/L，Glu<2.50mmol/L，NEFA>0.50mmol/L，被诊断为 I 型酮病；如血浆 BHBA>1.20mmol/L，Glu>2.50mmol/L，NEFA>0.50mmol/L，被诊断为 II 型酮病；如血浆 BHBA<0.60mmol/L，Glu>3.00mmol/L，NEFA<0.50mmol/L，被选为健康对照奶牛。同时检测试验奶牛血浆肝功、氧化应激和胰岛素抵抗等指标。

（3）结果：奶牛产后 0～28d，I 组与 II 组奶牛 BHBA 浓度呈现先升高后下降的趋势，I 组产后 21d 达最高峰，II 组产后 7d 达最高峰；三组 Glu 浓度均呈现先下降后升高的趋势，II 组 Glu 浓度显著高于 I 组，但低于 C 组，I 组产后 7d 达最低峰，II 组产后 14d 达最低峰；I 组 NEFA 浓度呈现先升高后下降再升高的趋势，II 组呈现先升高后下降的趋势，产后 7d 达最高峰。II 组 RQUICKI 显著低于 I 组与 C 组；II 组血浆丙氨酸氨基转移酶（ALT）、AST 活性显著高于 C 组；II 组 MDA、NO 显著高于 I 组与 C 组，TAC/TAOC 活性 II 组显著低于 I 组。

（4）结论：II 型酮病能量代谢状况不同于 I 型酮病。I 型酮病呈现更低的血糖、游离脂肪酸水平和更高的 BHBA 水平，而 II 型酮病呈现较高的血糖和游离脂肪酸水平，相对较低的 BHBA 水平。II 型酮病奶牛肝酶浓度增加，合成蛋白含量降低，胆红素浓度升高，肝脏损伤严重，肝脏受损先于 I 型酮病。II 型酮病奶牛机体出现严重胰岛素抵抗现象，氧化系统与抗氧化系统失衡，机体处于氧化应激状态，氧化应激在某种程度上能够刺激机体产生胰岛素抵抗（姚远，2014）。

4）黑龙江省某集约化牛场酮病奶牛血液生化指标变化

（1）目的与方法：通过酮病奶牛与健康奶牛的血液生化指标分析，阐明酮病奶牛血液病理学变化，为酮病预防提供科学依据。随机选取黑龙江省某集约化牛场围产后期 10 头奶牛，根据血酮仪检测 BHBA 的浓度进行分组，检测两组的血液生化指标并进行相关性分析。

（2）结果：酮病奶牛血中 BHBA 和 TBIL 含量升高，而 NEFA 和 Glu 含量降低，且差异极显著（$P<0.01$），其中 BHBA、NEFA 都超出正常范围；ALP、LDL-C 含量显著降低，血 Crea 和 L-乳酸盐显著升高（$P<0.05$），而 AST 含量升高且超出正常范围；酮病组奶牛血钙（Ca）浓度降低且低于正常范围；且酮病组奶牛血浆 HP 极显著高于健康组，血浆 IL-1β 酮病组高于健康组，但差异不显著。

（3）结论：本研究表明酮病奶牛血液中能量代谢、肝功、矿物元素和炎性因子等指标发生了明显变化，结果为诊断与预防酮病提供了病理学基础（张江等，2018）。

4.4.1.2　钙磷代谢障碍性疾病的病理学变化

1）生产瘫痪奶牛与亚临床低血钙奶牛的血浆理化指标检测

（1）方法：本试验在黑龙江某牛场选取胎次、体况、泌乳量相近和健康的分娩当天的荷斯坦奶牛 30 头。根据其血钙水平和临床症状，将试验奶牛分为对照组（C，$n=11$；Ca>2.20mmol/L 和健康的无临床症状）、生产瘫痪组（MF，$n=9$；Ca<2.00mmol/L 和明显临床症状）、亚临床低血钙组（SH，$n=10$；Ca<2.00mmol/L 和无明显的临床症状），试验牛按中国奶牛饲养标准饲喂。30 头试验奶牛分别在分娩当天检测血浆中维生素 D、PTH、P、Na、Mg、K、Cl、ALP 的水平。

（2）结果

a. 试验牛状况：三组实验奶牛在年龄、胎次上彼此无显著性差异（$P>0.05$），但对照组胎次低些；血浆 Ca 浓度，三组之间彼此有显著性差异（$P<0.05$），依次为 C>SH>MF。

b. 血浆理化指标：血浆 PTH 浓度（MF>C）、Na 浓度（MF<C）、Cl 浓度（MF<C），MF 与 C 组之间有显著差异（$P<0.05$）；但两组与 SH 组均无明显差异（$P>0.05$）；血浆维生素 D 浓度、P 浓度、Mg 浓度、K 浓度和 ALP 浓度，三组之间无明显差异（$P>0.05$）。

c. 血浆理化指标的相关分析：血浆 Ca 浓度，与血浆 Na、Cl、ALP 均呈极显著的正相关（$P<0.01$），与 PTH 呈极显著的负相关（$P<0.01$）。血浆 PTH 浓度，与 Na、Cl、ALP 均呈显著的负相关（$P<0.05$）。血浆 K 浓度，与 Na、Cl 呈正相关，其中与 Na 相关性极显著（$P<0.01$），与 Cl 相关性显著（$P<0.05$）。血浆 Na 浓度，与 Cl、ALP 呈正相关，相关性极显著（$P<0.01$）。血浆 Cl 浓度，与 ALP 呈正相关，相关性极显著（$P<0.01$）。

（3）结论：奶牛在分娩当天易发生生产瘫痪和亚临床低钙血症。这不仅与外源性钙的摄入不足有关，而且与机体钙代谢调节机制未充分发挥作用及其无法满足机体对钙的需求有关，但是关于为何钙调节机制未充分发挥作用的原因有待进一步深入研究（舒适等，2013）。

4.4.1.3 微量元素和维生素缺乏的临床病理学变化

1）集约化牛场泌乳奶牛硒缺乏症的调查及血液临床病理学变化

（1）方法：本试验选择了两个集约化奶牛场（A、B），分别在泌乳前期（15～20d）、泌乳盛期（50～70d）、泌乳中期（120～150d）和泌乳后期（200～220d）随机选取年龄、体况、泌乳量及胎次相近的奶牛各 10 头，共 80 头。通过检测血浆硒含量，调查 A、B 两牧场奶牛硒缺乏症的发病率。并根据奶牛血浆中硒水平，选取了缺硒组（30 头）与健康对照组（20 头），检测试验奶牛的泌乳性能、繁殖性能及能量代谢（NEFA、BHBA 和 Glu）、抗氧化（GSH-Px、SOD、T-AOC、MDA、T-NOS、LPO、NO、CAT）、免疫功能（TNF-α、IL-6、IgG、IL-1β、IL-2）、肝功（ALB、ALP、TP、GLB、A/G）和生殖激素（FSH、LH、E_2、P_4），通过 Pearson 相关性分析和回归分析对牧场进行硒缺乏预警。

（2）结果

a. 牧场 A 奶牛硒缺乏症的发病率为 72.50%，牧场 B 为 77.50%。

b. 缺硒组与健康对照组相比，奶牛乳脂、乳蛋白及乳糖产量显著降低（$P<0.05$），初配天数和配种天数明显地延长（$P<0.05$）。

c. 与健康对照组相比，缺硒组血浆中 GSH-Px 活性显著地降低，与硒水平呈显著正相关（$r=0.36$，$P=0.01$）；MDA、T-NOS 和 LPO 水平明显升高，MDA（$r=-0.36$，$P=0.02$）、T-NOS（$r=-0.30$，$P=0.05$）、LPO（$r=-0.31$，$P=0.04$）与硒水平呈显著负相关。

d. 与健康对照组相比，缺硒组血浆中 IL-1β、IgG、TNF-α 和 IL-6 水平都显著地降低（$P<0.05$），TNF-α（$r=0.37$，$P=0.02$）、IL-6（$r=0.35$，$P=0.03$）、IgG（$r=0.39$，$P=0.02$）、IL-2（$r=0.38$，$P=0.03$）与硒水平呈显著正相关。

e. 与健康对照组相比，缺硒组血浆中 ALP、TP 水平明显地增加，ALP（$r=-0.32$，$P=0.03$）、TP（$r=-0.41$，$P=0.00$）与硒水平呈显著负相关。

f. 与健康对照组相比，缺硒组血浆中 P_4 含量显著地降低，P_4（$r=0.79$，$P=0.00$）与硒水平呈显著正相关。

g. 泌乳奶牛血浆中 GSH-Px、MDA、IL-2、TNF-α、IL-6、TP、ALP 与硒缺乏密切相关，当 GSH-Px 水平低于 42.367U/ml，则表明该奶牛场硒缺乏症的风险会增加。

（3）结论：两个集约化牛场泌乳奶牛普遍存在硒缺乏症，高达 72% 以上；硒缺乏症不仅会影响泌乳奶牛抗氧化能力和免疫功能，而且会降低奶牛泌乳性能和繁殖性能；确立了泌乳奶牛硒缺乏时血浆中 GSH-Px 的风险预警值（李兰，2015）。

2）泌乳奶牛铜缺乏与机体氧化应激的关系

（1）方法：为了探讨泌乳奶牛 Cu 缺乏与氧化应激的关系，在某集约化牛场根据血浆铜水平，将泌乳奶牛分为 Cu 缺乏组和 Cu 正常组，分析两组牛的抗氧化指标（CER、SOD、T-AOC、GSH-Px）和血浆 Cu 含量。

（2）结果：Cu 缺乏组的 CER 水平显著低于 Cu 正常组，T-AOC 水平显著高于 Cu 正常组。SOD、GSH-Px 水平与正常组无显著差异；Pearson 相关性分析显示，血浆 CER 与 Cu 缺乏呈极显著的正相关；T-AOC 与 Cu 缺乏呈极显著的负相关，SOD、GSH-Px 与 Cu 缺乏无相关性；接受者工作特征曲线（ROC）分析结果显示，CER 可作为泌乳奶牛 Cu 缺乏的预警指标，临界值为 13.70U/L。

（3）结论：泌乳奶牛血浆中 CER、T-AOC 与 Cu 缺乏密切相关，CER 可作为泌乳奶牛 Cu 缺乏风险的预警指标（许楚楚等，2015）。

4.4.2　奶牛主要繁殖障碍疾病

4.4.2.1　奶牛产后繁殖障碍疾病流行病学调查和血液临床病理学变化研究

（1）目的：本试验通过对黑龙江省某两个集约化牛场奶牛繁殖障碍疾病进行流行病学调查和血液病理学研究，旨在阐明奶牛产后主要繁殖障碍疾病的致病因素和发病机理，为今后更有效地监控和预防奶牛繁殖障碍疾病的发生提供理论依据（曹宇等，2016）。

（2）方法：本试验通过跟踪发情和卵巢疾病奶牛（牛场 Ⅰ 发情 28 头和卵巢疾病 33 头；牛场 Ⅱ 发情 19 头和卵巢疾病 17 头）产后 60～90d 生殖激素（LH、FSH、P_4、E_2）、能量代谢、肝功和矿物质指标（Glu、NEFA、BHBA、AST、TP、ALB、GLB、Ca、P、Mg）的检测及追溯试验奶牛产后 14～21d 能量代谢、肝功和矿物质指标的变化。

（3）结果

a. 牛场 Ⅰ 卵巢疾病发病率为 54.10%，其中，卵巢静止为 29.50%，卵巢囊肿为 9.80%，持久黄体为 14.80%；牛场 Ⅱ 卵巢疾病发病率为 47.20%，主要以卵巢静止为主占 41.70%，卵巢萎缩占 5.50%。

b. 日粮中粗蛋白含量牛场 Ⅰ 小于牛场 Ⅱ，分别为 11.65% 和 16.50%，均小于 NRC（2001）对高产奶牛日粮粗蛋白的标准要求；日粮中钙和磷的含量牛场 Ⅰ 均大于牛场 Ⅱ，分别为 0.52%、0.43% 和 0.40%、0.28%，但是钙含量均小于 NRC（2001）的标准，磷含量牛场 Ⅰ 高于标准，牛场 Ⅱ 低于标准；日粮中产奶净能牛场 Ⅰ 和 Ⅱ 分别为 20.32MJ/kg 和 23.07MJ/kg，均小于 NRC（2001）的标准。

c. 牛场Ⅰ，卵巢静止奶牛血浆中 LH、FSH、E_2 和 P_4 的浓度均低于发情组，分别为 17.92ng/L±4.86ng/L、8.12IU/L±2.47IU/L、73.12pg/ml±14.96pg/ml 和 0.09ng/ml±0.05ng/ml。卵巢囊肿奶牛血浆中 LH、FSH 和 P_4 的浓度均低于发情组，分别为 19.76ng/L±4.64ng/L、8.64IU/L±1.17IU/L 和 0.09ng/ml±0.02ng/ml，但 E_2 浓度（101.95pg/ml±6.2pg/ml）显著高于发情组（91.97pg/ml±10.62pg/ml）。持久黄体奶牛血浆中 FSH 和 E_2 浓度皆低于发情组，分别为 7.61IU/L±0.49IU/L 和 64.75pg/ml±6.05pg/ml，但 LH 和 P_4 显著高于发情组，分别为 38.79ng/L±7.59ng/L 和 0.43ng/ml±0.0ng/ml。

d. 牛场Ⅱ，卵巢静止奶牛血浆中 LH、FSH、E_2 和 P_4 的浓度均低于发情组，分别为 19.04ng/L±7.49ng/L、8.44IU/L±2.23IU/L、79.53pg/ml±5.87pg/ml 和 0.11ng/ml±0.04ng/ml。并且，两个牛场在 14～21d 和 60～90d 卵巢疾病组与发情组相比，BHBA、NEFA 和 AST 均显著地升高，其中牛场Ⅰ的 Glu 显著低于发情组。

（4）结论：调查的两个牛场奶牛产后卵巢疾病发生的主要因素是泌乳早期日粮能量供给不足及泌乳量增高所致的奶牛机体能量负平衡。能量负平衡影响了奶牛产后生殖激素分泌，可造成卵泡发育异常和卵巢机能障碍。

4.4.2.2 子宫内膜炎的临床病理学变化

（1）目的与方法：为探讨液体石蜡（LP）宫内灌注对奶牛子宫吞噬细胞迁移的影响，采用棉球采集子宫颈黏液和收集阴道内液体进行涂片检查，5 头奶牛被注入了 50ml 的 LP（LP 组）；5 头奶牛被注入生理盐水（PS 组）。在排卵后 10d 或 11d（0d：排卵）。分别于注入 LP 或 PS 后 0h（刚开始）、0.25h、1h、2h、3h、4h、6h、8h、12h、24h 后进行细胞学检查，每隔一天进行一次，直至排卵。

（2）结果：与注射前相比，LP 组 8d 内中性粒细胞明显增多（$P < 0.05$），在注入后 3d、4d、5d、8d LP 组中性粒细胞的平均数量明显高于 PS 组（$P < 0.05$）。注入 LP 后 6h～8d 单核细胞数明显高于注入前（$P < 0.05$）。注入后 4h、6h、1d，LP 组单核细胞平均数量明显高于 PS 组。

（3）结论：LP 刺激奶牛子宫腔内吞噬细胞的迁移，在子宫感染过程中向子宫腔内灌注 LP 可能增强子宫防御机制（Lu et al.，2011）。

4.4.2.3 集约化牛场奶牛乏情血液病理学的变化

（1）目的：本研究在集约化牛场开展了奶牛产后发情和乏情与体内代谢和内分泌的关系试验，通过对选取的奶牛产后发情和乏情的血液生化、内分泌等指标的研究，旨在阐明集约化牛场高产奶牛产后乏情的病理学变化，为今后更有效地提高奶牛繁殖率奠定基础。

（2）方法：跟踪检测发情和乏情奶牛（每组 15 头）产后 45d、55d、65d、75d

和 85d 的血浆中的内分泌指标（LEP、LH、FSH、P_4、E_2、PRL）；血浆中代谢指标（Glu、NEFA、BHBA、BUN）；矿物质指标（Ca、P、Se、Mg）；维生素指标（维生素 A、维生素 D、维生素 E）；肝功指标（TG、GGT、GOT、TBIL）。

（3）结果：乏情奶牛和发情奶牛血浆中矿物质和维生素及肝功指标彼此之间无显著差异，它们不是影响受试奶牛乏情的主要因素，乏情奶牛血浆呈现低 BUN 浓度、低 Glu 浓度和高 NEFA 浓度的理化特征。乏情奶牛通常不具有正常的生殖激素分泌含量、分泌模式及峰值，并且乏情组奶牛血浆中 LEP 浓度显著低于发情组。

（4）结论：奶牛血浆 BUN 和血糖浓度降低及 NEFA 浓度升高，奶牛产后发生能量负平衡，是造成奶牛发情时间间隔延长及乏情的主要原因；奶牛生殖激素分泌量不足、分泌模式紊乱及缺乏峰值是导致奶牛发情时间间隔延长及乏情的直接原因（吴晨晨，2008）。

4.4.3 奶牛主要肢蹄病

4.4.3.1 奶牛腐蹄病的临床病理学变化

（1）方法：本试验选取 PCR 诊断为腐蹄病的奶牛 50 头作为发病组奶牛，并选取同样饲养条件的 50 头健康奶牛作为健康组。对实验奶牛进行尾静脉采血 10ml，EDTA 抗凝，4000r/min 离心 10min，分离血浆，分装，−80℃保存备用。调查奶牛腐蹄病的发病情况及其与年龄、胎次、泌乳量及季节的关系，并对实验牛血浆 Na、K、Ca、Mg、P、Cu、Zn、维生素 E、维生素 H、SOD、MDA、GSH-Px 等指标进行检测。

（2）结果：①该牛场腐蹄病发病率为 2.99%，占肢蹄病患病的 13.91%；②腐蹄病的发生与年龄和胎次呈负相关，与泌乳量呈正相关，多发于晚春、整个夏季及早秋；③在发病组（T 组）和健康组（C 组）之间，血浆 Na、K 和 Mg 水平存在极显著差异（$P<0.01$），发病组血浆 Na 和 Mg 极显著低于健康组，血浆 K 极显著高于健康组；血浆 Ca 和 P 含量在两组之间并没有显著差异（$P>0.05$）。血浆 Cu、Zn、维生素 E 和维生素 H 的含量在发病组和健康组之间存在极显著差异（$P<0.01$），其中 Zn、维生素 E 和维生素 H 含量发病组极显著低于健康组，血浆 Cu 含量发病组显著高于健康组。其他指标没有显著差异。SOD、MDA 和 GSH-Px 在发病组和健康组间存在极显著差异（$P<0.01$），MDA 含量发病组极显著高于健康组；SOD 和 GSH-Px 含量发病组极显著低于健康组。

（3）结论：与健康奶牛相比，腐蹄病奶牛血浆 Na、Mg、Zn、维生素 E、维生素 H、SOD 和 GSH-Px 含量极显著降低（$P<0.01$），血浆 K、Cu 和 MDA 含量极显著升高（$P<0.01$）。

4.4.3.2 奶牛变形蹄的临床病理学变化

（1）方法：试验选取泌乳期的 30 头患变形蹄与 30 头健康奶牛，分别检测修蹄前后两组奶牛血液中矿物元素（Ca、Mg、P）、微量元素（Cu、Zn、Fe）和氧化应激指标（SOD、GSH-Px、MDA），测量泌乳量，并对比奶牛修蹄前后上述指标的差异。

（2）结果：试验组血浆中 Mg 离子浓度低于对照组，与对照组相比呈显著差异（$P<0.05$），血浆 P 浓度高于对照组，差异不显著（$P>0.05$）；另外，血液 Ca 离子浓度在两组之间并没有显著性差异（$P>0.05$）且水平基本相同。试验组中血液 Cu 离子浓度高于对照组，但呈不显著差异（$P>0.05$）；试验组中血液 Fe 和 Zn 离子浓度均低于对照组，但差异不显著（$P>0.05$）。试验组奶牛血液 SOD 和 GSH-Px 指标较对照组均降低，且表现显著性降低（$P<0.05$）；血液 MDA 指标较对照组升高，且呈现显著性（$P<0.05$）。

（3）结论：奶牛变形蹄的发生会导致血液中 Mg 离子、Fe 离子、Zn 离子、SOD 和 GSH-Px 水平降低，血浆 P、Cu 离子和 MDA 水平升高，Ca 离子无明显变化。但通过修蹄后，除 Cu 离子无较大变化，其他所有指标水平均处于正常水平，且与健康奶牛水平无显著变化（王海林，2015）。

4.4.3.3 奶牛腐蹄病 NF-κB 和 MAPK 信号通路的表达变化

（1）方法：本试验所选动物是黑龙江省某集约化奶牛场的奶牛，该牛场采用自由卧栏，TMR 饲喂并且具有较完善的牛场饲养管理软件。选取通过 PCR 确诊为腐蹄病的 25 头荷斯坦奶牛作为试验组，奶牛为 2～4 岁，1～3 胎，产奶量 7～9t，并选取同样饲养条件的 25 头健康荷斯坦奶牛作为对照组。对患腐蹄病奶牛及健康奶牛进行尾静脉采血 10ml，之后 4000r/min 离心 10min，分离血清样本，分装，置于–80℃冰箱中保存备用。应用 ELISA 试剂盒检测健康奶牛与患病奶牛血清样本中 IL-1β、IL-4、p38 丝裂原活化蛋白激酶（p38MAPK）、TNF-α 和 NF-κB 的浓度。

（2）结果：患腐蹄病奶牛组外周血中 NF-κB 和 IL-1β 含量显著高于正常奶牛组，患腐蹄病奶牛组外周血中 IL-4 含量极显著高于正常奶牛组，p38MAPK 含量虽然也升高但不显著，而患腐蹄病奶牛组与正常奶牛组相比 TNF-α 含量显著降低。

（3）结论：NF-κB 通路可能被激活，并诱导促炎因子 IL-1β 大量表达，进而加剧炎症反应，本研究通过检测腐蹄病奶牛外周血中炎性因子的表达情况，证实 NF-κB 信号通路在奶牛腐蹄病促炎因子表达调控中可能起着重要作用（郑家三，2017）。

参 考 文 献

曹宇, 钱伟东, 夏成, 等. 2016. 奶牛产后繁殖障碍性疾病流行病学调查和血液临床病理学变化研究. 中国畜牧兽医学会动物繁殖学分会第十八届学术研讨会暨中日韩第四届动物繁殖学术交流会论文集, 南京: 224.

郭定宗. 2016. 兽医内科学. 第三版. 北京: 高等教育出版社.

韩博, 苏敬良, 吴培福, 等. 2006. 牛病学——疾病与管理. 北京: 中国农业大学出版社.

李兰. 2015. 集约化牛场泌乳奶牛硒缺乏症的调查及血液临床病理学变化. 黑龙江八一农垦大学硕士学位论文.

朴范泽, 夏成, 侯喜林, 等. 2008. 牛病类症鉴别诊断彩色图谱. 北京: 中国农业出版社.

齐长明, 王清兰, 钟友刚, 等. 2000. 二磷酸组织胺诱发奶牛蹄叶炎病变的病理学研究. 畜牧兽医学报, (3): 241-248.

舒适, 夏成, 张洪友, 等. 2013. 生产瘫痪奶牛与亚临床低血钙奶牛的血浆理化指标检测. 畜牧与兽医, 45(12): 79-81.

孙照磊, 夏成, 张洪友, 等. 2013. 奶牛酮病对机体代谢和生产性能的影响. 中国兽医杂志, 49(12): 27-30.

王海林. 2015. 某集约化牛场奶牛变形蹄的调查与修蹄效果研究. 黑龙江八一农垦大学硕士学位论文.

吴晨晨. 2008. 集约化牛场奶牛乏情病因学及防治的研究. 黑龙江八一农垦大学硕士学位论文.

夏成. 2005. 奶牛酮病、脂肪肝糖异生和脂肪动员的神经内分泌调控机制. 吉林大学博士学位论文.

夏成, 徐闯, 吴凌. 2015. 奶牛主要代谢病. 北京: 科学出版社.

夏成, 张洪友, 徐闯. 2013. 奶牛酮病与脂肪肝综合征. 北京: 中国农业出版社.

肖定汉. 1981. 北京黑白花奶牛蹄变形的发生及其对生产的影响. 中国畜牧杂志, 3: 35-38.

肖定汉. 2012. 奶牛疾病学. 北京: 中国农业大学出版社.

徐世文, 唐兆新. 2010. 兽医内科学. 北京: 科学出版社.

许楚楚, 刘健男, 夏成, 等. 2015. 泌乳奶牛铜缺乏与机体氧化应激的关系. 中国兽医杂志, 51(7): 29-31.

姚远. 2014. 奶牛 I 型和 II 型酮病的血液临床病理学研究. 黑龙江八一农垦大学硕士学位论文.

张江, 孙书函, 赵畅, 等. 2018. 黑龙江省某集约化牛场酮病奶牛血液生化指标变化. 畜牧与兽医, 50(1): 133-136.

郑家三. 2017. 奶牛腐蹄病的蛋白质组学和代谢组学研究. 东北农业大学博士学位论文.

Blowey R W, Weaver A D. 2011. Color Atlas of Diseases and Disorders of Cattle. 3rd edition. London: Elsevier: 186-201.

Dahiya S, Kumari S, Rani P, et al. 2018. Postpartum uterine infection & ovarian dysfunction. Indian J Med Res, 148(Suppl): S64-S70.

Döpfer D, Ter Huurne A, Cornelisse J L, et al. 1997. Histological and bacteriological evaluation of digital dermatitis in cattle, with special reference to spirochaetes and campylobacter faecalis. Veterinary Record, 140(24): 620-623.

Gilbert R O. 2019. Symposium review: Mechanisms of disruption of fertility by infectious diseases of the reproductive tract. J Dairy Sci, 102(4): 3754-3765.

Lischer C J, Ossent P. 2002.Pathogenesis of sole lesions attributed to laminitis in cattle. *In*:

Proceedings of the 12th International Symposium on Lameness in Ruminants, Orlando, Florida: 82-89.

Lu W, Zabuli J, Kuroiwa T, et al. 2011. Effect of intrauterine infusion with liquid paraffin on phagocytes migrating to mucus of external os of the cervix in cows. Reprod Dom Anim, 46: 602-607.

Mandhwani R, Bhardwaz A, Kumar S, et al. 2017. Insights into bovine endometritis with special reference to phytotherapy. Vet World, 10(12): 1529-1532.

NRC (National Research Council). 2001. Nutrient Requirements of Dairy Cattle. 7th rev. ed. Washington, DC: Natl. Acad. Press.

Peter A T, Vos P L, Ambrose D J. 2009. Postpartum anestrus in dairy cattle. Theriogenology, 71(9): 1333-1342.

Radistis O M, Gay C C, Blood D C, et al. 2000. Veterinary Medicine. 9th Edition.London: W.B. Saunders Harcourt Publishers Ltd.

Sood P, Zachut M, Dube H, et al. 2015. Behavioral and hormonal pattern of repeat breeder cows around estrus. Reproduction, 149(6): 545-554.

第 5 章　奶牛主要生产性疾病的检测和诊断

目前，随着奶牛规模化养殖模式的大力发展，奶牛单产不断增高，日粮配制不合理、饲养管理不当等因素的影响，导致高产奶牛围产期和泌乳期生产性疾病呈现群发特性，其中亚临床病例流行广，发病率高，危害增大。由于现场缺乏实用快速的检测和诊断疾病的方法及群体健康的风险评估，亚临床病例难以及时被监测和发现而极易被忽略，由此引起的生产性能和繁殖性能低下所造成的经济损失日趋严重，因此生产性疾病早期监测和诊断及风险预警备受各国奶牛业的高度重视。

有关奶牛围产期和泌乳期酮病、生产瘫痪、乏情、乳房炎的个体检测和诊断，以及群体监测和风险评估已有报道，就是利用血浆或血清、乳汁中炎性细胞、炎症因子、酶、代谢物和某些营养素，以及生产数据如乳成分或尿液成分等作为检测和诊断的重要指标，制定相应的判定标准，开发相应的检测试剂盒和试纸条或技术，为奶牛群发的某些代谢病、炎性疾病和繁殖疾病的流行病学调查提供了快速、实用的监测方法或技术。然而，其他生产性疾病，如胎衣不下、子宫内膜炎、卵巢疾病、腐蹄病等，仍然缺乏可靠的、实用的监测和诊断及风险预警技术。因此，建立生产性疾病早期监测和诊断及风险预警是保证奶牛群体健康亟待解决的关键技术。

尽管国内对奶牛主要生产性疾病监测和诊断已有研究，建立了相应的个体检测和诊断方法，但是因缺乏自主的商品化检测试剂盒和试纸条，尚无法满足现场奶牛群体健康监测的需要。迄今为止，我国仍应用进口的检测试剂盒和试纸条调查奶牛主要生产性疾病，因缺乏系统和深入的研究奶牛主要生产性疾病群体健康监测和风险预警技术，尚未制定该类疾病的一系列国家行业标准供奶业参考和应用。由于奶牛能量代谢障碍性疾病和钙磷代谢障碍性疾病的检测和诊断在《牛病类症鉴别诊断彩色图谱》、《奶牛主要代谢病》和《兽医内科学》书中有详尽的描述（朴范泽等，2008；夏成等，2015；郭定宗，2016），这里仅做一概述或补充。本章重点介绍微量元素和维生素的缺乏症、繁殖疾病和肢蹄病的相关内容（韩博等，2006；徐世文和唐兆新，2010；肖定汉，2012；Radistis et al.，2000）。

5.1　奶牛主要代谢病

众所周知，奶牛围产期和泌乳早期易发酮病、脂肪肝、生产瘫痪、骨软症等代谢病，以及氧化应激和免疫抑制，并会继发难产、胎衣不下、真胃变位、繁殖障碍及感染性疾病，严重损害了奶牛产后健康。因此，代谢紊乱的早期监测是防控主要生产性疾病的重要环节，实施主要代谢病的群体风险预警和健康评估对牛场的意义重大。

5.1.1 能量代谢障碍性疾病

5.1.1.1 个体诊断

1）酮病

根据是否有临床症状，结合日粮营养水平、体况、饲料摄入、发病情况等病史，特别是血中 BHBA 浓度，作为个体诊断的依据。当奶牛血浆或血清BHBA≥1.40mmol/L 或 1.20mmol/L 时，被作为诊断奶牛酮病的金标准。当奶牛血浆或血清 BHBA≥1.40mmol/L 或 1.20mmol/L，血糖浓度≤2.80mmol/L，并伴有明显症状时，被认为患临床酮病。当奶牛血浆或血清 BHBA≥1.40mmol/L 或1.20mmol/L，但无明显临床症状时，被认为患亚临床酮病。并且，其他的临床病理学变化有尿、乳和血中酮体含量升高，血糖降低，血脂升高等。

2）脂肪肝

根据肥胖，产后典型酮病症状尤其是神经症状，应考虑该病。确诊需肝活组织采样进行生化或组织学方法测定肝脂肪含量（诊断的金标准），根据含量可以将脂肪肝分为轻度、中度和重度。该病需要与产后发生的胎衣不下、生产瘫痪、酮病、真胃左方变位、子宫内膜炎、倒地不起综合征等疾病相区别。肝活组织采样和分析确定脂肪肝的严重性和甘油三酯含量，是准确评估肝脂肪浸润程度最可靠的方法。

5.1.1.2 群体监测与评定标准

目前，国内外牛场酮病的现场群体监测的方法有多种。传统方法有罗氏商品片剂或试纸条定性检测乳酮和尿酮。现场检测方法简便、快速和立现结果，可经常应用。对于患酮病奶牛，乳酮检测的敏感性为90%，特异性为96%。尿酮检测的敏感性为 100%，但是特异性低。当前，更准确和先进的 β-羟丁酸试纸条和血酮仪监测血酮已成为现场奶牛酮病监测的首选工具，对监测牛群亚临床酮病的敏感性和特异性超过95%，效果很好。

有关奶牛脂肪肝的群体监测，因为轻度或中度的脂肪肝病牛与正常牛在泌乳量和干物质摄入方面常无明显差异，现场很难做出诊断。一旦出现临床症状，也常被诊断为酮病。尽管奶牛脂肪肝的诊断金标准是肝脂肪含量，但是涉及肝活组织采样的外科损伤，不被现场接受。因此，发展奶牛脂肪肝监测和诊断的无损害技术是十分必要的。超声技术是无损伤监测脂肪肝的有效手段，但是在奶牛中未得到广泛的应用。然而，某些监测或诊断标志物如 AST、PON 等在轻度和中度脂肪肝时都明显升高，与严重的能量负平衡有关。并且，中度脂肪肝和某些轻度脂肪肝奶牛常有尿酮升高。在轻度和中度脂肪肝奶牛体况评分短期内损失很多，干物质摄入少。但是，至今为止尚无实用的、有效的方法用于现场监测牛群脂肪。

由于能量负平衡是奶牛能量代谢障碍性疾病发生的主要病理学基础，确保围产期奶牛饲料摄入正常和避免肥胖是预防奶牛产后能量负平衡所致的酮病和脂肪肝的主要策略。然而，影响摄食和体况的因素众多，包括过度拥挤、群体变化、日粮改变、料槽空间、水质量和牛舒适度等。国外文献报道了牛群能量负平衡关键的监测指标和判定标准（表 5-1，Mulligan et al.，2006）。然而，国内至今没有系统的研究高产奶牛泌乳周期各个阶段适宜的体况管理策略与评定标准及各检测指标的判定标准。

表 5-1　牛群能量负平衡关键的监测指标和判定标准

	监测指标	判定标准	监测指标	判定标准
	产犊后能量需要供给率的比例	≈95%	泌乳高峰后每周泌乳量下降的比例	≤2.50%
	干乳时 BCS	2.75	围产期母牛料槽空间	0.60m
	产犊时 BCS	3.0	围产期母牛料槽的拒食比例	≥3%
泌乳早期	BCS 损失>0.50 的牛比例	<25%	泌乳早期母牛放牧草地牧草的高度	7cm
	配种 BCS	>2.5	产前 2~14d 血液 BHBA>0.60mmol/L 的牛比例	≤10%
	乳脂/乳蛋白>1.50 的牛比例	<10%	产前 2~14d 血液 NEFA>0.40mmol/L 的牛比例	≤10%
	乳蛋白<3.05%的牛比例	<15%	泌乳早期血液 BHBA>1.20/1.40mmol/L 的牛比例	≤10%
	乳糖<4.50%的牛比例	<15%	泌乳早期血液 NEFA>0.70mmol/L 的牛比例	≤10%

值得注意的是，表 5-1 中提供的监测指标和判定标准仅供参考使用，有些还存在争议，有许多仍需进一步优化和完善。国内牛场应根据能量负平衡的实际状况，适当调整。该评估方法应由牛场管理者、饲养管理者和兽医评估后推广应用。重要的是这些标准群体调查的统计关联性应低些，目标是评价能量平衡群体水平而不是个体水平。

当牛场的酮病、脂肪肝、胎衣不下和真胃变位的发病率高，乳产量低和繁殖性能差时，应该调查能量平衡状况，找出原因，制定改善的方案，并积极落实。

5.1.1.3 作者的科学研究

近 20 年来，我国集约化牛场奶牛规模和数量及单产水平得到了迅速提高，奶牛酮病和脂肪肝的发生率日益增高，危害日趋严重，已成为危害高产奶牛健康的主要代谢病。因此，国内外都在积极寻求早期监测和预警技术，为有效防治提供依据。

1）奶牛酮病的检测、诊断和风险预警

（1）奶牛酮病的酮粉法检测效果

a. 酮粉法检测泌乳牛尿酮、乳酮的应用研究

荷斯坦泌乳牛尿酮、乳酮的酮粉法定性试验表明：尿酮阳性率为 29.25%，乳酮阳性率为 10%。尿、乳阳性牛的血酮、血糖、乳酮、尿酮定量测定表明：酮粉法判定泌乳奶牛亚临床酮病，尿酮阳性反应具有早期、敏感、准确性低的特点。乳酮阳性反应具有准确、敏感性低、方便等特点。二者同时定性检测具有互补作用（夏成等，2003）。

b. 定性检测荷斯坦奶牛围产期和泌乳期尿酮、乳酮的变化规律

①方法：通过对围产期奶牛和泌乳奶牛尿和乳中酮体抽样检查，选择对酮病做出早期诊断的最佳时间和方法。为此将年龄在 4～10 岁、胎次在 2～7 胎的围产期 45 头奶牛按产前和产后的天数不同分为 9 个小组，每组 5 头牛，1 组为产前 15d，2 组为产前 10d，3 组为产前 5d，4 组为产前 1～2d，5 组为产后 1～2d，6 组为产后 5d，7 组为产后 10d，8 组为产后 15d，9 组为产后 20d。应用酮粉法和试剂法检测各组牛尿和乳中酮体含量，同时应用酮粉法检测泌乳牛尿样 106 份和乳样 70 份。

②结果表明：试剂法和酮粉法均可用于早期检测尿中酮体，临床上以粉剂法更佳；奶牛酮病的早期诊断应在产后 10d 左右开始，尿酮阳性率高而敏感，乳酮阳性率低而准确；尿酮阳性率集中在产后 60d 和 120～180d，尤其产后 20d 乳酮阳性明显（张洪友等，2003）。

（2）奶牛酮病的血酮仪检测效果

a. 评价酮粉法和血酮仪法诊断奶牛酮病的效果

①方法：在某集约化牛场选取 1～6 胎、产后 7～21d 泌乳奶牛 291 头，分别用血酮仪检测血液 β-羟丁酸含量和酮粉法检测乳液，诊断奶牛酮病。

②结果：血酮仪具有检测准确，检出率高，但费用较高，易受环境因素影响等特点，不适合集约化牛场大批量使用。酮粉法具有样品采集简便，价格低廉，且具有较理想的检测灵敏度等特点，适合奶牛群体酮病筛查诊断。酮粉法更适合大型牧场泌乳初期奶牛酮病群体检测，血酮仪可用于确诊（朱奎玲等，2006）。

b. 三种血酮仪对奶牛酮病诊断效果的比较

①方法：本试验应用三种血酮仪检测奶牛酮病，经综合指标分析，为奶牛场血酮仪的选择提供依据。在黑龙江某集约化奶牛场，随机选取 3～6 胎、产后 5～21d 泌乳奶牛 29 头，经尾静脉采血分离血清。应用三种血酮仪（雅培、BHBCheck、怡成）与生化仪对比检测奶牛血清酮体。

②结果：雅培，敏感度 87.50%，特异度 100%，准确率 93.10%，尤登指数 87.50%；怡成：敏感度 75%，特异度 100%，准确率 86.20%，尤登指数 75%；BHBCheck：敏感度 93.80%，特异度 100%，准确率 96.50%，尤登指数 93.80%。并且，ROC 下面积，雅培为 0.94，怡成为 0.88，BHBCheck 为 0.97。在价格方面，雅培 30 元/例，BHBCheck 23 元/例，怡成 15 元/例。

③结论：综合评价三种血酮仪，BHBCheck 性价比最优。然而，它们的价格都有些高，不利于普及和经常性监测工作。广泛的大群体监测酮病，需要结合牛场的实际发病率并进行成本效益评估（刘建波等，2018）。

（3）奶牛酮病早期预警指标的确立与评估

a. 目的与方法：为了早期预测奶牛酮病的发生，在黑龙江省东、西部 2 个集约化牛场（均有 250 多头泌乳牛）随机选取产前 15～2d、分娩当天、产后 2～15d 的奶牛为试验动物。通过检测试验牛血浆中 Glu、BHBA 和 NEFA 的浓度，了解产后奶牛酮病发生状况；通过检测试验牛产前和产后各肝功指标，阐明奶牛围产期肝功指标与酮病间的关系及对产后酮病发生风险的预警作用。

b. 结果：酮病发病率在东部牧场为 40%，在西部牧场为 45.16%；两牧场产后奶牛的血浆天门冬氨酸氨基转移酶（AST）、NEFA 和 BHBA 的水平均显著高于产前奶牛并与酮病呈显著正相关，血浆 Glu 水平显著低于产前奶牛并与酮病呈显著的负相关。根据 ROC 确定了东部牧场的预警值为产前血浆 AST>69.50U/L、Glu<4.16mmol/L、NEFA>0.25mmol/L、BHBA>0.32mmol/L。西部牧场预警值为血浆 AST> 68U/L、Glu<3.97mmol/L、NEFA>0.27mmol/L、BHBA>0.43mmol/L。

c. 结论：奶牛产前血浆 NEFA、Glu、AST 和 BHBA 指标超过预警值可作为奶牛发生酮病的早期风险预测依据（肖鑫焕等，2015）。

（4）肝功能指标与奶牛酮病的关系及其对酮病的预警作用

a. 目的与方法：利用二元逻辑回归分析确立肝功能指标与奶牛酮病的因果关系；通过 ROC 确定血中 Glu、NEFA、AST、CHE、DBIL 和 TBIL 对酮病的预警作用。在黑龙江省某个采取自由卧栏、TMR 饲喂，具有完善的牛场管理系统的集约化奶牛场，随机选取健康和酮病奶牛共 60 头，在产后 14～21d 清晨空腹采取血浆样品。奶牛血浆 BHBA 浓度超过 1.20mmol/L 被归为酮病状态。通过 ROC 分析确定酮病预测的临界值。

b. 结果：NEFA、AST、CHE 和 TBIL 可作为预测酮病发生的有效指标，预警值分别为 NEFA>0.76mmol/L，AST>104U/L，CHE<139.50U/L，TBIL>3.25μmol/L；NEFA 敏感度为 64.50%、特异度为 91.70%，AST 敏感度为 74.20%、特异度为 85.40%，CHE 敏感度为 75%、特异度为 59.40%，TBIL 敏感度为 58.10%、特异度为 83.30%。

c. 结论：Glu、AST、CHE、TBIL、DBIL 和 NEFA 与酮病紧密相关。与 Glu 和 DBIL 不同的是，AST、CHE、TBIL 和 NEFA 可作为预测酮病发生的有效指标，并且某些肝功指标可以作为预测酮病发生的高风险指标（王博等，2015）。

2）奶牛脂肪肝的监测和诊断

（1）泌乳奶牛脂肪肝早期诊断的研究

a. 目的与方法：为了寻找泌乳奶牛脂肪肝早期诊断方法，本研究从某千头奶牛场随机选取了 30 头乳酮阳性的奶牛，其中，临床酮病牛 10 头，亚临床酮病牛 20 头，测定其肝脂肪含量及血中代谢指标和肝功指标。

b. 结果：脂肪肝的奶牛存在能量负平衡现象，机体呈现高游离脂肪酸血症、高酮血症，肝脂浸润越重，能量代谢障碍越严重；乳酮阳性出现时间的早晚与脂肪肝的严重程度密切相关，乳酮阳性产后出现得越早，乳酮阳性越明显，肝脂浸润越重；随肝脂浸润程度的加重，肝功多个指标会出现异常，重度的脂肪肝会引发肝功能不全。

c. 结论：酮粉法可以作为早期诊断奶牛脂肪肝的初选方法，肝功指标异常可作为诊断脂肪肝的辅助方法，两者结合可作为奶牛脂肪肝的实用、有效和准确的早期诊断方法，准确率可达 80%（李昌盛等，2014）。

（2）对氧磷酶-1（PON-1）对奶牛酮病和绵羊脂肪肝的风险预警作用

a. 背景：脂肪肝和酮病是反刍动物围产期常发的营养代谢病，对动物的生产性能、繁殖性能和免疫功能均有影响，严重者会因肝功衰竭而死亡。这两种疾病通常发病缓慢、病程较长，对其早期监测和风险预警较为困难，给畜牧业带来了极大的经济损失。因此，本研究通过对绵羊脂肪肝模型和集约化牛场酮病奶牛血中 PON-1 含量和活性及相关生化指标的检测，旨在阐明脂肪肝和酮病的致病因素、发病机理及利用 PON-1 对疾病风险进行评估，为今后更有效地防控反刍动物脂肪肝和酮病提供有效的风险预警技术（曹宇，2017）。

b. 本实验选取分娩当天泌乳绵羊（2～5 胎），经限饲管理 16d 建立了脂肪肝模型。依据产后 8d 和 16d 肝脏甘油三酯含量将实验绵羊分成脂肪肝组（10 头）和健康对照组（5 头），对实验绵羊血中 PON-1 活性和含量、肝脂、能量（BHBA、NEFA 和 Glu）、血脂（TG、TC、HDL 和 LDL）、肝功（TBIL、DBIL、IBIL、TP、ALB、GLO、ALT、AST、GGT、ALP、CHE 和 LDH）等指标做组间独立样本 T 检验和 Pearson 相关分析，利用二元回归分析预测疾病，最后利用 ROC 分析确立分界值和诊断效果。获得结果如下：

①在产后 8d 脂肪肝组与对照组相比，血清中 PON-1 含量和活性及 LDL、TP 和 HDL 的水平均显著地降低（$P<0.05$）；肝脂、BHBA 和 NEFA 的水平均显著地升高（$P<0.05$）。在产后 16d 脂肪肝组与对照组相比，血清中 PON-1 含量和活性及 Glu、LDL 和 HDL 的水平均显著地降低（$P<0.05$）；肝脂、AST、BHBA、NEFA、TG、A/G、TBIL 和 IBIL 的水平均显著地升高（$P<0.05$）。

②在产后 8d，脂肪肝组绵羊血中 PON-1 活性与含量存在显著的正相关（$r=0.581$，$P<0.05$），其中 PON-1 含量与肝脂（$r=-0.692$）、LDL（$r=0.579$）、HDL（$r=0.583$）、BHBA（$r=-0.620$）显著相关（$P<0.05$）；PON-1 活性与肝脂（$r=-0.862$）、LDL（$r=-0.557$）、BHBA（$r=-0.784$）、AST（$r=-0.577$）、TP（$r=0.573$）、GLO（$r=0.573$）和 LDH（$r=0.565$）显著相关（$P<0.05$）。在产后 16d，脂肪肝组绵羊血中 PON-1 活性与含量显著正相关（$r=0.953$，$P<0.01$），其 PON-1 含量与肝脂（$r=-0.848$）、NEFA（$r=-0.729$）、Glu（$r=0.653$）、AST（$r=-0.785$）、GLO（$r=0.587$）、TBIL（$r=-0.602$）、IBIL（$r=-0.608$）和 LDH（$r=-0.623$）显著相关（$P<0.01$）；PON-1 活性与肝脂（$r=-0.899$）、BHBA（$r=-0.659$）、NEFA（$r=-0.861$）、AST（$r=-0.843$）、GLO（$r=0.593$）、A/G（$r=-0.621$）、TBIL（$r=0.755$）、DBIL（$r=-0.671$）、IBIL（$r=-0.740$）和 LDH（$r=-0.642$）显著相关（$P<0.05$）。

③经回归分析确定 PON-1 活性、BHBA、NEFA、TG 和 TP 五项指标可用于绵羊脂肪肝发生的风险预警。经 ROC 分析表明，PON-1 活性≥74.00U/ml；BHBA≤0.97mmol/L；NEFA≤1.29mmol/L；TG≤0.24mmol/L；TP≤71.35g/L。因此，PON-1 活性对绵羊脂肪肝发生的风险预警效果较好。

c. 本试验在黑龙江某个集约化牛场随机选取产后 14～21d 奶牛为实验动物（2～3 胎）。所有实验牛检测了血浆中 PON-1 活性和含量、能量（BHBA、Glu 和 NEFA）、肝功（AST、ALT、AST/ALT、ALP、CHE、TC、TG、TP、VLDL、HDL、ALB、GLO、A/G、TBIL、DBIL、IBIL）、氧化应激（SOD、T-AOC、GSH-Px 和 MDA）、急性反应蛋白[C 反应蛋白（CRP）、SAA、HP 和 FIB]、炎性指标（IL-1、IL-2、IL-6）和矿物质指标（Ca、P、Mg、K），获得结果如下：

①酮病组较对照组奶牛血浆中 PON-1 活性和含量及 Glu 含量显著下降（$P<0.05$）；AST、BHBA 和 NEFA 含量极显著升高（$P<0.01$）。

②在产后 14～21d 实验奶牛血中 PON-1 活性及其含量显著正相关（$r=0.365$，$P<0.05$），其中 PON-1 活性与 BHBA（$r=-0.221$）、AST（$r=-0.297$）、TG（$r=0.294$）、SOD（$r=0.298$）、IL-6（$r=0.334$）和 CRP（$r=0.233$）显著相关（$P<0.05$）；PON-1 含量与 BHBA（$r=-0.248$）、Glu（$r=0.292$）、AST（$r=-0.352$）、ALP（$r=0.231$）、TG（$r=0.235$）、SOD（$r=0.271$）、MDA（$r=0.361$）、IL-1（$r=0.412$）、IL-6（$r=0.283$）、CRP（$r=0.336$）、SAA（$r=0.273$）、HP（$r=0.382$）、FIB（$r=0.286$）和 K（$r=0.235$）显著相关（$P<0.05$）。

③经回归分析确定 PON-1、HDL、ALP、Glu、TG、HP 和 P 可用于奶牛酮病发生的风险预警。根据 ROC 分析确定酮病预警值为血浆 PON-1 活性≥71.30U/L、PON-1 含量≥63.43nmol/L、HDL≥1.05mmol/L、ALP≥51U/L、Glu≥3.235mmol/L、TG≤0.195mmol/L、HP≥226.24μg/ml 和 P≥1.98mmol/L。

d. 结论：PON-1 与能量代谢、肝功、抗氧化和急性反应蛋白有着密切的关系。PON-1 活性、BHBA、NEFA、TG 和 TP 可用于绵羊脂肪肝发生风险的评估。PON-1、Glu、HDL、ALP、TG、HP 和 P 可用于奶牛酮病发生的风险评估。因此，PON-1 将在反刍动物脂肪肝和酮病发生风险方面发挥重要的预警作用。

（3）基于牛 PON-1 单克隆抗体的夹心 ELISA 方法建立与初步应用

a. 背景：目前，酮病与脂肪肝已成为我国集约化牧场高产奶牛围产期常见的且多发的主要营养代谢病之一。因它造成奶牛泌乳量下降，诱发奶牛发生真胃变位、胎衣不下或生产瘫痪等其他疾病，给奶牛养殖业带来了巨大的经济损失。然而，奶牛脂肪肝的诊断技术依然停留在通过活体奶牛肝脏穿刺来检测肝脂浸润程度，并且临床上奶牛活体肝穿刺由于保定困难、损伤肝脏、检测费用高等原因，难以被养殖场接受。迄今为止，国内外缺乏一种快速、实用且准确监测奶牛脂肪肝的方法。鉴于国外已开发和应用 PON-1 的 ELISA 方法监测奶牛脂肪肝和酮病，但价格昂贵，而国内缺发自主研发的类似产品，为此本研究研制牛的 PON-1 单克隆抗体，以此为基础建立 PON-1 双抗夹心 ELISA 检测方法，并实施临床应用试验，为今后国内奶牛酮病和脂肪肝的快速检测提供新的技术。

b. 构建牛 PON-1 蛋白双抗夹心 ELISA 检测方法。本研究运用原核表达技术将优化的牛的 PON-1 蛋白基因克隆到原核表达载体 pET-28a 中，构建了重组表达质粒 PET28a-PON-1。将 PET28a-PON-1 转化表达的菌株扩增培养，在 IPTG 诱导下表达，经纯化得到 37kDa 的重组牛 PON-1 蛋白。而后，用重组牛 PON-1 蛋白免疫 BALB/c 小鼠获得一株稳定分泌特异性抗体，且效价高的杂交瘤细胞株 4K2D。并将 4K2D 注入经产的 BALB/c 小鼠腹腔，收集的腹水经蛋白纯化系统纯化，获得牛的 PON-1 单克隆抗体。并且，以重组牛 PON-1 蛋白为抗原免疫家兔，血清经 AKTA 蛋白纯化系统纯化，获得牛的 PON-1 蛋白的多克隆抗体。最后利用纯化的单抗为检测抗体，纯化的多抗为捕获抗体，辣根酶标记的山羊抗小鼠 IgG 作为酶标二抗，成功构建牛的 PON-1 蛋白双抗夹心 ELISA 检测方法。

c. 自主创建的牛 PON-1 双抗夹心 ELISA 的临床应用。

①方法：随机采集产犊后 14～21d 的奶牛血清 62 头份，用生化分析仪检测血清中 BHBA、Glu、AST、NEFA 的水平，根据 BHBA 含量将其分为酮病组和健康对照组，用所研发的牛 PON-1 双抗夹心 ELISA 方法检测试验奶牛血清 PON-1 的含量。

②结果：酮病组与对照组比较，血清 PON-1 含量显著地下降（$P<0.05$），与

商用牛 PON-1 酶联免疫试剂盒的结果比较无显著差异。并且，依据显著性分析、相关性分析和二元回归及 ROC 分析，确定牛血清 PON-1 可作为奶牛酮病发生的风险预警指标，其预警值为 62.37nmol/L。

③结论：本研究自主创建了牛 PON-1 双抗夹心 ELISA 方法，确立了基于 PON-1 的奶牛酮病和风险预警指标及其预警值，为今后监测奶牛酮病和脂肪肝提供了新的技术（赵畅，2018）。

5.1.2　钙磷代谢障碍性疾病

目前，奶牛围产期和泌乳早期最常见的矿物质代谢紊乱疾病是生产瘫痪和骨软症。它们会促发奶牛患难产、胎衣不下、酮病、真胃变位、乳房炎、子宫内膜炎、蹄病、骨折等疾病，给奶牛健康带来严重损害。由于钙磷负平衡是奶牛钙磷代谢障碍发生的病理学基础，因此尽早监测钙磷负平衡，实施低钙血症的群体健康评估，才能为更有效地防治疾病提供依据。

5.1.2.1　个体诊断

1）生产瘫痪

根据临床主要三大症状，结合低钙血症、低磷血症，以及良好的治疗反应，可做出确诊。该病可分为临床型和亚临床的低钙血症。当奶牛产后血钙浓度≤2.00mmol/L，并无明显的临床症状时，被称为患亚临床低钙血症；在产后 24h 内血钙水平降至 1.00～1.50mmol/L，并有明显的临床症状时，被称为临床型低钙血症（生产瘫痪）。由于亚临床低钙血症无明显的临床症状，不易被发现，因继发难产、胎衣不下、酮病、真胃变位等其他疾病，给牛场带来更大的经济损失。

2）骨软症

根据主要临床表现，结合血磷降低，尿中游离型羟基脯氨酸增多及 X 射线影像显示骨质疏松，磷制剂治疗有效，可做出诊断。该病生化特征：低磷血症，由正常时的 1.60～2.30mmol/L 降至 0.70～1.30mmol/L。一般血钙多无变化。然而，血中骨标示物如 HYP、ALP、BGP 和抗酒石酸酸性磷酸酶亚型 5b 等升高具有早期诊断价值。

5.1.2.2　群体监测与评定标准

1）生产瘫痪

该病是危害围产期奶牛健康的最重要的代谢病之一。它增大了难产、胎衣不下、酮病、子宫内膜炎、真胃变位等疾病发生的风险。国外文献已报道了生产瘫痪（包括亚临床低钙血症）的监测指标和评定标准（表 5-2，Mulligan et al.，2006）。

表 5-2　生产瘫痪的关键监测标准

监测指标	判定标准	监测指标	判定标准
泌乳 250d 的 BCS	2.75	产犊后血钙浓度，12～24h	≥2.00mmol/L
干乳期 BCS	2.75	产犊前血镁浓度，24～48h	0.80～1.30mmol/L
产犊时 BCS	3.0	产犊后血磷（无机磷）浓度，12～24h	1.40～2.50mmol/L
钙摄入（g/d）	≤30	胎衣不下发生率	<10%
日粮 P（DM）	≤0.30%	真胃左方变位发生率	≤3%
日粮 Mg（DM）	0.30%～0.40%	难产率	<10%
日粮 K（DM）	≤1.8%	临床生产瘫痪发生率	<5%
日粮 DCAD	−100～−200meq/kg	尿 pH 值	6.2～6.8

当泌乳早期奶牛发生难产、胎衣不下、生产瘫痪、真胃变位、采食量低下或繁殖性能低下时，必须考虑产后低钙血症的因素。按照表 5-2 中的评定去查找原因，制订解决方案。

2）骨软症

有关血中骨标示物如游离羟脯氨酸、碱性磷酸酶活性、骨钙素和抗酒石酸酸性磷酸酶亚型 5b 等对奶牛骨软症的监测作用已有许多报道。当血中羟脯氨酸、抗酒石酸酸性磷酸酶亚型 5b、骨性碱性磷酸酶活性等升高时，即提示骨钙降解增强，在无症状前就会出现，可作为早期监测手段，有特异性强、敏感性高、易操作和推广的优点。然而，有关骨软症群体监测指标的确定及其判定标准等尚无系统的研究，需要今后给予重视。

5.1.2.3　国外的科学研究

1）利用产前尿液 pH 值预测奶牛患生产瘫痪的风险

（1）目的与方法：本研究旨在探讨妊娠晚期不添加阴离子盐的普通日粮奶牛血清中 Ca、P 值与尿液 pH 值的关系。107 头荷斯坦奶牛完成了两次或两次以上的泌乳，并在未来 7d 内有一个预期的产犊期。为了测定血清中 Ca、P 和尿液 pH 值，在分娩前 7～1d 采集血液和尿液样本。

（2）结果：在 107 头取样的奶牛中，有 17 头在产犊后出现卧地不起，被认为患生产瘫痪。卧地奶牛和非卧地奶牛在分娩前 48h 内尿液 pH 值与血清 Ca、P、Ca/P 值呈显著负相关（$P<0.01$），尿液 pH 值及血清中 Ca、P 的水平有显著的差

异（$P<0.001$）。临产前 48h 尿液 pH 值检测的敏感性、特异性、阳性预测值和阴性预测值分别为 100%、81%、55% 和 100%，阈值在 8.25 以上。

（3）结论：这表明在临产前 48h 监测尿液 pH 值是评估临产瘫痪风险的一种敏感方法。本研究结果强调了动物酸碱状态在生产瘫痪病理生理中的重要性（Seifi et al.，2004）。

2）利用近红外光谱法预测梯牧草矿物浓度、日粮阳阴离子差、青草搐搦指数

（1）背景：牧草的矿物质浓度对奶牛生产中的两种代谢紊乱具有重要作用，即低钙血症（生产瘫痪）和低镁血症（青草搐搦）。通过测定日粮 DCAD、牧草和特定日粮的青草搐搦（GT）指数，可以评估这两种代谢紊乱发生的风险。本研究目的是评价近红外光谱法（NIRS）预测牧草中 Na、K、Ca、Mg、Cl、S、P、DCAD 和 GT 指数的可行性。

（2）方法与结果：采用 NIRS 扫描牧草样品（$n=1108$），分析 7 种矿物元素的浓度。用三种计算公式对 DCAD 进行了计算，并计算了 GT 指数。样品分为校正（$n=240$）和验证（$n=868$）两组。采用改进的偏最小二乘回归对矿物元素浓度、DCAD 和 GT 指数进行校正、交叉验证和预测。成功预测了 K、Ca、Mg、Cl、P 浓度，预测确定系数 $[R(P)^2]$ 为 0.69～0.92，预测变异系数 $[CV(P)]$ 为 6.60%～11.40%。Na 和 S 浓度预测失败，$R(P)^2$ 分别为 0.58 和 0.53，$CV(P)$ 分别为 82.20% 和 12.90%。计算出的三个 DCAD 值和 GT 指数预测成功，$R(P)^2 > 0.90$，$CV(P) < 20\%$。

（3）结论：结果证实了利用近红外光谱预测梯牧草中 K、Ca、Mg、Cl、P 浓度及 DCAD 和 GT 指数的可行性（Tremblay et al.，2009）。

5.1.2.4 作者的科学研究

1）黑白花奶牛产后瘫痪的诊治研究

通过对黑白花奶牛产后瘫痪的临床症状、血液生化指标检测及治疗方面的研究，结果表明黑白花奶牛产后瘫痪的主要表现是卧地不起、体温低、血钙降低、血清 CK 升高。其病因是饲养管理不当造成低血钙和肌肉损伤。治疗用钙剂并加强管理（张洪友等，2000）。

2）奶牛围产期生产瘫痪的早期预警体系的研究

（1）背景：生产瘫痪是影响泌乳奶牛生产性能的主要营养代谢病之一，并能够导致经济损失和动物福利的下降。因此，出于经济和动物福利的目的，利用群体健康的观念和早期预警方法来管理奶牛群体围产期代谢健康对于牛场来说显得尤为重要。本研究利用横截面研究方法结合统计学显著性分析、相关性分析和回归分析及 ROC 分析对奶牛围产期生产瘫痪开展了早期预警的初步研究,旨在为今后更有效地监控和预防该病奠定基础。本试验采用横截面研究方法,在黑龙江省两个集约化牛场开展试验。

(2)方法:两个牛场均采用自由卧栏、TMR 饲喂及完善的牛场管理软件。在 A 牧场,随机选取产前 15～2d 奶牛 22 头,分娩当天奶牛 31 头,产后 2～15d 奶牛 40 头为试验动物;在 B 牧场,随机选取产前 15～2d 奶牛 32 头,分娩当天奶牛 30 头,产后 2～15d 奶牛 31 头为试验动物。通过检测试验奶牛分娩当天血浆钙浓度,明确分娩奶牛的血钙及低钙血症状况。通过检测试验奶牛产前和分娩当天血浆中 Mg、K 和 P 的浓度,阐明奶牛产前血浆中各离子水平与低钙血症的关系及对产后生产瘫痪发生风险的预警作用。

(3)结果

a. 牧场 A 产后低钙血症发病率为 90.32%,牧场 B 产后低钙血症发病率为 86.67%。

b. 通过 Pearson 相关系数得知,血钙与胎次($r = -0.22$,$P=0.03$)呈显著的负相关;血浆中 P($r =0.75$,$P=0.000$)、Mg($r =0.23$,$P=0.02$)水平与血钙呈显著的正相关;血钙与血浆 K($r = -0.08$,$P=0.39$)水平、年龄($r = -0.11$,$P=0.25$)及 BCS($r = -0.06$,$P=0.570$)并无显著的相关性。

c. 经回归分析最终确定 P 对产后低钙血症有预警作用。牧场 A 预警值为血浆 Ca≤2.11mmol/L,敏感度为 100%,特异度为 88.20%;血浆 P≤1.83mmol/L,敏感度为 75%,特异度为 82.40%。牧场 B 的预警值为血浆 Ca≤2.12mmol/L,敏感度为 98.70%,特异度为 88.50%;血浆 P≤1.90mmol/L,敏感度为 98.70%,特异度为 65.40%。

(4)结论:胎次、Mg 和 P 与产后低血钙紧密相关,而 Ca、P 可作为产后低钙血症发生的预警指标(王博,2014)。

5.1.3 氧化应激与免疫抑制

微量元素和维生素的不足或缺乏与围产期奶牛健康问题和繁殖障碍有密切的关系。由于微量元素或维生素的测定方法复杂、费用昂贵,缺乏实用的监测方法,现场难以及时发现亚临床缺乏或不足,与之关联的疾病如胎衣不下、流产、胎儿弱小综合征等致病因素也难以确定,导致防治效果不佳。鉴于奶牛代谢病、繁殖疾病和感染性疾病与氧化应激和免疫抑制密切相关,而氧化应激和免疫抑制与微量元素、维生素又密切关联。并且,氧化应激和免疫抑制的生物学指标有快速、实用的检测方法。因此,评估奶牛围产期和泌乳早期的氧化应激和免疫状况,可以间接地评估微量元素和维生素的状态,已成为奶牛群体营养和健康监测策略的重要内容（Celi，2011；Abuelo et al.，2019）。其中，探究最佳的抗氧化应激和最优的免疫功能的措施，是当前奶牛营养和健康研究的一个新的挑战。该挑战超过了防止典型的微量营养物缺乏的需求，还应有增强抗氧化能力、免疫力，以及减少机体患病的能力。

5.1.3.1　个体检测

1）氧化应激

在兽医学，特别是在反刍动物健康方面，氧化应激是一个需要深入研究的领域。目前，发展了众多快速的评估氧化应激的方法，每个指标及其方法的优点和缺点见表 5-3（Celi，2011）。因此，确立氧化应激的生物标识物，需要考虑氧化应激的适宜生物标志物验证过程中的关键标准，主要包括：氧化应激生物标志物的选择；与疾病的发生和发展有直接的关系；生物标志物测量方法的开发；验证潜在的缺陷和人工制品；在合适的动物模型中验证生物标志物；生物标志物影响

表 5-3　氧化应激生物标志物的优缺点

生物标志物	检测方法	优点	缺点
丙二醛（MDA）	光度法，化学发光法，HPLC，GC/MS	敏感且可复制	脂质过氧化的非特异产物；干扰 TBARS 分析
硫代巴比妥酸活性物质（TBARS）	光谱法，化学发光法	快速、流行、简单和经济	非特异性，不可复制，与脂质过氧化无定量关系
F2-异前列腺素（烷）（F2-IP）	环评（EIA），ELISA，HPLC，GC/MS	特异性、可重复性、敏感性	昂贵，样品自动氧化，需要样品衍生
氧自由基吸收能力（ORAC）	荧光	敏感，含有多种抗氧化剂	需要光谱荧光计；2,2'-偶氮（2-氨基丙烷）二盐酸盐使用的自由基源会发生自发衰变，对温度敏感
血浆铁还原能力（FRAP）	光谱测定法	血清稀释效应未见	铁可以产生自由基；不是每个自由基都能减少铁；GSH 未测量
当量抗氧化能力（TEAC）	光谱测定法	非常快速和简单	结果随样品稀释度不同而不同；所用的抗氧化剂可能与溶剂分子相互作用；特异性不同
总自由基抗氧化潜力（TRAP）	化学发光检测	给出了自由基形成速率的概念	使用的抗氧化剂可能无法捕获所有类型的自由基
活性氧代谢物（ROM）	光谱测定法	非常快速，简单；仅需 5～20μl 血浆/血清；直接测全血、炎性液、细胞提取物和呼吸冷凝液	叠氮化钠抑制
生物抗氧化能力（BAP）	光谱测定法	非常快速，简单，覆盖多种抗氧化剂，仅需要 5～20μl 血浆/血清	只能测血浆和血清样品；高脂血症样品会低估结果

因素的鉴定（营养、生理状态、光周期）；参考区间和值的建立；方法对现场条件的适用性（敏感性、简单性、生产量）；在动物模型中证明抗氧化治疗的有效性。然而，模式和方法学上的差异使得难以进行有意义的对比。由于氧化应激反映了氧化剂和抗氧化剂之间的不平衡，因此它们的定量方法主要包括直接或间接的测量氧化剂和抗氧化剂，常需要专门的设备和相当多的经验。

在正常情况下，抗氧化体系可以清除奶牛体内过多的自由基，维持体内自由基的动态平衡。奶牛体内抗氧化体系有酶促抗氧化体系如 GSH-Px、SOD、CAT 等，还有非酶促防御体系，如维生素类（维生素 E、维生素 C 等）、微量元素类（Se、Cu、Zn 等）、抗氧化活性物质（半胱氨酸、谷胱甘肽、硫辛酸等）、功能性药物、天然植物的有效成分等。它们构成了"抗氧化网络体系"共同发挥协同作用，维持机体自由基的平衡状态和健康。

目前，评估和检测奶牛氧化应激的状态及其严重程度，主要应用高效液相色谱法、荧光法等方法检测血液、红细胞和组织中抗氧化物、氧化物来间接判定。氧化应激状态的血液指标包括 ROM、MDA、TBARS、SH 等；抗氧化指标包括 GSH-Px、SOD 等。氧化应激指标明显升高，提示奶牛处于氧化应激状态；抗氧化指标明显升高，提示机体抗氧化能力增强。

这些氧化应激指标中 ROM 被认为是测量总氧化状态的"金标准"，其血浆水平被认为是自由基产生的一个指标。ROM 试剂盒已被开发出来，用以评估血浆和其他生物液体中的氧化剂水平。其他的 MDA、TBARS 和 SH 等也被用于检测氧化应激状态。最近，一种 F2-IP 被认为是最可靠的脂质氧化标志物，已在商业上得到应用，能够更清楚地阐明反刍动物围产期脂质过氧化。然而，由于各抗氧化成分及其在血浆中的相互作用难以单独测定，目前已开发出几种评估总抗氧化能力（TAC）的方法。抗氧化能力的测量考虑了血浆和体液中存在的所有抗氧化物的累积作用，因此提供了一个综合参数，而不是可测量的抗氧化物的简单总和。抗氧化能力可通过几种方法测量（表 5-3），如 TEAC、TRAP、ORAC 或 FRAP，以及 BAP。全球 BAP 测试提供了许多抗氧化剂，包括尿酸、抗坏血酸、蛋白质、α-生育酚和胆红素。因此，基于群体的 TAC 评估是一个有用的动物福利指标，比单个参数的测量更敏感和可靠，可以揭示个体的变化。此外，TAC 可以作为一种工具来评估饲喂不同日粮的动物营养状况，或评估全年动物营养状况。有关这些指标的判定标准还存在争议，尚需进一步完善。

2）免疫抑制

围产期奶牛会经历许多挑战，如生理、营养、精神、管理及免疫。众所周知，奶牛免疫系统在此阶段发生了许多变化。妊娠后期奶牛免疫系统受到抑制，免疫系统在分娩时常发生失调。大量文献报道了奶牛围产期免疫应答中细胞功能的改变（如吞噬细胞的减少和血小板的渗出）。然而，更多研究涉及先天免疫系统的组成部分，通常表现出其他反应，如对炎症易感性和相关的急性期反应。全身性炎症在泌乳早期起着重要作用，影响许多肝功指标，并且与奶牛采食量、产奶量、繁殖力、福利的下降有关。对免疫和代谢指标变化的检测有助于了解奶牛围产期免疫应答和炎症状况，为保证泌乳奶牛健康、繁殖力和福利提供科学依据。因此，检测和评估奶牛围产期炎症反应的严重程度，可以间接地反映奶牛围产期的免疫抑制或应答的状况。

炎症本身并不是一个有害过程，但如果发生得过多，就会产生许多副作用。阳性 APP 的测定并不能反映炎症引起的损伤的后果，因为其与炎症反应的严重程度相关性较差。相反，在围产期发生炎症后，阴性 APP 的减少表明其与奶牛的健康状况表现一致。阴性 APP 和一些相关的生物标志物包括反映肝功的参数，由于单个参数检测患病风险是不全面的，因此开发了某些综合指数，包括阴性 APP 或相关参数的组合，如肝脏活动指数（LAI）、肝功指数（LFI）和产后炎症反应指数（PIRI）（表 5-4，Trevisi and Minuti，2018）。这些指标按泌乳早期奶牛分娩前

表 5-4　根据围产期发生的炎症反应引起的生理结果对泌乳早期奶牛进行分类的多个指数的生理意义：肝活动指数（LAI）、肝功指数（LFI）和分娩后炎症反应指数（PIRI）

综合指数	LAI	LFI	PIRI
生物标志物的意义	阴性急性期蛋白质或相关指标	阴性急性期蛋白质相关指标	阴性急性期蛋白质、阳性急性期蛋白质和氧化应激
生物标志物	白蛋白、胆固醇（间接测量脂蛋白）和维生素 A（间接测量视黄醇结合蛋白）	白蛋白、胆固醇（间接测定脂蛋白）和胆红素（间接测定清除脂蛋白的肝酶）	血红蛋白、活性氧代谢物（ROM）、胆固醇和对氧磷酶（PON）
检测时间	产后 7d、14d、28d	产后 3d、28d	产后 7d
估算	每个生物标志物的动物数量的平均值从每次检验值中减去，再除以相应的标准差。LAI 分数是 3 个生物标志物的算术平均值（每个生物标志物的平均值是 3 个检验值的平均值）	步骤 1：白蛋白指数(Ai)和胆固醇指数(Ci)= $0.5 \times V3 + 0.5 \times (V28 - V3)$；胆红素指数(Bi)=$0.67 \times V3 + 0.33 \times (V28 - V3)$ [V3 和 V28 分别为产后 3d 和 28d 各指标的浓度。步骤 2：对同一泌乳天数条件下健康奶牛获得的 3 个参数进行标准化，并确定最佳变化模式：LFI = [(Ai−17.71)/1.08 + (Ci− 2.57)/0.43−(Bi− 4.01)/ 1.21]	对于每个生物标志物，根据文献数据资料[极值=得分 10（最佳）和 0（最差）]定义一个变化范围。每个生物标志物的分数都是用线性相关计算出来的。最后的产后炎症反应指数是 4 个生物标志物的算术和
分数范围	−1/+1（越高越好）	−15/+6（越高越好）	0/40（越高越好）
临床意义	在产后第一个月发现有亚临床问题的奶牛。防治主要是为了提高奶牛繁殖能力	在泌乳期第一个月发现有亚临床问题的奶牛。监测牧群围产期的状况。预期治疗主要是为了提高繁殖能力	及时发现奶牛在泌乳早期的亚临床问题的奶牛。监测牧群围产期的状况

注：更多的细节见参考文献（Bertoni and Trevisi，2013；Trevisi et al.，2010）。

后发生的炎症反应程度进行分类，可以在没有临床症状的情况下检测出不合理的生理状况。PIRI 低分的风险动物，可以及时发现泌乳早期奶牛的亚临床问题，需要立即治疗。LAI 和 LFI 指数相关性很好（$r=0.87$；$P<0.001$），但 LFI 更容易分析，并允许比较炎症谱和动物的反应。在任何情况下，较差的 LFI（或 LAI）评分表明在整个围产期内采食量较低且反刍时间较短，以及较高的体脂动员和较低的产奶量。这反过来又意味着更严重的能量负平衡，能量利用效率较低，氧化应激较高，循环氨基酸利用率较低。此外，LFI 和 LAI 可以识别在泌乳第一个月结束时要剔除的风险奶牛，以及需要更多护理的动物以加速恢复，并且恢复生殖功能。最重要的是后者，因为低水平的 LFI 或 LAI 可以在产后 30d 内发现不育或低生育能力的奶牛，这可以改善畜群繁殖管理。这意味着后者可以评估围产期奶牛稳态适应性和福利的好坏。

5.1.3.2 群体监测与评定标准

奶牛群体健康问题，如乳房炎、胎儿过弱综合征、胎衣不下、消瘦症候群、繁殖性能低下和肌病等，常提示微量元素和维生素的缺乏或不足。此外，许多营养物质，典型的缺乏症状会以散发的形式出现，如被毛颜色减轻引起的眼睛周围出现眼镜状斑纹是铜缺乏的典型症状。然而，该症状同样会由消瘦综合征引起。此外，青年牛的贫血、骨骼变脆和心力衰竭，以及发情奶牛生殖性能低下都是铜缺乏的结果。断奶后的犊牛跛行与骨骺炎相关联也是铜缺乏的常见表现。其他微量元素，如硒和维生素 E 缺乏表现出典型的缺乏症状如营养性肌肉萎缩，碘缺乏的经典症状是犊牛甲状腺肿大，连同虚弱或者无毛。值得注意的是，当表现出典型症状体征时常提示微量元素或抗氧化能力的缺乏。最佳免疫应答需求的微量元素含量可能超过预防经典症状的需要量，并且在饲料中添加足够量的有机复合微量元素对生殖性能是有益处的。

1）氧化应激

（1）动物组织里铜、碘、硒的状态评估：微量元素缺乏的诊断常依赖于血液或者肝脏的分析（表 5-5，Mulligan et al.，2006）。

表 5-5　奶牛主要微量元素和维生素状态的判定标准

指标	判定标准
Cu	>10μmol/L 血浆；>20mg/kg 肝脏 DM
Se	210～1200ng/ml 全血； 1.25～2.50μg/g 肝脏 DM（成年）； 2.30～8.00μg/g 肝脏 DM（新生）

指标	判定标准
GSH-Px	>50IU/g 血红蛋白
无机碘	>50μg/L 血浆
T$_4$	>20mmol/L 血浆；>0.40μg/ml 血浆
Zn	0.80~1.40μg/ml 血清；>100mg/kg 肝脏干物质
Mn	70~200ng/ml 全血；6~70ng/ml 血清
MDA	≤2.00μmol/L
α 维生素 E	围产期奶牛 3~3.50μg/ml

血浆 Cu 浓度的最佳值是 9.40μmol/L，血清为 7.50μmol/L。然而，为了维持血浆或血清的 Cu 浓度，肝脏铜储藏会被耗尽。因此，需要通过活体组织检查测量肝中 Cu 浓度来确定亚临床缺乏。NRC（2001）表述了肝脏 Cu 浓度低于 20mg/kg DM 或 5mg/kg 湿重作为铜缺乏的分界点。除了血中和肝中 Cu 浓度之外，血浆铜蓝蛋白和过氧化物歧化酶浓度也被用来评估 Cu 的状态。

奶牛碘状态的评估，常基于甲状腺素（T$_4$）的浓度或血浆无机碘的水平。鉴于怀孕期间低碘摄入会导致甲状腺肿，碘缺乏奶牛有显著的无机碘浓度降低。并且补充碘可改善碘缺乏的甲状腺机能不全。因此，评估奶牛体内无机碘是有价值的。然而，评估指标和判定标准仍存在争议，需要进一步完善。

（2）牛场方法：在进行微量元素、维生素和抗氧化应激状态的评估时，要先评估饲料的浓度或每日供给量，而后谨慎地参考表 5-3 的指标及其判定标准，并注意各个实验室检测也存在很大的不同。当牛群中出现散发的典型缺乏症时，应该在牛群中开展的调查工作如下所述。

a. 评估日粮微量元素、维生素的供给量，以被添加到日粮中为基础，并与建议的标准对比。

b. 要考虑到当地微量元素、维生素的缺乏或过剩（如高钼地区）。

c. 要时常考虑与其他的矿物质或维生素之间的相互作用。

d. 对异常动物进行采血，饲喂本土牧草或仅进行放牧的，进行特定的微量元素和维生素状态评估。

e. 对种群中合格的（如泌乳早期牛或临产牛）奶牛采血，进行微量元素和维生素状态评估。

f. 对于临产牛或犊牛的问题，还应评估干乳期牛或非泌乳牛的微量元素、维生素状态。

g. 必要时实施肝脏活体组织检查证明某些微量元素的缺乏（如亚临床铜缺乏）。

h. 评估牛群中特定的微量元素或维生素的补充或混合状况是很重要的，牛群中仅部分被诊断为缺乏也是很重要的。

2）免疫抑制

目前，国内外研究主要集中于单个细胞免疫、免疫因子和炎症因子等的分析。临床上，奶牛妊娠后期的免疫功能和免疫抑制的群体监测的风险生物标识物列于表 5-6（Trevisi and Minuti，2018）。

表 5-6 妊娠后期候选的生物标志物用于围产期奶牛相关疾病的风险预警

候选生物标志物	风险阈值	候选生物标志物	风险阈值
IL-6（pg/ml）	＞450	白蛋白/ALB（g/L）	＜35
IL-1β（pg/ml）	＞140	总胆红素/TBIL（μmol/L）	＞2.00
溶菌酶（LZ）(mg/ml)	＜1.0	对氧磷酶/PON（U/ml）	＜60
补体（溶血性的）(C)（U/μl 50%）	＜25	游离脂肪酸/NEFA（mmol/L）	＞0.35
唾液酸（SA）（g/L）	＞0.45	视黄醇结合蛋白/RBP（μg/100ml）	＜35
球蛋白（GLB）（g/L）	＞38	活性氧代谢产物/ROM （mgH$_2$O$_2$/100ml）	＞11.50
铜蓝蛋白（CP）（μmol/L）	＞2.70		

注：在产犊前 2～4 周采集清晨空腹的血浆样品测定各指标的浓度。

奶牛在妊娠晚期没有临床症状，但在泌乳早期出现了临床症状，有时会造成灾难性的后果，这些生物标志物大多是免疫反应或某些成分（如 PIC、溶血补体、溶菌酶、阳性 APP 和阴性 APP）的适应性的指标。这些适应性可能与不良的环境条件（主要是卫生较差、营养不良、精神压力较大）有关，并对先天免疫系统造成负面影响。这些生物标志物，在干乳期最后 3～4 周显示出的重要变化如下所述。

（1）铜蓝蛋白（CP）：是一种阳性 APP，在炎症刺激后数周内在血浆中保持高浓度。通常，血浆 CP 在低 LFI 评分的泌乳早期奶牛中有更高的浓度，有时发生在产犊前。干乳期血浆 CP 浓度>2.70mmol/L 可以被认为是围产期风险阈值。通常，血浆 CP 浓度与氧化应激（与 ROM 呈正相关）、炎症（与白蛋白呈负相关，与总胆红素呈正相关）与先天免疫系统的标志物（与溶菌酶呈负相关）相关。

（2）溶菌酶（LZ）：是存在于许多体液中的酶，有杀菌特性，并参与炎症反应的稳态调节。在妊娠末期，围产期有发病风险的奶牛血浆中 LZ 浓度较低。在低浓度（<1mg/ml）下，LZ 可降低其在炎症反应稳态调节中的作用，并可能增加炎症反应的易感性。

（3）促炎细胞因子（PIC）：如 IL-1B 和 IL-6 是免疫应答的介质，在妊娠末期奶牛血浆中几乎保持稳定。有最高 PIC 浓度的奶牛在泌乳早期表现出最高的发病率、更多的脂质动员和更低的产奶量。并且，在产犊前 4～5 周测量血清 IL-6 浓度升高，有望成为围产期发病的预后生物标志物。

总之，奶牛在一次泌乳期结束到下一泌乳期开始之间会发生一次或多次疾病，反复刺激免疫系统。这些对感染性和非感染性应激的重复反应可能决定了奶牛的阴性蛋白反应，并恶化稳态反应。因此，免疫系统的抑制可能是其活动过度超负荷，不一定是妊娠末期的特殊适应。各种体液成分的变化（来自先天免疫反应或代谢状态）可以作为生物标志物来监测对新应激源的易感性，也可用来预测哪些奶牛在围产期处于发病危险之中。

5.1.3.3　国外的科学研究

1）围产期奶牛泌乳早期疾病在干乳后期的预测模型

（1）背景：为了牛奶的合成和分泌，围产期奶牛经历了巨大的生理代谢变化。如果不能充分地调节这些变化，会导致代谢应激，从而增加患病的风险。代谢应激是由营养代谢异常、氧化应激和炎症三部分组成的一种生理状态。目前，奶牛代谢应激的监测方法包括营养代谢的生物标志物检测。这些生物标志物，包括NEFA、BHBA 和 Ca，通常在分娩前几周到几天进行监测。这是一种可追溯的方法，因为目前几乎没有代谢应激整合的干预措施。本研究目的是确定在干乳期监测代谢应激的生物标志物是否可以预测患病的风险（Wisnieski et al.，2019）。

（2）方法：研究者设计了一项前瞻性的队列研究，在密歇根州的 5 个奶牛场进行（N=277 头奶牛）。研究者跟踪了奶牛从干乳到产犊后 30d 的情况。疾病和不良结果包括乳房炎、子宫炎、胎衣不下、酮病、跛行、肺炎、生产瘫痪、真胃变位、流产和犊牛或母牛死亡。使用最佳子集为 4 组不同的模型，选择的模型：代谢应激（代谢紊乱、氧化应激和炎症）的每个组成部分各为一组模型，以及包含所有的 3 个组成部分的组合模型。通过使用模型来获得每个模型集的平均预测概率。

（3）结果：研究假设，代谢应激的所有 3 个组成部分的联合模型集的平均预测将比每个单独的组成模型集更有效地预测疾病，组合模型集的 ROC 下面积平均预测值（0.93；95%置信区间[CI]= 0.90～0.96），显著高于炎症平均预测值（0.87；95% CI= 0.83～0.91）、氧化应激（0.78；95% CI= 0.72～0.84）、代谢紊乱（0.73；95% CI=0.67～0.79）模型集（$P<$ 0.05）。这表明可以尽早发现某些围产期疾病。

（4）结论：本研究对疾病预防具有重要意义，因为更早地确定有危险的奶牛将使干预得以更早地实施。目前研究的局限是没有进行外部验证，未来的验证研究需要证实此发现。

2）奶牛产后问题的危险因素：解释和预测模型

（1）背景：大多数奶牛疾病的高发病率和从牛群中被淘汰的高风险与产后有关。产后疾病往往有共同的危险因素，这些因素可能引发一系列其他疾病。本队列研究的目的是推导在奶牛泌乳头 30d 内（TXR30）从牛群中处理或淘汰的解释和预测模型。

（2）方法：TXR30 结果定义为 ≥1 例发生生产瘫痪、胎衣不下、子宫炎、酮病、真胃变位、跛行或肺炎的治疗；从牛群剔除（出售或死亡）；或者同时进行治疗和以后剔除。研究群体包括 765 头经产奶牛和 544 头初产奶牛（主要是荷斯坦奶牛）来自 4 个大型商业化散栏式奶牛群。每头牛的治疗或从牛群中剔除被记录为二元结果。潜在的解释和预测变量仅限于日常的奶牛数据，这些数据可以在产犊前或产犊后 24h 内收集。由于以往的泌乳变量只适用于经产奶牛，因此对经产奶牛和初产奶牛分别建立了模型。

（3）结果：经产队列解释模型中 TXR30 的调整优势比（OR）是 2.1 倍对于 3 个泌乳期与 2 个泌乳期比较，2.3 倍对于 4 个泌乳期或以上与 2 个泌乳期比较；2.3 倍对于运动能力得分 3 分或 4 分与 1 分比较；3.3 倍对于分娩异常与无异常比较；比前面泌乳长度增加 1.8 倍；比泌乳期较长的奶牛上次泌乳量每 5000kg 增加 0.4 倍。经产奶牛 TXR30 的最终预测模型包括与解释模型相似但不完全相同的预测因子。经产队列最终预测模型的接受者工作特性曲线下面积为 0.70，灵敏度为 60%。对于初产队列，分娩异常增加了 TXR30 的发生概率，是解释和预测模型中唯一的变量。初产队列最终预测模型的接受者工作特性曲线下面积为 0.66，灵敏度为 35%。

（4）结论：本研究确定了 TXR30 的主要危险因素，并建立了预测 TXR30 的方程。这些信息可以帮助奶牛业更好地了解产后问题的原因（Vergara et al.，2014）。

3）15-F2t-异前列腺素（烷）作为评价奶牛不同泌乳阶段氧化应激的指标

（1）背景：氧化应激可导致免疫功能失调，并使奶牛易患代谢性和炎症性疾病。虽然氧化应激对围产期牛的负面影响已经得到了很好的证实，但在兽医学中还没有很好地定义能够准确测量细胞大分子氧化损伤的生物标志物。15-F2t-异前列腺素是一种脂质过氧化产物，是测定人体氧化应激的金标准生物标志物。本研究的目的是确定血浆和牛奶中 15-F2t-异前列腺素浓度变化是否能准确反映不同泌乳期氧化状态变化（Kuhn et al.，2018）。

（2）方法：采用液相色谱-串联质谱联用技术，对 12 头多胎荷斯坦-弗里斯奶牛的乳汁和血浆中 15-F2t-异前列腺素进行定量分析。泌乳中期（80～84d）和泌乳后期（183～215d）同时对血样进行氧化、炎症、能量负平衡等指标的分析。

（3）结果：15-F2t-异前列腺素浓度在泌乳期不同阶段发生了变化，且与血浆和牛奶中其他氧化剂状态测量值的变化一致。有趣的是，牛奶中 15-F2t-异前列腺素浓度和其他氧化剂状态指标在泌乳各个阶段都没有遵循与血浆值相同的趋势。确实，在围产期机体 15-F2t-异前列腺素显著升高，氧化状态指数也随之升高。与其他泌乳期相比，乳中 15-F2t-异前列腺素在围产期明显降低，同时乳中氧化剂状态指数也呈下降趋势。

（4）结论：牛奶和血浆中 15-F2t-异前列腺素浓度变化是机体和乳腺内氧化还原状态变化的重要指标。

4）应用临床免疫学分析方法对围产期奶牛进行疾病风险评估

（1）方法：采用病例对照研究方法，研究了高产奶牛干乳期的一个疾病预测系统。从 26 个牛群中在产犊前 23～33d（T1）和 2～6d（T2）采集 75 头牛的血液样本，以调查一组临床免疫学和化学的参数。

（2）结果：血清溶菌酶和白细胞介素-6 浓度异常的奶牛与无反应的奶牛相比，在泌乳第 60 天前疾病患病率更高（$P<0.05$，T1 时更低）。在 T1 数据的基础上，结合 T1 和 T2 的结果，观察疾病患病率的差异。正在研究的其他实验室参数不能预测疾病风险。

（3）结论：干乳期环境应激可能会导致先天免疫应答的不应答（抑制），从而导致后来疾病的发生（Amadori et al.，2015）。

5.1.3.4　作者的科学研究

1）黑龙江省两集约化牛场围产期奶牛氧化应激和免疫抑制的调查及其风险评估

（1）目的与方法：氧化应激和免疫抑制是影响围产期奶牛健康的重要问题，并会导致动物福利的下降和经济损失。由于国内缺乏对围产期奶牛氧化应激和免疫抑制的风险评估，因此本研究在黑龙江省两个集约化牛场开展了围产期奶牛血中能量代谢、矿物质、微量元素、氧化应激、免疫抑制的病理学分析，通过横截面研究方法结合统计学显著性分析、相关性分析和回归分析及 ROC 下面积分析，旨在了解围产期奶牛营养代谢和健康的状况及其与氧化应激和免疫抑制的关系，并对围产期奶牛氧化应激和免疫抑制进行风险预警，为今后更有效地监控和预防奠定基础（孙光野，2018）。

（2）结果

a. 在黑龙江省两个集约化牛场（A 场、B 场）随机选取产前 7～21d 奶牛 20 头，分娩当天奶牛 20 头，产后 7～21d 奶牛 20 头，开展了血液生化指标、牧场饲料配方的分析。研究发现：围产期奶牛在产前、分娩和产后的氧化应激和免疫抑制存在着明显的差异，表现为分娩当天和产后的氧化应激和免疫抑制发生的风险系数高于产前。并且，B 牛场氧化应激和免疫抑制发生的风险系数高于 A 牛场。

b. 在黑龙江省两个集约化牛场（A 场、B 场）调查了产后 120 头奶牛能量负平衡的发病率，发现两个牛场发病率分别是 26.67% 和 50%。然后，开展了能量负平衡奶牛的血液临床病理学研究。研究发现：能量负平衡奶牛血中 GSH-Px、CAT、Se、

T-NOS、维生素 E 的水平降低，血中 MDA、Cu 的水平升高，机体存在氧化应激。而后，应用斯皮尔曼相关分析、二元逻辑回归模型，确定 GSH-Px、CAT、MDA、维生素 E、Se、BHBA 对奶牛产后氧化应激的预警作用，再结合 ROC 分析界定了血浆中 GSH-Px、CAT、Se、BHBA 的预警值，分别为 GSH-Px<619.28U/L，敏感度 78.30%，特异度 66.70%；CAT<7.87U/ml，敏感度 73.90%，特异度 91.70%；Se<0.51μg/L，敏感度 79.20%，特异度 58.90%；BHBA＞0.72mmol/L，敏感度 100%，特异度 83.30%。因此，能量负平衡、维生素 E 缺乏和 Se 缺乏是引起奶牛产后氧化应激的风险因素，但维生素 E 未能成为其预警指标。

c. 在黑龙江省两个集约化牛场（A 场、B 场）调查了产后 120 头奶牛能量负平衡和矿物质代谢紊乱，经血液临床病理学分析，研究发现：患能量负平衡奶牛伴有矿物质代谢紊乱，血中 Ca、Mg 明显降低。并且，血中 IL-1、IL-2、IL-6、HP、CRP、TNF-α 明显升高，机体存在免疫抑制。而后，应用斯皮尔曼相关分析、二元逻辑回归模型，确定 Ca、Mg、IL-1、IL-2、IL-6、HP、TNF-α、BHBA 对奶牛产后免疫抑制的预警作用，再结合 ROC 分析界定了血浆中 IL-1、IL-2、IL-6、HP、TNF-α、BHBA 的预警值，分别为 IL-1＞162.80ng/L，敏感度 77%，特异度 78.40%；IL-2＞329.80ng/L，敏感度 68.80%，特异度 79.20%；IL-6＞15.90ng/L，敏感度 75%，特异度 83.30%；HP<29.49ng/L，敏感度 81.30%，特异度 52.50%；TNF-α<219.90ng/L，敏感度 75%，特异度 62.50%；BHBA＞0.72mmol/L，敏感度 100%，特异度 83.30%。因此，能量负平衡、低 Ca 是引起奶牛产后免疫抑制的风险因素，但 Ca 未能成为其预警指标。

（3）结论：本研究发现黑龙江省两个集约化牛场奶牛产后能量负平衡、矿物质代谢紊乱及硒和维生素 E 的缺乏问题较严重，明确了奶牛产后能量负平衡、低 Ca、Se 和维生素 E 的缺乏是氧化应激和免疫抑制的风险因素，确立了血中 GSH-Px、CAT、Se、BHBA 作为氧化应激发生的预警指标及其预警值，以及血中 IL-1、IL-2、IL-6、HP、TNF-α、BHBA 作为免疫抑制发生预警指标及其预警值。

2）围产期奶牛氧化应激初步预警体系的建立

（1）目的与方法：旨在通过对围产期奶牛能量负平衡指标与其他血液生化指标的分析，初步建立围产期奶牛氧化应激的预警体系。本试验以能量负平衡为判定标准，BHBA>1.20mmol/L、NEFA＞0.40mmol/L、Glu<3.00mmol/L 为发病组，BHBA<1.20mmol/L、NEFA<0.40mmol/L、Glu>3.00mmol/L 为健康对照组，采集围产期发病组和对照组各 25 头奶牛的血液并对血中能量代谢、矿物质代谢、微量元素代谢、氧化应激、免疫抑制指标进行独立样本 t 检验和斯皮尔曼相关分析，并利用二元逻辑回归预测疾病，最后利用 ROC 分析确立分界值和诊断效果。

（2）结果：发病组奶牛血液中的 Ca、GSH-Px、CAT、维生素 E、Mg、Se、

Cu 水平小于健康组；发病组奶牛血液中的 IL-1、IL-6、CRP、IL-2、HP、TNF-α 的水平高于健康组，表明能量负平衡的奶牛机体存在氧化应激并伴有炎症和矿物质代谢紊乱。奶牛血液中的 Ca、Mg、GSH-Px、CAT、Cu、Se、维生素 E 与 BHBA 呈显著的负相关，IL-1、IL-2、IL-6、HP、TNF-α 与 BHBA 呈显著的正相关；奶牛血液中的 Ca、Mg、GSH-Px、CAT、维生素 E、Cu 与 NEFA 呈显著的负相关，IL-2、HP、TNF-α 与 NEFA 呈显著的正相关；奶牛血液中的 Ca、GSH-Px 与 Glu 呈显著的正相关，IL-6、HP 与 Glu 呈显著的负相关。经回归分析确定 Ca、Mg、GSH-Px、CAT、Cu、Se、维生素 E、IL-1、IL-2、IL-6、TNF-α、HP、BHBA 13 项指标与围产期泌乳奶牛氧化应激相关，经 ROC 分析确立 GSH-Px、CAT、Se、IL-6、IL-2、TNF-α、BHBA 7 项指标可作为氧化应激发生的预警指标。

（3）结论：能量负平衡、维生素 E 缺乏、Se 缺乏、炎性因子增多和矿物质代谢紊乱是奶牛产后氧化应激发生的风险因素，但维生素 E 和 Ca 未成为氧化应激的预警指标。初步证实了围产期奶牛氧化应激发生的预警指标，为今后更有效地监控和预防奠定理论基础（孙光野等，2019）。

3）围产期奶牛能量负平衡与免疫抑制的关系

（1）目的与方法：为了探讨围产期奶牛能量负平衡与免疫抑制的关系，试验随机选取 2 个集约化牛场围产期奶牛各 60 头，以能量负平衡为判定标准，血中 BHBA＞1.20mmol/L、NEFA＞0.40mmol /L、Glu<0.30mmol/L 为发病组，血中 BHBA<1.20mmol/L、NEFA<0.40mmol/L、Glu＞0.30mmol/L 为对照组，对试验牛能量代谢指标、矿物质代谢指标、免疫功能指标进行组间独立样本 t 检验和斯皮尔曼相关性分析，并利用二元逻辑回归分析预测疾病，最后用 ROC 分析确立分界值和诊断效果。

（2）结果：发病组奶牛血液中 Ca、Mg、IL-1、IL-2、IL-6 的水平与对照组奶牛相比差异极显著（$P<0.01$），发病组奶牛血液中 CRP、HP、TNF-α 的水平与对照组奶牛相比差异显著（$P<0.05$），并且发病组奶牛血液中的 Ca、Mg 水平低于对照组，IL-1、IL-2、IL-6、HP、CRP、TNF-α 的水平高于对照组；IL-1、IL-2、IL-6、HP、TNF-α 水平与 BHBA 浓度呈显著或极显著正相关（$P<0.05$ 或 $P<0.01$），Ca 水平与 Glu 浓度呈极显著正相关（$P<0.01$），IL-2、HP 水平与 Glu 浓度呈显著负相关（$P<0.05$），Ca、P、Mg 水平与 NEFA 浓度呈显著或极显著负相关（$P<0.05$ 或 $P<0.01$），IL-2、HP、TNF-α 水平与 NEFA 浓度呈显著正相关（$P<0.05$）；经二元逻辑回归分析确定 Ca、IL-1、IL-2、IL-6、HP、TNF-α 水平 6 项指标与围产期泌乳奶牛免疫抑制相关；经 ROC 分析确立了 HP、TNF-α 两项免疫抑制指标的预警值为 HP<29.49ng/L、TNF-α<219.90ng/L（孙光野等，2019）。

5.2 奶牛主要繁殖障碍疾病

奶牛的繁殖障碍疾病严重制约着奶业的生产效益，对繁殖障碍疾病进行早期监测是防控主要生产性疾病的重要环节，对其实施风险预警和健康评估对牛场的意义重大。

5.2.1 卵巢疾病

5.2.1.1 个体诊断

1）卵巢静止

外部观察卵巢静止的奶牛表现为长期不发情，阴道壁、阴唇黏膜苍白、干燥。经直肠检查可感触双侧卵巢质地和大小正常，无卵泡也无黄体的存在（个别病例会有硬结，这是残留的白体），相隔 7～10d 检查卵巢仍没有任何变化，方可判定为卵巢静止。该病的诊断也可利用经直肠 B 超检查。图像显示为均匀的低回声暗区，同时不见卵泡和黄体的存在方可诊断为该病。

实验室诊断可以通过检测血浆或乳汁中的 P_4 水平来确认卵巢静止。当血浆 P_4 浓度在 7d 内小于 1ng/ml，且不发情时，可判断为卵巢静止。

2）卵巢囊肿

根据病变其可分为卵泡囊肿、黄体囊肿和囊肿样黄体。卵泡囊肿和黄体囊肿都是卵泡未发生排卵继续发育而成，卵泡囊肿是优势卵泡上皮细胞变性导致的，黄体囊肿则是颗粒细胞变性造成的；而黄体样囊肿是排卵后黄体形成不充分，内部有较大的液体腔。临床主要表现为患卵泡囊肿的奶牛呈现持续发情，有的奶牛甚至会出现"慕雄狂"的行为表现；但患黄体囊肿和囊肿样黄体的奶牛则表现为长期不发情，但囊肿样黄体周期正常或可以维持正常妊娠，而黄体囊肿则持续不发情。直肠检查、超声波检查及激素测定同时要结合临床表现即可鉴别诊断。临床上表现为持续发情，直检和超声检查可见卵巢上有 1～4 个囊肿样物且其直径 75mm>ϕ>25mm，7～14d 后再检卵巢无变化，P_4<1ng/ml 者为卵泡囊肿；反之，临床上表现为不发情，直检和超声检查可见卵巢上有 1～2 个囊肿样物且其直径 75mm>ϕ>25mm，7～14d 后再检卵巢无变化，P_4>1ng/ml 者为黄体囊肿；而囊肿样黄体与黄体囊肿类似，直检时有 1 个或 2 个较大的黄体样物存在，但是 7～14d 后再检卵巢上该结构发生变化（Haoula et al.，2012）。

5.2.1.2　群体检测与评定标准

根据奶牛的营养状况及临床表现，评估和检测群体状况，一般来讲营养状况差（过瘦）的奶牛易发生卵巢静止，尤其是泌乳初期，而营养状况好（过肥）及饲喂大量苜蓿草的奶牛易发生卵巢囊肿。改善营养状态、日粮合理搭配和科学管理是预防卵巢疾病发生的上策（Baravalle et al.，2015）。

奶牛卵巢疾病的评定标准是以临床症状、直检或超声波及血中激素水平进行评定的。卵巢静止是卵巢上既无发育的卵泡也无黄体存在，同时 $P_4<1ng/ml$；卵巢囊肿是卵巢上有较大的囊肿样结构存在，$P_4<1ng/ml$，临床上持续发情且 7～14d 后再检卵巢无变化者为卵泡囊肿；反之则是黄体囊肿。持久黄体临床上久不发情，直检或 B 超检查，卵巢上有黄体存在且 2 周后复检黄体的大小及位置均无变化，$P_4>1ng/ml$ 即可评定为此病。此外，卵巢疾病的发生与矿物质的缺乏息息相关：患卵巢静止、排卵延迟、持久性黄体及卵泡囊肿的奶牛，其血清中 Ca、Zn、P 的浓度均较低。而患卵巢静止和持久性黄体的奶牛，其血清中 Fe、Mg 的含量显著升高；患卵泡囊肿的奶牛血清中，Mg 含量降低，但变化不大，Fe 的含量显著升高，而在排卵延迟奶牛的血清中 Mg 含量升高，但变化不显著，Fe 的含量显著升高（Mwaanga and Janowski，2010）。

5.2.1.3　作者的科学研究

1）同期发情处理的乏情奶牛血液病理学变化及其妊检阴性的风险预警

（1）目的与方法：为了探究乏情奶牛同期发情处理前血浆生化指标的变化及对其输精后 28d 妊检阴性（-）的风险预警意义，本试验在黑龙江省某集约化牛场选择了产后实施同期发情的奶牛共 48 头，根据试验奶牛产后 40d 内是否发情分为发情组（E）23 头和乏情组（A）25 头，并对同期发情前试验牛进行血浆生化指标分析和输精后 28d 妊检。

（2）结果：与发情奶牛相比，乏情奶牛血浆中 P_4 含量显著升高；E_2、Glu、Se、牛组胺（HIS）、脑源性神经营养因子（BDNF）含量显著降低。应用 Pearson 相关分析和二元逻辑回归模型确定了应用三针法前当奶牛血浆 HIS 含量>26.12g/L，输精后 28d 妊检为阴性（-）的风险增大；应用五针法前当奶牛血浆中 E_2 含量<46.45pmol/ L 时，输精后 28d 妊检为阴性（-）的风险增大（宋玉锡等，2019）。

2）高产奶牛产后主要卵巢疾病血液临床病理学变化及其预警评估

（1）背景：奶牛产后卵巢疾病主要包括卵巢静止、卵巢囊肿、持久黄体和排卵延迟等。随着集约化牛场奶牛泌乳量不断提高，加上环境、营养、管理和疾病等多种因素的作用，它们已经成为严重威胁奶牛繁殖效率的重要疾病，并给集约化奶牛场造成了重大经济损失。因此，本研究选择集约化牛场通过对高产奶牛产后主要卵巢疾病血液病理学研究及其早期预警评估等试验工作，旨在阐明奶牛产后主要卵巢疾病发病机理，为今后更有效地防控卵巢疾病提供早期的预警技术（钱伟东，2016）。

（2）方法

选择了黑龙江省两个牛场（Ⅰ，Ⅱ）产后 60～90d 的奶牛共 110 头[其中，Ⅰ场 70 头，平均泌乳量(34.55±8.44)kg/d，胎次 2.24±1.01；Ⅱ场 40 头，平均泌乳量(37.78±8.21)kg/d，胎次 1.48±0.84]。

通过跟踪发情和卵巢疾病奶牛（牛场Ⅰ发情 28 头和卵巢疾病 33 头；牛场Ⅱ发情 19 头和卵巢疾病 17 头）产后 60～90d 生殖激素（LH、FSH、P_4、E_2）、能量代谢、肝功和矿物质指标（Glu、NEFA、BHBA、AST、TP、ALB、GLO、Ca、P、Mg）的检测和追溯试验奶牛产后 14～21d 能量代谢、肝功和矿物质指标的变化。

（3）结果

①牛场Ⅰ，卵巢静止奶牛血浆中 LH、FSH、E_2 和 P_4 的浓度均低于发情组，分别为 17.92ng/L±4.86ng/L、8.12IU/L±2.47IU/L、73.12pg/ml±14.96pg/ml 和 0.09ng/ml±0.05ng/ml。卵巢囊肿奶牛血浆中 LH、FSH 和 P_4 的浓度均低于发情组，分别为 19.76ng/L±4.64ng/L、8.64IU/L±1.17IU/L 和 0.09ng/ml±0.02ng/ml，但 E_2 浓度（101.95pg/ml±6.2pg/ml）显著高于发情组（91.97pg/ml±10.62pg/ml）。持久黄体奶牛血浆中 FSH 和 E_2 浓度皆低于发情组，分别为 7.61IU/L±0.49IU/L 和 64.75pg/ml±6.05pg/ml，但 LH 和 P_4 显著高于发情组，分别为 38.79ng/L±7.59ng/L 和 0.43ng/ml±0.0ng/ml。②牛场Ⅱ，卵巢静止奶牛血浆中 LH、FSH、E_2 和 P_4 的浓度均低于发情组，分别为 19.04ng/L±7.49ng/L、8.44IU/L±2.23IU/L、79.53pg/ml±5.87pg/ml 和 0.11ng/ml±0.04ng/ml。并且，两个牛场在 14～21d 和 60～90d 卵巢疾病组与发情组相比，BHBA、NEFA 和 AST 均显著地升高，其中牛场Ⅰ的 Glu 显著低于发情组。③应用 Pearson 相关分析和二元逻辑回归模型获得了卵巢疾病奶牛的血浆 NEFA、BHBA 和 AST 三个预警指标。通过 ROC 分析界定了牛场Ⅰ卵巢静止、卵巢囊肿和持久黄体血浆中 NEFA、BHBA 和 AST 的预警值。当产后 14～21d 奶牛血浆中 BHBA>0.94mmol/L、NEFA>0.56mmol/L、AST>95.50U/L 时，奶牛患卵巢静止的风险增大；当血浆中 BHBA>0.855mmol/L、NEFA>0.585mmol/L、AST>77U/L、Ca<2.225mmol/L 时，患卵巢囊肿的风险增高；当血浆中 BHBA>0.91mmol/L、NEFA>0.595mmol/L、AST>96.50U/L、Ca<2.23mmol/L 时，患持久黄体的风险增大。牛场Ⅱ，当奶牛产后 14～21d 血浆中 BHBA>1.00mmol/L、NEFA>0.585mmol/L、AST>103.50U/L 时，患卵巢静止的风险增高。

（4）结论：奶牛产后泌乳早期 NEFA、BHBA 和 AST 等指标可用于卵巢疾病尤其是卵巢静止的风险预测。

5.2.2　子宫疾病

5.2.2.1　个体诊断

1）子宫内膜炎

（1）急性子宫内膜炎：全身性症状明显。患病奶牛主要表现为精神萎靡，食欲不振，偶见体温升高，常见其发情周期不稳定。直肠检查时子宫反应收缩异常，但常表现屡配不孕，且子宫壁增大肥厚，收缩无力。有时努责弓背，作排尿姿势，经阴门流出液体的性状为黏液性、黏液脓性或纤维蛋白性的分泌物。

（2）慢性子宫内膜炎：患病奶牛主要表现为多数发情周期紊乱，少数为发情周期正常但多发生屡配不孕。患病奶牛在发情或者卧地时，由阴门处排出浑浊且含有絮状物的黏液，进行阴道检查时可发现阴道和子宫颈外口的黏膜发生充血肿胀，靠近子宫颈外口的阴道底部常常可见积聚的分泌物，子宫颈外口略有开张；经徒手直检可触感其子宫壁变厚且粗糙，子宫角直径变大，收缩反应不敏感或无收缩反应。

（3）隐性子宫内膜炎：患病奶牛的发情周期处于正常范围之内，但配种后多数表现为屡配不孕。经阴道检查、直肠检查及全身检查均未见异常，与正常奶牛不同之处是在患病奶牛发情时，其经阴门排出的黏液增多且含有絮状物或浑浊；当冲洗子宫并收集其回流液，静置一段时间后，会发现回流液有蛋白质絮状物沉淀。生产实践中，患隐性子宫内膜炎的奶牛通常无明显的临床症状，尽管其发情和排卵均正常，但配种后其往往不受胎，或者造成胚胎早期死亡而发生隐性流产。在国内，该病的诊断一般通过实验室诊断，其方法有子宫颈口黏液的白细胞检查、Yautcaun 改良法、精液生物学诊断、含硫氨基酸检测、子宫内膜活检、尿蓝母检测、硝酸银试验等。奶牛隐性子宫内膜炎和临床型子宫内膜炎的早期诊断常常依靠宫颈黏液白细胞的检测，其具体方法：收集发情期宫颈黏液涂片，用 95% 的酒精沉淀，通过吉姆萨染色法进行染色，而后通过显微镜对白细胞进行计数（Boer et al., 2014; Dubuc et al., 2010）。

2）子宫蓄脓和积液

（1）子宫蓄脓：通常情况下由患病奶牛的临床症状即可做出确诊。子宫蓄脓多发于产后或流产后的 10～30d。患病奶牛精神不振、食欲减退、日渐消瘦、体温略有升高、泌乳量减少，喜卧不喜站立，有时努责弓背，常作排尿姿势，有黏性脓性渗出物经由阴门排出，其排出物的气味腥臭，且常常附着于尾根上和/或阴门下方,其干燥后形成痂皮。进行阴道检查时可见其子宫颈口肿胀、充血、外口略有开张,有时可见少量脓性分泌物黏附于子宫颈外口内,在接近子宫颈外口的阴道底壁处常有脓性分泌物存在。进行直肠检查时,能够触摸到子宫呈现增大的球状,波动感不明显,左右不对称。个别病例在经直肠按压后可经阴道排出带有恶臭气味的脓性分泌物。诊断也可抽血检测其白细胞含量(不是非常准确),要结合直检和阴道检查,如果条件允许亦可通过直肠 B 超确诊。

(2)子宫积液:可根据临诊症状、直肠检查和阴道检查做出初步诊断。当子宫积液时,经直肠检查患病奶牛的子宫壁变薄,触诊时子宫的波动感极其明显,同时无法触摸到子叶、孕体及其妊娠脉搏。两子宫角左右对称,这是因为宫角内的液体相互流通造成的,因此,在进行重复检查时,有时会发现左右子宫角的大小有所变化,间隔 20d 以上进行再次检查,可能会发现子宫角的体积并未发生变化。

5.2.2.2 群体监测与评定标准

1)子宫内膜炎

由于缺少统一的判断标准,给临床兽医师在工作中正确地诊断奶牛子宫疾病带来了巨大的困难。

(1)一个国际通用的判断标准是根据患病奶牛的临床表现明显与否,将其分为临床型和亚临床型。通常来讲,如果奶牛在产犊后的第 21 天可视阴道分泌物的含量大于 50%,或者产后 21d 或更长时间后发现奶牛阴道分泌物表现为黏液脓性或化脓性的性状,则认为该奶牛患有临床型子宫内膜炎。而亚临床型奶牛子宫内膜炎的诊断方法主要是细胞学检测,即利用子宫腔内细胞刷取样检测多形核白细胞(PMN)在子宫内膜细胞样本中所占的比例。通常认为,在产后 21~33d,宫腔内的 PMN 的含量超过 18%,或在产后 34~47d,PMN 的含量在子宫内细胞样本超过 10%,就判定为亚临床型子宫内膜炎(Westermann et al.,2010;Lee et al.,2018;Mcdougall et al.,2007)。

(2)慢性子宫内膜评定标准基本上是通过对子宫内细胞样品或子宫冲洗液进行评估,并进行子宫内膜厚度的超声检测等,基于两种标准对其确诊:第一是致病需氧菌分离;第二是 PMN 的比率大于 8%。常用的方法有:利用开腔器或戴手套取阴道内黏液及冲洗子宫回流液,观察其状态来判断(Pleticha et al.,2009):

a. 隐性子宫内膜炎:其子宫冲洗回流液在静置 30~60min 后,出现沉淀和/或絮状浮游物;

b. 慢性卡他性子宫内膜炎:其子宫冲洗回流液像淘米水样;

c. 慢性卡他脓性子宫内膜炎:其子宫冲洗回流物类似于面汤或米汤状;

d. 慢性脓性子宫内膜炎：其子宫冲洗回流液近似稀面糊状并呈现淡黄色的脓液。

2）子宫蓄脓和积液

（1）直肠触诊：通常情况下兽医师通过直肠检查可触摸到较大的子宫。如果奶牛患开放型子宫蓄脓则其子宫直径变小，但阴门处会有异常的分泌物流出，因此需对子宫进行仔细的直检，不可太粗鲁，否则可能会将子宫弄破。

（2）血液检查：因其病情的不断变化其血液指标也随之发生变化，患病奶牛在早期，其白细胞会迅速增多，而后再迅速下降，但是疾病发展至后期，患病奶牛表现出败血症合并脱水，则其 ALT 和 ALP 指数将上升。

（3）B 超检查：经直肠超声波检查可发现其子宫回波呈散射状，当子宫内的内容物较多时，其回波为水平上升波。同时呈现出无回声液性暗区，中间有壁相隔，其相邻的深部也呈现出近似圆形的液性暗区（鲁文赓，2008）。

5.2.3　胎衣不下

5.2.3.1　个体诊断

胎衣不下也称为胎盘滞留，奶牛产后 12h 不见胎衣排出，仅见部分胎膜和脐带悬吊于阴门之外，则是胎衣全部不下；但是胎衣大部分已排出，但尚有一部分残留于子宫内，则称为胎衣部分不下。奶牛发病后，TPR 三项都超过正常生理指标。子宫内的胎衣滞留时间长易腐败分解（夏天天气炎热腐败更快），可见阴道内排出暗红色腐臭液体，卧地时排的量更多，病牛拱背、努责、毛逆立、鼻镜干、食欲减退、前胃弛缓、伴有膨胀，有时发生腹泻。如不及时处置，症状将进一步恶化。

5.2.3.2　群体监测与评定标准

奶牛分娩出胎儿后 12h 以内未能将胎盘全部排出于体外，即在分娩后超过 12h 仍未排出胎衣的奶牛就可确诊为该病。目前国外和国内规模化大型牧场已经将这个时限限定于产后 6～8h 尚未将胎衣排出的奶牛确诊为胎衣不下，因为多数正常奶牛在产后 4～6h 即排出，这也有利于早做处理防止其腐败引起子宫内膜炎及败血症的发生。此外，利用血清触珠蛋白的浓度或许可以做早期诊断（Mordak，2009）。

1）胎衣不下奶牛血液生化预警指标的筛选

（1）目的与方法：由于不同饲养环境条件对动物血清生化指标有显著的影响，

所以为了探寻适用于黑龙江地区胎衣不下的奶牛在产前的血清生化预警指标，本试验对黑龙江某规模化奶牛繁殖牧场–7d、0h（分娩时为0h）和12h 3个时间点的奶牛血清进行生化指标的检测。

（2）结果：在–7d时胎衣不下的奶牛在尿素（UREA）、P和BUN三项指标上极显著高于胎衣正常排出的奶牛，TP显著高于胎衣正常排出的奶牛；在0h时，胎衣不下的奶牛UREA和AST、Mg和BUN 4项生化指标要显著高于胎衣正常排出的奶牛。

（3）结论：研究结果表明，产前奶牛UREA和BUN两项指标的升高可能与胎衣不下的发生有关（孙宏亮等，2018）。

5.2.4 屡配不孕

5.2.4.1 个体诊断

繁殖奶牛或青年适龄奶牛的每个发情周期均处于正常范围之内，且无临床可见病理变化，在连续输精3次以上（含3次）仍无法受孕的奶牛，称为屡配不孕奶牛，主要根据奶牛的发情记录和配种记录进行诊断。

5.2.4.2 群体检测与评定标准

众所周知，健康的子宫环境是胚胎正常发育的先决条件。然而，很少研究子宫健康与RB综合征之间的关系。假设，随着子宫完全退化，超声波检查将能区分健康和患病的子宫内膜。如果是这样，超声波检查可能是一种快速有用的技术，用于识别子宫内的液体，这是炎症过程或子宫清除缺陷的指标。具有大卵泡（≥10mm）的RB在子宫腔中的液体比没有它们的母牛更多（Jaureguiberry et al.，2017）。

该病评定标准：奶牛的发情周期正常（18～24d），无临床可见病理变化，连续输精3次以上不能受孕者即为屡配不孕。

5.3 奶牛主要肢蹄病

5.3.1 腐蹄病

5.3.1.1 个体诊断

1）急性腐蹄病

（1）体温升高，食欲减退。一肢或数肢突然出现跛行，卧地不起。

（2）病变部位呈急性蜂窝织炎。蹄间和蹄冠皮肤充血、红肿、坏死或浅表性溃疡，有恶臭分泌物。蹄底角质部呈黑色，叩击时有痛感，蹄叉中沟和侧沟出现角质腐烂，排出恶臭、污秽不洁液体。

2）慢性腐蹄病

（1）病程长，角质脱落，蹄深部组织感染形成化脓灶，并形成窦道。

（2）坏死组织与健康组织界限明显，真皮乳头露出，出现红色颗粒性肉芽，触之易出血，跛行加剧，疼痛异常。

（3）蹄冠有不正常蹄轮，蹄匣变形，严重时可侵及腱、趾间韧带、冠关节或蹄关节。

5.3.1.2　群体诊断

奶牛腐蹄病主要是坏死梭杆菌和/或节瘤拟杆菌为主要病原菌感染引起的急性炎症。因此，实验室检测坏死梭杆菌或节瘤拟杆菌是确诊该病的关键。对于这两种病原菌的检测，主要是检测细菌属的特异性和毒力。目前应用较多的为 PCR 诊断和 ELISA 方法。对于腐蹄病的确诊，应考虑定性 PCR 分析结果与典型临床症状相结合。

1）病原菌直接涂片镜检

采取新发生的蹄部病变组织，将病料涂于载玻片上，经干燥固定后用革兰染色法染色，镜检节瘤拟杆菌于镜下可见单个或成对排列的革兰氏阴性杆菌，菌体一端或两端膨大。坏死梭杆菌为革兰氏阴性梭形杆菌或细丝状杆菌。

2）PCR 诊断方法

应用 PCR 扩增和反转录印迹杂交法快速准确地对节瘤拟杆菌进行分型，是一种特异性强且快速的定型腐蹄病样本的方法。针对坏死梭杆菌的白细胞毒素的基因核苷酸序列，设计特异性引物，建立 PCR 方法诊断奶牛腐蹄病。该方法在诊断奶牛腐蹄病中，特异性和敏感性均表现良好，能够作为奶牛腐蹄病临床诊断的方法。

3）ELISA 诊断方法

用 ELISA 试验反映节瘤拟杆菌的抗原水平，研究表明免疫应答可通过使用纤毛或外膜蛋白抗体的 ELISA 检测。应用坏死梭杆菌的白细胞毒素重组蛋白作为诊断抗原，针对坏死梭杆菌引起的奶牛腐蹄病，建立 ELISA 诊断方法。

4）脉冲电场凝胶电泳诊断方法

脉冲电场凝胶电泳（PFGE）方法是细菌分子流行病学研究中所采用的"金标准"方法。因为这种方法的可靠性、重复性、高辨识度及高敏感性，它可以很好地监测近期疾病暴发的进化趋异（Buller et al.，2010）。

5.3.1.3 作者的科学研究

1）奶牛腐蹄病的早期预警体系的研究

（1）目的与方法：为了早期预测奶牛腐蹄病的发生，在黑龙江某集约化牛场开展奶牛腐蹄病流行病学调查，该牛场采用自由卧栏，TMR 饲喂且具有较完善的牛场饲养管理软件。选取 PCR 确诊为腐蹄病的 50 头荷斯坦奶牛作为试验组，奶牛 2～4 岁，1～3 胎，产奶量 7～9t，并选取同样饲养条件的 50 头健康荷斯坦奶牛作为对照组，检测患腐蹄病奶牛和健康奶牛血浆中的微量元素及维生素（Cu、Fe、Zn、维生素 E、维生素 H）、矿物元素（Na、K、Ca、Mg、P）及氧化应激指标（SOD、MDA、GSH-Px），阐明奶牛血浆微量元素及维生素、矿物元素和氧化应激指标与腐蹄病的关系及对腐蹄病发生风险的预警作用（郑家三等，2019）。

（2）结果：实验组（T组）和健康组（C组）血浆 Na、K 和 Mg 含量存在极显著差异（$P<0.01$），T 组血浆 Na 和 Mg 含量极显著低于 C 组，K 含量极显著高于 C 组；血浆 Ca 和 P 含量在两组之间并没有显著差异（$P>0.05$）。血浆 Cu 含量、Zn 含量、维生素 E 和维生素 H 的含量在 T 组和 C 组之间存在极显著差异（$P<0.01$），其中 T 组血浆 Zn、维生素 E 和维生素 H 含量极显著低于 C 组，Cu 含量显著高于 C 组。血浆中 SOD、MDA 和 GSH-Px 在 T 组和 C 组间存在极显著差异（$P<0.01$），T 组血浆 MDA 含量极显著高于 C 组；SOD 和 GSH-Px 含量极显著低于 C 组。其他指标没有显著差异。应用 Pearson 相关性分析，对 5 种矿物元素、5 种微量元素和 3 种氧化应激指标与奶牛腐蹄病的发生进行相关性分析，结果显示，Pearson 相关系数分别为 $R\mathrm{Na}=0.839$，$R\mathrm{K}=-0.798$，$R\mathrm{Mg}=0.748$，$R\mathrm{Cu}=-0.655$，$R\mathrm{Zn}=0.451$，$R\mathrm{VE}=0.848$，$R\mathrm{VH}=-0.545$，$R\mathrm{SOD}=0.640$，$R\mathrm{MDA}=-0.267$，$R\mathrm{GSH\text{-}Px}=0.766$。且显著性 P 值均小于 0.05，说明以上指标与奶牛腐蹄病的发生呈显著相关。其中腐蹄病的发生与血浆 Na、Mg、Zn、维生素 E、SOD 和 GSH-Px 呈正相关，腐蹄病的发生与血浆 Cu、维生素 H、K 和 MDA 呈负相关。相关性分析并不能完整说明上述指标对腐蹄病的预测性与因果性，因此利用 SPSS 建立一个二元逻辑回归分析以确定风险因素，模型中分别包含 5 种矿物元素、5 种微量元素和 3 种氧化应激指标 13 项与奶牛腐蹄病相关的指标。模型结果显示可利用血浆 Na、K、维生素 E、SOD、GSH-Px 和 MDA 作为奶牛腐蹄病发生的风险因素指标对腐蹄病的发生进行预测，其余血液理化指标在患腐蹄病奶牛与健康奶牛血浆中含量虽然存在

显著差异，但在本实验中并未体现出对奶牛腐蹄病的预测性。分别对 Na、K、维生素 E、SOD、MDA 和 GSH-Px 这 6 种可能成为奶牛腐蹄病发生的风险因素指标进行 ROC 分析。经过 ROC 分析 Na、K、维生素 E 和 GSH-Px 的曲线下面积均高于 0.9，表明这 4 种指标能够预测腐蹄病的发生。进一步对这 4 种指标进行特异度、敏感度和 Youden 值的数据分析，确定的最佳分界值、敏感度和特异度为风险预测模型。根据结果可知，当奶牛血浆中 Na、GSH-Px、维生素 E 浓度高于分界值或血浆中 K 浓度低于分界值时，奶牛易发生腐蹄病。

（3）结论：奶牛腐蹄病与 Na、Mg、Zn、维生素 E、SOD 和 GSH-Px 水平呈显著正相关；腐蹄病发生与血浆 K、Cu、维生素 H 和 MDA 水平呈显著负相关。根据接受者工作特征曲线（ROC）分析确定了该牛场的预警值为血浆 Na<149.03mmol/L、K＞4.345mmol/L、维生素 E<14.39μg/ml、GSH-Px<100.365U/ml。结果显示，奶牛血浆 Na、K、维生素 E 和 GSH 指标超过预警值可作为奶牛发生腐蹄病的早期风险预测依据。

5.3.2　变形蹄

5.3.2.1　个体诊断

变形蹄的种类有很多，尚无统一的分类，通常按照变形蹄定义进行判定。延蹄主要表现为蹄前壁延长，蹄角度低，蹄不卷不翻，趾（指）轴后方波折。广蹄主要表现为蹄壁倾斜缓，负面广，蹄前壁比蹄侧壁薄。螺旋状趾（指）主要表现为蹄的一侧趾（指）沿其长轴呈螺旋状扭曲，远轴侧壁向蹄底生长并代替蹄负缘负重。开蹄主要表现为趾（指）间呈"八"字开张状，趾（指）间隙变宽。

5.3.3　蹄叶炎

5.3.3.1　个体诊断

（1）急性蹄叶炎：主要引起双蹄底、蹄部可能出现蹄底脱落。在早期阶段，蹄底与真皮分离，真皮暴露在外。急性蹄叶炎经常作为单独病例出现。

（2）亚急性蹄叶炎：诊断较复杂。损伤的蹄底从黄色变成红色（出血），在整个蹄底区域都能观察到。典型的蹄底溃疡部位主要是在蹄后跟角质部分。白线损伤是跛行中最严重的损伤。损伤范围从颜色的改变到蹄壁的分离。如果损伤到真皮，则会出现蹄壁的溃疡。

（3）慢性蹄叶炎：特征是蹄背壁凹痕（弯曲的蹄趾）。由于损坏皮质层，慢性蹄叶炎很难确定损坏的时间。一旦蹄趾弯曲，它将一直保持着弯曲的状态。皮质可以在一定程度上愈合，但永远不会完全恢复。结果是在蹄部损伤后磨损和生长会受到影响，导致其过度生长（Kloosterman，2007）。

5.3.4　蹄皮炎

5.3.4.1　个体诊断

蹄皮炎发病部位和发病特点的特殊性使得该病不易被诊断，尤其是较难在M1 期进行早期诊断。随着兽医技术及相关交叉学科的发展，目前已建立的蹄皮炎诊断方法主要包括：奥林巴斯内窥镜法、平面镜反射法和工业内窥镜法。

（1）奥林巴斯内窥镜法：奥林巴斯内窥镜法是英国利物浦大学于 2006 年建立的，主要用于准确诊断蹄皮炎所处的发病阶段。

（2）平面镜反射法：平面镜反射法诊断设备包括头戴式光源、手柄和平面镜等。检查时操作者打开头戴式光源，并将带有平面镜的手柄置于牛蹄底侧面，通过移动头部使光线透射到奶牛蹄底，再通过肉眼观察平面镜成像情况来判断奶牛蹄底病变。

（3）工业内窥镜法：黑龙江八一农垦大学动物科技学院提出的一种新的奶牛蹄皮炎诊断方法，该方法利用商品化工业内窥镜作为蹄底图像采集工具，利用智能手机作为蹄底图像成像工具，以实现对奶牛蹄皮炎的快速诊断和图像保存。

5.3.4.2　群体诊断

（1）运步检查：最常用的方法是奶牛在滑槽中进行运步检查，以便在检查前安全地抬起蹄部并进行彻底清洁，这种评估方法被认为是诊断的"金标准"。也可以采用其他观察方法，对牛槽和围栏与斜槽观察进行系统比较，对在围栏中的年轻牲畜进行比较。病变检测的灵敏度范围为 65%～100%，而特异范围为 80%～99%。

（2）判断标准：检测奶牛蹄外形变化，患有蹄皮炎的奶牛蹄平均高度较低、蹄趾平均长度较长，同时蹄皮炎奶牛牛蹄更宽，也有研究证实奶牛蹄皮炎患病率随趾间间隙宽度的减小而增加（Ariza et al.，2017；Vink et al.，2009）。

参 考 文 献

曹宇. 2017. 对氧磷酶-1 对奶牛酮病和绵羊脂肪肝的风险预警作用. 黑龙江八一农垦大学硕士学位论文.

郭定宗. 2016. 兽医内科学. 第三版. 北京: 高等教育出版社.

韩博, 苏敬良, 吴培福, 等. 2006. 牛病学——疾病与管理. 北京: 中国农业大学出版社.

李昌盛, 许楚楚, 夏成, 等. 2014. 泌乳奶牛脂肪肝早期诊断的研究. 现代畜牧兽医, 5: 32-36.

刘建波, 田琳琳, 李兴华, 等. 2018. 三种血酮仪对奶牛酮病诊断效果的比较. 现代畜牧兽医, 6: 26-30.

鲁文赓. 2008. 奶牛子宫内灌注液体石蜡的研究. 东京: 日本东京农工大学博士学位论文.

朴范泽, 夏成, 侯喜林, 等. 2008. 牛病类症鉴别诊断彩色图谱. 北京: 中国农业出版社.

钱伟东. 2016. 高产奶牛产后主要卵巢疾病的调查和血液临床病理学变化及其预警评估. 黑龙江八一农垦大学硕士学位论文.

宋玉锡, 白云龙, 吴海洋, 等. 2019. 同期发情处理的乏情奶牛血液病理学变化及其妊检阴性的风险预警. 中国兽医学报, 39(5): 990-995.

孙光野. 2018. 黑龙江省两集约化牛场围产期奶牛氧化应激和免疫抑制的调查及其风险评估. 黑龙江八一农垦大学硕士学位论文.

孙光野, 夏成, 徐闯, 等. 2019. 围生期奶牛能量负平衡与免疫抑制的关系. 黑龙江畜牧兽医, 6: 36-40.

孙宏亮, 许美花, 金吉东, 等. 2018. 胎衣不下奶牛血液生化预警指标的筛选. 畜牧与兽医, 50(8):99-103.

王博. 2014. 奶牛围产期酮病和生产瘫痪的早期预警体系的研究. 黑龙江八一农垦大学硕士学位论文.

王博, 孙照磊, 舒适, 等. 2015. 肝功能指标与奶牛酮病的关系及其对酮病的预警作用. 畜牧与兽医, 47(8): 93-96.

夏成. 2005. 奶牛酮病、脂肪肝糖异生和脂肪动员的神经内分泌调控机制. 吉林大学博士学位论文.

夏成, 徐闯, 吴凌. 2015. 奶牛主要代谢病. 北京: 科学出版社.

夏成, 张洪友, 冯万宇, 等. 2003. 酮粉法检测泌乳牛尿酮、乳酮的应用研究. 中国兽医杂志, 39(12): 3-4.

夏成, 张洪友, 徐闯. 2013. 奶牛酮病与脂肪肝综合征. 北京: 中国农业出版社.

肖定汉. 2012. 奶牛疾病学. 北京: 中国农业大学出版社.

肖鑫焕, 许楚楚, 王博, 等. 2015. 奶牛酮病早期预警指标的确立与评估. 中国畜牧杂志, 51(15): 61-65, 82.

徐世文, 唐兆新. 2010. 兽医内科学. 北京: 科学出版社.

张洪友, 夏成, 谷德俊, 等. 2003. 定性检测荷斯坦奶牛围产期和泌乳期尿酮、乳酮的变化规律. 动物医学进展, 24(4): 89-91.

张洪友, 夏成, 李春英, 等. 2000. 黑白花奶牛产后瘫痪的诊治研究. 黑龙江八一农垦大学学报, 12(4): 58-60.

赵畅. 2018. 基于牛 PON-1 单克隆抗体的夹心 ELISA 方法建立与初步应用. 黑龙江八一农垦大学硕士学位论文.

郑家三, 韦人月, 夏成, 等. 2019. 奶牛腐蹄病早期预警指标的确立与评估. 中国兽医学报, 39(5): 996-1000.

郑家三. 2017. 奶牛腐蹄病的蛋白质组学和代谢组学研究. 东北农业大学博士学位论文.

朱奎玲, 张超良, 徐闯, 等. 2006. 酮粉法和血酮仪诊断奶牛酮病的效果评价. 黑龙江八一农垦大学学报, 28(6): 39-42.

Abuelo A, Hernández J, Benedito J L, et al. 2019. Redox biology in transition periods of dairy cattle: Role in the health of periparturient and neonatal animals. Antioxidants, 20:1-19.

Amadori M, Fusi F, Bilato D, et al. 2015. Disease risk assessment by clinical immunology analyses in periparturient dairy cows. Res Vet Sci. 102(10): 25-26.

Ariza J M, Relun A, Bareille N, et al 2017. Effectiveness of collective treatments in the prevention and treatment of bovine digital dermatitis lesions: A systematic review. J Dairy Sci, 100(9): 7401-7418.

Baravalle M E, Stassi A F, Velázquez M M L, et al. 2015. Altered expression of pro-inflammatory cytokines in ovarian follicles of cows with cystic ovarian disease. J Comp Pathol, 153(2-3): 116-130.

Bertoni G, Trevisi E. 2013. Use of the liver activity index and other metabolic variables in the assessment of metabolic health in dairy herds. Vet Clin North Am Food Anim Pract, 29(2): 413-431.

Boer M W D, LeBlanc S J, Dubuc J, et al. 2014. Invited review: Systematic review of diagnostic tests for reproductive-tract infection and inflammation in dairy cows. J Dairy Sci, 97(7): 3983-3999.

Buller N B, Ashley P, Palmer M, et al. 2010. Understanding the molecular epidemiology of the footrot pathogen Dichelobacter nodosus to support control and eradication programs. Journal of Clinical Microbiology, 48(3): 877-882.

Celi P. 2011. Oxidative stress in ruminants. *In*: Mandelker L, Vajdovich P. Oxidative Stress in Applied Basic Research and Clinical Practice, Studies on Veterinary Medicine. New York: Humana Press, Springer:191-231.

Dubuc J, Duffield T F, Leslie K E, et al. 2010. Definitions and diagnosis of postpartum endometritis in dairy cows. J Dairy Sci, 93(11): 5225-5233.

Haoula Z, Deshpande R, Jayaprakasan K, et al. 2012. Doppler imaging in the diagnosis of ovarian disease. Expert Opinion on Medical Diagnostics, 6(6): 59-73.

Jaureguiberry M, Giuliodori M J, Mang A V, et al. 2017. Short communication: Repeat breeder cows with fluid in the uterine lumen had poorer fertility. J Dairy Sci, 100(4): 3083-3085.

Kloosterman P. 2007. Laminitis: Prevention, diagnosis and treatment. Proc. Western Canadian Dairy Seminar Advances in Dairy Technology, 19: 157-166.

Kuhn M J, Mavangira V, Gandy J C, et al. 2018. Production of 15-F2t-isoprostane as an assessment of oxidative stress in dairy cows at different stages of lactation. J Dairy Sci, 101(10): 9287-9295.

Lee S C, Jeong J K, Choi I S, et al. 2018. Cytological endometritis in dairy cows: diagnostic threshold, risk factors, and impact on reproductive performance. J Vet Sci, 19(2): 301-308.

Mcdougall S, Macaulay R, Compton C. 2007. Association between endometritis diagnosis using a novel intravaginal device and reproductive performance in dairy cattle. Anim Reprod Sci, 99(1): 9-23.

Mordak R. 2009. Postpartum serum concentration of haptoglobin in cows with fetal membranes retention. Cattle Practice, 17(1): 100-102.

Mulligan F J, Grady L O, Rice D A, et al. 2006. A herd health approach to dairy cow nutrition and production diseases of the transition cow. Anim Reprod Sci, 96:331-353.

Mwaanga E S, Janowski T. 2010. Anoestrus in dairy cows: Causes, prevalence and clinical forms. Reprod Domest Anim, 35(5): 193-200.

NRC (National Research Council). 2001. Nutrient Requirements of Dairy Cattle. 7th rev. ed. Washington, DC: Natl. Acad. Press.

Pleticha S, Drillich M, Heuwieser W. 2009. Evaluation of the Metricheck device and the gloved hand for the diagnosis of clinical endometritis in dairy cows. J Dairy Sci, 92(11): 5429-5435.

Radistis O M, Gay C C, Blood D C, et al. 2000. Veterinary Medicine. 9th Edition. London: W. B. Saunders Harcourt Publishers Ltd.

Seifi H A, Mohri M, Zadeh K J. 2004. Use of pre-partum urine pH to predict the risk of milk fever in dairy cows. Vet J, 167: 281-285.

Tremblay G F, Nie Z, Bélanger G, et al. 2009. Predicting timothy mineral concentrations, dietary cation-anion difference, and grass tetany index by near-infrared reflectance spectroscopy. J Dairy Sci, 92(9): 4499-4506.

Trevisi E, Minuti A. 2018. Assessment of the innate immune response in the periparturient cow. Res Vet Sci, 116(2): 47-54.

Trevisi E, Zecconi A, Bertoni G, et al. 2010. Blood and milk immune and inflammatory profiles in periparturient dairy cows showing a different liver activity index. J Dairy Res, 77(3): 310-317.

Vergara F, Dopfer D, Cook N B, et al. 2014. Risk factors for postpartum problems in dairy cows: Explanatory and predictive modeling. J Dairy Sci, 97: 4127-4140.

Vink W D, Jones G, Johnson W O, et al. 2009. Diagnostic assessment without cut-offs: application of serology for the modelling of bovine digital dermatitis infection. Preventive veterinary medicine, 92(3): 235-248.

Westermann S, Drillich M, Kaufmann T B, et al. 2010. A clinical approach to determine false positive findings of clinical endometritis by vaginoscopy by the use of uterine bacteriology and cytology in dairy cows. Theriogenology, 74(7): 1248-1255.

Wisnieski L, Norby B, Pierce S J, et al. 2019. Predictive models for early lactation diseases in transition dairy cattle at dry-off. Prev Vet Med, 163(2): 68-78.

第6章 奶牛主要生产性疾病的防治

奶牛主要生产性疾病与生产性能降低、繁殖性能下降和健康问题有着密切的关系。它会大大增加兽医支出费用，降低奶牛泌乳量，延长奶牛产犊间隔。并且，还会诱发免疫抑制，增大产后感染、子宫内膜炎、乳房炎、蹄叶炎等炎性疾病发生的风险，给奶牛健康带来极大的危害，造成巨大的经济损失。尽管围产期奶牛生产性疾病的种类及单个疾病的防治已有详细的描述（韩博等，2006；朴范泽等，2008；肖定汉，2012；Radistis et al.，2000），如在干乳末期的日粮中补充丙二醇和过瘤胃氯化胆碱用于预防酮病和脂肪肝；日粮中添加瘤胃保护米糠和维生素 D 可以减少乳热的发生等（张江等，2017）。然而，这些针对极少数的疾病采取的措施，难以应对奶牛群发的生产性疾病。目前，在集约化牛场如何将奶牛主要代谢病、繁殖障碍疾病和肢蹄病作为一个整体，从群体角度出发，借助组学、智能监控、大数据处理等多学科技术，制定奶牛生产性疾病的优化管理和群体防治标准，建立奶牛群发生产性疾病的整体防治体系是当前亟待解决的难题。因此，牛场必须根据围产期和泌乳早期奶牛生理代谢的特点，实施全面的营养管理计划及合理的整体防治策略才能解决主要生产性疾病。

6.1 奶牛主要代谢病

6.1.1 能量代谢障碍性疾病

奶牛产后常发以酮病和脂肪肝为代表的能量代谢障碍性疾病，二者常相继发生或伴发，并常继发其他疾病而给防治工作带来困难，尤其是脂肪肝的防治效果常不理想，淘汰率较高。有关奶牛酮病和脂肪肝的治疗与预防在《奶牛酮病与脂肪肝综合征》和《奶牛主要代谢病》书中有详细论述（夏成等，2013，2015），这里仅做一个概述。

6.1.1.1 治疗

在奶牛能量代谢障碍性疾病中，由于酮病发病率高，且约有一半的酮病都伴有程度不同的肝脂肪浸润，因此该类疾病的治疗重点应是酮病，兼顾脂肪肝。

1）酮病

（1）治疗原则：补充葡萄糖，增强糖异生，减少体脂动员，饲料中添加生糖物质。

（2）治疗措施概述如下。

a. 替代疗法：葡萄糖、木糖醇、果糖等其他糖类，静脉输注；甘油、丙二醇、乳酸盐、丙酸钠等生糖物质，口服，其中丙二醇已被广泛应用。

b. 激素疗法：促肾上腺皮质激素、糖皮质激素等已被广泛应用，副作用会导致泌乳量大幅度下降和低血钾，对于亚临床酮病或无症状的，不建议应用该类激素；对葡萄糖或糖皮质激素无反应的使用胰岛素会有效。

c. 其他疗法：健胃，缓解酸中毒，补充维生素和镇静（用水合氯醛等），提高疗效。

2）脂肪肝

（1）治疗原则：轻度或中度的脂肪肝，遵循酮病治疗方法；重度脂肪肝，尚无有效的治疗措施。

（2）治疗措施概述如下。

a. 轻度或中度脂肪肝，如病牛能吃食，经支持疗法会逐渐恢复。然而，重度脂肪肝，如病牛完全厌食 3d 或更久，治疗很少有效。

b. 根据临床实践经验，如母牛能停乳，给予良好护理，可以治愈。否则，多被淘汰或死亡。因此，奶牛脂肪肝治疗效果取决于肝脏脂类浸润程度和病因。

6.1.1.2　预防

由于集约化牛场高产奶牛能量代谢障碍性疾病尤其是酮病呈现群发和高发的特点，且伴有不同程度的肝脂肪浸润，因此该类疾病的预防是重中之重。疾病的预防应贯彻群防群控的方针，目的是从群体或整体水平降低发病率，减少疾病造成的经济损失。

目前，奶牛酮病和脂肪肝最有效的预防措施是加强妊娠牛和泌乳牛饲养管理，保证奶牛摄入充足的能量，同时避免日粮营养的不平衡，维持日粮维生素和矿物质营养均衡，如适宜的钴、磷和碘。定期对高产牛群开展代谢健康的监测和评估。控制好泌乳后期和干乳期体况达标，防止干乳期过度肥胖。制订奶牛围产期酮病和脂肪肝的适宜保健计划，合理治疗奶牛产后常发病如生产瘫痪、真胃左方移位、子宫内膜炎和酮病等，降低亚临床病例发生率。

6.1.1.3　国外的防治研究

迄今为止，有关奶牛酮病和脂肪肝等能量代谢障碍性疾病的防治报道已有很多。然而，集约化牛场奶牛该类疾病防治效果和病情程度差异大，缺乏合理的统一防治措施。因此，这就需要牛场评估奶牛围产期营养管理和能量代谢健康状况，为制订奶牛围产期合理的保健措施提供依据。现将国外的防治研究做一简介，供国内集约化牛场借鉴和推广应用。

1）奶牛泌乳早期酮病检测和丙二醇治疗策略的经济分析

（1）目的与方法：本研究根据泌乳头 30d 牛群的酮病发生率，建立随机经济分析模型，处理疾病风险和成本的变化，并对牛场不同的检测模型和丙二醇治疗策略进行评估。用于建立酮病和非酮病牛的健康和生产差异模型的数据，来自欧美国家的 833 个牛场超过 13 000 头牛进行 10 项研究的结果。在 4 个自由放牧的奶牛群中开展了口服丙二醇的现场试验（McArt et al.，2014）。

a. 在牛场实施 4 种检测模式和治疗策略的分析要满足的条件：除了牛群酮病发生率在 5%～80%，还应包括：①从泌乳第 5 天开始，所有的实验牛要口服丙二醇 300ml，连续 5d；②从泌乳 3～16d，每周对所有的实验牛检测 1 次酮病（如周一），并给阳性牛口服 300ml 丙二醇，连续 5d；③从泌乳 3～9d，每周对所有的实验牛检测 2 次酮病（如周一和周四），并给所有的阳性牛口服 300ml 丙二醇，连续 5d；④从泌乳 3～16d，每周对所有的牛检测 3 次酮病（如周一、周三和周五），并给所有的阳性牛口服 300ml 丙二醇，连续 5d。

b. 成本效益分析中的成本包括：检测牛的用工费，BHBA 测试条的费用，治疗牛的用工费，丙二醇的费用；收益包括：增加的奶产量，皱胃变位减少，相比于没有治疗的酮病阳性牛，实施丙二醇治疗消除了疾病早期风险。随机模型是用来分析不同的输入变量产生的分布变化。

（2）结果：应用所建立的模型评估酮病发生率 40% 的牛群，每 100 头分娩牛，这 4 种不同策略的平均经济效益分别是 1088 美元、744 美元、1166 美元、760 美元。从泌乳 3～9d，每周对牛检测 2 次，酮病发生率 15%～50% 的牛群收益是最大的；评估酮病发生率超过 50% 的牛群，所有的牛分娩后第 5 天开始进行丙二醇治疗的收益是最划算的。

（3）结论：与建立的模型中同类牛群比较，当牛群酮病发生率超过 25%，几乎任何的酮病检测和治疗方案对牛场都是有利的。然而，尽管这个评估方法对改进奶牛产后保健措施有很大的帮助，但是它仅是权宜之计。牛场必须认识到只有改善干乳期和围产期奶牛的营养和饲养管理，才能有效地降低奶牛酮病，目标是在围产后期使亚临床酮病发生率不超过 15%～20%，同时有相同或相近的泌乳量。

2）创新奶牛管理，提高围产期奶牛对代谢和传染病的抵抗力

在泌乳期，代谢性疾病和感染性疾病的发病率有很大的差异。临床乳房炎的新发病例多出现在泌乳初期,发病率随泌乳量的增加而增加。除了乳房炎,许多其他感染性疾病在泌乳期的前 2 周临床表现明显。在此期间,奶牛处于能量负平衡状态,必须调动机体储备来平衡食物能量摄入和生产牛奶所需能量之间的不足。能量不足与代谢疾病之间的关系,如酮病和脂肪肝,是众所周知的。此外,能量不足的奶牛免疫系统较弱,因此更容易受到感染。现在有很多的证据表明,循环中非酯化脂肪酸的增加会损害免疫细胞的功能。因此,在泌乳初期减少能量负平衡和非酯化脂肪酸的管理措施可以提高对感染的抵抗力。通过围产期营养管理来改善营养供应一直是人们研究的热点。然而,另外一种减少营养供需失衡的方法是暂时减少机体的需求。本研究探究了如何使用管理策略,如共轭亚油酸饲喂,预先挤奶,或限制产后牛奶生产,以减少围产期代谢紊乱和免疫抑制。在这个阶段,通过在分娩后的头几天进行部分挤奶来减少产后获得的产奶量,在不影响高产奶牛生产力的前提下,是减少代谢应激和免疫抑制最有希望的方法(Lacasse et al., 2018)。

6.1.1.4　作者的科学研究

1)丙二醇对奶牛酮病的预防效果

(1)方法:在黑龙江省某集约化奶牛场随机选取分娩当天年龄、体况和胎次相近的试验奶牛 45 头,分为试验组(Ⅰ和Ⅱ)和对照组(C),每组 15 头。试验Ⅰ组分娩后灌服 500ml 丙二醇,Ⅱ组分娩后灌服 300ml 丙二醇,时间在产后 0d、1d 和 2d,每天灌服一次,对照组不灌服。

(2)结果:灌服丙二醇后 13d,试验组奶牛血浆中 BHBA 含量极显著降低;灌服 8d 后,Glu 含量显著升高,NEFA、AST 含量显著降低。试验组与对照组相比,酮病发病率显著降低,奶牛输精次数、初配天数及配种天数均显著地减少($P<0.05$)。试验Ⅰ组与试验Ⅱ组相比,奶牛酮病的发病率显著降低。通过决策树分析 3 组的经济效益,在本试验条件下,产后 90d 内灌服 500ml 丙二醇相对于不灌服获得更大的净利润,差值达到 5.31 元/(d·头)。

(3)结论:高产奶牛酮病的发病率高,患病奶牛肝功酶活性异常,泌乳性能和繁殖性能均降低,给牛场带来严重的经济损失。灌服丙二醇会使奶牛酮病发病率明显地降低,并改善奶牛的繁殖性能。在本试验条件下,灌服 500ml 丙二醇会使奶牛获得更大的净利润(高阳,2015)。

2)奶牛 Ⅲ 型酮病的诊断与治疗

(1)方法:为了对黑龙江省某集约化牛场奶牛所患酮病进行诊断并治疗,本试验随机选取该牛场 39 头奶牛,检测牛群酮病和血液生化指标并根据检测结果进行治疗。

(2)结果:饲喂大量青贮的奶牛均患有Ⅲ型酮病,血液生化指标中 Glu 含量降低，BHBA 含量升高（$P<0.01$），K、Cl 含量显著降低（$P<0.05$），尿液 pH 值偏低，产奶量较低。采用减少围产期饲料中青贮含量和奶牛产后口服丙二醇 500g/d 的方法治疗，1 个月后随机选取其中 12 头奶牛检测血液生化指标，奶牛酮病发生率降低，血清中 ALT 活性升高且与治疗前比差异极显著（$P<0.01$），AST 活性与治疗前比显著升高（$P<0.05$）。

（3）结论：饲喂大量青贮饲料会导致奶牛发生Ⅲ型酮病，并伴发肝脏功能受损、能量代谢与酸碱平衡紊乱，还易诱发低钙血症，造成牛场经济损失。通过合理控制饲料中青贮含量和口服丙二醇，可有效预防Ⅲ型酮病的发生（张江等，2019）。

3）奶牛脂肪肝的诊断与治疗

（1）发病情况：1 头膘情一般的初产牛和 1 头膘情良好的二产奶牛，均在产后 1 周左右发病，都呈现亚急性病型，病牛突然食欲减退，泌乳量由原来的 25kg/d、18kg/d 逐渐下降至 5kg/d 左右，舔舐其他牛被毛，空嚼，体温、呼吸正常，心跳加快达 100 次/min，但心音混浊，瘤胃蠕动减弱或消失，排粪减少。产下的牛犊，精神不振，换其他牛乳得以好转。病牛有时出现惊恐失神、肌肉震颤、转圈、站立不稳、颈部强直、目光呆滞等神经症状。随病情发展，病牛精神不振，被毛逆乱，体重明显下降，消瘦，逐渐虚弱，长期卧地不起。另外，初产牛产犊时胎衣不下，二产牛伴发乳房炎。

（2）诊断：发病的 2 头牛乳酮阳性检测呈现强阳性即 3+以上。随后经肝穿刺、尸体剖检等，确诊为奶牛患脂肪肝。

（3）综合治疗：病牛，采取葡萄糖疗法、激素疗法、替代疗法、抗脂肪肝及对症疗法等治疗措施。

a. 25%葡萄糖 1000ml，静脉注射，配合肌内注射氢化可的松（1g）100ml 和胰岛素 200IU，1 次/d，连用 5d。

b. 丙二醇，200ml/d，分 2 次灌服，连用 5d。

c. 烟酸 15g，氯化胆碱 80g，灌服，1 次/d，连续 1 个月。

d. 复方盐水 1000ml，维生素 C 100ml，促反刍液 1000ml，5%NaHCO₃ 1000ml 等静脉注射，1 次/d。连用 5d。

e. 适当应用抗生素如青霉素、链霉素等，静脉注射，防止继发感染，应用安钠加强心。上述治疗方法根据病牛的具体反应可重复应用，直至症状缓解为止。

（4）预后与转归：膘情良好的奶牛，按照前胃弛缓、酮病治疗了 1 个月，随后确诊并按脂肪肝治疗，最后仍然死亡。膘情一般的初产牛在发病后先按酮病治疗约 20d，后按脂肪肝治疗，病牛经 2.5 个月基本恢复正常。鉴于临床上奶牛脂肪肝诊断困难和防治效果不理想，因此牛场应该开展奶牛代谢病的早期监测，运用肝穿刺、生化检测等手段提高奶牛脂肪肝诊断水平，可参考人脂肪肝的防治措施，提高疗效（夏成等，2004）。

4）过瘤胃脂肪和过瘤胃葡萄糖对奶牛生产性能和能量代谢的影响

（1）目的：为了缓解奶牛泌乳早期能量负平衡，减少奶牛酮病和脂肪肝的发生，本试验开展了过瘤胃脂肪和过瘤胃葡萄糖对泌乳早期奶牛生产性能和机体能量代谢影响的研究工作（李徐延，2009）。

（2）方法：本试验选取产后 10～15d，年龄、胎次、产奶量相近，年产奶量大于 6t 的荷斯坦奶牛 42 头，随机分为 7 组，每组各 6 头。Ⅰ、Ⅱ、Ⅲ组分别在基础日粮中每头每天添加 200g、300g 和 400g 过瘤胃脂肪；Ⅳ、Ⅴ、Ⅵ组分别在基础日粮中每头每天添加 200g、300g 和 400g 过瘤胃葡萄糖；Ⅶ组为对照组，饲喂基础日粮。过瘤胃脂肪和过瘤胃葡萄糖分早晚两次被混于精料中，任其自由采食，饲喂期 20d。通过对试验奶牛在饲喂前、饲喂后 10d 和 20d 的 DMI、MY、乳汁成分进行分析及血液代谢产物（Glu、BHBA、NEFA、BUN、T-CHOL 和 TG）和激素（INS、LEP 和 Gn）进行测定。

（3）结果

a. 与对照组比较，各试验组 DMI 无显著变化（$P>0.05$）；Ⅲ组和Ⅳ组 MY 极显著升高（$P<0.01$）；乳脂肪、乳蛋白、乳糖和乳非脂固形物水平均不显著（$P>0.05$）。

b. 与对照组比较，Ⅲ组血中 Glu 浓度显著升高（$P<0.05$），Ⅴ组血中 Glu 浓度极显著升高（$P<0.01$）；Ⅵ组血浆 BHBA 浓度显著升高（$P<0.05$）；Ⅴ组血浆 INS 水平显著升高（$P<0.05$）；Ⅰ组和Ⅳ组血浆 Gn 水平显著升高（$P<0.05$）；血浆 NEFA、TG、T-CHOL、BUN 和 LEP 变化均不显著（$P>0.05$）。

（4）结论：过瘤胃脂肪和过瘤胃葡萄糖提高了奶牛泌乳性能。200g 过瘤胃脂肪和 300g 过瘤胃葡萄糖都提高了血糖水平，因而改善了奶牛能量负平衡。200g 过瘤胃脂肪和 200g 过瘤胃葡萄糖均能增加经济效益，但 200g 过瘤胃葡萄糖获得的经济效益最大。尽管如此，随着奶牛泌乳量的不断提高，过瘤胃葡萄糖和过瘤胃脂肪的添加剂量和效果仍需要重新评价。

5）过瘤胃胆碱、甜菜碱对奶牛泌乳性能、繁殖性能和能量代谢的影响

（1）过瘤胃胆碱对奶牛泌乳性能、繁殖性能和能量代谢的影响

a. 材料与方法：本试验选取年龄、胎次和泌乳量相近的健康荷斯坦奶牛 40 头，随机分为 4 组，每组 10 头。Ⅰ、Ⅱ、Ⅲ组每天分别在基础日粮中添加 5g、10g 和 20g 过瘤胃胆碱，Ⅳ组饲喂基础日粮。试验期内（产前 14d～产后 42d）分别调查和检测奶牛的生产性能（MY 和 DMI）、血液生化指标（Glu、BHBA、NEFA、T-CHOL 和 TG）和内分泌指标（INS 和 Gn）。

b. 结果：①围产期奶牛日粮中添加过瘤胃胆碱能明显提高奶牛 MY 和 DMI，以每头奶牛每天添加 10g 过瘤胃胆碱效果最好。②围产期奶牛日粮添加过瘤胃胆碱，能延缓血浆 Glu 水平的下降（$P<0.05$），显著降低试验奶牛血浆 BHBA、NEFA、T-CHOL 含量（$P<0.05$）；与对照组相比，血浆 TG 有升高的趋势（$P>0.05$）。③添加过瘤胃胆碱，有提高试验奶牛血浆 INS 含量、降低 Gn 含量的趋势，但差异不显著（$P>0.05$）。

c. 结论：围产期奶牛日粮添加过瘤胃胆碱能够提高奶牛的生产性能，改善奶牛体内脂肪代谢，促进体内糖异生作用，缓解围产期和泌乳早期奶牛的能量负平衡。

（2）过瘤胃甜菜碱对奶牛泌乳性能、繁殖性能和能量代谢的影响

a. 材料与方法：本试验在上述（1）相同牛场按照同样分组和头数，在Ⅰ、Ⅱ、Ⅲ组日粮中每头每天添加 5g、10g 和 20g 过瘤胃甜菜碱，Ⅳ组为对照组。在相同的试验期对试验奶牛产后乳蛋白、乳脂率、乳糖进行分析，研究过瘤胃甜菜碱对奶牛泌乳性能和生产性能的影响。

b. 结果：与对照组相比，Ⅲ组乳脂率显著升高（$P<0.05$），各试验组乳蛋白率、乳糖和非脂固形物不同程度高于对照组，但差异不显著（$P>0.05$）；Ⅲ组 DMI 明显升高（$P<0.05$），Ⅲ组 MY 极显著升高（$P<0.01$）。

c. 结论：20g/头甜菜碱能够有效地提高奶牛的泌乳性能和生产性能

（3）综上所述，过瘤胃胆碱和甜菜碱有效地提高了奶牛生产性能，改善奶牛体内脂肪代谢，促进体内糖异生作用，甚至缓解围产期和泌乳早期奶牛的能量负平衡。并且，确立了应用的剂量。然而，随着奶牛泌乳量的不断提高，以及酮病发病率持续增高，二者的应用剂量和效果还需要进一步完善（鲁明福，2011）。

6）三种精粗比日粮对产琥珀酸优势放线杆菌体内发酵的影响

（1）目的与方法：目前，国内外有关产琥珀酸放线杆菌对奶牛能量代谢的作用缺乏深入研究。因此，本试验从健康奶牛瘤胃中分离出 3 株产琥珀酸放线杆菌，对其进行体外发酵试验，筛选出产酸能力强的菌株，并研究其在不同精粗比日粮下对瘤胃发酵的影响，为其基因工程菌的构建及微生态制剂的研发奠定基础。

（2）结果：体外发酵试验结果表明，产琥珀酸放线杆菌可明显提高体外培养液中乙酸、丙酸、丁酸等挥发性脂肪酸的浓度，降低了乳酸的含量，并筛选出 HL1 为产酸能力强的优势菌株。同时 HL1 对三种不同粗精比日粮体内发酵的试验结果表明，该菌可降低瘤胃液 pH 值，提高乙酸、丙酸、丁酸等挥发性脂肪酸的含量，同时降低乳酸的含量。对反刍动物的能量调节和酸中毒具有一定的调节作用。

（3）结论：该试验为今后开发反刍动物瘤胃微生态制剂奠定了基础（吴凌等，2010）。

6.1.2 钙磷代谢障碍性疾病

奶牛分娩后常发以低钙血症为主的生产瘫痪（乳热或临床低钙血症）及以低磷血症为主的骨软症，它们是钙磷代谢障碍性疾病的典型代表，其中分娩时亚临床低钙血症和低磷血症常相继发生或伴发，并常继发其他疾病给奶牛健康带来严重的危害，现已受到集约化牛场的高度重视。然而，有关亚临床低钙血症和高磷血症的问题尚未受到重视。有关奶牛生产瘫痪和骨软症的防治在《奶牛主要代谢病》书中有详细论述（夏成等，2015），这里仅是做一个概述。

6.1.2.1 治疗

1）生产瘫痪

（1）治疗原则：及时补钙，对症治疗，加强护理，防止并发症。

（2）常用治疗方法概述如下。

a. 钙剂疗法（标准疗法），选用葡萄糖酸钙、氯化钙、葡萄糖硼酸钙等进行静脉输注。但是，要注意给药途径、给药剂量和速度、心跳和治疗反应等。在补钙无效或其他疗法无效时，考虑乳房送风疗法，现很少应用。

b. 对症疗法，针对低磷酸盐血症、低钾血症、低镁血症，还有心衰、瘤胃臌气，以及其他病症，实施具体对症治疗，防止并发和继发症出现。

c. 一旦奶牛瘫痪，在积极正确的治疗过程中，加强护理对瘫痪奶牛治愈和恢复是十分重要的。派专人护理，让牛躺卧在松软垫草或沙土上，每天翻身数次，防止再受伤或感染。在通常情况下，奶牛瘫痪治疗时间越长，恢复站立时间越长，淘汰率或病死率也越高。

2）骨软症

（1）治疗原则：及时调整日粮，补充磷制剂，对症治疗和加强护理。

（2）常见治疗方法概述如下。

a. 调整日粮，常在日粮中添加碳酸钙、石粉或柠檬酸钙粉等；补充磷制剂，常在饲料中补骨粉、磷酸氢钙，或静脉输注无机磷酸盐，如 20%磷酸二氢钠溶液、3%次磷酸钙溶液，同时肌内注射维生素 D 或维生素 AD 注射液、维生素 D3 胶性钙等。

b. 对症治疗，在补磷时，配合补充葡萄糖酸钙、氯化钙，以防发生低钙血症。

但是，钙制剂和磷制剂不能同时静脉输注。关节肿大或疼痛的患牛，用水杨酸钠等镇痛制剂。

c. 加强护理，对于骨质变形的病牛药物治疗短期不易缓解或恢复，甚至不可恢复。但要防止病情的恶化，长期护理和治疗可以改善机体机能，有效地预防并发症。

6.1.2.2　预防

由于集约化牛场奶牛钙磷代谢障碍性疾病在分娩前后和泌乳早期呈现群发和高发的特点，尤其是亚临床病例常无临床表现，呈现隐性发生，因引发其他疾病而受到关注。因此，这类疾病的预防要贯彻群防群控的方针，目的是从群体或整体水平降低发病率，减少疾病造成的经济损失。

1）生产瘫痪

目前，有许多有效的预防方法，主要概述如下。

（1）围产期日粮管理，如产前日粮高钙、高磷或钙磷比例失调会增加产后生产瘫痪的风险，或控制产前日粮 DCAD、提供阴离子饲料的策略使奶牛产前日粮酸化，可以有效降低疾病发生率。

（2）降低低钙血症风险的措施，如产前低钙日粮，补充镁，提供钙、钙的凝胶制剂及分娩时口服钙剂。

（3）维生素 D 及其衍生物，如 $1,25\text{-}(OH)_2D3$、25-羟胆钙化醇、$1\text{-}\alpha$-羟基维生素 D3 等，产前肌内注射，保护率高达 80% 以上。然而，要避免长期大剂量使用以防中毒。

（4）一般的管理措施，如避免围产期过度肥胖、应激，提供干净舒适的床，并自由活动，在分娩前后 48h 内，应经常观察奶牛，及时治疗，降低趴卧不起综合征的风险。应注意的是，当牛群生产瘫痪发生率超过 10% 时，应制订特定的预防程序。当发病率低时，则不需要之前的预防程序，并在产后 48h 应密切监视奶牛状态，如发病应及时治疗患病牛。不同牛场需要采取不同的预防措施。

2）骨软症

在奶牛泌乳期，该病采取的主要预防措施如下。

（1）定期分析饲料营养成分，按饲养标准搭配饲草种类，根据牛场实际情况，调整日粮中钙磷含量和比例。

（2）常在牧地、土壤中施加磷肥或在饮水中添加磷酸盐，增加磷的含量，多受日光照射，防止群发性骨软病。

（3）定期检测奶牛群血中钙、磷的水平，及时采取措施，减少疾病的发生。

6.1.2.3　国外的防治研究

1）德国奶牛群低钙血症的流行和预防策略

（1）目的与方法：分娩前后低钙血症被认为是一种入门性疾病，可导致健康障碍和减少泌乳量。本横断面研究的目的是评估分娩后 0～48h 临床和亚临床低钙血症的发生率。每个奶牛场抽取 12 头动物的血样（牧场 n=115），分析血清 Ca、Mg、P 浓度。无临床表现且血清 Ca 浓度≤2.00mmol/L 的奶牛被诊断为亚临床低钙血症动物。血清 Ca 浓度≤2.00mmol/L 的平卧奶牛为临床生产瘫痪奶牛。根据低钙动物的数量分为阴性（0/12～2/12）、交界性（3/12～5/12）和阳性（≥6/12）。记录控制低钙血症的策略（Venjakob et al.，2017）。

（2）结果：第二胎、第三胎和≥四胎奶牛的临床生产瘫痪患病率分别为 1.40%、5.70% 和 16.10%。第一次泌乳的奶牛没有一头出现临床生产瘫痪。以 2.00mmol/L 为阈值，第一次、第二次、第三次、≥四次泌乳奶牛分别出现 5.70%、29%、49.40%、60.40% 的亚临床低钙血症。14 个、51 个和 50 个牧群分别被分为阴性、交界性和阳性，血清 Ca 与 P 浓度呈显著正相关，血清 Ca 与 Mg 浓度呈负相关。115 个牧场中只有 50 个实施了控制战略以避免低钙血症。最常见的是口服钙产品(40/115)，其次是在特定的日粮中添加阴离子盐（10/115）。

（3）结论：临床和亚临床低钙血症在德国奶牛群中普遍存在，并没有在所有牧场实施积极的控制策略。钙和镁之间的负相关关系值得进一步研究这两种矿物质在奶牛分娩前后的生理调节作用。

2）奶牛临产瘫痪的诊断、治疗和预防措施：依据瑞士兽医网上调查结果

（1）目的：从瑞士兽医从业人员工作中获得奶牛临产低钙血症的诊断、治疗和预防方法（Perruchoud et al.，2017）。

（2）诊断：通过电子邮件联系了反刍动物健康协会的所有成员。在 393 名受访者中，有 108 人（28%）完成了调查。根据问卷回答，生产瘫痪的奶牛典型的表现为产后第 1 天胸骨平卧的多胎中产奶牛，意识正常。通常基于病史和临床表现来诊断。

（3）治疗：包括混合灌服（钙、磷、镁或葡萄糖）及口服钙制剂。兽医估计，接受产后瘫痪治疗的奶牛中，有 25%～50% 需要不止一种治疗，而一例生产瘫痪的治疗费用为 200～300 瑞士法郎。预防性治疗常用于奶牛，即以前的泌乳周期有阵发性麻痹的奶牛，大龄奶牛（≥3 次泌乳）及身体状况评分较高的奶牛（>3.25）。

（4）预防措施：常应用维生素 D3 注射液和含钙口服制剂。并且，推荐了一种特殊的日粮，即产前低钙日粮。

6.1.2.4 作者的科学研究

1）黑白花奶牛产后瘫痪的诊治研究

（1）病史：在牡丹江垦区某奶牛场 30 头围产期母牛共发生了 3 例产后瘫痪，病牛占产房母牛总数的 10%。上一年同期该病的发生率为 8%，呈现上升趋势。经调查发现该牛场黑白花奶牛实行围产期不同年龄和胎次的混养，长期饲喂青贮和少量干草与精料，且精料配比不稳定。干草饲喂过少，同时未采取预防产后瘫痪发生的措施。

（2）诊断：通过对黑白花奶牛产后瘫痪的临床症状、血液生化指标检测及治疗的调查，结果表明黑白花奶牛产后瘫痪的主要表现是卧地不起、体温低、血钙降低、血清 CK 升高。其病因是饲养管理不当造成低血钙和肌肉损伤。

（3）治疗：应用钙剂治疗，并加强管理。用 25%葡萄糖 1000ml、5%氯化钙 1000ml、维生素 B_1 注射液 50ml，静脉注射，1 号病牛一次即治愈；2 号病牛一次就能站立，第二次补加磷酸二氢钠 5mg 即治愈；3 号病牛连续治疗 3 次每次间隔 3~4h 未能起立，以后没用钙剂，用 25%硫酸镁 100ml、5g 氯化钾溶于 1000ml 生理盐水中 1 次/d 静脉注射，连用 3d 未见效而淘汰。

（4）综上所述，该奶牛场奶牛发生产后瘫痪与饲养管理不当，饲料 Ca、P 不足或吸收障碍有直接的关系。低血钙是导致生产瘫痪的主要原因，其他因素引起的奶牛卧地不起综合征也是产后瘫痪的原因之一。早期确诊及正确的治疗是治愈产后瘫痪的关键（张洪友等，2000）。

2）骨营养不良奶牛治疗前后血浆中 Ca、P、ALP 的变化

（1）背景：奶牛骨营养不良是由钙、磷代谢障碍，骨组织进行性脱钙，骨基质逐渐被破坏、吸收，并伴有纤维素性结缔组织增生的营养性骨病。临床上的表现为骨变形、变软、变脆、肿大变形、姿势异常等。该病是奶牛营养代谢病里发病率高、危害严重的慢性消耗性疾病。其早期多以骨骼的负重能力降低而表现为不愿运动、卧多立少，运动易引起疲乏甚至出汗。以后出现不明显原因的一肢或多肢跛行。由于骨营养不良的症状出现很缓慢，早期不易被人们发现，因此对于奶牛健康是一种潜在的威胁，且危害大（徐熙亮等，2009）。

（2）目的与方法：本试验选用黑龙江省某规模化奶牛场处于泌乳期患有骨营养不良症状的奶牛，通过观测治疗前后血浆中 Ca、P、ALP 含量的变化，为奶牛骨营养不良的早期诊断奠定基础。选取患骨营养不良的荷斯坦牛群 17 头，日粮中将磷酸氢钙[127.50g/（d·头）]改换为石灰粉[200g/（d·头）]饲喂 30d。在治疗前 1d 和治疗后 30d 测定试验奶牛血浆 Ca、P、ALP 含量。

（3）结果：患病牛群治疗前低血钙发病率（82.35%）显著高于治疗后（17.65%）（$P<0.01$）。治疗后血浆 Ca 浓度显著高于治疗前（$P<0.01$），血浆 P 浓度显著降低（$P<0.05$），血浆 Ca：P 显著升高（$P<0.05$），血浆 ALP 略升高（$P>0.05$）。

（4）结论：日粮钙含量低所致的钙磷比失调是本次奶牛骨营养不良发生的主要原因。

3）过瘤胃维生素 D 对围产期奶牛低钙血症的调控作用研究

（1）目的：本研究以黑龙江省某集约化牛场围产期奶牛为试验动物，通过产前添加过瘤胃维生素 D，探讨过瘤胃维生素 D 对奶牛低钙血症的预防效果，阐明过瘤胃维生素 D 对围产期奶牛低钙血症的调控作用机制，为临床上预防围产期奶牛低钙血症提供科学的理论依据（王琳琳，2011）。

（2）方法：在黑龙江省某集约化奶牛场，选取年龄和胎次相近的 40 头试验奶牛，在产前 10d 至分娩时日粮中每天添加不同剂量的过瘤胃维生素 D（0g/头、1.5g/头、3.0g/头、6.0g/头），依次分为对照组（C）和试验组（I、II、III），试验期为20d。对试验奶牛围产期日粮组成和营养水平进行调查分析，对试验奶牛在围产期7 个时间点血浆中 1,25-(OH)$_2$D3、Ca、P、ALP、HYP、PTH、CT 的含量进行测定及对健康状况进行调查。

（3）结果：试验组和对照组奶牛血浆中钙水平呈现产前下降、分娩时达到最低、产后逐渐上升的规律，且对照组奶牛血钙浓度呈现不同程度低于试验组（$P<0.05$）；过瘤胃维生素 D 添加试验组奶牛血浆中磷、1,25-(OH)$_2$D3、ALP、HYP和 CT 水平高于对照组（$P<0.05$），PTH 水平低于对照组（$P<0.05$），酮病、临床型和隐性乳房炎的发病率降低，表明过瘤胃维生素 D 有效地降低了奶牛低钙血症的发生，以 1.5g/头添加剂量的预防效果最好。

（4）结论：奶牛产前饲喂过瘤胃维生素 D 能有效预防围产期奶牛低钙血症的发生，1.5g/头过瘤胃维生素 D 预防效果最佳；围产期奶牛饲喂过瘤胃维生素 D 可以通过调节 PTH、CT 等激素的分泌，促进肠道对钙的吸收，动员骨钙，从而防止奶牛产后低钙血症的发生。

4）日粮阴阳离子平衡对奶牛围产期低钙血症的影响及其调控作用

（1）目的：本研究在黑龙江省集约化奶牛场开展了奶牛围产期低钙血症发生状况的调查及阴阳离子平衡对奶牛围产期低钙血症的调节作用的试验，旨在查明集约化牛场奶牛围产期低钙血症发生的原因，明确阴离子盐对围产期奶牛低钙血症的预防效果，阐明阴阳离子平衡对围产期奶牛低钙血症的调控作用机制，为今后预防奶牛围产期低钙血症提供科学依据（桑松柏，2009）。

（2）集约化牛场奶牛围产期低钙血症发生的原因

a. 方法：在三个集约化牛场（Ⅰ、Ⅱ、Ⅲ），分别选取 20 头试验奶牛，对试验奶牛围产期日粮营养水平（能量、蛋白质、水分、粗脂肪、粗纤维和 Ca、P）和阴阳离子水平（Na、K、Cl、S）及围产期（产前 21d、14d、7d，分娩当天，产后 7d、14d、21d）的血液理化指标[Ca、P、ALP、HYP、BGP、PTH、CT、1,25-$(OH)_2$D3]进行分析。

b. 结果：①三个牛场奶牛日粮营养水平接近 NRC（2001）标准，低钙血症发生率为牛场Ⅱ>Ⅰ>Ⅲ，分娩时发生率均高于 75%，均呈产前逐渐上升、分娩时最高、分娩后逐渐下降的规律；②三个牛场奶牛日粮 DCAD 均为正值，牛场Ⅱ>Ⅰ>Ⅲ，牛场Ⅱ试验奶牛血浆 Ca、ALP、HYP、BGP、1,25-$(OH)_2$D3 水平均低于牛场Ⅰ和Ⅲ（$P<0.05$ 或 $P>0.05$），而血浆 PTH 水平则高于牛场Ⅰ和Ⅲ（$P<0.05$ 或 $P>0.05$）。

c. 结论：试验奶牛围产期低钙血症发生率高与摄入高 DCAD 日粮有关。

（3）阴离子盐对围产期奶牛低钙血症的预防效果

a. 方法：在某一集约化牛场，选取 100 头试验奶牛，根据饲喂不同水平的阴离子型日粮（DM）（−30mEq/kg、−80mEq/kg、−130mEq/kg、−180mEq/kg），被分为不饲喂阴离子盐的对照组（C）和 4 个饲喂阴离子盐的试验组（Ⅰ、Ⅱ、Ⅲ、Ⅳ），每组 20 头，饲喂试验从产前 21d 至分娩。对试验奶牛围产期血液生化指标（参见上个试验）进行分析。

b. 结果：①5 组奶牛低钙血症发生率均呈现产前逐渐上升、分娩时达最高、分娩后逐渐下降的规律。Ⅲ组奶牛低钙血症的发生率不同程度地低于其他组。②Ⅲ组奶牛血浆 Ca、ALP、HYP、BGP、1,25-$(OH)_2$D3 高于其他组（$P<0.05$ 或 $P>0.05$），血浆 pH 值除 Ⅳ 组外低于其他组（$P<0.05$），血浆 PTH 水平低于其他组（$P<0.05$ 或 $P>0.05$）。这表明阴离子型日粮有效地降低奶牛围产期低钙血症发生率，尤其 DCAD 为−130mEq/kg 时最好，与阴离子盐使机体血浆 pH 值偏酸性，PTH 有效刺激机体骨钙动员有关。

c. 结论：试验奶牛围产期低钙血症发生普遍，呈现产前逐渐上升、分娩时最高、分娩后逐渐下降的规律；围产期摄入高 DCAD 值日粮是引起奶牛围产期低钙血症的一个重要病因；试验奶牛产前饲喂阴离子型日粮可有效地预防围产期奶牛低钙血症，以 DCAD 为−130mEq/kg 效果最好，这与机体血浆 pH 值偏酸性，PTH 更大地发挥促进骨钙动员有关。

5）黑龙江省某集约化牛场奶牛低钙血症防治方法的研究

（1）方法：本实验在黑龙江省某集约化牛场，随机选取分娩当天发生低血钙的奶牛 40 头，健康奶牛 20 头。试验对患病奶牛应用两种预防低钙血症的方法，分别为口服博威钙（20 头）及静注 5%$CaCl_2$ 和 5%葡萄糖（20 头），观察治疗效果并用决策树分析防治的效益。

（2）结果：①5%$CaCl_2$ 和 5%葡萄糖能够降低分娩低钙血症的发病率 70%，降低围产后期低钙血症的发生率 54%；博威钙能够降低分娩低钙血症的发病率 70%，降低围产后期低钙血症的发生率 49%，两种方法均降低了低钙血症的发生。②通过对治疗后的奶牛血液生化指标的检测发现，治疗后虽然仍有患病奶牛血液指标水平与正常存在差异，但要好于治疗前。③静注给药方法每头牛每年净利润为 303.41 元，口服给药方法每头牛每年净利润为 256.91 元，两种防治方法所取得的经济效益相近，为今后评估奶牛低钙血症的防治效果奠定了基础。

（3）结论：该牛场奶牛围产期和泌乳期不仅低钙血症发生率高，而且低钙血症会对随后的繁殖性能和泌乳性能有不利的影响，并会增加其他疾病发生的风险；两种防治方法均降低了奶牛低钙血症的发生，并会给牛场带来良好的经济效益，但是静脉输注方法经济效果更好（金锡山，2015）。

6.1.3　氧化应激与免疫抑制

奶牛围产期和泌乳早期发生的氧化应激和免疫抑制所诱发的代谢紊乱、繁殖障碍和肢蹄病，给奶牛健康造成了严重的危害。许多报道指出它们与产后能量负平衡所致的酮病和脂肪肝有关，也与维生素和微量元素的不足或缺乏有着密切的关系。因此，如何提高奶牛围产期和泌乳早期的抗氧化能力和免疫功能，减少相关疾病的发生，已成为当前高产奶牛亟待解决的问题。由于奶牛围产期和泌乳早期的氧化应激与免疫抑制有很多类似的致病因素，因此将它们的防治措施整合概述如下。

6.1.3.1　防治

1）抗氧化应激

在奶牛生产中预防和减少氧化应激的策略或方法，除了改善饲养和调整日粮外，常选择在日粮中添加抗氧化剂，增强奶牛抗氧化能力，消除过多的自由基。

添加的主要抗氧化剂如下所述。

（1）维生素：在日粮中添加复合维生素 ADE 或维生素 E+硒，可以清除奶牛体内过多的自由基，增加超氧化物歧化酶活性，防止脂质过氧化和氧化应激；还能够增强中性粒细胞趋向性与吞噬能力及减少细胞间黏附因子表达等作用，从而减轻乳房炎的严重程度和病程。并且，维生素 E（α-生育酚）是动物机体抗氧化网络重要的组成部分，与自由基形成维生素 E-自由基复合物，并通过其他的抗氧剂网络而再生，被称为"维生素 E 再生系统"。然而，只有补充外源维生素 E 才能维持此系统的作用。因此，维生素 E 被作为奶牛氧化应激状态的一个检测物或指标。

另外，维生素 C 的强还原性在酶促氧化修复中发挥着重要作用。同样地，维生素 A 作为增强免疫和抗氧化应激的一个重要因子，在泌乳期奶牛日粮中分别添加高剂量（220IU/kg 体重）的维生素 A，可以增强奶牛抗氧化活性和免疫功能。然而，泌乳早期临床乳房炎风险降低 60% 与在产前最后一周血清维生素 A 的增高（100ng/ml）有关。围产期血清中 α-生育酚、β-胡萝卜素的浓度与维生素 A 有正相关关系。

（2）微量营养元素：锌、铜是动物体内 SOD 和 GSH-Px 的组成成分。二者缺乏时会使酶活性下降，加重生物膜的脂质过氧化。锌还能通过金属硫蛋白来清除自由基。锰也有铜锌类似的作用，通过参与体内超氧化物酶和过氧化氢酶，分解超氧阴离子。硒主要通过含硒酶直接清除活性氧来调控氧化还原反应，还与维生素 E 在抗氧化应激方面协同作用，在维持奶牛健康方面发挥重要的作用。

（3）其他抗氧化物：天然植物提取物作为天然抗氧化剂的潜在来源是一个值得探索的领域，是奶牛营养中安全添加剂的一个发展领域。中药葛根中含丰富的葛根素、黄酮类化合物，有很强的抗氧化作用。在奶牛日粮中每天添加 200～400mg 大豆黄酮，奶牛体内抗氧化能力和相关酶活性得到增强，奶产量、乳脂率也增高。茶多酚（20～100μg/ml）中羟基基团可以消除自由基，会提高奶牛乳腺上皮细胞存活率和抗氧化酶的活性。

另外，日粮中添加共轭亚油酸（CLA）。共轭亚油酸的抗氧化作用是通过与脂类结合，降低其他多不饱和脂肪酸，特别是花生四烯酸的比例。在奶牛中使用了 5 种商业 CLA 产品，其中含有约 12% 的顺-9，反-11 和反-10，顺-12。CLA 通过加强 γ-谷氨酰半胱氨酸连接酶活性诱导谷胱甘肽从头合成，保护细胞免受氧化损伤。此外，在基础日粮中添加瘤胃保护蛋氨酸（Met），补充 Met 可以增强肝功，减少分娩后肝中脂肪酸积累的不利影响。然而，尽管天然抗氧化物符合绿色、安全、易被接受的营养策略之一，但是，仍需要更深入的研究确定抗氧化剂补充最有效的方法，以及奶牛补充抗氧化剂的截止点。

2）增强免疫功能

由于奶牛围产期和泌乳早期免疫功能低下，成为感染疾病、传染病的高发期，常继发子宫内膜炎、乳房炎和蹄叶炎等。目前，增强免疫功能的主要措施是在饲粮中添加维生素、微量元素或中草药类的添加剂等。

（1）维生素类添加剂

a. 维生素 A：增强动物机体免疫功能的机制主要包括保持生物膜的强度，促进 T、B 淋巴细胞的协同性及抗体的产生，在中性粒细胞、淋巴细胞、单核细胞的生长和分化或吞噬功能中发挥重要作用。在适当的维生素 A 浓度下，动物免疫功能和抗感染能力会得到提高。在围产期日粮中添加维生素 A（110IU/kg 体重、165IU/kg 体重、220IU/kg 体重）可以提高奶牛血清免疫球蛋白水平、白细胞数量、TNF-α 水平，降低胎衣不下、子宫内膜炎和乳房炎等疾病发生率。然而，日粮添加维生素 A 水平升高会抑制奶牛 Th1 型免疫应答，使得 Th2 型免疫应答占优；维生素 A 添加水平降低会呈现相反的变化，作用机制尚不清楚。

b. 维生素 E（α-生育酚）：其抗氧化功能会缓解奶牛分娩和泌乳的氧化应激，防止免疫细胞的氧化应激损伤，以维持免疫细胞、组织的完整性。其增强机体免疫功能的机制主要涉及改变免疫细胞数量，促进巨噬细胞增殖，增强中性粒细胞杀伤能力等来发挥免疫调节作用。围产期奶牛日粮中添加维生素 E（1.60IU/kg 体重、2.43IU/kg 体重）会提高血中白细胞数量、免疫球蛋白和细胞因子（IL-1、IL-2 和 TNF-α 等）水平，降低血中皮质醇水平，促进外周血中性粒细胞和巨噬细胞的功能，增强奶牛免疫功能，进而预防奶牛产后常发病。

c. 维生素 D：主要调节机体钙、磷的代谢。1,25-$(OH)_2D3$ 是维生素 D 的一种活性代谢产物，具有重要的免疫调节作用。它增强免疫功能的机制涉及促进单核细胞前体转化为单核细胞，诱导单核巨噬细胞杀伤病原微生物。在日粮中添加维生素 D3（105IU/kg 体重）增加了围产期奶牛外周血中性粒细胞和 T 淋巴细胞亚群的数量，促进 B 淋巴细胞分化，改善了免疫功能。然而，高剂量维生素 D 抑制免疫细胞功能，具体机制尚不清楚。

（2）微量元素

a. 硒：作为一种必需的微量元素是 GSH-Px 的中心成分。硒增强免疫功能的机制主要涉及防止氧化应激损失免疫细胞，调节免疫细胞增殖和分化，增强 T 淋巴细胞对抗原的杀伤性细胞毒作用。奶牛补硒后增加 T 淋巴细胞数量，提高外周血中淋巴细胞转化能力。在干乳期和泌乳期给奶牛补硒可以提高溶菌酶活性和杀菌能力，增强中性粒细胞趋化和吞噬能力。日粮中添加硒（0.10mg/kg 体重）可以提高吞噬细胞吞噬指数、淋巴细胞分泌 IL-6 的能力，增强机体细胞免疫功能。

b. 铬：通过协同作用可以增强胰岛素功能。它是动物免疫功能的一个强有力的免疫调节剂。其免疫调节机制主要涉及铬会影响 RNA 合成和 DNA 完整性，干扰蛋白质合成，免疫系统是高度活跃的系统，需要高水平的铬。在围产期和泌乳早期奶牛日粮中添加酵母铬（0.80mg/kg 干物质）可以提高外周血白细胞和淋巴细胞的数量、淋巴细胞的转化能力，增加淋巴细胞比例，提高免疫球蛋白水平，降低皮质醇水平，增强机体免疫功能。

c. 铜：是参与机体酶类防御系统的一种必需微量元素。在泌乳早期日粮中添加螯合铜（21mg/kg 干物质）增强了奶牛免疫功能。它的动物免疫作用机理主要涉及含铜酶清除超氧阴离子自由基，维持生物膜结构和功能的完整，增加免疫细胞抗氧化和抗炎的作用，还参与血清免疫球蛋白的构成及通过 T 淋巴细胞和白细胞转换，来调节机体免疫功能。

d. 锌：是多种酶和激素组成的一种必需微量元素，具有抗氧化功能。锌调节动物免疫功能的机制尚不完全清楚。然而，它对维持动物免疫器官结构和机体免疫功能有重要作用。缺锌日粮会损害 B 淋巴细胞功能，阻碍免疫球蛋白合成。日粮中添加较高的铜、锌水平（分别为 33.31mg/kg、170.52mg/kg）可以提高血中 Cu-Zn-SOD 活性，调节环磷酸腺苷/环磷酸鸟苷值及淋巴细胞的增殖和细胞周期，进而增强奶牛抗氧化及免疫功能。这种作用主要与锌参与细胞 RNA、DNA 和蛋白质的生成有关。

（3）中草药类添加剂

中草药如当归类、益母草类、白虎汤、蒺藜皂苷等，作为天然的温和药物，可以有效地调节动物机体免疫功能。中草药改善免疫功能的作用，主要包括：促进免疫细胞分化、发育，提高自然杀伤细胞的杀伤作用，增强单核细胞吞噬功能，促进补体、细胞因子的产生，增强屏障防御功能等免疫作用。然而，这类中草药添加剂的来源是否广泛，是否可以在奶牛保健上得到广泛的应用及其应用前景值得考虑或探究。

6.1.3.2　国外的防治研究

1）共轭亚油酸（CLA）对奶牛氧化及抗氧化状态的影响

（1）目的：奶牛在围产期和泌乳早期经常出现能量负平衡，导致体脂过度动员，从而增加了酮病和其他疾病的风险。日粮 CLA 补充剂在奶牛中主要用于抑制乳脂含量，但也被认为具有抗氧化作用。由于能量负平衡与氧化应激有关，氧化应激也被认为有助于疾病的发生，本研究旨在研究 CLA 对泌乳奶牛氧化和抗氧化状态的影响（Hanschke et al.，2016）。

（2）方法：将德国荷斯坦奶牛（初产奶牛 13 头，多胎奶牛 32 头）分为 3 个日粮处理组，每天补充 100g 脂肪对照组，含 87% 硬脂酸（CON；$n=14$）、对照组脂肪补充剂 50g/d 和 CLA 补充剂 50g/d （CLA 50；n=15），或每日 100g CLA 补充剂（CLA 100；n=16）。CLA 补充物为脂质包封，其含量分别为反式-10、顺式-12、顺式-9、反式-11 CLA 的 12%。补充发生在产后 1～182d；产后 182～252d 为干乳期。在产犊的–21d、1d、21d、70d、105d、140d、182d、224d 和 252d 进行血常规测定。抗氧化状态使用血浆降铁能力、α-生育酚、α-生育酚与胆固醇质量比和视黄醇来确定。为了测定氢过氧化物的氧化状态浓度，测定了硫代巴比妥酸反应物质（TBAR）、N'-甲酰基苯胺和双酪氨酸。采用重复测量的固定效应和随机效应混合模型分别对第 1 期（–21～140d）和第 2 期（182～252d）进行评价。

（3）结果：奶牛在围产期的氧化应激和脂质过氧化增加，表现为血清氢过氧化物和 TBAR 浓度升高，而在整个泌乳过程中均呈下降趋势。在第 1 期，补充的牛有较低的 TBAR 浓度，这在第 2 期没有检测到。其他确定的参数不受 CLA 补充的影响。

（4）结论：在选择的剂量、配方和使用期内添加 CLA 对泌乳奶牛的脂质过氧化具有微弱的抗氧化作用。

2）临近分娩时体况和硒-维生素 E 注射液对高产奶牛泌乳性能、血液代谢物和氧化状态的影响

（1）目的：泌乳前期高 BCS 的奶牛更容易发生代谢紊乱和氧化应激。本研究的目的是评价干乳结束时 BCS 和 3 倍的硒-维生素 E（SeE）注射液对荷斯坦奶牛的 BCS 变化、血液代谢物、氧化状态和产奶量的影响（Zahrazadeh et al.，2018）。

（2）方法：将 136 头多胎奶牛在预产前 3 周按 BCS 分为高（HB=4.00±0.20）和中（MB=3.25±0.25）两组。然后，将每组分为 2 个亚组：一亚组在产前 21d，分娩当天和产后 21d（+SeE）注射 3 次 SeE，另一亚组不注射（–SeE）。最后 4 个实验组是 HB+SeE、MB+SeE、HB–SeE 和 MB–SeE（各 34 头牛）。

（3）结果：BCS 与 SeE 的交互作用影响血糖，MB+SeE 组最高。与 MB 奶牛相比，HB 奶牛在泌乳后期损失的 BCS 更多。注射后血清 INS 浓度升高。HB 奶牛产犊后第 14 天血清 NEFA 水平较高。在研究期间，MB 牛血中 GSH-Px 活性较高。此外，注射 SeE 的奶牛在产犊后 28d 的血中 GSH-Px 酶活性较高，血清白蛋白水平升高。HB 奶牛的产奶量比 MB 奶牛高，而注射了 SeE 的奶牛与不注射的奶牛相比，其乳脂率及脂肪和蛋白质比率更高。

（4）结论：SeE 注射液对高产奶牛的某些血液代谢物、血液抗氧化指标及泌乳性能均有一定的促进作用，特别是对 BCS 较低的奶牛。

3）补充有机硒对富硒奶牛围产期硒状态、氧化应激和抗氧化状态的影响

（1）目的：围产期是奶牛从妊娠晚期向泌乳早期过渡的应激时期。氧化应激发生在这一时期，由于代谢活动的增加，抗氧化剂的补充略高于建议的要求，可能有利于缓解这种压力。本研究的目的是确定在含有足够硒浓度的日粮中添加硒（Se）酵母菌是否会影响围产期奶牛的硒状态、氧化应激和抗氧化状态（Gong and Xiao，2018）。

（2）方法：将 20 头多胎荷斯坦奶牛随机分为两组，每组 10 头。在产犊前的最后 4 周，除了日粮中以 0.30mg Se/kg 干物质添加硒酸钠外，奶牛分别以 0mg Se/kg（对照组）和 0.30mg Se/kg 干物质饲喂硒酵母。在奶牛产前 21d 和 7d 测定血浆或红细胞的 Se 浓度、ROS、H_2O_2、氢氧自由基、MDA、α-生育酚和谷胱甘肽（GSH）、GSH-Px、SOD、CAT 和 T-AOC。

（3）结果：与对照奶牛比较，妊娠晚期饲喂硒酵母的奶牛在产前 7d，产后 7d 和 21d 有更高的血浆硒和更低的 MDA，更高的全血 Se 及更低的血浆 ROS 和过氧化氢浓度。与硒充足的对照组相比，补充硒酵母可增加产后 7d 的血浆和红细胞 GSH-Px 活性及红细胞 GSH 浓度。与对照牛相比，补充硒酵母奶牛在产后 7d 和 21d 增强了 SOD 和 CAT 的活动，增加了 α-生育酚和谷胱甘肽的浓度，改善了 T-AOC。

（4）结论：妊娠晚期补充硒酵母可提高奶牛的血浆硒水平，改善抗氧化功能，有效缓解泌乳早期的氧化应激。

4）围产期免疫抑制与改善围产期奶牛健康的策略

围产期常见的健康问题包括乳房炎、脂肪肝、酮病、难产、胎盘滞留、子宫炎、低镁血症和皱胃移位。围产期所观察到的健康问题的发生率增加，部分原因是免疫应答不理想。导致围产期免疫力下降的因素包括分娩本身的行为、白细胞活性受损、成纤维细胞生成和乳汁生成的影响及相关的低钙血症和能量负平衡。营养和其他管理计划是一项旨在改善围产期奶牛健康和福利的短期策略。此外，重要的是要考虑通过遗传选择更加强健的动物来改善奶牛的健康，方法是识别那些在面对感染时具有较强的抗病性或抗逆性的动物。因此，这些动物能够更好地应对生产和环境应激。这些可能为改善围产期奶牛的健康和福利提供长期的选择策略，特别是与健全的管理措施相结合时，可使奶牛充分发挥其遗传潜力（Aleri et al.，2016）。

6.1.3.3 作者的科学研究

1）补铜对奶牛血浆铜含量和铜蓝蛋白活性及其相关性的影响

（1）方法：本试验选取了大庆地区某奶牛群 11 头泌乳奶牛，检测补铜前后奶牛血浆铜含量和铜蓝蛋白（CP）活性的变化，同时分析了两者的相关性。

（2）结果：补铜前血浆铜在 10.93μmol/L 以下者占被检牛数的 54.55%（6/11），其血浆 CP 活性降低，两者呈现中度相关性（r =0.53）；补铜后血浆铜含量与 CP 活性均极显著增高（$P<0.01$），血浆铜含量达到正常范围，两者呈现低相关性（r =0.12）。

（3）结论：该奶牛场泌乳奶牛群中存在低铜血症病牛，血浆铜蓝蛋白可以作为奶牛低铜血症的一项检测指标（蔡永华等，2007）。

2）补铜对铜缺乏奶牛血浆 7 项生化指标的影响

（1）方法：选择 10 头患铜缺乏症的泌乳奶牛，每头牛内服硫酸铜 4g/d，每周 1 次，连续服用 2 周，测定补铜前后奶牛血浆 Cu、SOD、BUN、Glu、TP、T-AOC、MDA 含量。

（2）结果：试验奶牛补铜后，血浆 BUN、TP、SOD 水平略高于补铜前（$P>0.05$），血浆 Glu、Cu、T-AOC 水平明显高于补铜前（$P<0.01$），血浆 MDA 水平显著低于补铜前（$P<0.01$）。

（3）结论：补铜能有效地改善铜缺乏奶牛机体能量代谢和抗氧化能力（武福平等，2010）。

3）浅析维生素 E 对奶牛健康的影响

维生素 E 是一种脂溶性维生素，具有很强的抗氧化性，是机体必不可少的营养物质，也是细胞呼吸的必需因子。在奶牛养殖业中，维生素 E 已经成为重要的饲料添加剂。给奶牛补充维生素 E 可以提高机体免疫力，改善奶牛生产性能和繁殖性能，对奶牛乳房炎、产后胎衣不下和子宫内膜炎等生产繁殖障碍疾病有一定的预防效果。随着对维生素 E 对奶牛健康影响的研究不断深入，维生素 E 在奶牛业中的应用将会更加广泛（曹宇等，2016）。

6.1.4　提高奶牛围产期健康的策略

6.1.4.1　短期策略

奶牛围产期的健康问题错综复杂。例如，围产期发生的生产瘫痪是其他疾病发生的危险因素。表 6-1 总结了奶牛围产期疾病发病率可达到的群体目标。奶牛围产期经历的体内生理平衡紊乱与生产和维持机体所需的重要营养素短缺有关。因此，针对围产期奶牛营养需求的改进策略将有助于完成围产期牛群疾病发病率目标，并作为短期缓解策略以全面改善动物的健康（Aleri et al.，2016）。

表 6-1　围产期健康问题的行业目标和接受的阈值

围产期健康问题	行业目标	行业接受的阈值
生产瘫痪	1%（老牛>8 年，可接受目标 2%）	<3%
临床酮病	<1%	<2%
真胃移位（左或右）	<1%	<2%
临床乳房炎	<5 例/100 头	<5 例/100 头
跛行（1~5 级）	<2%，得分大于 2	<4%，得分大于 2
低镁血症	群内 0%	群内 1 例
产犊后 24h 以上胎衣不下	<4%	<6%
产后 14d 阴道分泌物	<3%	<10%
助产的母牛	<2%	<3%
群内临床瘤胃酸中毒	群内 0%	<1%

　　表 6-2 提供了围产期奶牛与泌乳期和干乳牛（产犊前 4 周以上）对比推荐的营养需求，提出了围产期奶牛的综合管理方法，其中包括围产期补充饲养策略，旨在满足关键的六大营养需求：逐渐适应瘤胃和其功能，最大限度地减少矿物质缺乏，最大限度地减少脂肪动员，满足在怀孕期间发育中胎儿的能量和蛋白质需求，初乳形成和泌乳期乳生产，保持干物质摄入和减少免疫抑制。

表 6-2　以干物质为基础的奶牛围产期日粮营养建议

营养物	干乳期奶牛（产犊前 4 周以上）	围产期奶牛（产犊前 4 周）	产后奶牛（产犊后前 4 周）
中性洗涤纤维（NDF）（%）	>36	>36	>32
物理有效 NDF（%）	30	25~30	>19
粗蛋白（CP）（%）	>12	14~16	16~19
降解的 CP（%）	80	65~70	65~70
每日可代谢能量摄入量（MJ）	90~100	100~120	60
估计能量密度（MJ，ME/kg DM）	10（9）/因 BCS 变化	11	11.5~12
淀粉（%）	高达 18	18~22	22~24
糖（%）	高达 4	4~6	6~8
脂肪（%）	3	4~5	4~5
钙（%）	0.40	0.40~0.60	0.80~1.00
磷（%）	0.25	0.25~0.40	0.40
镁（%）	0.30	0.45	0.30
DCAD（mEq/kg）	<150	<80	<250
硒（mg/kg）	0.30	0.30	0.30

续表

营养物	干乳期奶牛 （产犊前 4 周以上）	围产期奶牛 （产犊前 4 周）	产后奶牛 （产犊后前 4 周）
铜（mg/kg）	10	15	20
钴（mg/kg）	0.11	0.11	0.11
锌（mg/kg）	40	48	48
锰（mg/kg）	12	15	15
碘（mg/kg）	0.6	0.6	0.6
维生素 A（IU/g）	2000	3200	3200
维生素 D（IU/g）	1000	未完全确定	1000
维生素 E（IU/g）	15	30	15

Lean 等（2010）提出了降低围产期奶牛疾病发病率的综合补充饲喂制度被称为"强化饲料"。在集约化牛场，以部分混合日粮或全混料的形式饲喂围产期饲料和在放牧体系中补充"强化饲料"的牧草和干草的正常日粮是管理围产期奶牛的有效策略。强化饲养的饲料配方日粮成分一般包括：能量和蛋白质来源、常量矿物质和日粮 DCAD、微量矿物质、瘤胃调节剂、缓冲剂和其他添加剂。众多研究表明：奶牛产后能量平衡状态随着分娩前日粮能量密度的增加而改善。奶牛产后能量平衡状态的改善与生产效益有关，如生育能力、产奶量和乳脂含量的增加。重要的是要考虑到日粮中能量和蛋白质含量的逐渐增加会增加瘤胃功能和吸收挥发性脂肪酸的能力，同时降低瘤胃酸中毒的风险。应用瘤胃改良剂抑制或增加瘤胃微生物的特定种群来影响瘤胃中产生的挥发性脂肪酸的类型，如莫能菌素钠和拉沙里菌素是离子载体瘤胃修饰剂，主要有利于丙酸盐产生菌的生长，而泰乐菌素是基于抗生素的修饰剂，选择性地抑制瘤胃中的乳酸杆菌和链球菌物种。强化饲料配方包含的主要大矿物质是钙、镁和磷。强化饲料的 DCAD 尤其重要，与DCAD 阳性饲料相比，DCAD 阴性饲料增加骨吸收和肠道吸收的钙储备，降低患生产瘫痪风险。然而，微量元素与其他日粮添加剂的关系及微量元素缺乏的影响仍需深入研究。

强化饲养中推荐的缓冲液是氧化镁，可以作为中和剂。碳酸氢钠缓冲液因其高 DCAD 而很少使用。强化饲喂计划的成功受其他群体因素的影响，如每头奶牛有足够的饲养空间、胎儿准确分娩、良好的记录保存和饲料配方成分的准确估计。强化饲养是一种短期策略，有助于维持围产期奶牛最佳健康和福利，但不能提供一个可持续的长期解决现代奶牛生产性疾病发病率增加的问题。

6.1.4.2　长期策略

提高奶牛围产期的健康和福利变得越来越重要，最好的措施：①针对管理实践，尽量减少分娩和早期泌乳对奶牛的影响；②遗传选择策略，让培育的奶牛有更好的生育能力；③应对生产环境带来的挑战。尽管有针对性的管理实践能提供短期解决方案，但基因选择策略预计将提供更长期的解决方案。Hayes 等（2009）提出遗传策略包括生存和寿命特征的加权选择指数、抗病育种、其他健康和适应性特征及重要的生产和繁殖特征。最近的遗传分析进展，如通过单核苷酸多态性进行基因分型，使得标记辅助选择的发展和感兴趣特征的基因组育种值的产生成为可能。Meuwissen 等（2001）通过全基因组关联研究，使用复杂的统计程序，通过表型数据确定动物基因组中的单核苷酸多态性或连锁单核苷酸多态性（单倍型）组之间的关联。基因组预测的准确性取决于表型数据的质量，这需要使用大量适当的参考群体来提供基因型和表型之间的精确相关性。

在疾病给养殖业造成重大损失的情况下，培育对特定疾病的抵抗力将是非常重要的，但培育对单一疾病的抵抗力有可能增加对其他疾病的易感性。对布鲁氏菌耐药或易感性的流产牛中，发现了巨噬细胞功能与抗体产生之间的反向关系。选择高和低抗体的小鼠中也有类似关系。

根据猪的一般免疫反应性增强的选择发现，加拿大研究人员专注于阻止和逆转当前现代奶牛生产相关健康问题发生率的增加，正在将免疫应答措施纳入选择和繁殖计划。奶牛免疫能力表型评价方法的发展促进了选择和育种方案的改进，旨在提高奶牛的一般抗病性。这种方法有助于筛选出的奶牛能够更好地应对生产环境带来的挑战，同时要结合其他健康和生存特征。Thompson-Crispi 等（2012，2014）指出在奶牛中抗体介导的适应性免疫应答与细胞介导的适应性免疫应答之间存在基因负相关性，在对动物进行一般性免疫应答排序时，需要同时运用抗体介导和细胞介导的免疫应答措施。并且，应用全基因组关联研究识别可能区分高免疫应答和低免疫应答表型动物的潜在免疫相关基因和途径。

在育种和选择项目中加入应激反应特性，有助于通过饲养动物来改善动物的健康，使其具有更好的应对生产环境中遇到的应激源的能力。Hine 等（2014）通过高度整合牲畜的免疫、生理和行为防御反应来应对来自传染源和其他环境应激源的挑战。在此基础上，结合免疫能力特征评估应激反应性和体质特征可能为改善动物健康和福利提供更全面的方法。评估动物在不同情况下的免疫应答，当动物暴露于应激源时，以应对它们在生产环境中面临的环境挑战。此外，测量与免疫能力相关的对内寄生虫的抵抗力是评估动物恢复力和广义免疫应答的进一步工作。因此，作为一项旨在提高奶牛围产期高危疾病健康和福利的长期战略，建议应将更多的选择重点放在适应力特征上，包括免疫能力（面对重叠的应激源）、应激反应性和体质。这可以通过将恢复特征和经济上重要的生产特征纳入一个加权选择指数来实现，该指数的目标是选择生产能力更强的高产动物，以应对生产环境带来的环境挑战。

综上所述，由于分娩和泌乳的生理需求，大量奶牛在围产期出现免疫抑制。改善奶牛围产期能量和营养平衡的管理策略是保障围产期奶牛健康和福利的重要短期策略。然而，一个长期战略是十分重要的，通过选择适应力强的动物来提高奶牛抗病力，以便更好地应对生产环境带来的应激挑战。

6.2　奶牛主要繁殖障碍疾病

6.2.1　卵巢疾病

6.2.1.1　治疗

1）卵巢静止

常用激素疗法。应用阴道内缓释装置和肌注 GnRH 等激素的方法对刺激卵泡的发育与恢复卵巢正常的周期性活动有较好的效果。配合中药促孕散、利用激光治疗仪及电针刺激等方法均有一定疗效。

2）卵巢囊肿

（1）卵泡囊肿：常用激素疗法。患病的奶牛肌内注射 100 万～200 万 IU 的 LH 一次，通常在治疗 3～6d 之后，囊肿的卵泡发生黄体化，其持续发情的症状消失。如果一周后症状仍然出现，可以加量再注射一次。患病的奶牛也可以静脉注射或肌内注射 1000 万～3000 万 IU 的 hCG 1 次。患病奶牛也可以肌注 0.5～1mg 的 GnRH，其治疗效果明显。对于表现出"慕雄狂"症状的奶牛，采取每天肌注 50～100mg 的 P_4，或隔日注射一次，连续用药 2～3 次，其持续发情的症状将会在 10～20d 之后消失，而且其发情正常（Blowey and Weaver，2011）。

（2）黄体囊肿：肌内注射 $PGF_{2\alpha}$ 或肌内注射 100 万～150 万 IU 的 FSH。每 2d 一次，使用 2～3 次。当囊肿样结构消失后，注射少量 hCG，使奶牛发情。亦可肌注 20mg 的己烯雌酚使子宫颈开张，再等待 24h 后，再次肌注 $PGF_{2\alpha}$。

3）持久性黄体

肌内注射 $PGF_{2\alpha}$ 或孕马血清促性腺激素（PMSG）1000～2000U。肌内注射 FSH 100～200U，2～3d 后再重复注射一次。

6.2.1.2　预防

1）卵巢静止

加强饲养管理，改善饲料营养成分，纠正奶牛能量负平衡，增强卵巢功能是预防卵巢静止的最有效方法。

2）卵巢囊肿

（1）在奶牛进入性成熟后，加强营养，适当提高维生素 A 在饲料中的比例，并直接饲喂含有高胡萝卜素含量的青绿饲料，因为胡萝卜素进入机体后可以转化为维生素 A 供机体利用。

（2）正确用药，尤其是激素类或类激素类药物，以免影响正常的激素分泌调节卵巢功能。

（3）患有生殖系统炎症的奶牛必须采取及时正确的方法治疗，若奶牛在产后发生胎衣不下，必须采取正确的措施处置使之排出胎衣，以免诱发其他产后疾病的发生。

（4）要控制奶牛的膘情，尤其是进入性成熟的奶牛或空怀期的经产奶牛，同时适当地调控奶牛的营养水平。避免因体重对排卵造成的影响，并最大限度地减少患病的机会。而对于黄体囊肿的预防可以通过以下方案：饲喂优质的、全价的饲料，适当补充维生素和矿物质。加强饲养管理，改善饲养条件，如增加奶牛的运动、增加奶牛的光照时间等。同时要提高奶牛的生活舒适度，避免应激发生，如夏季温度控制在低于 30℃，冬季最好将室温保持在 12℃ 以上。及时治疗奶牛的其他产科炎症和疾病。少用、慎用生殖激素（尤其是雌激素）。

3）持久性黄体

改善饲养管理，因为持久黄体是一种天然的保护现象，可以防止奶牛在健康状况不佳时妊娠。因此，持久黄体的预防和控制应从改善饲养管理开始，适当提高蛋白质、维生素和矿物质在饲料中的比例，增加运动量，并及时治疗其他疾病。

6.2.1.3　国外的防治研究

1）促炎细胞因子在卵巢囊肿中的表达变化

越来越多的证据表明，排卵具有炎症反应的许多特征，细胞因子在生殖生物学中发挥着多种多样的重要作用。本研究目的是调查促炎细胞因子 IL-1α、IL-6 和 TNF-α 在正常发情周期奶牛卵巢与卵巢囊肿组织中的表达（Baravalle et al.，2015）。

通过 real-time PCR 检测 IL-1α、IL-6 与 TNF-α 的基因表达，健康奶牛和患囊肿奶牛未见显著差异。然而，免疫组化显示在囊肿卵泡中 IL-1α、IL-6 和 TNF-α 的表达增加，表明可能与囊肿卵泡的持续存在有关。卵巢囊肿对 IL-1α、TNF-α 及所有的细胞因子的表达和卵泡构造-疾病的相互影响是明显的。因此，这些促炎细胞因子的表达改变可能与排卵失败和卵泡囊肿的发生有关。

2）两种可能的激素治疗方法诱导卵巢静止奶牛的卵泡生长

（1）背景：产后乏情是高产奶牛的一种生理现象。卵巢静止已被认为是其发生的主要因素，其对乳制品行业造成了严重的损失。目前不同的治疗方法启动发情周期的成功率不一致，需要进一步的研究才能获得满意的结果。

（2）目的与方法：比较用两种不同的激素（GnRH 和 eCG）对治疗产后 60d以上被诊断为卵巢静止奶牛的卵巢反应。共 58 个非周期牛（无 CL，卵泡直径<8mm，P_4< 0.5ng/ml）被随机分为三组：GnRH （组 1，n=23）、 eCG（组 2，n=23）和对照组（n=12），根据应用剂量分成不同组：GnRH（100μg 或 250μg），eCG（750IU或 1000IU），而对照组奶牛没有治疗。在反复超声检查的基础上，估计每天卵泡生长速度和治疗反应间隔。分别于第–7 天、第 0 天（实验开始）和排卵后第 7 天测血清 P_4 的浓度。

（3）结果：周期循环活性恢复率为 55.17%（32/58），第一组为 56.52%；第二组为 60.86%，对照组为 41.66%。总而言之，试验组之间的卵泡生长速度相似，但与对照组相比有显著性差异（P<0.05）。eCG 或 GnRH 治疗的奶牛的卵巢反应较快，分别是 6.85d±0.2d 和 7.84d±0.2d，明显快于对照组 17d±0.7d（P<0.001）。单剂量 GnRH 或 eCG 治疗可使卵泡在黄体发生后（形成 CL）恢复生长和排卵，排卵后第 7 天 P_4 浓度无明显变化（P >0.05）。第二组奶牛多次排卵的发生率明显高于第一组（P <0.05）。eCG 治疗比 GnRH 治疗反应更快，排卵率更高（Atanasov et al.，2014）。

（4）结论：两种治疗方法在恢复卵巢静止奶牛的周期性方面均显示出令人满意的结果。

6.2.1.4 作者的科学研究

1）集约化牛场奶牛乏情病因学及防治的研究

（1）目的与方法：本研究在集约化牛场开展了奶牛生产性能、繁殖性能的调查研究，奶牛产后发情和乏情与体内代谢和内分泌的关系及高能日粮和生殖激素防治奶牛产后乏情的效果三个试验，通过对选取的奶牛产后发情和乏情的生产性能、繁殖性能、日粮营养水平及血液生化、内分泌等指标的研究，旨在阐明集约化牛场高产奶牛产后乏情的病因学，并寻求日粮、生殖激素对奶牛产后乏情的防治效果，为今后更有效地提高奶牛繁殖率奠定基础。

（2）结果

a. 试验一，通过检测三个牛场日粮营养水平（能量、蛋白质、水分、粗脂肪、粗纤维和钙磷）和奶牛的繁殖性能（情期受胎率、乏情率、年受胎率、配种指数、平均产犊间隔），结果表明：牛场 I 日粮中能量和蛋白质含量低于 NRC（2001）

标准水平，牛场Ⅲ能量、蛋白质和脂肪的含量低于 NRC（2001）标准水平。牛场Ⅰ和牛场Ⅲ具有较严重的乏情现象。因此奶牛日粮能量、蛋白质和脂肪水平低是引起奶牛乏情的主要原因。

b. 试验二，通过跟踪检测发情和乏情奶牛（每组 15 头）产后 45d、55d、65d、75d 和 85d，血浆中内分泌指标（LEP、LH、FSH、P_4、E_2、PRL）；血浆中代谢指标（Glu、NEFA、BHBA、BUN）；矿物质指标（Ca、P、Se、Mg）；维生素指标（维生素 A、维生素 D、维生素 E）；肝功指标（TG、γ-GT、GOT、TBIL）。结果表明：乏情奶牛和发情奶牛血浆中矿物质和维生素及肝功指标彼此之间无显著差异，它们不是影响受试奶牛乏情的主要因素，乏情奶牛血浆呈现低 BUN 浓度、低 Glu 浓度和高 NEFA 浓度的理化特征。乏情奶牛通常不具有正常的生殖激素分泌含量、分泌模式及峰值，并且乏情组奶牛血浆中 LEP 浓度显著低于发情组，是导致奶牛乏情的直接原因。

c. 试验三，通过饲喂高能日粮（日粮干物质的摄入量为 88.89%，脂肪为 4.89%，粗纤维为 19.39%，蛋白质为 17.09%，钙为 0.66%，磷为 0.38%，能量为 24.94MJ/kg）和激素治疗，结果表明：饲喂高能日粮（蛋白质：17.09%，能量：24.07MJ/kg）使试验奶牛血浆中内分泌的水平达到正常标准；三种类型乏情奶牛采用适宜的治疗方法，使卵泡静止治愈率达 45%，持久黄体治愈率达 56%，卵巢囊肿治愈率达 42%，治疗后奶牛血液激素水平恢复正常。

（3）结论：通过对受试奶牛生产性能、繁殖性能、日粮营养及血液生化、内分泌指标变化规律的研究，表明奶牛泌乳初期日粮中能量和蛋白质含量不足及泌乳量增高，导致血浆 BUN 和血糖浓度降低及 NEFA 浓度升高，引发产后奶牛能量负平衡，是造成奶牛发情时间间隔延长及乏情的主要原因；奶牛生殖激素分泌量不足、分泌模式紊乱及缺乏峰值是导致奶牛发情时间间隔延长及乏情的直接原因（吴晨晨，2008）。

6.2.2 子宫疾病

6.2.2.1 治疗

1）子宫内膜炎

（1）激素疗法：为促进子宫的收缩和子宫的机能恢复及其炎性产物的排出，可采取注射 OT、麦角新碱等，OT 的剂量一般为 20 IU。对于子宫内有渗出物蓄积的，可采取每 3d 肌注 E_2 8～10mg，注射后 4～6h 再注射 OT 20 IU，效果会更好。若子宫颈未开张，可肌注己烯雌酚以促使子宫颈开张，子宫颈开张后肌注 OT 或静滴 100～200ml 的 10%氯化钙，提高子宫的收缩和张力，促进子宫将内分泌物排出。

（2）抗生素疗法：子宫内膜炎可用多种药物进行治疗。所用药物主要采用各种抗生素类药物。例如，青霉素、链霉素、卡那霉素、先锋霉素及庆大霉素等。其中，青霉素 160 万 IU、链霉素 100 万 IU 可选其一，进行子宫灌注治疗，药量不宜过大。卡那霉素、庆大霉素药量可适当增加。另外，在稀释液中最好加适量油剂，如甘油或植物油，在使用植物油时（豆油、色拉油、花生油等）需加热灭菌。这有助于子宫黏膜的生长、恢复。用量每次 3～5ml 即可。

（3）生物制剂疗法：近年来，利用乳杆菌进行治疗的也比较多，如山东省农业科学院从健康母牛阴道中分离出来的产酸能力极强的正常乳杆菌，该菌可利用阴道黏膜上皮糖原分解为乳酸，进而抑制病原菌。该制剂经在济南、北京、青岛乳牛场 400 多例的实验，证明其对牛的子宫内膜炎的治愈率可达到 80.9%。这种制剂无副作用，克服了使用抗生素的诸多弊端。生物制剂的应用将成为未来防治策略的发展方向。

2）子宫蓄脓和积液

（1）冲洗子宫，排出蓄脓；

（2）药物治疗，可以用甲硝唑溶液和加抗生素的生理盐水注入子宫；

（3）中药治疗，利用中药制剂进行子宫冲洗和灌注，可促进子宫炎症的消退，常用的处方是用生化汤加减而成；

（4）对于子宫积液可肌内注射 30～40mg $PGF_{2\alpha}$ 和 20mg 的地塞米松进行治疗。

6.2.2.2　预防

1）子宫内膜炎

（1）饲养管理水平的提高：难产、阴道感染、胎衣不下及低钙血症等病症均易导致子宫感染的发生，干乳期饲喂能量过高、硒水平过低等营养不平衡，也可能使产后奶牛中性粒细胞功能降低，进而导致子宫感染的发生，故而应提高饲养管理水平，改善饲养条件，需按照奶牛的不同生长阶段科学合理地制定和配制饲料营养。此外，平时应加强消毒防疫，尤其是在助产、接产及人工授精时，要非常严格地遵守兽医卫生规程。在奶牛分娩后采取饮用温的益母草红糖水（0.5kg 益母草+水 10kg，煎成水剂，然后加红糖 0.5kg），每日 1～2 次，连续饮用 2～3d，有促进奶牛恶露排出和加快子宫复旧的功效。

（2）国外学者曾进行了复合维生素和硒对奶牛分娩后常见疾病发病率的影响试验。结果显示，使用复合维生素和硒组母牛的发病率均低于其他试验组，这说明适量补充复合维生素和硒能有效预防子宫内膜炎和胎衣不下等疾病。

2）子宫蓄脓和积液

提高奶牛发情期饲养管理水平，特别是对高龄、青年未生育及曾发生过难产的奶牛。要注重做好发情期奶牛的卫生和牛舍消毒。人工授精要严格确保规范、无菌操作。保证营养科学合理供给，提高奶牛的抗病能力。防止过度使用、过度疲劳、子宫损伤及其他疾病发生。防止应激发生和内分泌功能紊乱，要注意保持环境安静。

6.2.2.3　国外的防治研究

1）三种不同治疗方案的比较

（1）目的与方法：在一个商业农场进行对照实地研究，比较了三个旨在提高奶牛繁殖性能的管理方案。共有 542 头奶牛在产后 22～28d 进行子宫内膜炎检查并分配成三个治疗组：第一组患子宫内膜炎的奶牛宫腔内注入 2% 间甲酚硫酸甲醛缩聚物溶液 100ml 进行治疗；第二组患子宫内膜炎的奶牛宫内注入 20% 的复合桉树液 125ml；第三组从第 43d 开始，每隔 2 周肌内注射 0.75mg $PGF_{2\alpha}$ 直到受精。

（2）结果：有 34% 的奶牛患有子宫内膜炎。第三组发情检测效率显著高于第一组和第二组（$P<0.05$），发情间隔较短，发情天数少于第一组和第二组（$P<0.05$）。

（3）结论：基于战略性使用 $PGF_{2\alpha}$ 的管理方案是一种有效的替代方案，可以替代传统的基于直肠触诊和宫内注入药物的方案，从而在群体水平上控制子宫内膜炎（Heuwieser et al.，2000）。

2）宫内注入抗生素与肌注 $PGF_{2\alpha}$ 治疗临床型子宫内膜炎的比较

（1）目的与方法：比较泌乳天数 20～33d 被诊断为临床子宫内膜炎的奶牛宫内注入抗生素或肌内注射 $PGF_{2\alpha}$ 对奶牛妊娠时间的影响。临床型子宫内膜炎的病例定义是存在化脓性子宫分泌物或宫颈直径> 7.5cm，或者泌乳天数为 26d 后存在脓性黏液排出物。27 个农场共有 316 头奶牛患临床型子宫内膜炎，群内随机分配，宫内注入 500mg 的苄星青霉素为一组，另一组肌注 500μg $PGF_{2\alpha}$，对照组为不接受治疗。

（2）结果：治疗后第 14 天临床症状的治愈率为 77%，不受治疗的影响。治疗后至少监测 7 个月的生殖性能。生存分析用于测量治疗对妊娠时间的影响。产后 4 周前治疗临床型子宫内膜炎无明显疗效。对于子宫内膜炎奶牛，如果在产后 20～26d 对卵巢上没有明显的黄体存在的患子宫内膜炎奶牛采取肌注 $PGF_{2\alpha}$，可以显著降低妊娠率。在产后 27～33d，宫内注入头孢吡啉比未注入的奶牛的妊娠时间明显短（危险比为 1.63）。在此期间，肌注 $PGF_{2\alpha}$ 与未肌注的奶牛的妊娠率无显著性差异，但在宫内注入头孢吡啉与肌注 $PGF_{2\alpha}$ 之间，奶牛的妊娠率差异无统计学意义。

（3）结论：产后子宫内膜炎的治疗应基于随后妊娠率相关的原则，保持在产后 26d 以后进行诊断（LeBlanc et al., 2002）。

6.2.2.4 作者的科学研究

1）子宫内注入液体石蜡对奶牛宫腔分泌物的影响

（1）目的与方法：本研究通过超声检查和阴道镜检查，观察奶牛黄体期宫内注入液体石蜡（LP）后子宫的变化和宫腔分泌物。10 头多胎奶牛分别于排卵后第 10 天或第 11 天（第 0 天：排卵）被注入生理盐水 50ml（PS 组，5 头）；或液体石蜡（LP 组，5 头）。分别于注入 LP、PS 后的 0.25h、1h、2h、3h、4h、6h、8h、12h、24h 进行阴道镜、直肠及超声检查，每天一次，直至注入后排卵。

（2）结果：注入后 6h 内阴道分泌物平均回收量，LP 组明显大于 PS 组（33.0ml±9.9ml vs.14.0ml±13.9ml）（$P<0.05$）。注入后 3.2h±0.5h、3.6h±0.6h 首次出现黄白色分泌物，持续时间分别为 12.2d±2.9d、2.1d±1.5d，LP 组与 PS 组比较差异有统计学意义（$P<0.05$）。两组治疗后均在排卵前 2～3d 再次出现透明分泌物，在排卵前 1d 或排卵当天消失。注入后即刻检查，两组图像均显示子宫角腔无回声且子宫扩张。LP 组和 PS 组分别在注入后 2.2h±0.8h 和 2.6h±0.9h 由无回声图像变为回声图像，LP 组和 PS 组分别持续 12.2d±2.9d 和 2.1d±1.5d。

（3）结论：宫内超声图像的无回声和回声的出现反映了 LP/ PS 样液体和黄白色透明阴道分泌物特征的出现和消失（Lu et al., 2009）。

2）子宫内灌注液体石蜡对奶牛子宫内免疫细胞的影响

（1）目的与方法：探讨液体石蜡（LP）宫内灌注对奶牛子宫吞噬细胞迁移的影响。采用棉球采集子宫颈黏液和收集阴道内液体进行涂片检查。在排卵后 10d 或 11d（0d：排卵），5 头奶牛被注入了 50ml 的 LP（LP 组），另有 5 头奶牛被注入生理盐水（PS 组）。分别于注入 LP 或 PS 后的 0h（灌注后立即）、0.25h、1h、2h、3h、4h、6h、8h、12h、24h 后进行细胞学检查，每隔 1d 进行一次，直至排卵。

（2）结果：与注射前相比，LP 组 8d 内中性粒细胞明显增多（$P<0.05$），在注入后 3d、4d、5d、8d LP 组中性粒细胞的平均数量明显高于 PS 组（$P<0.05$）。注入 LP 后 6h 至 8d 单核细胞数明显高于注入前（$P<0.05$）。注入后 4h、6h、1d，LP 组单核细胞平均数量明显高于 PS 组。

（3）结论：LP 刺激奶牛子宫腔内吞噬细胞的迁移，在子宫感染过程中向子宫腔内灌注 LP 可能增强子宫防御机制（Lu et al.，2011）。

3）子宫内灌注液体石蜡对患子宫内膜炎奶牛受胎率的影响

（1）目的与方法：为了探讨液体石蜡（LP）作为同期排卵预处理方法对患有子宫内膜炎奶牛受胎率的影响及确定经直肠超声波诊断子宫内膜炎的标准，试验采用子宫颈口黏液涂片法将奶牛分为临床型子宫内膜炎组（n=5）、隐性子宫内膜炎组（n=4）和正常组（n=5）。在注入 LP 前，对各组奶牛子宫腔进行经直肠超声波检查，而后在同期排卵技术实施前 6d 将 LP 注入子宫内，每头牛 50ml（每个子宫角各 25ml）。并在实施人工授精后的 21d 进行孕检。

（2）结果：临床型子宫内膜炎、隐性子宫内膜炎和正常牛的宫腔内分别呈现出强的回声光斑、回声细线和无回声。第 1 次孕检受胎率均为 0%。实验表明经直肠超声波检查可以鉴别诊断不同类型的子宫内膜炎。但 LP 作为同期排卵预处理方法对患子宫内膜炎奶牛的受胎率并未获得预期的效果（卜也等，2018）。

6.2.3 胎衣不下

6.2.3.1 治疗

根据发病母牛不同症状、病因，应采取针对性的用药（Bolinder et al.，1988）。

（1）激素疗法：主要是针对子宫弛缓、收缩无力型，治疗胎衣不下中最常用的激素是前列腺素 $PGF_{2\alpha}$ 和催产素，促进子宫收缩进而排出胎衣；

（2）补钙磷，针对钙磷缺乏或比例不当，按 Ca：P = 1.5：1，使用葡萄糖酸钙和磷酸氢二钠补充；

（3）肌注维生素 A、维生素 D、维生素 E 和亚硒酸钠，针对维生素 A、维生素 D、维生素 E 和硒缺乏；

（4）防止感染，用己烯雌酚打开宫颈口，然后向宫内注入防腐抑菌消炎药物，如 0.20%聚维酮碘、乳酸诺氟沙星注射液、氧氟沙星注射液等抗生素，注入量每次 150～200ml，3～5d 一次，直至排出透明清亮的分泌物为止；

（5）体温高采用长效抗生素及对症疗法；

（6）徒手剥离法：由于易造成二次感染及子宫损伤，同时浪费人力物力，目前已不建议徒手剥离。

6.2.3.2 预防

提高饲养和管理水平，提高奶牛的运动量和增加奶牛的光照。适当地补充 Ca、P、Se、维生素 A、维生素 D、维生素 E 等微量元素和矿物质。防止流产、早产等的发生。调整产犊季节，避免在严寒与酷暑季节分娩。在奶牛产后收集羊水并给奶牛灌服或在分娩后立即肌注 OT 200 国际单位，可促进子宫收缩，促进胎衣排出。

6.2.3.3　国外的防治研究

1）两种治疗奶牛胎衣不下的方案比较

（1）目的与方法：比较两种对奶牛胎衣不下（RFM）的治疗方案。常规治疗包括宫内给药四环素丸与臭氧泡沫剂进行比较，两种宫内治疗均无需人工取胎盘。

（2）结果：排除产后第 1 天剖宫产、子宫扭转或脱垂、RFM 以外的其他疾病。年龄、品种、年产奶量、胎次、怀孕时间、产犊期、常规宫内治疗次数等基线变量在两组间无差异。在臭氧组，分娩后 10d 内直肠温度大于 39.7℃ 的天数较多。因为奶牛发烧（基于直肠温度大于 39.7℃）和显著减少食物摄入量，在实施该疗法时记录了剔除（escape）的数量。剔除治疗包括产后 10d 内给予四环素和非甾体抗炎药，剔除治疗数量在两组间无明显差异。以发热为二分类变量的逻辑回归模型表明：奶牛品种、血统、畜栏类型、牧场类型、经营类型对奶牛无影响，年龄和产奶量对奶牛无影响。在第二次评估中，对奶牛进行评估直到泌乳天数为 200d。

（3）结论：生存分析结果表明，四环素丸/臭氧泡沫剂不影响牛群的淘汰率（Imhof et al., 2019）。

2）靶向代谢组学：对奶牛胎衣不下病理生理学和潜在风险生物标志物的新见解

（1）目的与方法：采用有针对性的定量代谢组学方法，研究正常排出和胎衣不下奶牛血清代谢物的时间变化。鉴定并测量了 128 种代谢物的血清浓度，包括产前 8 周和产前 4 周、胎衣不下（RP）诊断周及产后 4 周和产后 8 周的氨基酸、酰基肉碱、生物胺、甘油磷脂、鞘磷脂和己糖。此外，确定胎衣不下发生前的血清中的代谢物特征，这可能将作为预测奶牛发生 RP 风险的生物标志物。

（2）结果：RP 发生前奶牛的代谢物指纹图谱在分娩前 8 周就开始发生重大变化，并在分娩后 8 周继续变化。本研究发现的候选生物标志物主要是炎症的生物标志物，可能对 RP 没有特异性。因此，血清赖氨酸、鸟氨酸、乙酰氯氨酸、LysoPC a C28：0、天门冬氨酸和亮氨酸等作为预测奶牛 RP 发生风险的潜在血清生物标志物，还有待进一步验证。此外，在分娩和 RP 发生周中，血清中溶血酶原（LysoPCs）、色氨酸较低，尿氨酸较高，提示炎症参与了 RP 的病理生理学（Dervishi et al., 2018）。

6.2.3.4 作者的科学研究

1）酒炙车前子治疗奶牛胎衣不下有效部位的筛选

（1）目的与方法：为了筛选并确定酒炙车前子治疗奶牛胎衣不下的有效部位，试验将 40 头胎衣不下荷斯坦奶牛随机分为治疗组（石油醚部位组、二氯甲烷部位组、乙酸乙酯部位组、正丁醇部位组和水部位组）、阴性对照组（生理盐水组）和阳性对照组（酒炙车前子组和牧场疗法组），观察并记录用药后 48h 内胎衣排出情况和排出时间，评价治疗效果。

（2）结果：阴性对照组治愈率为 0。阳性对照组中酒炙车前子组治愈率为80%，且均在灌服药物后 19h 以内排出；牧场疗法组治愈率为 40%，排出时间在用药后的 24h 以内。治疗组中石油醚部位组治愈率为 0；二氯甲烷部位组治愈率为 40%，排出时间在用药后 19h 以内；乙酸乙酯部位组治愈率为 60%，排出时间在用药后 30h 以内；正丁醇部位组治愈率为 0，水部位组治愈率为 40%，排出时间在用药后 19h 以内。二氯甲烷部位和乙酸乙酯部位混合组给药后治愈率为80%，用药后 36h 内胎衣排出。

（3）结论：二氯甲烷和乙酸乙酯部位或二者混合部位是酒炙车前子治疗奶牛胎衣不下的有效部位（鲁文赓等，2018）。

2）酒炙车前子防治奶牛胎衣不下中有效物质分离体系的确定

（1）目的与方法：酒炙车前子防治奶牛胎衣不下是验方，黑龙江八一农垦大学兽医产科学实验室验证酒炙车前子在防治奶牛胎衣不下方面有着显著的疗效，并确定了有效部位。但其防治奶牛胎衣不下的有效物质基础尚不明确。因此本试验目的是确定一个能够将其有效部位中所包括的化合物按照极性由低到高分离成三部分的体系。通过预实验确定了分离二氯甲烷部位和乙酸乙酯部位的洗脱剂和展开剂体系。使用相同内径的层析柱，其中硅胶的高度设置成 3 个梯度：15cm、25cm、35cm，使用洗脱剂进行梯度洗脱后，利用薄层色谱法进行检测，由色谱图观察化合物是否能成功分离成三部分。

（2）结果：二氯甲烷部位和乙酸乙酯部位的结果显示，柱高 15cm 条件下无法有效地分离化合物，柱高 25cm 条件下化合物回收比例要高于柱高 35cm 条件下的化合物回收比例。因此确定了二氯甲烷部位分离化合物的洗脱剂体系：石油醚：乙酸乙酯为 1∶2；石油醚：乙酸乙酯为 1∶30；二氯甲烷：甲醇 30∶1；展开剂体系：石油醚：乙酸乙酯为 4∶1；柱体高度为 25cm。乙酸乙酯部位分离化合物的洗脱剂体系：石油醚：乙酸乙酯 100∶1；石油醚：乙酸乙酯 30∶1；二氯甲烷：甲醇为 30∶1；展开剂体系：石油醚：乙酸乙酯为 10∶1；柱体高度为 25cm。采用干法上样，上样量应适当增加。

（3）结论：该分离体系的确定为研究酒炙车前子中防治奶牛胎衣不下的有效物质基础提供了技术支撑，也为研制高效、安全、廉价的防治奶牛胎衣不下的中药制剂奠定了基础（鲁文赓等，2019a）。

6.2.4　屡配不孕

6.2.4.1　治疗

根据具体情况采取不同的治疗方法（Son et al.，2007）：

（1）因排卵障碍引起的，利用 LH 进行促排。

（2）因卵泡发育引起的，可采用 PMSG 或 GnRH 进行处理。

（3）因授精技术不良或授精时间不当引起的，改善技术。

（4）因子宫炎症引起的，按照上述子宫疾病进行治疗。

（5）因黄体形成不全引起的，可肌注 LH 或 P_4；因营养代谢障碍引起的，按照上述营养代谢疾病进行治疗。

（6）因颈管黏液的精子受容性引起的，可在授精前向颈管内注入透明质酸酶（Hyaluronidase），而后再授精。

6.2.4.2　预防

（1）保持良好的饲养环境。保持牛舍的温度和湿度适宜，保持良好的通风及定期消毒。在夏季温度较高时，采取通风、喷淋、喷雾等多种措施进行降温，避免热应激的发生；在冬季温度较低时，要注意加强牛舍保温除湿，并适当提高日粮能量水平，防止冷应激的发生。此外，特别要注意在加强保温的同时，应注意适当通风换气，以防止牛舍内积聚大量的有害气体。

（2）配种要科学合理。加强奶牛的发情鉴定，确保适时配种，同时规范操作。为有效地保证奶牛正常排卵，在人工授精前，注射 GnRH 或其类似物制剂，以促进卵泡的成熟和排卵，通常在人工授精前 6h 注射为好。此外，注射 GnRH 或其类似物制剂后，还有利于黄体的形成，在一定程度上避免了因黄体发育不良、P_4 缺乏而导致胚胎早期死亡的发生（Kim et al.，2007）。

（3）加强饲养管理。避免营养代谢性疾病的发生、控制好奶牛体况，避免过肥过瘦。

6.2.4.3　国外的防治研究

1）胚胎体内产生干扰素-tau 对免疫耐受的研究

（1）目的与方法：最近的研究表明，第 7 天牛胚胎开始通过干扰素-tau 信号与子宫上皮细胞"对话"。然而，胚胎从输卵管移出后，干扰素-tau 在子宫中的免疫调节作用尚不清楚。本试验的目的是验证第 7 天牛胚胎在子宫中分泌干扰素-tau 的假设，它能诱导免疫细胞的抗炎反应。取第 7 天供体妊娠奶牛的多胎子宫冲洗液（UF），在 UF 中培养外周血单核细胞（PBMC）。

（2）结果：在 PBMC 中检测到的转录本显示，妊娠奶牛 UF 表达下调促炎细胞因子（TNF-α，IL-1β）和上调抗炎细胞因子（IL-10），并激活干扰素刺激基因（ISGs；OAS1）与未怀孕奶牛 UF 比较。在 UF 中添加特异性的干扰素-tau 抗体抑制了对 PBMC 的影响，说明干扰素-tau 是这种免疫调节的主要因素。观察到牛子宫上皮细胞的条件培养基在体外被干扰素-tau 刺激，同时补充新鲜干扰素-tau 诱导类似的 PBMC 基因表达，证实干扰素-tau 直接作用于这种免疫反应。

（3）结论：体内第 7 天胚胎分泌的干扰素-tau 在免疫细胞中产生抗炎反应，这可能为接受胚胎提供免疫耐受（Rashid et al.，2018）。

2）在屡配不孕（RB）奶牛和非 RB 奶牛发情周期的黄体中期，子宫内膜的发酵基因表达谱

（1）背景：由于每次受孕的配种次数和产犊间隔增加，RB 直接影响牛的繁殖效率。本研究旨在探讨子宫内膜基因表达谱的变化是否与奶牛的 RB 有关。利用微阵列分析方法，研究了 RB 和非 RB 奶牛发情周期的黄体中期子宫内膜的差异基因表达谱。

（2）方法：收集发情周期第 15 天（4 头/组）RB（至少受精 3 次但未怀孕）和非 RB 奶牛与黄体同侧和对侧子宫角子宫肉阜（CAR）及肉阜间（ICAR）的子宫组织。采用 15K 定制低聚微阵列分析对这些子宫内膜样本进行全基因表达谱分析。采用免疫组织化学方法研究三种转录产物在子宫内膜中的细胞定位。

（3）结果：微阵列分析显示，与非 RB 奶牛相比，RB 奶牛与黄体同侧子宫角 CAR 和 ICAR 分别表达 405 个和 397 个基因。在对侧子宫角中，RB 的 CAR 和 ICAR 分别表达 443 个和 257 个差异基因。基因本体学分析表明，RB 奶牛的子宫肉阜的发育和形态发生相关基因主要表达上调。在同侧和对侧子宫角的 ICAR 中，RB 奶牛与非 RB 奶牛相比与代谢过程相关的基因主要富集于 RB 奶牛。在全子宫分析中（结合上述 4 个子宫内膜的数据），RB 奶牛与非 RB 奶牛相比，PRSS2、GSTA3、PIPOX 等 37 个基因表达上调，CHGA、KRT35、THBS4 等 39 个基因表达下调。免疫组化显示，CHGA、GSTA3 和 PRSS2 蛋白定位于子宫内膜腔腺上皮细胞和间质。

（4）结论：本研究表明 RB 奶牛与非 RB 奶牛子宫内膜基因表达谱存在差异。在每个子宫内膜腔中确定的候选子宫内膜基因和功能将有助于提高奶牛繁殖性能（Hayashi et al.，2017）。

6.2.4.4　作者的科学研究

1）子宫内注入液体石蜡对奶牛屡配不孕的治疗效果

（1）目的与方法：奶牛屡配不孕由于增加配种次数和产犊间隔而严重地制约着奶牛的繁殖效率。又因该病的病因多样、繁杂且难以捕捉，所以至今尚无有效的治疗方法。液体石蜡（LP）具有募集炎性细胞的功能，作为一种药用佐剂在医药等行业被广泛使用。因此，本试验将其作为一种治疗奶牛屡配不孕的手段，探讨其对患病奶牛的治疗效果。选取 37 头患病奶牛，在进行试验前再次对奶牛进行直肠检查和 B 超检查，排除了生殖系统有明显病变的奶牛 12 头，剩余 25 头奶牛作为实验动物。采集奶牛基本信息并进行统计分析。将实验动物设置成两组：奶牛的子宫内注入 LP（LP 组）（$n=15$）和对照组（子宫内注入 0.9%生理盐水组，PS 组）（$n=10$）。每头奶牛的子宫角各注入 25ml 的 LP 或 PS（每头奶牛合计注入 50ml），随后对奶牛进行发情状况、人工授精次数和受胎率等信息收集，并进行统计分析。

（2）结果：LP 组的受胎率为 53.3%显著高于 PS 组的 30.0%（$P<0.05$），LP 组从子宫内注入 LP 到发情的天数较 PS 组明显缩短（$P<0.05$），同时，子宫内注入 LP 或 PS 后至受孕的天数，LP 组显著小于 PS 组（$P<0.05$）。

（3）结论：LP 能够缩短空怀期天数、减少人工授精次数、提高受胎率，进而表明子宫内注入 LP 对治疗奶牛屡配不孕具有明显的疗效，这为治疗奶牛屡配不孕创建了一种有效的新方法（鲁文赓等，2019b；鲁文赓，2008）。

6.3　奶牛主要肢蹄病

6.3.1　腐蹄病

6.3.1.1　治疗

治疗原则：坚持早发现，早治疗，消除病因，少喂精料，清理胃肠，同时根据病情对症治疗。

1）局部治疗

将患牛蹄部修理平整，清除蹄底角质部病灶的脓汁及坏死组织，然后用过氧化氢、高锰酸钾溶液等冲洗患蹄，涂布鱼石脂软膏、松馏油或硫酸铜粉，最后装蹄绷带，将病牛置于干燥环境中。

2）全身治疗

对严重腐蹄病奶牛可选用抗生素和磺胺类药物进行全身治疗。此外，口服锌制剂也有一定的治疗作用。

6.3.1.2 预防

1）饲料营养

奶牛腐蹄病与机体营养代谢密切相关，因此对泌乳奶牛的饲喂应严格按照饲养标准进行，保证奶牛摄入足量的能量、蛋白质、矿物元素、微量元素等。

2）蹄部护理

规模化牛场应建立规范的修蹄护蹄保健制度，定期修蹄护蹄。一般情况下，每头奶牛每年应修蹄 2 次。定期蹄浴是预防和治疗奶牛腐蹄病广泛使用的方法，蹄浴不仅能够消毒奶牛蹄部，预防腐蹄病的发生，而且能够有效地降低其他蹄病的发生，如蹄叶炎、趾间皮炎及变形蹄等。蹄浴一般建议每周 1 次，常用药物为10%硫酸铜、5%福尔马林、0.1%高锰酸钾、硫酸锌等。

3）牛舍环境卫生管理

牛舍环境卫生也是导致腐蹄病发生的一个主要原因。牛舍、运动场地面应平整，无坚硬异物；及时清理粪便，排除污水，经常消毒，保持牛舍清洁卫生、干燥。

4）合理分群

理想的饲养密度为每 100m^2 面积饲养 12～15 头奶牛，以保证奶牛有足够的生活和运动空间，减少奶牛对环境的应激，降低疾病的发生。

5）遗传因素

奶牛腐蹄病的发生与遗传因素有关，研究表明，该病遗传力在 0.02～0.27。禁用有肢蹄遗传缺陷的公牛的冻精配种，从而降低腐蹄病的发生率。

6.3.1.3 国外的防治研究

早期全身应用抗生素被认为是治疗奶牛腐蹄病的关键。表 6-3 显示了美国目前批准的治疗腐蹄病的各种抗生素（Van Metre，2017）。结果表明：头孢噻呋钠（1mg/kg肌内注射，每天 1 次，连用 3d）治疗受感染的饲养家畜与土霉素（6.60mg/kg 肌内注射每天 1 次，连用 3d）治疗效果一致。头孢噻呋钠的代谢时间较短，对于接近市场体重的动物可能是更合适的选择。在国外，替米考星（5mg/kg 皮下注射）已广泛用于奶牛腐蹄病。头孢噻呋钠也可用于局部灌注。体外抗菌治疗的成功率为 68%（土霉素）、73%～99%（头孢噻呋钠）、74%（替米考星）和 99.50%（结晶性头孢噻呋游离酸）（Merril et al.，1999；Kamiloglu et al.，2002；Van Donkersgoed et al.，2008）。

表 6-3　美国目前批准用于治疗牛腐蹄病的抗菌剂

通用名称和配方	剂量（mg/kg）	批准的给药途径	治疗间隔	牛的使用限制
头孢噻呋钠	1.1～2.2	IM，SC	每24h 用药1次，连续用药3～5 天	无
盐酸头孢噻呋	1.1～2.2	IM，SC	每24h 用药1次，连续用药3～5 天	无
结晶性头孢噻呋游离酸	6.6	SC	每24h 用药1次	特定注射途径 [a]
氟苯尼考	20	IM	48h 内给药2次	不适用于 20 月龄以上的奶牛，也不适合用于肉牛
	40	SC	每24h 用药1次	同上
氧四环素	6.6～11	SC，IV	每24h 用药1次，不超过连续 4d	无
		IM（某些产品）	同上	无
磺胺二甲氧嘧啶				
片剂	25（第1天），之后 12.5	PO	每24h 用药1次，不超过连续 5d	不用于肉用牛
40%溶液	55（第1天），之后 27.5	IV	每24h 用药1次，连续用药3～5 天	同上
磺胺甲嗪				
片剂	如产品标签所示	PO	如果症状未见减轻，72h 后服第二次	不用于 20 月龄以上的奶牛。不适用于小于 1 月龄的幼犊或纯牛奶喂养的幼犊
可溶性粉末	第1天 237.6mg/kg，之后 118.8mg/kg	置于饮用水中 PO [b] 或者蹄浴使用	每24h 不超过连续 5d	同上
泰拉霉素	2.5	SC	1次	不适用于 20 月龄以上的奶牛
泰乐菌素	17.6	IM	每24h 不超过连续 5d	不适用于 20 月龄以上的奶牛（包括干乳牛）或肉用牛

注：IM，肌内；IV，静脉内；PO，口服；SC，皮下。

a. 用于在泌乳期奶牛耳后部皮下注射，并将其附着在头部（耳底）。用于牛和非泌乳期奶牛耳后中 1/3 或耳后附着头（耳底）的皮下注射。

b. 截至 2017 年 1 月 1 日，在美国用水使用的抗菌剂需要有许可兽医的处方。

英国的奶牛腐蹄病分离得到的 F 型坏死菌中检测到其对青霉素和增强磺胺类药物耐药。育肥牛腐蹄病分离到的利氏卟啉单胞菌、中间普氏菌和化脓性链球菌对土霉素和头孢噻啶具有敏感性。在其他研究中，从腐蹄病分离的细菌耐药性没有详细描述。这反映了某些兽医诊断实验室对厌氧菌进行耐药性实验的能力有限。此外，对早期抗生素治疗腐蹄病取得成功的预期，可能会促使少数从业者提交样本进行培养和敏感性研究。快速 DNA 测序技术的发展，可能会比传统的培养和抗生素敏感性方法更容易快速识别病原体和检测抗生素耐药性（Cook and Culter，1995）。

结合全身抗菌治疗，坏死组织清创和包扎是可选的辅助治疗方法。虽然有各种化合物（如硫酸锌、苯扎氯铵）可以局部应用于奶牛腐蹄病和相关蹄部疾病治疗，但这些化合物并没有被证明可以提高治愈率或替代全身治疗（Rebhun and Pearson，1982）。

6.3.2 变形蹄

6.3.2.1 治疗

临床上常用修蹄疗法，每年进行 2 次维护性修蹄。修蹄前认真检查每头牛站立肢势与运动情况，如体型、肢势、步态、趾轴、蹄形等。根据奶牛具体的肢势、蹄形制订不同的修蹄方法，应综合各方面因素来制订合理的修蹄方案。对于不同肢势所形成的蹄形的修蹄方法有所不同，不能单纯以削短角质为目的进行简单的修蹄。力求所修蹄形适合奶牛肢势。

6.3.2.2 预防

1）加强饲养管理

（1）保持牛舍清洁、干燥、通风良好，保持运动场地的平整洁净、排水通畅，及时清理舍饲及运动场的粪尿、垃圾及尖锐异物，避免牛蹄长期浸渍在粪尿和泥水中，防止牛蹄被碎石或尖锐异物刺伤，造成病原微生物的感染。

（2）确保奶牛有充足的运动，避免奶牛出现蹄裂、长趾及蹄变形的情况，饲槽的高度设计不宜过低，防止奶牛采食时呈前倾并两前肢叉开的姿势，导致肢蹄病的发生。

（3）根据不同时期的营养需求，科学合理地搭配日粮中的能量、蛋白质、矿物质、粗纤维、维生素及微量元素，特别要注意精料和粗料、钙和磷的搭配比例，保证供应充足有效的营养。

2）奶牛定期修蹄和蹄部消毒

每年对奶牛进行 2~3 次修蹄，一旦发现奶牛有蹄变形情况要及时进行矫正。

奶牛出入牛舍及挤奶厅时要对蹄部进行消毒，出入口设置消毒池。

3）品种选育

严格执行奶牛的品种选育，淘汰有滚蹄、卷蹄、过长趾等严重肢蹄缺陷的母牛。采用正规渠道的公牛精液，充分了解公牛的身体状况，种公牛要选取蹄质和蹄形较好的公牛，禁止使用有肢蹄缺陷的公牛精液。

4）建立严格的卫生防疫消毒制度

奶牛场整体环境定期消毒，扼杀一切传染病病原的侵害。

6.3.2.3　作者的科学研究

1）规模化牛场奶牛变形蹄的修蹄效果

（1）方法：本试验在黑龙江省某集约化牛场开展奶牛变形蹄的调查，阐明奶牛蹄变形的发生规律和变形蹄及其修蹄后对体内矿物元素、微量元素、氧化应激和泌乳量的影响，提出了规范奶牛变形蹄的矫正和预防建议，为今后奶牛变形蹄的防治提供科学依据。

（2）结果

a. 试验一。调查黑龙江省东部某规模化牛场泌乳期奶牛肢蹄病、变形蹄的发病情况，并根据数据收集和统计，调查分析奶牛变形蹄的发生规律。试验结果表明：①该牛场肢蹄病发病率为 21.47%，其中变形蹄占肢蹄病发病的 42.61%；②奶牛变形蹄与年龄和胎次呈负相关，与泌乳量呈正相关，夏季多发。

b. 试验二。选取试验一泌乳期的 10 头患变形蹄奶牛与 10 头健康奶牛，分别检测修蹄前后两组奶牛血液中矿物元素（Ca、Mg、P）、微量元素（Cu、Zn、Fe）和氧化应激指标（SOD、GSH-Px、MDA），测量泌乳量，并对比奶牛修蹄前后上述指标的差异。结果显示：①奶牛变形蹄的发生会导致血液中 Mg、Fe、Zn、SOD 和 GSH-Px 水平降低，P、Cu 和 MDA 水平升高，Ca 无明显变化。但通过修蹄后，除铜无较大变化，其他指标水平均处于正常水平，且与健康奶牛水平无显著变化；通过对患病奶牛修蹄，患病奶牛泌乳量平均提高 6.45kg，平均增长率为 20.98%。

（3）结论：本试验发现 2～5 岁即 1～4 胎的奶牛在夏季容易发生变形蹄，且随泌乳量增加，患病率也增高；变形蹄奶牛血浆矿物元素、微量元素及抗氧化能力出现明显变化；合理有效和规范的修蹄可以有效改善患病奶牛体内矿物元素、微量元素水平和抗氧化能力及泌乳量；牛场应合理开展蹄部普查和肢蹄保健，从而保障奶牛蹄部健康（王海林等，2015）。

6.3.3 蹄叶炎

6.3.3.1 治疗

（1）调整日粮结构，减少精料饲喂量，增加优质干草或青绿多汁饲料，改善胃酸过多及机体酸中毒状态。

（2）为缓解疼痛、防止悬蹄发生，可采用封闭方法。

（3）发病初期可采用湿敷疗法，促进渗出液的吸收。

（4）抗生素蹄浴是目前最常用的治疗蹄叶炎的方法。

（5）急性期病例可采用放血疗法。

（6）针对慢性蹄叶炎，及时修蹄可以减轻病情。

6.3.3.2 预防

蹄叶炎并发继发性蹄病一般为群体性问题。与其他生产性疾病一样，蹄叶炎受多因素影响，饲养管理对降低蹄叶炎发生风险至关重要。因此，应重视蹄叶炎的预防。

1）饮食和饲养管理

制订增加反刍和降低酸中毒风险的措施。饮食和饲养管理注意事项包括以下内容。

（1）配制营养均衡的日粮，保证精粗比、钙磷比适当；

（2）逐步调整泌乳期饮食；

（3）使用促进自然消化的饲养程序；

（4）饮食均衡，有足够的功能性纤维促进反刍；

（5）保持瘤胃内环境的相对稳定；

（6）合理分群饲养。

2）畜舍与舒适度

（1）加强畜舍卫生管理，保持畜舍清洁干燥；

（2）混凝土区域使用橡胶垫；

（3）避免在产犊前改变地面硬度，若改变应至少在产犊前 2 个月进行；

（4）奶牛的休息时间应保持 4h 以上；

（5）定期浴蹄。

3）蹄浴

蹄浴液可选择福尔马林溶液，每 100L 水加 3～5L 福尔马林。也可选择 4%硫酸铜，硫酸铜既有杀菌的作用又有硬化蹄匣的作用。蹄浴溶液深度应达到 10cm 以上。蹄浴池应设在挤奶间的出口处，使奶牛挤奶和放牧时经过蹄浴池从而达到浸泡消毒的目的。根据牛的数量，蹄浴液一般 2～3d 需进行更换。但如果蹄浴液过脏应及时更换新液。

4）修蹄

蹄叶炎造成蹄部变形，蹄部的正常功能也发生了改变。这也是蹄部过度生长的原因。定期修蹄可以使蹄部恢复到正常的形状和功能。建议每年进行两次预防性蹄部修剪。

6.3.3.3　国外的防治研究

1）抗生素蹄浴

（1）蹄部清洗：在蹄部不洁的情况下，对奶牛进行抗生素蹄浴。由于抗生素不能到达局部病灶，会造成蹄浴效果不佳。强力清洗是最有效的清洗方法，但耗时较长。设置两个单独的蹄浴池，第一个放置清水，第二个放置抗生素。这样可以使抗生素蹄浴前牛蹄比较干净。

（2）蹄浴时秸秆的使用：在蹄浴中使用秸秆有助于清洁蹄部，并使活性物质更好地渗透。

（3）每次蹄浴奶牛的数量：建议限制每次进行蹄浴的奶牛数量。最佳数量因农场不同而异，300L 蹄浴液最多可供 100 头牛进行蹄浴。

（4）蹄浴后的管理：为了最大限度地提高疗效，应将抗生素溶液留在病灶上使其干燥。蹄浴后，应让牛在干净的环境中静止 30min。

尽管抗生素蹄浴是治疗蹄叶炎的有效方法，绝大多数奶牛蹄浴治疗 4d 内跛行和疼痛明显减少，病变外观也有显著改善，但在大多数农场，为彻底控制疾病需反复进行蹄浴治疗（Kloosterman，2007；Parks and O'Grady，2003）。

2）非抗生素蹄浴

在英国，从硫酸铜到消毒剂，各种各样的非抗生素治疗手段用于蹄叶炎的控制。然而，只有少数证据表明，非抗生素蹄浴产品是治疗蹄叶炎的有效方法。在美国和南美洲有一种非抗生素产品（包含溶解铜、过氧化合物和阳离子剂的混合物）是治疗蹄叶炎的有效方法，但仅用于蹄部局部喷雾（Shearer and Hernandez，2000）。福尔马林可有效替代抗生素用于蹄叶炎的治疗，前提是其可能必须每天使用，且仅适用于没有病变的牛（Kloosterman，2007；Parks and O'Grady，2003）。

3）环境因素

环境因素在蹄叶炎的发生、发展中起到重要作用。研究发现畜舍环境对蹄叶炎的发病率有显著影响。在 4 个不同的畜舍系统中，使用钻孔镜对该病的患病率进行了评估：一个秸秆堆积场、一个拖拉机清理的隔间和两个自动清理的隔间，一个隔间已经建成 20 年，另一个隔间已经建成 6 年。与关在隔间里的牛相比，秸秆堆积场的牛患蹄叶炎的概率更小（Kloosterman，2007；Parks and O'Grady，2003）。

6.3.4 蹄皮炎

6.3.4.1 治疗

1）抗生素治疗

奶牛蹄皮炎的治疗以抗菌治疗为主。

（1）规范的牛群蹄浴，这种方法可以显著降低奶牛蹄皮炎的发生概率。

（2）抗生素对患牛进行全身治疗。

（3）抗生素对患牛进行局部治疗。

抗生素作为奶牛蹄皮炎的首选药物广泛应用于临床，通常使用的药物有头孢类抗生素、金霉素、四环素、林可霉素、土霉素。抗生素作为治疗奶牛蹄皮炎的金标准，其疗效已经得到证实。

2）抗生素替代疗法

目前还有抗生素替代疗法，如 Protexin®Hoof-Care 是由英国研制的一种非抗生素类治疗奶牛蹄皮炎的药物，它含有七水合铝（3.39%）、铜（3.29%）和硫酸锌（0.40%）、植物精油（胡椒薄荷/桉树，0.16%）、甲酸（6.80%）、乙酸（3.74%）和丙酸（2.0%），并且具有 3.5 的 pH 值。通过与土霉素的治疗效果对比证实 Protexin®Hoof-Care 药物的高效性（Kofler et al.，2004）。

6.3.4.2 预防

1）蹄部喷雾处理

目前奶牛临床上主要有两种方法进行蹄部喷雾。一种是抗生素喷雾，其有效成分为氯四环素（金霉素），另一种是螯合剂，其主要活性成分为螯合锌和螯合铜。

2）奶牛蹄浴

奶牛蹄皮炎最常用的群体性干预是蹄浴，主要通过改善卫生来预防新病例。

很多研究证实蹄浴可有效控制奶牛蹄皮炎，特别是发病早、症状轻的奶牛，定期蹄浴可以有效预防奶牛蹄皮炎，防止症状进一步恶化或发展至其他蹄病。临床上经常用的蹄浴药包括硫酸铜、福尔马林、硫酸锌、戊二醛和甲醛等。

3）保证良好的牛蹄质量

定期修蹄对于奶牛的肢蹄保健至关重要，奶牛蹄角质会以 5mm/月的速度增长，当蹄部的磨损程度小于生长速度时，就容易发生蹄变形，因此定期修蹄可以避免变形蹄的发生，蹄角质过度的生长会使蹄部负重不均匀，真皮层局部压力增加，引起蹄病的发生。蹄部修剪分为治疗性修蹄与预防性修蹄。

6.3.4.3　国外的防治研究

细菌感染在奶牛蹄皮炎发病机制中扮演着很重要的角色，因此蹄皮炎的治疗措施主要围绕控制细菌感染为主。兽医临床常用的方法有三种。

1）全身抗生素治疗

全身使用抗生素治疗蹄皮炎是有效的。在美国，肌内注射普鲁卡因青霉素或肌内注射头孢噻呋可以用于治疗牛的蹄皮炎病变（从潮湿的疼痛性病变转变为干燥的非疼痛性病变）。在英国，头孢氨苄已被授权用于治疗蹄皮炎。在阿根廷，Rutter 等（2001）用头孢氨苄治疗 50 头患蹄皮炎的牛，30d 后治愈率为 82%。

2）局部治疗

全身注射抗生素成本较高，以及对抗生素治疗后牛奶或肉类的要求，因此临床上对蹄皮炎进行局部抗生素治疗比全身抗生素治疗更普遍（Laven and Logue，2006）。

（1）抗生素

在英国，土霉素气雾剂可以用于治疗局部感染，包括牛的蹄皮炎。实验研究表明，与阴性对照相比，疗效方面有显著的优势，在某些情况下，也优于其他非抗生素治疗疗效（Britt et al.，1996）。

使用土霉素局部治疗蹄皮炎效果明显。方法有以下几种：每天使用土霉素治疗 2 次，治疗 21d；每天使用土霉素治疗直到病变消失；一次性使用 2g 土霉素浸泡绷带，或一次性使用土霉素/龙胆紫气雾剂。氧四环素对该疾病也有显著的疗效。

其他治疗蹄皮炎的一些药物在表 6-4 中进行了汇总。数据表明，这些局部抗生素和土霉素效果一致，由于这些药品尚未在英国被批准用于局部使用，使用时需要有正当的理由（特别是土霉素为什么不用），同时奶牛需要进行 7d 停乳。总之，即使进行局部的土霉素治疗，也需要进一步研究建立一个全面的最优治疗方案，还需考虑疾病的流行程度、表现或严重程度等因素。

表 6-4　其他抗生素局部治疗蹄皮炎的疗效报告

产品	剂量	用法	功效
林可霉素	10ml 0.6g/L 溶液	每日喷药，持续 3d	治疗 14d，在减轻疼痛、病变大小和严重程度方面效果明显
林可霉素	4g	粘贴然后包扎	与土霉素（7.5g）效果一致
林可霉素/大观霉素	0.5g/L 和 1.0g/L	每日喷药，持续 10d	高剂量比低剂量和 1g/L 或 4g/L 土霉素更有效
伐奈莫林	25ml 0.1g/L 溶液	间隔 48h 处理 2 次	与林可霉素治疗 14d 效果相当

资料来源：Laren and Logue，2006

（2）抗生素替代方案

考虑到使用未经授权的抗生素需停乳（即使是局部使用）和抗生素的抗药性、抗生素对环境的污染及最终成本等一些问题，使得人们对蹄皮炎的非抗生素局部治疗有着广泛的兴趣。最近有机奶制品需求的增加也突出了对抗生素替代物的需求。然而，关于这类替代品疗效的数据是有限的。表 6-5 总结了几项研究的结果，这些研究调查了局部使用非抗生素替代物治疗蹄皮炎的疗效。

混合的可溶性铜、过氧化物化合物和阳离子剂在治疗蹄皮炎时，以减轻疼痛和损伤为基础与土霉素溶液（25mg/ml）效果相当，但是，该类产品的原始配方不具备足够的稳定性，无法在商业上销售（Hernandez et al.，1999）。

表 6-5　抗生素替代物作为局部喷雾剂治疗蹄皮炎的疗效

产品	用法	功效
聚维酮碘（7.5%）	2 次/d，持续 5d	对发病率无影响
硫酸铜（5%）	1 次/d，持续 5d	在减轻疼痛和损伤评分方面，效力低于 25mg/ml 土霉素
酸化离子铜溶液	1 次/d，持续 8d	在减轻疼痛和损伤评分方面，效力低于 25mg/ml 土霉素
酸化离子铜溶液	3 次/d，持续 21d	效果与 100mg/ml 土霉素相同
过氧化氢/过氧乙酸	1 次/d，持续 8d	在减轻疼痛和损伤评分方面，效力低于 25mg/ml 土霉素
过氧化氢/过氧乙酸	1 次/d，持续 21d	没有明显效果
酸化亚氯酸钠溶液	3 次/d，持续 21d	减少跛行评分的效果与 100mg/ml 土霉素相同
戊二醛	分两次给药，相隔 5d，包扎 7d	治愈率低于 100mg/ml 土霉素

目前，英国有许多非抗生素产品可供局部病变使用，这些产品在治疗和控制蹄皮炎方面可能有效。这些物质包括杀菌剂（如氯化苯扎溴铵）、酸化铜盐、含有精油和有效酶的有机酸及特定的微量元素。

3）蹄浴治疗

（1）抗生素蹄浴

英国普遍采用抗生素蹄浴治疗蹄皮炎。然而，在美国抗生素蹄浴的使用不普遍，欧洲也有几个国家禁止抗生素蹄浴（Dawson，1998；Shearer and Elliott，1998；Holzhauer et al.，2004）。

尽管局部治疗更有效，但在病情流行时要经常使用抗生素蹄浴，而不是局部治疗。使用 0.6g/L 林可霉素作为局部喷雾剂对改善跛行评分的效果明显优于相同药物浓度的蹄浴。局部喷雾剂可以有效地控制蹄皮炎。这种治疗的成本与蹄浴成本相近或更少。使用局部喷雾剂比蹄浴更方便、更便宜。

虽然许多抗生素蹄浴的治疗方案已被用于治疗蹄皮炎，但只有一种抗生素即红霉素，其疗效已经被证实，使用 0.035g/L 红霉素蹄浴治疗蹄皮炎 4d，奶牛的跛行明显减少，且疼痛反应明显减轻。此外，治疗后的病变部位有更多的愈合概率。但是可能需要重复使用红霉素，因为 10%的牛仍然存在跛行，40%的牛在治疗 11d 后出现疼痛性病变。任何用于蹄浴治疗蹄皮炎的抗生素其剂量很难确定，因此，使用的浓度和治疗方案总是基于案例报告和有关兽医的个人经验。表 6-6 总结了所发现的用于蹄浴治疗蹄皮炎的抗生素（Laven and Proven，2000）。

表 6-6　蹄浴中大量使用抗生素治疗蹄皮炎

抗生素	浓度（g/L）	用法
四环素	4	单通道，每3～4周一次
土霉素	4	无报道
土霉素	1～10	无报道
红霉素	0.035	双通道，在挤奶时
红霉素	0.035	单通道
红霉素	0.035	双通道，间隔24h
红霉素	0.035～0.06	无报道
林可霉素	0.6	一天2次，共7d
林可霉素	0.1～0.5	无报道
林可霉素/大观霉素	0.17/0.34	单通道，4～6周
二甲硝咪唑	1.25	双通道，在挤奶时
泰乐菌素	0.03～0.06	无报道
硫黏菌素	0.05	无报道

（2）抗生素蹄浴的问题

尽管研究表明抗生素蹄浴治疗蹄皮炎的奶牛牛奶中不会残留抗生素，但是欧盟目前没有批准使用抗生素蹄浴治疗蹄皮炎，总之，无论使用何种抗生素，目前都有至少7d的法定停乳时间。另外一个与抗生素蹄浴相关的问题是，在抗生素失效之前通过蹄浴进行治疗的奶牛数量很难计算。

（3）非抗生素替代物

目前没有数据支持抗生素替代品的蹄浴液治疗蹄皮炎的效果。表6-7汇总了最常见抗生素替代物的数据，福尔马林和硫酸铜是最常用的非抗生素产品。

表6-7 用抗生素替代物蹄浴治疗蹄皮炎的疗效观察

产品	浓度（%）	用法	功效
福尔马林	12.5	在福尔马林中站立1h，重复1周	91%的治愈率
福尔马林	5	无报道	无效，可能会加重DD
福尔马林	5	每周2次	疗效好
福尔马林	5～10	每天治疗，持续14d	疗效好
福尔马林	2.5	每天治疗，持续7d	与使用2d红霉素治疗同样有效，降低了病变评分
福尔马林/氢氧化钠	5/5	每周2次，持续12周	疗效好
硫酸铜	2.5	无报道	无疗效
硫酸铜	0.5	无报道	无疗效
硫酸铜	2.0	每天治疗，持续7d	与使用2d红霉素治疗同样有效，降低了病变评分
硫酸锌	20	每天治疗，持续3d	疗效好
过乙酸	1	每天治疗，持续7d	与使用2d红霉素治疗同样有效，降低了病变评分

资料来源：Laven and Logue，2006

其他替代蹄浴的治疗方案，包括熟石灰、挤奶机清洁液和乳头浸泡/喷雾器等，都有不同的报道，但仅作为临床报告。一些使用非抗生素蹄浴替代物的治疗方案可能与使用抗生素蹄浴一样有效，但是需要进一步研究，以确定蹄浴的有效性、蹄浴的最佳浓度等。

参 考 文 献

卜也，单欢欢，刘奇，等. 2018. 液体石蜡作为同期排卵预处理对患子宫内膜炎奶牛受胎率的影响. 黑龙江八一农垦大学学报，3(6): 24-29.

蔡永华，夏成，张洪友. 2007. 补铜对奶牛血浆铜含量和铜蓝蛋白活性及其相关性的影响. 中国畜牧兽医，4: 43-44.

曹宇，张洪友，夏成，等. 2016. 浅析维生素E对奶牛健康的影响. 黑龙江畜牧兽医，5: 69-72.

高阳. 2015. 奶牛酮病发病率调查及丙二醇预防酮病的效果研究. 黑龙江八一农垦大学硕士学位论文.

韩博, 苏敬良, 吴培福, 等. 2006. 牛病学——疾病与管理. 北京: 中国农业大学出版社.

金锡山. 2015. 黑龙江省某集约化牛场奶牛低血钙症的调查及防治方法的研究. 黑龙江八一农垦大学硕士学位论文.

李徐延. 2009. 过瘤胃脂肪和过瘤胃葡萄糖对奶牛生产性能和能量代谢的影响. 黑龙江八一农垦大学硕士学位论文.

鲁明福. 2011. 过瘤胃胆碱、甜菜碱对奶牛泌乳性能、繁殖性能和能量代谢的影响. 黑龙江八一农垦大学硕士学位论文.

鲁文赓. 2008. 奶牛子宫内灌注液体石蜡的研究. 日本东京农工大学博士学位论文.

鲁文赓, 邵立宇, 徐郑美, 等. 2019a. 酒炙车前子防治奶牛胎衣不下有效物质分离体系的确定. 中国兽医学报, 39(1): 126-130.

鲁文赓, 邵立宇, 许美花. 2019b. 子宫内注入液体石蜡对奶牛屡配不孕的治疗效果. 黑龙江八一农垦大学学报, 31(6): 23-25.

鲁文赓, 王瑶, 孙宏亮, 等. 2018. 酒炙车前子治疗奶牛胎衣不下有效部位的筛选. 黑龙江畜牧兽医, 7: 176-180.

朴范泽, 夏成, 侯喜林, 等. 2008. 牛病类症鉴别诊断彩色图谱. 北京: 中国农业出版社.

桑松柏. 2009. 日粮阴阳离子平衡对奶牛围产期低血钙症的影响及其调控作用. 黑龙江八一农垦大学硕士学位论文.

王海林, 舒适, 郑家三, 等. 2015. 黑龙江垦区规模化奶牛场肢蹄病的调查与分析. 湖北畜牧兽医, 36(1): 5-6.

王琳琳. 2011. 过瘤胃维生素 D 对围产期奶牛低血钙症的调控作用研究. 黑龙江八一农垦大学硕士学位论文.

吴晨晨. 2008. 集约化牛场奶牛乏情病因学及防治的研究. 黑龙江八一农垦大学硕士学位论文.

吴凌, 欧海龙, 夏成, 等. 2010. 三种精粗比日粮对产琥珀酸优势放线杆菌体内外发酵的影响. 黑龙江八一农垦大学学报, 22(5): 51-55.

武福平, 夏成, 张洪友, 等. 2010. 补铜对铜缺乏奶牛血浆 7 项生化指标的影响. 黑龙江农业科学, 2: 80-81.

夏成, 王哲, 张洪友. 2004. 奶牛脂肪肝的诊断和治疗. 吉林畜牧兽医, 11: 40-41.

夏成, 徐闯, 吴凌. 2015. 奶牛主要代谢病. 北京: 科学出版社.

夏成, 张洪友, 徐闯. 2013. 奶牛酮病与脂肪肝综合征. 北京: 中国农业出版社.

肖定汉. 2012. 奶牛疾病学. 北京: 中国农业大学出版社.

徐熙亮, 朱玉哲, 桑松柏. 2009. 骨营养不良奶牛治疗前后血浆中 Ca、P、AKP 的变化. 中国乳业, 8: 70-72.

张洪友, 夏成, 李春英, 等. 2000. 黑白花奶牛产后瘫痪的诊治研究. 黑龙江八一农垦大学学报, 12(4): 58-60.

张江, 赵畅, 范子玲, 等. 2017. 围产期奶牛生产性疾病的研究进展. 湖北畜牧兽医, 38(12):18-21.

张江, 赵畅, 夏成, 等. 2019. 一例奶牛III型酮病的诊断与治疗. 黑龙江畜牧兽医, 4: 89-92.

Aleri J W, Hine B C, Pyman M F, et al. 2016. Periparturient immunosuppression and strategies to improve dairy cow health during the periparturient period. Res Vet Sci, 108(10): 8-17.

Atanasov B, Mickov L, Esmerov I, et al. 2014. Two possible hormonal treatment methods for inducing follicular growth in dairy cows with inactive-static ovaries. Mac Vet Rev, 37 (2):

171-177.

Baravalle M E, Stassi A F, Velázquez M M L, et al. 2015. Altered expression of pro-inflammatory cytokines in ovarian follicles of cows with cystic ovarian disease. J Comp Pathol, 153(2-3): 116-130.

Blowey RW, Weaver A D. 2011. Color Atlas of Diseases and Disorders of Cattle. 3rd edition. London: Elsevier: 186-201.

Bolinder A, Seguin B, Kindahl H, et al. 1988. Retained fetal membranes in cows: Manual removal versus nonremoval and its effect on reproductive performance. Theriogenology, 30(1): 45-56.

Britt J S, Gaska J, Garrett E F, et al. 1996. Comparison of topical application of three products for treatment of papillomatous digital dermatitis in dairy cattle. Journal of the American Veterinary Medical Association, 209(6): 1134-1136.

Cook N B, Cutler N K. 1995. Treatment and outcome of a severe form of foul-in-the-foot. Vet Rec, 136: 19-20.

Dawson J C. 1998. Digital dermatitis-survey and debate. Aust Assoc Cattle Vet, 1: 6-8.

Dervishi E, Zhang G, Mandal R, et al. 2018. Targeted metabolomics: New insights into pathobiology of retained placenta in dairy cows and potential risk biomarkers. Animal, 12(5): 1050-1059.

Gong J, Xiao M. 2018. Effect of organic selenium supplementation on selenium status, oxidative stress, and antioxidant status in selenium-adequate dairy cows during the periparturient period. Biol Trace Elem Res, 186(2): 430-440.

Hanschke N, Kankofer M, Ruda L, et al. 2016. The effect of conjugated linoleic acid supplements on oxidative and antioxidative status of dairy cows. J Dairy Sci, 99(10): 8090-8102.

Hayashi K G, Hosoe M, Kizaki K, et al. 2017. Differential gene expression profiling of endometrium during the mid-luteal phase of the estrous cycle between a repeat breeder (RB) and non-RB cows. Reprod Biol Endocrinol, 15(1): 20.

Hayes B J, Bowman P J, Chamberlain A J, et al. 2009. Invited review: Genomic selection in dairy cattle: progress and challenges. J. Dairy Sci, 92 (2): 433-443.

Hernandez J, Shearer J K, Elliott J B. 1999. Comparison of topical application of oxytetracycline and four nonantibiotic solutions for treatment of papillomatous digital dermatitis in dairy cows. Journal of the American Veterinary Medical Association, 214(5): 688-690.

Heuwieser W, Tenhagen B A, Tischer M, et al. 2000. Effect of three programmes for the treatment of endometritis on the reproductive performance of a dairy herd. Vet Rec, 146(12): 338-341.

Hine B C, Mallard A B, Ingham A B, et al. 2014. Immune competence in livestock. *In*: Hermesch S, Dominik S. Breeding Focus 2014—Improving Resilience. Animal Genetics and Breeding Unit, University of New England, Armidale, NSW: 49-64.

Holzhauer M, Sampimon O C, Counotte G H M. 2004. Concentration of formalin in walkthrough footbaths used by dairy herds. Vet Rec, 154(24): 755.

Imhof S, Luternauer M, Hüsler J, et al. 2019. Therapy of retained fetal membranes in cattle: Comparison of two treatment protocols. Anim Reprod Sci, 206: 11-16.

Kalińska A, Jaworski S, Wierzbicki M, et al. 2019. Silver and copper nanoparticles-an alternative in future mastitis treatment and prevention?. Int J Mol Sci, 20(7): pii: E1672.

Kamiloglu A, Baran V, Klc E, et al. 2002. The use of local and systemic ceftiofur sodium application in cattle with acute interdigital phlegmon. Veteriner Cerrahi Dergisi, 8: 13-18.

Kim U H, Suh G H, Hur T Y, et al. 2007. Comparison of two types of CIDR-based timed artificial insemination protocols for repeat breeder dairy cows. J Reprod Dev, 53(3): 639-645.

Kloosterman P. 2007. Laminitis: Prevention, diagnosis and treatment. Proc. Western Canadian Dairy

Seminar Advances in Dairy Technology, 19: 157-166.

Kofler J, Pospichal M, Hofmann-Parisot M. 2004. Efficacy of the non-antibiotic paste protexin® hoof-care for topical treatment of digital dermatitis in dairy cows. J Vet Med Series A, 51(9-10): 447-452.

Lacasse P, Vanacker N, Ollier S, et al. 2018. Innovative dairy cow management to improve resistance to metabolic and infectious diseases during the transition period. Res Vet Sci, 116:40-46.

Laven R A, Logue D N. 2006. Treatment strategies for digital dermatitis for the UK. Vet J, 171(1): 79-88.

Laven R A, Proven M J. 2000. Use of an antibiotic footbath in the treatment of bovine digital dermatitis. Vet Rec, 147(18): 503-506.

Lean I, DeGaris P, Australia D. 2010. Transition cow management: a review for nutritional professionals, veterinarians and farm advisers. Dairy Australia's Corporate Communications Team.

LeBlanc S J, Duffield T F, Leslie K E, et al. 2002. The effect of treatment of clinical endometritis on reproductive performance in dairy cows. J Dairy Sci, 85(9): 2237-2249.

Lind N, Hansson H, Lagerkvist C J. 2019. Development and validation of a measurement scale for self-efficacy for farmers' mastitis prevention in dairy cows. Prev Vet Med, 167: 53-60.

Lu W, Zabuli J, Kuroiwa T, et al. 2011. Effect of intrauterine infusion with liquid paraffin on phagocytes migrating to mucus of external os of the cervix in cows. Reprod Dom Anim, 46: 602-607.

Lu W, Kuroiwa T, Zabuli J,et al. 2009. Ultrasonographic uterine changes and vaginal discharges following intrauterine infusion of liquid paraffin in cows. J Reprod Dev, 55(1):63-68.

McArt J A, Nydam D V, Oetzel G R, et al. 2014. An economic analysis of hyperketonemia testing and propylene glycol treatment strategies in early lactation dairy cattle. Prev Vet Med, 117(1): 170-179.

Merril J K, Moark D W, Olson M E, et al. 1999. Evaluation of the dosage of tilmicosin for the treatment of acute bovine footrot (interdigital phlegmon). Bov Pract, 33: 60-62.

Meuwissen T H E, Hayes B J, Goddard M E. 2001. Prediction of total genetic value using genome-wide dense marker maps. Genetics, 157: 1819-1829.

NRC (National Research Council). 2001. Nutrient Requirements of Dairy Cattle. 7th rev. ed. Washington, DC: Natl. Acad. Press.

Parks A, O'Grady S E. 2003. Chronic laminitis: Current treatment strategies. Veterinary Clinics: Equine Practice, 19(2): 393-416.

Perruchoud T, Maeschli A, Bachmann H, et al. 2017. Diagnosis, therapy and prophylactic measures of parturient paresis in dairy cattle: Results of an online survey for Swiss veterinarians. Schweiz Arch Tierheilkd, 159(6): 335-343.

Radistis OM, Gay CC, Blood DC, et al. 2000. Veterinary Medicine. 9th Edition. London: W. B. Saunders Harcourt Publishers Ltd.

Rashid M B, Talukder A K, Kusama K, et al. 2018. Evidence that interferon-tau secreted from Day-7 embryo *in vivo* generates anti-inflammatory immune response in the bovine uterus. Biochem Biophys Res Commun, 500(4): 879-884.

Rebhun W C, Pearson E G. 1982. Clinical management of bovine foot problems. J Am Vet Med Assoc, 181: 572-577.

Rutter B, Ierace A, Bottaro A. 2001. Digital dermatitis in Friesian cattle in Argentina, and its treatment with cefquinone. Revista de Medicina Veterinaria, 82: 242-243.

Shearer J K, Elliott J B. 1998. Papillomatous digital dermatitis: treatment and control strategies. The

Compendium on Continuing Education for the Practicing Veterinarian (USA).

Shearer J K, Hernandez J. 2000. Efficacy of two modified nonantibiotic formulations (Victory) for treatment of papillomatous digital dermatitis in dairy cows. J Dairy Sci, 83(4): 741-745.

Son D S, Choe C Y, Cho S R, et al. 2007. A CIDR-based timed embryo transfer protocol increases the pregnancy rate of lactating repeat breeder dairy cows. J Reprod Dev, 53(6): 1313-1318.

Thompson-Crispi K A, Hine B, Quinton M, et al. 2012. Association of disease incidence and adaptive immune response in Holstein dairy cows. J. Dairy Sci, 95: 3888-3893.

Thompson-Crispi K A, Sargolzaei M, Ventura R, et al. 2014. A genome-wide association study of immune response traits in Canadian Holstein cattle. BMC Genomics, 15 (1): 1.

Van Donkersgoed J, Dussalt M, Knight P, et al. 2008. Clinical efficacy of a single injection of ceftiofur crystalline free acid sterile suspension versus three daily injections of ceftiofur sodium sterile powder for the treatment of footrot in cattle. Vet Ther, 9: 157-162.

Van Metre D C. 2017. Pathogenesis and treatment of bovine foot rot. Veterinary Clinics: Food Animal Practice, 33(2): 183-194.

Venjakob P L, Borchardt S, Heuwieser W. 2017. Hypocalcemia-cow-level prevalence and preventive strategies in German dairy herds. J Dairy Sci, 100(11): 9258-9266.

Zahrazadeh M, Riasi A, Farhangfar H, et al. 2018. Effects of close-up body condition score and selenium-vitamin E injection on lactation performance, blood metabolites, and oxidative status in high-producing dairy cows. J Dairy Sci, 101(11): 10495-10504.

第7章 研究进展

当前，奶业已成为我国畜牧业支柱产业之一，养殖规模不断扩大，奶牛单产稳步提高。高产奶牛面临着营养失衡、代谢病、繁殖障碍疾病和肢蹄病等多重挑战。奶牛主要生产性疾病已成为危害集约化牛场牛群健康的大问题，特别是亚临床病例相当普遍。同样地，多种生产性疾病混合发生的现象也日益增多，严重地威胁奶牛健康。因此，如何实施科学的营养搭配和合理的饲养管理是奶牛群体健康的重要战略问题。

近20年来，基因组学、转录组学、蛋白质组学和代谢组学等系统生物学理论和技术在奶牛主要生产性疾病中，如生产瘫痪、胎衣不下、酮病、脂肪肝、子宫内膜炎、乳房炎及乏情等疾病中，得到了较广泛的应用。应用这些技术，可以从分子水平探究营养、代谢、内分泌与疾病对奶牛基因和蛋白质表达的影响，还反映了基因改变对奶牛疾病发生的影响。目前，我国奶牛主要生产性疾病的研究存在方法单一，理论和技术创新不足，知识的信息化、智能化、标准化的建设滞后等问题。未来奶牛主要生产性疾病的研究应秉承个体与群体并举、体内与体外并行、基础与应用并重的探索方式，应用分子生物学、系统生物学、大数据和互联网及智能和精准等技术来提升我国奶牛健康养殖整体水平。

7.1 奶牛主要生产性疾病

7.1.1 奶牛精准养殖

在过去的一个世纪，奶牛场规模越来越大，产奶量增加，乳品质要求提高，自动化榨乳和其他牛场管理系统已经普及，满足了对自动监测健康和繁殖力的需要。在20世纪70年代出现自动化测定奶牛泌乳量以来，新的自动化监测技术不断涌现，不仅提高了监测奶牛生产、营养、繁殖、健康和福利的能力，而且使得牛场可以及时地掌握奶牛繁殖、代谢紊乱、乳房炎、跛行和产犊的状况。除了以往的监测措施如牛奶和皮肤温度、电子鼻和牛奶产量外，应用低成本的传感器和无线遥测技术，结合声传感器可以检测反刍活动和发情。开发的在线生物传感器可用于检测排卵、妊娠、乳糖、乳房炎和代谢变化的标志物。无线遥测可用于监测瘤胃 pH 值和温度及代谢紊乱，甚至乳房健康。可以通过走称重单元或各种类型的视频图像、3D 分析和速度测量来检测体况或跛行，以及机器人挤奶与智能监控生产。预测和检测产犊时间是一个主要集中在行为变化上的研究领域。因此，新的技术系统推动了奶牛群体重大健康问题（繁殖、分娩和疾病）的研究和解决，现将有关奶牛精准养殖的成果（Mottram，2016）概述如下。

7.1.1.1 分娩监控

从干乳到泌乳的围产期，分娩期间是奶牛泌乳早期中最危险的时期。更好地预测产犊时间将有助于及时调整日粮和管理措施以减少和预防健康问题。虽然已有大致的预测分娩日期的计算方法，但胎儿的性别和品种及大小等因素会使得产犊日期的预测差异变大。分娩是由胎儿发起的，在干乳期几乎没有可以检测的生理指标。由于奶牛本身可以感觉到产犊的开始，所以研究集中在行为上。近年的一些研究，报道了"不安定性"指数的变化可以用来检测牛在产犊前 6h 内（收缩）的变化，测定反刍活动和温度的模型对分娩有预测性，但假阳性和阴性较高。并且，测定躺卧时间、步数、躺卧次数和采食运动可以模拟预测产犊前 48h 的产犊时间，阳性率达 90%，但有 15.60% 的误报。一种实用的方法是阴道插入温度检测仪，当分娩开始时该物体掉落因温度变化会引发警报，但可能增加感染风险。分娩监控仍是一个有待进一步开发的新技术领域，以提高牛场收益。

7.1.1.2 代谢紊乱

当前，监测营养和代谢紊乱是十分重要的。因为饲养体系得到强化，甚至完全用储存的饲料取代放牧饲料。传统上，牛奶产量和成分、体重和 BCS 已成功地用于确定饲养好坏，但它们有很长的反馈循环，且要适时地调整日粮以满足母牛泌乳需要。瘤胃 pH 值测定是确保牛的行为规律与瘤胃菌群的营养需求之间保持平衡的直接方式。

1）瘤胃感应代谢紊乱

在商业化牛场中常通过瘤胃穿刺或口腔取样测量奶牛瘤胃 pH 值，但这两种方法是有损伤的，且只能从瘤胃内获得不精确的一个数据点。通过无线遥测直接测量瘤胃 pH 值，可以连续记录来自瘤胃内固定位置的数据，从而克服数据的可变性，如一天内达到 2.5 个差异，位置不同可达 0.5 个差异。并且，可以大批测量 pH 值和/或温度，并根据需要存储数据供下载。该技术的主要局限性是 pH 值传感器瘤胃丸过于昂贵而无法用于每头牛且寿命短。离子选择性场效应晶体管 pH 值传感器、瘤胃丸测量 pH 值等也有尝试，但是都未能达到商业化的要求。

2）体重和体况

奶牛 BCS 随着分娩后体重先下降后上升而变化。制造商提供了自动称重作为挤奶厅出口的标准配件，并穿过与 EID 相连的通道。一种方法是机器人测量地板以检测重量。先确定平均每个活牛体重测量值的标准偏差为多少，一般为 17kg 左右。活牛体重测量结果与静态和漫步之间存在近乎完美的相关性（相关系数为 0.99，95%CI 为 0.99~1.0），并建议每天记录活牛体重所允许的生理状态变化，如急性疾病的发作或在 7d 的管理评估中发现发情。另一种方法是使用图像处理来测量 BCS。潜在的益处是相机本身比机械称重单元更便宜且更易于维护。并且，BCS 与数字处理静态图像之间有良好的关联，在自动捕获的数字图像和瑞典红牛的体重之间也有良好的相关性，但在黑色和白色色素母牛方面存在着困难。然而，热成像与手动 BCS 照相着色的相关性为 0.94。

7.1.1.3 发情检测

产犊指数或产犊间隔天数自引入人工授精以来一直稳步增高。2009 年在英国奶牛产犊间隔是 420d。95%的奶牛产后有活跃的卵巢机能，但随着奶产量上升，体况下降，更多的奶牛发情率降低，甚至 71%未观察到发情，是受孕率降低的最重要因素。目前，影响奶牛繁殖力的最大因素是管理方式、人工授精的时间不正确。P_4 是影响奶牛繁殖力的一个重要因素。许多测试技术和装置被用于改善发情检测。然而，通过手术或插入母牛阴道的设备，作用是有限的，市场占有率低。

1）发情周期

与奶牛发情周期相关的报道很多，主要集中于奶牛发情周期激素和行为信号。雌二醇最常用于刺激母牛发情，母牛授精的最佳时间是在 E_2 浓度达到峰值后 6~12h。P_4 与 E_2 相反，随着 P_4 浓度下降，E_2 浓度升高。尽管奶牛发情行为高峰时间是在清晨和深夜。然而，站立发情并不是一个可靠的指标。调查发现 26%的奶牛发情间隔期超过 48d，有一个以上的发情期不伴随排卵，周期性很一致。通常一个可靠的排卵征兆的参考指标是牛奶或血中 P_4 水平。

2）发情探测器

20 世纪 90 年代报道了奶牛臀部安装电子无线电遥感、压力敏感的装置，可由爬跨动物的重量激活发情监测，然而假阳性和假阴性都在 10%以上。由传统的涂染料发展到照相系统可自动监测发情，成功率超过 80%，然而非自动化的监测效果更好。

3）发情计步器

计步器是绑在牛腿上以计算步数的电子设备。如果母牛没有发情，可以预计该基准计数。如果一个计数超过了基线的某个预定乘数，这头牛被认为处于发情状态。因此，这个过程中涉及的主要变量是总计数传送到基站的频率（通常每天挤奶两次）及用于设置发情报警阈值的乘数。许多研究评估了计步器监测发情的有效性，计步器检测到76%的排卵，排卵检测的参考方法是血中或乳中 P_4 浓度。然而，计步器不能提供完全可靠的排卵检测。如果需要接近100%的特异性（最小数量的假阳性），相关的灵敏度（检测排卵牛的比例）通常<70%。不理想的原因可能至少有两个：一是活动不是完全可靠的排卵指标，二是计步器不是完全可靠的记录相关活动的方法。

4）项圈检测发情

20世纪80年代初就应用了检测发情的项圈。早期用简单的水银倾斜开关或滚珠来计算头部移动的次数。90年代三轴加速计和数字信号处理器芯片，使得项圈不仅可以检测发情，还可以检测行为、跛行、位置及收集反刍和进食。该技术和产品已被广泛的商业化，可将数据整合到管理系统中。然而，与计步器相似，敏感性为76.90%，特异性为99.40%，阳性预测值为82.40%。与孕激素相比，该技术的敏感性、特异性和预测值都较低，分别为62.40%、99.30%和76.60%。

5）发情时检测牛奶温度和奶产量

奶牛在发情时体温升高。发情检测的非损伤性方法是测量挤奶系统的感应片或短乳管中乳汁的温度。尽管发情前期与牛奶温度明显上升有一定的相关性，然而该发情检测灵敏度常低于70%，用奶中 P_4 作为参考的假阳性率常高于60%。每天两次测量发情时牛奶温度是不可靠的。尽管持续监测产奶量可以检测发情，然而，该模式缺乏足够的特异性，已被放弃。

6）发情时皮肤温度

使用热红外扫描来检测与排卵有关的牛皮温度变化。使用包括温度感应摄像机和视频显示器的热成像设备来拍摄臀部区域的图像，包括肛门和阴门区域，乳房后部区域和乳房两个后部叶片，排卵检测灵敏度为80%，但误报率为33%。假阳性和假阴性高意味着该技术不适合于常规发情检测。由于环境和皮肤水分等因素导致的与非发情相关的温度变化难以消除，考虑到系统固有的复杂性，热成像方法可能不是一个可靠的、实用的自动发情检测系统。

7）发情的综合检测

一种多元发情检测模型，基于运动（通过计步器测量）、奶温、奶产量和采食量组合的检测，检测的特异性为 97%，检测灵敏度为 87%。该模式的灵敏度有所提高，与单独测定结果相比有相同的特异性。然而，系统的复杂性增加，必须克服增加额外的传感器和融合各种数据集的困难。这要求对每个来源的数据给予适当的权重。这个组合系统要确定传感器和融合技术的相对信任度。目前已有成熟的数据融合技术，但它们中的任何一种是否适合这种应用还有待研究。

8）电子鼻检测发情

发情的自然检测方法，依靠感官、嗅觉、视觉和听觉的组合。前面现有方法都依赖视觉标志，但现在有以电子方式检测嗅觉信号的潜力。阴道附近的会阴腺分泌的信息素气味是公牛对奶牛行为的决定因素。但是，无法确定是否有其他化合物的影响。氧化锡传感器可以区分阴道拭子的气味，而不是从奶牛表面采集的空气样本中区别发情和乏情。有关电子鼻检测奶牛发情还需要大量的研究来进一步完善，为实际应用奠定基础。

9）发情时孕酮水平

大多数用于发情检测系统功效的方法是 P_4 水平作为标准校准工具。首先每天分析一次奶样，以确定发情周期已经开始，然后确定排卵前约 48h 的 P_4 下降。P_4 免疫传感试验通过抗原与抗体反应和酶标技术可以观察乳汁颜色变化以确定牛奶中 P_4 的量。分析乳中 P_4 水平不仅可以用来监测发情周期的阶段，还可以检测怀孕和识别早期卵巢疾病。在分析孕激素的基础上实施人工授精，可以明显提高母牛繁殖率。使用 P_4 试剂盒鉴定排卵的准确率可高达 99%，而常规监测的为 78%。产后 25d 开始，每周检测 3 次奶样。一旦 P_4 浓度下降到 4ng/ml 以下检测到排卵，并且随后上升至 >7ng/ml，采样暂停 15d。隔日恢复采样，直至 P_4 下降且发情开始。然后在 P_4 下降后 48h 对母牛授精。采样继续，以确定母牛发情是否已被正确识别，或者是否已经怀孕。

奶牛产后隔日 P_4 检测比直肠触诊能更好地分析卵巢功能障碍。卵巢功能障碍的发生率通常很低，并且产犊间隔延长的主要原因可能是未能检测到发情。产后 30d 的 P_4<4ng/ml 时，母牛被诊断为乏情。如果 P_4<4ng/ml，随后 5d 的 P_4 升至 4ng/ml 以上，至少一个样品 >7ng/ml，认为排卵发生。如果怀孕后 2～6d 的 P_4 增加，则认为授精时间正确。如果排卵和正确的授精时间一致，并且 P_4 保持在 4ng/ml 以上 >20d，则确定受胎。如果受孕后 30d 以上 >4ng/ml，则假定怀孕。因此，孕激素检测早期怀孕比直肠触诊更准确，36.50% 经直肠孕检的临床诊断是不准确的，而 P_4 检测排卵率高达 98%。

10）孕酮生物传感器检测发情

生物传感器系统由一个传感器、一个询问系统和一个微型计算机组成，可将电信号转换给操作员或计算机程序的格式。传感方法通常基于单克隆抗体，其对被检测的化合物是特异性的。早期应用石英晶体微平衡装置检测 P_4 的方法，因 P_4 水平只能产生 0.40% 的变化，而后被自动化 ELISA 法所替代，实现了在线测定牛奶中 P_4 水平和发情。生物传感器采用酶免疫分析方式识别分子，检测时间约为 8min。同时，需要校准牛奶中 P_4 水平应为 0.1~5ng/ml。另外一种基于丝网印刷碳电极上固定单克隆抗 P_4 抗体的 P_4 生物传感器（用碱性磷酸酶标记 P_4，酶底物是磷酸萘酯）具有未来自动化的特性，为牛奶中 P_4 在线监测奠定了基础。2008 年商业合作开发的牛群导航仪系统，由一个大型分析仪组成，带有受控环境和复杂的管道系统，可将牛奶样品从牛奶短管带入分析仪。它将自动采样和 5 种传感系统（包括牛奶中 P_4 检测系统）结合在一起，自动测量牛奶中 P_4 水平，软件可以显示受精时间、怀孕动物、早期流产、卵巢囊肿和发情延迟。丹麦牛场发情检测率达到 94% 以上，产犊间隔减少 20d，怀孕率明显增加达 50% 以上。应用牛群导航仪代替手工怀孕测试，每年节省 250~350 欧元/牛。

7.1.1.4　乳房炎检测

乳房炎是乳腺对炎症的反应，通常是细菌感染。乳房炎可以在泌乳期随时发生。乳房炎检测必须在挤奶过程中进行，要隔离患病奶牛及其牛奶进入食物链，并及时治疗。乳房炎检测的挑战是每种病原体引起不同的炎症反应。在挤奶过程中，传统的检测方法是通过检测乳凝块、行为变化及乳房或乳头的肿胀或发热完成。人们需要探究在自动挤奶下，颜色变化和电导率等常用的方法使用的相关算法。机器人挤奶应用传感器技术能达到相同的结果，并已经标准化，但检测异常牛奶有特定的要求。目前，还没有包含所有炎症反应的明确检测方法，因此许多系统正在开发中（Lind et al.，2019；Kalińska et al.，2019）。

乳房炎牛奶质量标准以 SCC 表示，在实验室中测量散装牛奶样品。加利福尼亚牛奶测试可以测量 SCC，使用了破坏奶样中存在的体细胞膜的试剂，自 20 世纪 70 年代以来一直用于手动测试，在 2015 年实现自动化测试，并作为挤奶系统的一项选项。在利拉伐挤奶器上在线细胞计数器中还使用了一种不同的方法，其中试剂与牛奶样本混合以使图像捕获系统能够计数细胞核，其他指标（电导率、变色、温度升高、行为变化）需要验证时可以选择安装和检测。自 20 世纪 70 年代以来，传导性已被用于检测一些乳房炎，但对所有炎症反应缺乏敏感性和特异性。电导率作为工程系统很有吸引力，因为它不需要试剂，可以进行清洗，但灵敏度和特异性不高（56%和82%）。传感器系统的灵敏度和特异性（93%和96%），提供了一种改进乳房炎检测的新方法。因此，多变量方法（牛奶产量、蛋白质百分比、脂肪百分比、乳糖百分比、柠檬酸盐百分比、SCC 和两个电导率参数）可以检测乳房状况，并且有助于乳房健康。

乳房炎的检测仍在发展，但疾病的复杂性和开发非抗生素治疗的需求意味着创新仍在继续。由于细菌内毒素感染的严重疾病，病情发展非常迅速，甚至会死亡。因此必须有系统检测亚临床体征和行为改变，热成像尤其是机器人更具有潜力。热成像主要方法是使用电导率、行为改变，检测发展中的亚临床状况，然后通过在线的 SCC 测试确认诊断。

7.1.1.5 运动和跛行的监测

跛行已成为奶牛业的一个主要问题，研发及时监测任何群体中跛行问题并告知牛群管理的手段已成为当务之急。开发的手动视觉运动评分工具有助于对畜群跛行进行分类和识别。然而，手动视觉运动评分存在人为主观的缺陷。因此，开发了许多自动化运动评分方法[步行负荷传感器、挤奶时腿部负荷、三维（3D）相机对奶牛进行背部姿势和动态分析，行为分析和通过时间测量等]。Varner 等（2001）开发了母牛走过称重传感器的网格，测力和算法将这些数据映射成自动产生跛行评分，作为商业化系统用于检测奶牛疼痛性趾间病变的评分。在机器人挤奶器中使用测力传感器来测量牛在挤奶中的腿部负荷，对跛行监测准确率为 96.20%。并且，Viazzi 等（2013）比较了两种成像方法衡量弓背的程度，二维成像需要单个奶牛侧面的清晰视图，在实践中很难实现。因此，可以使用低成本相机 3D 方法。两个系统在检测拱形背部的准确度约为 90%。Van Hertem 等（2013）利用挤奶和活动监测器的现有数据来区分跛行和正常奶牛。基于 7 个最高相关模型输入变量开发逻辑回归模型，该模型的灵敏度为 0.89，特异性为 0.85，正确的分类率为 0.86，证明现有的农场数据可以监测到临床上的跛行动物。然而，行业真正的需求不仅是检测跛行，还要检测运动评分的亚临床变化，以便更早进行干预。Martinez-Ortiz 等（2013）研究表明通过远程视频追踪可以测量奶牛的运动速度。因此，有许多方法可以衡量跛行，甚至是运动评分，这是未来发展令人振奋的领域。

综上所述，本文探讨了奶牛健康（繁殖、代谢紊乱、乳房炎和跛行）的监测技术。对于繁殖的监测和发情的检测系统已被广泛采用，正在取代计步器，但没有提供在线 P_4 分析新技术的附加功能，以检测不孕症、怀孕及排卵。尽管通过瘤胃无线遥测技术开发代谢紊乱监测系统，可以发现亚急性酸中毒，然而自动称重和 BCS 图像系统是更有前景的。目前已开发了自动化 SCC 来增强电导率和行为分析的低成本的乳房炎检测。市场上跛行检测产品已经取得了进展，但行为评分尚未得到常规的应用。技术发展涉及两个不同的方面，一种方便的方法是将更多的传感器装载到动物身上，特别是脖颈项圈。这意味着无论身在何处，传感器都可以持续监控动物。另一种方便的方法，特别是对于大型畜群来说，是一个监测位置靠近或者所有奶牛必须通过的挤奶系统处。每天接触大量牛的机器人挤奶器是进行这种个体奶牛监测的理想场所。目前，该领域技术得到迅速发展，未来在动物生产中有着广阔的应用前景。

7.1.2　奶牛围产期疾病的简化论与系统兽医学的比较

在过去的 50 年里，动物科学家们在高产奶牛的选育和最佳日粮方面取得了巨大的进步。奶牛健康学家一直在研究健康问题，并提供了许多围产期奶牛疾病的最佳解决方案。事实上，现在奶牛年产奶量相当于 50 年前的 4～6 倍。这是遗传学家和动物营养学家的成果，值得赞扬。然而，有一个灰色地带，动物健康的研究者都没有能够解决围产期疾病高发生率（30%～50%）及高淘汰率（近 50%）。每年给乳业造成数十亿美元的经济损失。由于子宫感染、不孕、乳腺炎、阴道炎、酮病、胎衣不下等多种疾病的发病率增加，奶牛淘汰率也增加。这就提出了一个问题，即现在的诊断、治疗和预防围产期奶牛疾病的理念或科学方法是否合适。生物学和医学领域的科学家们在广泛地讨论这个问题。几个世纪以来，主导生物学和医学的简化论，未能找到人类和动物健康问题的最佳解决方案。然而，系统生物学的新理论和新方法在世界上正在被广泛地用于科学研究，展现了其令人惊喜的前景。它建议将动物作为一个整体来看待，而疾病是基因型、表现型和环境之间的复杂相互作用形成的。

虽然不同疾病病因学假说各有其优点，但仍未能解决奶牛健康的多重问题，解决措施处于一种停顿状态。由于 20 世纪的许多科学家将疾病的诊断、治疗和预防的方法建立在简化法或反应性兽医学方法上，因此将简化论和系统兽医学进行比较，为改善奶牛的健康、福利和福祉及盈利提供更好的理论和方法是很有意义的（Ametaj，2017）。

7.1.2.1　奶牛代谢病的新认知

1）奶牛代谢病传统认知的局限性

（1）传统定义与局限性：Payne（1977）提出了代谢病是一种代谢物或多个代谢过程内部稳态的紊乱的观点。代谢病的简化论主要原则是"一个改变的代谢物，一个代谢性疾病"，即"一种代谢物一种疾病"的概念。事实上，所有已知的奶牛代谢病都是由一种改变了的代谢物引起的或定义的。例如，乳热已被确定为分娩前后低钙血症；酮病是 BHBA 或酮体浓度的增加；脂肪肝是指产后血中增加的 NEFA 及其在肝中储存的 TG。基于该观点，其他代谢病有低磷血症、低镁血症等。

大约半个世纪前，当人们对代谢性疾病还知之甚少的时候，代谢病的科学研究还处于早期阶段。根据当时的知识，代谢病的传统定义是正确的。然而，在过去的几十年里，人们在了解奶牛围产期代谢和疾病方面有了重大进展，提示了代谢病的传统定义需要重新认知。

（2）传统定义的重新认知：人们一直认为血中铁含量降低是缺铁的表现。然而，在细菌感染期间，血液系统循环中的铁会耗尽，被称为炎症性贫血，铁是病原菌生长和增殖所必需的成分（Ganz，2009）。在细菌感染或内毒素血症期间，血中钙含量降低是清除血中细菌内毒素的免疫应答的一部分（Waldron et al.，2003；Ametaj et al.，2010）。并且，肺部致病菌细胞内 Ca 浓度的增加会激活毒力基因，尤其是菌毛和神经氨酸苷酶的表达。菌毛与肺部感染有关，细胞内 Ca 升高是激活菌毛表达的最重要信号之一（Rosch et al.，2008）。因此，细胞外高 Ca 有助于病原菌激活其毒力基因，而血钙降低是宿主对细菌感染的保护性反应。另外，多个研究证明大量的炎症中间体刺激或抑制各种代谢反应。TNF 和 IL-1β 具有脂解活性和对糖异生的抑制作用，而 IL-6 影响肝蛋白合成；TNF 可以降低肝脏、脂肪组织和骨骼肌的胰岛素敏感性，会导致奶牛脂肪肝（Weisberg et al.，2003；Bradford et al.，2009）和内毒素降低血钙（Waldron et al.，2003）。这些表明，代谢和炎症反应之间没有明确的区分，疾病比以前认为的要复杂得多，不能再被归类为单纯的代谢或单纯的炎症。

在过去的十年中，组学技术在奶牛疾病研究中的应用出现了一个热潮。最近的蛋白质组学和代谢组学的研究数据表明，在奶牛发生乳热、酮病、脂肪肝等重大疾病时，病牛的血液、尿液和牛奶中氨基酸、脂类、磷脂、鞘磷脂、酰基肉碱和金属的浓度会发生多种变化（Klein et al.，2012；Imhasly et al.，2014）。并且，围产期奶牛最常见的感染性疾病，包括子宫炎、乳房炎和与炎症相关的跛行，它们的多种代谢途径受到干扰。由此可见，在奶牛患围产期疾病期间，在体液（血液、尿液或牛奶）中识别到多种代谢物的变化。这就提出了一个问题，是否可以将一种代谢性疾病与宿主体液中某一种代谢物的紊乱联系起来？最近的研究识别和测量了数百种代谢物和多种代谢途径，这些代谢物和多种代谢途径在 6 种重要的奶牛围产期疾病临床出现之前、之中和之后发生了改变，包括子宫感染、乳房炎、蹄叶炎、酮病、乳热和胎衣不下。这些数据表明，无论是典型的感染性疾病（子宫炎或乳房炎）还是代谢性疾病（酮病或乳热），其特征都是多种代谢物和矿物元素的浓度发生多种变化。而且，这些变化的代谢物早于慢性炎症，并与之相关。这表明，不仅是代谢或炎症状态，更多的是宿主代谢和免疫对病理状态的联合反应。因此，将一种代谢疾病（如酮病、脂肪肝或乳热）用一种受干扰的代谢物（分别为 BHBA、NEFA 或 Ca）来识别似乎是不科学的。同样的原因，从科学上来说，用少数受干扰的代谢物识别一种代谢性疾病也是不准确的，因为在大多数围产期主要疾病中，有数十种代谢物和多种代谢途径受到干扰。这表明奶牛的围产期疾病的病理生理学比以前认为的要复杂得多。似乎在分娩前后的代谢波动是宿主对任何围产期疾病反应的一部分，因为在疾病发生之前、期间和之后，需要大量的先天免疫和与氨基酸、碳水化合物、脂质、磷脂、鞘磷脂、酰基肉碱和矿物质代谢相关的代谢物才能对疾病的过程做出反应和适应性整合。

如前所述，奶牛在产犊期的代谢和炎症反应可能被误解为某些代谢病如低钙血症（钙缺乏）或酮病（过量的 BHBA 或 NEFA）（范子玲等，2017）。这一假设的原因是，20 世纪的研究人员的概念一直专注于"一个紊乱的代谢物是一种代谢性疾病的主要原因"。今天的系统生物学数据显示，在奶牛的重大围产期疾病中，代谢物或蛋白质的数量发生了显著的变化，达到数十甚至数百种。基于"一病一扰"的逻辑，似乎可以确定数百种新的围产期奶牛代谢疾病。这些发现表明，奶牛代谢病传统的定义、病因学、病理生理学应该被重新定义和认识。

2）传统认知面临的挑战

（1）代谢病的界定。起因是人类体液中代谢物数量的发现。Psychogios 等（2011）报道了人类受试者血清中总共 4229 种不同的代谢物。预计包括牛在内的不同家畜动物的血液中有类似数量的代谢物。对于人类和动物健康科学家来说，在定义代谢病方面存在挑战性问题。例如，宿主是否具有超过 4000 种稳态控制机制来调节体液中存在的所有代谢物的浓度，或者其中某些或大部分代谢物只是宿主食用日粮的一部分？是否必要的代谢物受到严格的调控，而其他的则不那么重要？此外，如果一个或几个或所有这些代谢物的稳态在某个时间点受到干扰（增加或减少），那么是否应该在人类或动物中定义 4229 种代谢病（基于一种干扰代谢物一种疾病的概念）？

（2）Payne（1977）提出的"体内稳态的异常变化"。应该强调的是，在疾病发生过程中大多数在血液或其他体液中的代谢物会流向各种器官、组织和细胞，参与许多活动，如合成更大的分子，如糖原、磷脂、甘油三酯、酶、蛋白质、免疫球蛋白、急性期蛋白质、抗菌化合物等。某些代谢物参与能量生产，另一些成为细胞膜的一部分，还有一些作为酶或细胞燃料的构件，一些代谢物参与免疫反应和许多其他功能的组成部分。此外，代谢产物在体液中根据特定部位、组织或器官在特定时间点或活动的需要而增加或减少。它们从胃肠道吸收或从体内储存处释放进入体循环，并从身体的一个部位运输到另一个器官、组织或细胞。因此，具有挑战性的问题是，如何区分正常的代谢流动和异常的代谢流动？可能是代谢物流向乳腺为牛奶合成提供营养，也可能是流向瘤胃支持免疫反应的发展。那么，什么是异常，什么是代谢物和营养物质的生理流动？

（3）血液代谢物的正常浓度是多少？这是一个非常复杂的问题，很难回答。有多个变量需要控制，以确定正常浓度的血液代谢物。这需要考虑如下变量或因素：

a. 动物必须绝对没有任何疾病过程。动物应无寄生虫，传染病，病毒性疾病，临床代谢性疾病，包括亚临床酮病、亚临床低钙血症、亚临床乳腺炎或其他疾病。

b. 动物绝对不应在日粮中有任何营养不足或过剩问题。摄入低于 NRC 推荐量或高于推荐量的营养物质会影响它们的血液浓度，从而影响正常值的定义。

c. 环境条件应稳定。牛舍环境不影响宿主的健康或代谢过程，如气温、湿度、料槽、栏位、季节等。

d. 动物应无应激。例如，被束缚在隔间的应激、管理的应激、等级的应激、获取食物或水的应激及其他潜在的影响变量。

e. 水和矿物混合物的来源也很重要。因为它们从一个奶场到另一个奶场，从一个地方到另一个地方都不同，含有不同数量的矿物或其他化合物。

f. 动物的生理阶段和年龄也是影响体液中各种代谢物浓度的主要因素。与泌乳早期、中期和晚期的奶牛相比，处于干乳期奶牛有着不同的日粮、不同的生理需要，对营养的需求也完全不同。小母牛、经产奶牛有不同的生理特征，也有不同的血液变量浓度。

g. 动物饲料应绝对不含霉菌毒素、内毒素、重金属或其他有毒化合物。众所周知，真菌和细菌污染的饲料被用于奶牛或其他家畜动物，某些有毒化合物的代谢和免疫作用会影响机体体液中代谢物的正常或异常。

总之，确定什么是正常的，什么是异常的代谢物或多种代谢物在奶牛各种体液中的浓度是一个非常具有挑战性的任务。

科学家用来确定奶牛或一组奶牛代谢产物内部稳态是否发生异常变化的方法，主要是通过在相应的生理阶段及类似的饲养和管理系统下，在临床健康的奶牛与表现出疾病的临床或亚临床症状的奶牛之间进行比较。但是，一般而言，没有对照动物进行专门评估以排除它们没有亚临床健康问题。这类研究需要一段时间控制上述所有变量，并使用先进的仪器来确定奶牛体液中存在的数千种代谢产物的正常浓度和波动。

综上所述，在代谢病研究领域，需要关注紊乱的途径和网络，而不是单一的基因、单一的代谢物或单一的蛋白质，这样才能了解在整个有机体中发生的事情，而不是在身体的一个单一组成部分中发生的事情。鉴于系统生物学的最新发展，代谢病更应被看作是与环境因素相互作用的多维和综合的细胞和器官水平的基因组学、转录组学、蛋白质组学和代谢组学网络的扰动。这些相互作用在患有同一疾病的动物个体中应该被视为不同的和多层次的。这种复杂性要求采用新的方法来应对与疾病过程相关的挑战。它还需要发展一种关于如何预防家畜疾病发生的新理论。因此，对家畜，特别是奶牛代谢疾病或紊乱的概念需要重新定义和认识，这是奶牛健康领域新发展的必然结果。

7.1.2.2 奶牛生产性疾病的新认知

1）生产性疾病的定义

Payne（1977）提出生产性疾病的概念。随着集约化和生产水平的提高，代谢紊乱的问题也会增加。它们的出现是由于动物适应高产量的代谢需求的能力下降，再加上现代密集的畜牧业饲养方式。换句话说，代谢性疾病是对农场牲畜强加的和人为的需求的一种补偿。这导致了对农场反刍动物代谢紊乱的一种新的命名——生产性疾病。

2）生产性疾病的影响因素

Payne（1977）提出代谢性疾病与奶牛无法应对牛奶生产的高营养需求有关。由于高产奶牛基因型决定了拥有生产大量牛奶的能力，只要为奶牛提供所有必需的营养，奶牛就可以发挥这种潜力。然而，事实是大约一半的高产奶牛在围产期受到代谢或其他疾病的影响。另一半则保持健康和高产，没有任何健康问题。这提示环境并不是大多数奶牛代谢或围产期其他疾病发生的唯一或主要因素，基因型也是一个非常重要的因素。

（1）基因型的作用

为了给奶牛提供生产牛奶所必需的能量和营养，在产奶后会立即饲喂大量的谷物，这些饲喂的谷物与瘤胃液 pH 值低有关。这种低 pH 值影响微生物的组成和瘤胃中释放的细菌有毒化合物。例如，喂食大量谷物的奶牛瘤胃液中的内毒素含量几乎增加了 14 倍。内毒素能够通过瘤胃和结肠组织移位，进入体循环，引发各种代谢和免疫反应，甚至引发脂肪肝、羊膜炎或胎衣不下等疾病（Emmanuel et al.，2008）。并且，哺乳动物和奶牛对内毒素的反应不同（Jacobsen et al.，2007）。有些易受到内毒素的影响而生病甚至死亡，有些有更强的抵抗力来克服内毒素的影响。内毒素涉及奶牛多种围产期疾病，包括脂肪肝、乳热、酮病、胎衣不下、真胃变位、蹄叶炎等（Ametaj et al.，2010）。很明显，某些奶牛对内毒素相关疾病的易感性与动物的基因型密切相关。

另外，没有确凿的证据表明，高产奶牛与更高的临产期疾病（包括代谢病）的发病率相关。一个明显的例子是生产瘫痪（乳热），产奶量的增加与其围产期发病率的增加无关。乳热在 18 世纪首次被报道，近一个世纪在北美、欧洲或其他地方的发病率一直在 5%～10%上下波动。这表明，乳热与选择高产奶牛无关。然而，某些品种的奶牛，如荷斯坦奶牛更易患乳热。这证明了基因型在疾病发展中的作用。此外，生产性疾病的定义提醒人们注意这样一个事实，即为了高产，动物会面临代谢危险，因为它们并不总是得到适当的饲养或管理，以满足其特殊的生理和代谢需要。事实上，只有 30%～50%的奶牛同时受到一种或多种围产期疾病的影响。这再次表明，基因型在奶牛围产期疾病的易感性中是非常重要的。

（2）其他因素的作用

Payne（1977）提出了生产系统的三个基本组件的观点，即原材料输入、中央处理系统和成品输出。这不仅是奶牛的基本生产模式，也是各种生产系统的基本生产模式。它们都容易患上类似的"疾病"。值得注意的是，这个疾病的定义是在人们对细菌内毒素在牛疾病转化中的作用知之甚少的时候提出的。然而，动物不是机器，二者有很大的不同。牛的胃肠道里的细菌数量是它自身细胞的 10 倍甚至更多，这些细菌及其产物参与了人和动物的各种病理过程。并且，产后立即饲喂大量的谷粒或精料与瘤胃液、瘤胃壁的多种异常改变及瘤胃液内毒素释放增强有关。瘤胃释放的内毒素，在围产期受感染的乳腺或子宫中发挥重要的病理生理学作用。这表明，生产性疾病不是简单的投入与产出不平衡，其他某些重要的因素也扮演着重要的角色。因此，生产性疾病的机械模型不能应用于奶牛。

另外，针对牛奶生成与奶牛代谢病或生产性疾病的更大风险之间的关系，大多数报告认为不存在这样的关系。Ingvartsen 等（2003）对牛奶产量高与疾病发病率高之间的关系进行了最全面的综述，对 11 项流行病学和 14 项遗传学的研究进行了荟萃分析，研究了高产奶量与难产、乳热、酮病、真胃变位、胎衣不下、卵巢囊肿、子宫炎、乳房炎和跛行之间的关系。除了乳房炎之外，没有明确的证据表明高产奶牛患生产性疾病的风险增加（Lyons et al.，1991）。然而，研究没有考虑到其他因素干扰发病率，如在日粮中给予更多的谷物与更高的围产期疾病发病率的关系。一直以来，在奶牛基础日粮干物质依次为 0%、15%、30%和 45%情况下，以大麦粒为主占基础日粮的 30%或 45%，瘤胃液中内毒素的释放和系统循环中先天免疫的激活都会增加，在日粮中添加 30%～45%的谷物与瘤胃液中内毒素含量大量增加有关（Emmanuel et al.，2008）。另外一个重要的现象是，与产奶量少的奶牛相比，产奶量多的奶牛被喂养的 DMI 更多。在现代奶牛场中一个常见的做法是，奶牛产的奶越多，喂给它的饲料就越多。饲喂大量的谷物会影响瘤胃微生物群系，当然也会影响奶牛的健康状况。总之，没有强有力的证据表明增加产奶量会增加患围产期疾病的风险。因此，生产性疾病似乎可以简单地称为奶牛临产期疾病。

7.1.2.3 简化论与系统兽医学的比较

1）预测性、预防性和个体化防治

（1）兽医学防治面临的问题

目前的兽医学大多与亚临床或临床疾病的诊断有关。这意味着疾病在不被注意的情况下经历其完整的亚临床过程，然后充分显示其临床症状。即使该疾病处于亚临床状态，大多数疾病如乳热、酮病或乳房炎的诊断也是基于"一种代谢物（指标），一种疾病"的方法。乳热表现为血中 Ca 浓度较低，酮病表现为血中 BHBA 浓度较高，乳腺炎表现为乳中 SCC 高于一定数量。亚临床疾病在晚期或临床疾病在症状明显时被诊断的问题是，要逆转其进展已为时过晚。并且，这个阶段的治疗更昂贵，很多病牛对药物治疗反应不佳，甚至死亡。众所周知的事实是，在发达国家，一个牛群每年多达 50% 的病牛因治疗费用高而被淘汰。因此，在疾病发生之初就及早发现疾病，并及早采取预防疾病发展的措施，将比治疗更有利。

在 20 世纪，传统兽医学主要是一种效应性医学。这意味着，一旦奶牛被诊断患有某种疾病，或者当奶牛表现出明显的疾病症状时，兽医就会进行治疗。事实上，传统的治疗方法更多地关注于治疗一种症状或与体内某种病理有关的病原体的效果，消除这种症状被认为是一种治疗方法。然而，奶牛会以亚临床形式患病。事实上，近年一项大型研究的代谢组学数据（Dervishi et al.，2016a，b）指出，即使奶牛临床表现正常，也存在多种代谢物、途径和网络的严重紊乱，这些紊乱随后发展为子宫炎、乳房炎、跛行、酮病、乳热和胎衣不下。在奶牛临床症状出现前的 2 个多月，就已经出现了主要代谢途径改变和先天免疫应答物。不幸的是，在大多数情况下，在亚临床疾病的早期阶段，药物或措施因缺乏针对性而无法起作用，而且常常无法使奶牛恢复到具有功能性和经济性的程度，这导致每年几乎一半的牛群被淘汰。

不像传统的兽医学，等待疾病发生时，才设法消除症状。前瞻性或预防性医学提供了预防疾病的机会，旨在治疗疾病的根源。最近的系统兽医学方法的发展提供了一种处理疾病的新理论或新技术的可能性。基因组学、转录组学、蛋白质组学和代谢组学的系统生物学使开发筛选疾病发生风险的新方法成为可能，并使兽医有可能预防特定疾病的发展，并以完全不同的方式处理疾病。然而，预防疾病本身是一门科学，需要更多的探讨，以便更好地预防疾病。

（2）预防措施。关于动物健康，有两种类型的预防措施应该被考虑。

a. 筛选或监测生物标志物：系统兽医学方法为疾病发生过程提供了一种不同的方法。它建议在可能逆转疾病进程的最早阶段检测疾病，通过识别和利用多种筛选、监测或预测生物标志物来做到这一点。它还建议通过尿液或牛奶等容易获得的体液，以最小的侵入性干预手段筛选体液来实现这一目标。筛选或监测生物标志物的一个重要优点是，它们可以由生产者在自己的时间和地点直接应用。这些新的牛旁检测技术，将通过在疾病早期阶段逆转疾病进程，并通过最低限度的医疗干预来降低药物成本。预防兽医学也建议使用绿色技术，如应用益生菌或新疫苗来预防疾病的发生（Ametaj et al.，2010；Iqbal et al.，2014）。其他技术包括对饲养奶牛的谷物进行加工，使它们变得更健康，对奶牛胃肠道生理更有益处。应该指出的是，一旦生物标志物被兽医从业者和乳业所采用，那么一个"个体化医疗"的新时代就可能开始实施。

b. 预防兽医学方法：有三种不同的方法，一级、二级和三级。

①一级预防方法：首先预防疾病的发生。这种干预的主要目的是预防，或者在最坏的情况下，降低发病率。这种方法是在疾病出现之前采取预防措施。例如，使用生物标记来预测发生的风险，如子宫感染，然后分类对奶牛进行益生菌治疗，以防止子宫感染的发生（Ametaj，2015；Deng et al.，2016）。这种方法还可以包括根据潜在风险对奶牛进行分类，以发现围产期疾病，然后在干乳期为它们接种疫苗，以预防内毒素相关疾病或乳腺炎的发生（Ametaj，2015）。这种类型的预防干预措施已经制定出来，可能很快就会开始实施。

②二级预防方法：通过另一种方法来降低疾病发生，旨在早期或亚临床阶段，在奶牛临床疾病的迹象出现之前检测这种疾病，并阻止疾病进一步恶化或减缓其发展。这种类型的预防干预也是基于亚临床发展阶段疾病诊断的生物标记。在问题很小的时候介入总是比在问题变得更严重、更难以处理或逆转的时候更好。这种类型的预防措施旨在使用牛旁筛选试验，在尽可能早的时间检测疾病风险的生物标志物。这类医疗干预的一个例子是通过蛋白质组学或代谢组学技术筛选疾病风险的生物标志物。这些生物标志物可以被开发为牛旁检测方法，用于早期诊断子宫炎、乳腺炎、跛行、酮病、乳热和胎衣不下。

③三级预防方法：兽医预防战略与治疗的经济性有关。与人类医学不同的是，如果可以预测治疗病牛在经济上是不可行的或预后生物标志物表明治疗会失败，兽医可以人道地处置牛。如果这种预防策略能在将来被采用，这可能会为全世界的乳制品生产商节省数十亿美元的兽医费用。

c. 个体医疗与饲养。

定义健康和疾病表型，制订动物个体预防、治疗和饲养策略以预防疾病，将是新世纪面临的挑战。使用基于生物标记的药物可以将奶牛分为健康表型或易患病表型。这将使我们有可能再次根据生物标志物的应用来判断治疗的有效性。这个预测疾病风险和治疗效率的概念是"个体化医疗"的一部分。生产者和兽医顾问在农场层面应用这些新概念，将提高奶牛养殖的利润和效率。

除了预测疾病风险的生物标志物之外，还应关注个体饲养。奶牛场提供的混合日粮每头奶牛没有完全类似的反应。某些奶牛比其他奶牛更容易患病，或者它们对日粮成分和饲养的反应不同。个性化饲养可能在未来解决这些问题，可以通过营养基因组学来实现。营养基因组学包括三个组学学科：基因组学、蛋白质组学和代谢组学，应用于营养和健康领域。并且，营养基因组学为开发适应特定奶牛的特定需求的营养奠定了科学基础，无论这些奶牛是健康的、处于危险中的还是生病的。而且，生物标记，无论是蛋白质还是各种体液中的代谢物，都能有效地将患病和健康的奶牛进行表型分类，这在未来的个体饲养中非常重要。

2）从简化论到系统兽医学方法

早在 20 世纪，全球的兽医学家就广泛应用简化法对围产期奶牛疾病进行诊断、治疗及建立预防措施。简化法是将生物体的健康问题分成更小和更简单的部分，然后分别进行研究。这种方法强调单一因素在疾病诊断、治疗及预防中的作用。简化法也将代谢物紊乱作为病因，通过正或负反馈使代谢紊乱正常，是恢复健康的一种必要方法。虽然这种方法发现了针对围产期奶牛疾病发病机理的大量信息，但是仍未能解决围产期奶牛的很多疾病。简化法的局限性提示研究者去寻找一种新的方法来解决动物健康问题。经过努力，根据系统生物学理论和技术，建立起了系统兽医学方法。系统兽医学方法包括基因组学、蛋白质组学、转录组学、代谢组学 4 个不同层面的技术，运用这些技术可以探讨围产期奶牛疾病的发病机理。虽然该法还处于初始阶段，但是它正在改变传统的观念，由个体水平转到群体水平（如生产瘫痪和酮病），而且关注和强调的不再是疾病的治疗而是预防（范子玲等，2017；Ametaj，2017）。

（1）简化论的概述

许多世纪以来，生命科学的主导思想是为了认识机体整体。两位哲学家笛卡儿和拉普拉斯发展的机械论思维或观点，就是通过研究各部分的结构和功能，从中推断出整体是如何运作的。世界被描述成一个机器，被设想成一个按照自然法则运作的大型机械装置。因此，这台机器的功能与这台机器的部件是相关的。这种思维哲学被称为"简化论"。这种理论被生命科学公认了几个世纪，包括动物科学和兽医。

几个世纪以来，简化论演变成三种相关但不同的理论：本体论、方法论和认知论（Ametaj，2017）。在医学上，本体论的观点是，每个特定的生物系统（如有机体）是由分子及其相互作用构成的，生物特性与组成部分的物理特性相关。因此，在分子水平上的理解足以解释任何生物现象。另外，方法论的观点是，在尽可能低的层次上对生物系统进行最有效的研究，而科学研究的目标应该是发现分子和生化的原因。这种策略的一个常见例子是将一个复杂的系统分解为多个部分；生物学家可能会研究有机体的细胞部分以了解其行为，或者检查细胞的生化成分以了解其特征。最后，认知论认为生物的前提是由相同的原子和分子构成的，了解其物理和化学的定律，就可以全面地了解由特定的原子和分子构成的生物体，这足以从原子和分子的角度重新定义有机体的所有属性，并推导出它的行为和它遵守的所有定律。

虽然这三种简化论的理论之间存在着细微的差异，但它们都有着相同的笛卡儿机械思维，即整个有机体的功能不是别的，而是所有部分功能的总和。基于还原主义的方法，几乎所有生命科学的研究都放到了一个特定的特性、细胞、蛋白质、基因、代谢物，或一个非常狭窄的问题。以酮病为例，以酮体为重点来解释酮病的整个疾病是 20 世纪解释该病整个病理生理学的基本方法。

（2）系统兽医学方法

在过去的十年中，简化论受到了生命科学家的挑战，因为人们不可能通过简单地了解各个独立部分的功能来理解复杂的有机体（Boogerd et al.，2007）。由于旧的简化论不能解释整体的功能，生命科学家发展了一种新的理论，称为系统生物学。"系统"一词指的是整个对象或有机体，它可以被分成若干组成部分，而这些组成部分的基本性质不能仅从各部分的知识中得到充分的解释。一个系统还意味着一定数量的不同的和相互作用的组件。没有交互的对象不会形成系统（Maly，2009）。简单来说，系统生物学认为"总和大于部分"。系统方法的另外一个不同之处在于，它将系统的组件视为以非线性方式相互作用的单元，这意味着这些相互作用可能产生新的特性。这也意味着，孤立地研究一个有机体的组成部分，不能沉浸于这些新特性的存在。值得注意的是，考虑到生物体中存在大量的细胞、组织、器官、基因、蛋白质和代谢物，这些成分之间的相互作用是无限的。另外，系统方法认为，是整个有机体决定了其组成部分的行为，系统内各部分的行为与它们孤立的行为在性质上是不同的。系统兽医学不过是系统生物学方法在兽医学中的应用。

系统兽医学方法就是使用系统生物学和相关的科学，包括基因组学、转录组学、蛋白质组学、代谢组学、计算生物学、信息学、生物统计学、数学和高通量技术来整合动物机体系统中有关相互作用的复杂数据。应该指出的是，预计在今后十年左右的时间里系统学方法的发展和应用，会更好地解决许多奶牛健康问题，将使理解围产期奶牛疾病的病理生理学和如何预防达到新的高度。

总之，目前在奶牛发病的生理学和预防围产期疾病方面兽医学的研究模式正在经历着变革。几个世纪以来，简化论在研究奶牛机体各个部分、疾病的诊断和治疗方面做出了贡献；然而，这种理论并不能充分地了解疾病的确切原因，也不能制定有效的预防围产期疾病的战略。简化论在兽医学和动物科学中产生了大量关于代谢和生产性疾病定义的论点，需要重新定义或认知。系统生物学方法，正在被兽医广泛地采用，是对兽医学简化论的丰富和完善。系统兽医学方法是研究奶牛围产期疾病病因学的新方法，着眼于在健康或疾病状态下各部分如何相互作用。利用这一方法有望更好地了解宿主如何应对疾病，确定疾病的原因，有助于奶牛围产期疾病的早期诊断和预测疾病发生的风险，并在不久的将来会形成新的预防策略。

7.2　奶牛主要代谢病

7.2.1　奶牛代谢健康标志和管理的研究进展

近 100 年来，人们已经认识到奶牛临床疾病和代谢紊乱伴有血液、尿液或牛奶中化学成分的变化。然而，在早期一直用个体来发现和描述母牛代谢健康，直到 1990 年开始逐渐将代谢健康指标与母牛疾病、泌乳和繁殖联系起来。并且，仅在过去的 30 年左右，才认识到测定体液分析物对于母牛个体和群体疾病检测和监测的价值。随着知识的增长和实时自动测量技术的迅速发展，有关奶牛体液化学成分与疾病、奶产量和繁殖性能的关系的知识持续增长，提升了监测奶牛代谢功能和健康的水平。

这里综述了近百年来从临床到亚临床疾病检测和群体水平监测的重点进展，以及代谢健康指标如何成为亚临床疾病监测和防控的一个组成部分。在研究亚临床疾病和代谢功能障碍的生物学和流行病学的同时，在技术开发上也取得了较大的进展。最后，提出了未来在奶牛管理中代谢健康研发和应用上的理念（Overton et al.，2017）。

7.2.1.1　研究的最初时期

20 世纪二三十年代，奶牛临床健康问题如生产瘫痪和酮病，与血液和尿液的化学成分变化有关。表现为患生产瘫痪奶牛血钙浓度降低，因体内钙代谢调节功能障碍所致。酮病奶牛血液和尿液中丙酮浓度显著地升高，但当时未能很好地认识到病因和诱发因素，却为后来深入研究提供了基础。

1）低钙血症与代谢指标

在 20 世纪 30 年代，在《乳品科学杂志》（*Journal of Dairy Science*，JDS）上首次报道了奶牛血钙和血磷及与生产瘫痪的关系。最初，主要描述了奶牛血钙和血磷的"正常"浓度范围（又称为参考区间），并对营养和管理因素的影响进行了初步论述。并且，研究评估了分娩期间健康奶牛和患病奶牛 Ca 和 P 的动力学变化，在同一时期血磷浓度比血钙浓度的变化更大。此外，还探究了影响奶牛血中 Ca、P 的各种因素包括年龄和发育。

20 世纪 50 年代，报道了血液化学与生产瘫痪的关系。正常分娩奶牛和患病奶牛血清中柠檬酸和 Ca 的浓度通常遵循相同的模式；然而，随后发现患病奶牛临近分娩时血中柠檬酸浓度升高，尿中柠檬酸的浓度也增加。尿液化学成分中除了产前 3～16d 的 Mg 排泄增加外，几乎没有其他变化。然而，患病奶牛产后血清镁含量升高，血糖浓度升高，且血糖与 P 浓度呈显著负相关。此时，生产瘫痪已成为一个公认的疾病，而且与血钙浓度之间的联系已被证实。因此，科学研究的焦点转向了奶牛体内钙代谢机制和预防生产瘫痪的管理策略。

2）酮病与代谢指标

20 世纪 40 年代初，为了研究正常奶牛血液和尿液中酮体与分娩时间的关系，Knodt 等（1942）、Shaw（1943）测定了血液和尿液中酮体如丙酮、乙酰乙酸盐和 BHBA 的浓度，以及在不同饲养时间内或跨年的从牧场干草到青贮料饲养和不同季节酮体浓度的变化；检查了育成牛体内酮体浓度的动态变化，与奶牛乳脂合成和氧化代谢有关的酮体定量利用情况及酮病发生情况。并且，患严重酮病奶牛血中 NEFA 浓度升高。

20 世纪 50 年代末和 60 年代，人们重点研究了分娩期奶牛酮病和脂质代谢。对酮病奶牛乳中酮体检测，发现血液与牛奶中乙酸和丙酮的水平较高，血液与牛奶中 BHBA 水平较低，但用总酮体浓度进行评估时，血液与牛奶之间具有较高的特异性和敏感性。随后，酮病奶牛被分为对照组或丙二醇处理组，发现处理组降低了乳中酮体含量，并增加了产奶量。同时评估了血中酮体与血糖、NEFA 的关系。而后，发现饲喂丙二醇后，特别是高产奶牛，血中 NEFA 浓度急剧下降。羊禁食后，血中 NEFA 浓度大幅上升。最后，研究发现临近分娩时血浆 NEFA 浓度显著升高，随后在泌乳期前 5～6 周血浆 NEFA 浓度降低。血酮与血糖的相关性明显高于血浆 NEFA，但当酮病发生时血酮与血浆 NEFA 之间的正相关系数（0.85）要高得多。同时，还评估了酮体测试方法及其应用。尽管 BHBA 与其他酮体之间的关系存在潜在的变异，但 BHBA 仍是血酮唯一的评估指标。

3）血液蛋白质作为代谢指标

20 世纪 40 年代，少量论文关注了牛血液蛋白质与通过初乳转移到犊牛之间的关系，随后报道了围产期奶牛血液蛋白质的变化。奶牛血清总蛋白浓度在分娩前 4 周开始下降，在分娩时最低，在泌乳期增加。血清白蛋白浓度和球蛋白成分浓度也有类似的变化。随后，将血浆 3-甲基组氨酸的变化描述为一种蛋白质分解的标志物，探究了与围产期和泌乳期其他血液指标的关系，发现 3-甲基组氨酸浓度在产后急剧升高，在产后 1 周达到峰值，然后下降直到产后 5 周。3-甲基组氨酸的峰值与胰岛素、甲状腺激素、葡萄糖、蛋白质和 BUN 的浓度较低和 NEFA 浓度升高有关。虽然对围产期奶牛蛋白质动员的动力学有了大致的了解，但对其调控作用及日粮和管理因素的影响仍缺乏充分的了解。

4）代谢谱及其应用

在兽医杂志上有多篇论文报道了奶牛血液代谢谱的结果，与牛群兽医调查或牛群状态有关，描述了血液代谢谱，包括康普顿代谢谱。其中，分析了 5 个正常和 25 个不正常牛群中血液代谢物的平均值和方差，包括常量矿物元素、与蛋白质代谢有关的各种指标和葡萄糖。从高产、低产和干乳的奶牛血液分析中发现几种分析物与牧群、产量、泌乳期和季节有密切关系，其中几种分析物与某些营养素的摄入有关。并且，750 个有问题的畜群血液化学结果及 15 个健康和繁殖良好的高产畜群的研究发现某些血液指标与营养摄入之间有显著的相关性，但相关系数较低，而且在不同的疾病和生殖状况下，群体的模式也极不一致。另外，讨论了代谢谱解释的局限性，包括参考范围的确定和适当的测定指标正常的偏差，并认为代谢谱对辅助调查群体问题是有用的。

20 世纪 80 年代，研究侧重于血液代谢谱的应用。研究了 30 个畜群的不同生产水平的代谢谱，指出代谢谱检测在评估畜群的问题或营养缺乏方面价值有限。分析了 21 个畜群中奶牛的血液特征，由于许多血液指标的值分布不符合正态分布，在制订解释范围时应考虑这种非正态性。此外，涉及多种定量特征的多元回归分析改善了与血液分析物的相关性。

5）与氧化代谢有关的代谢指标

20 世纪 70 年代，研究了与奶牛氧化代谢和免疫功能相关的维生素和微量矿物质状态。当奶牛饲喂牧草时，牛奶中维生素 E 浓度增加，但不影响血细胞组成、血红蛋白和相关指标、血清谷草转氨酶、每胎配种、产犊间隔或胎衣不下。另外，在基础日粮中增加硒摄入量和补充亚硒酸钠（2～6mg/d）可增加血浆和牛奶中硒浓度，然而继续增加硒摄入量并不会进一步增加血浆或牛奶中硒含量。尽管血浆维生素 A、β-胡萝卜素、总维生素 A 的浓度与加利福尼亚法检测乳房炎的评分是反向关系，但是同一组奶牛血浆维生素 A 和 β-胡萝卜素的浓度大幅减少，在分娩期和产后第 1 周最低；然而，奇怪的是产后发生乳房炎的奶牛在产后维生素 A 浓度降低，而产前 β-胡萝卜素浓度更高。

7.2.1.2 研究的转折点

在 20 世纪 80 年代中期，康奈尔大学研究人员在集约化奶牛场的大规模观察性研究中评估了各种围产期疾病及其风险因素。同时，加拿大研究人员开展集约化奶牛场大规模观察研究，主要关注奶牛疾病、生产和淘汰。瑞典研究人员开展了应用牛奶丙酮浓度检测酮血症和以色列牛群皱胃变位的流行病学危险因素及其与其他疾病的关系的研究。在此之前，围产期疾病的危险因素及疾病或代谢指标

与生产和繁殖之间的关系通常来自小规模研究或来自评估各种日粮处理的随机对
照试验。

在 20 世纪 90 年代初,研究工作进一步完善了各种代谢指标与奶牛生产、DMI
和能量平衡之间的关系。一项研究中分析了奶牛血清 BHBA、NEFA、Glu、CHOL、
MY、DMI 变化及其与时间的关系,并通过重复抽样检测,确定了 BHBA 与 MY
呈正相关;NEFA 与 BHBA 的变化相似;DMI 与 BHBA、能量平衡与 BHBA、Glu
与 BHBA 呈负相关。这项研究综合了代谢健康指标,大规模分析了围产期健康、
生产和繁殖。另一项研究发现奶牛产前血浆 NEFA 升高、BCS 高、饲料铺位管理
差、产前日粮能量较高是真胃变位的主要危险因素。并且,还发现奶牛产前血浆
NEFA 浓度升高与许多围产期疾病(难产、胎衣不下、酮病、脂肪肝、真胃变位、
子宫内膜炎和乳房炎)有关。除了上述工作,还大规模地研究了氧化代谢和免疫
功能的指标。在 9 个牧群中发现奶牛产前 60d 和产后 60d 血浆 α-生育酚、GSH-Px
与奶罐中 SCC 和血浆 Se 浓度呈负相关,较高全血硒浓度可以减少乳腺感染,但
血清维生素 A 与 SCC 相关系数较低。

7.2.1.3 代谢健康指标在围产期奶牛群体流行病学调查中的应用

1)与能量和常量元素相关的指标

第一个严格的流行病学研究开始定义母牛水平的代谢物浓度临界点及其与产
后健康的关系是由圭尔夫大学完成的(LeBlanc et al.,2005)。在 20 个以舍饲为主
的牛群中,探究了 1044 头母牛代谢物(如 NEFA、CHOL、BHBA、Glu、BUN、
Ca 和 P)及其与真胃左方变位(LDA)的关系,其中 LDA 发生率为 5.10%。这
项工作表明,母牛在产前 4～10d 血浆 NEFA 浓度>0.50mmol/L,发生 LDA 概率
增高 3.6 倍,奶牛产后 BHBA 浓度>1.20mmol/L,发生 LDA 概率增高 8 倍,而 Ca
浓度与 LDA 无关。这些结果与由不同的拴系式饲养的研究中得出的结果相似,
LDA 与奶牛产后 1 周 BHBA 浓度>1.20mmol/L 和对牛奶产量的不利影响有一个强
的关联性(优势比= 2.6)。

康奈尔大学在美国东北部进行的一系列前瞻性队列研究中,确立了①NEFA
和 BHBA 浓度临界点,它们与产后疾病的高风险、较差的生殖性能的高风险和较
低的产奶量的关系;②这些风险的大小;③在自由站立饲养、TMR 饲喂牛群中,
NEFA 和 BHBA 浓度升高的频率。在 100 个畜群(平均为 840 头牛)和 2758 头牛
中,发现这些代谢物含量升高与健康奶牛后续事件之间有很强的关联。如果经产
奶牛产前 2～14d 的 NEFA 浓度>0.30mmol/L,有 2 倍的风险患产后代谢病(LDA、
子宫炎或临床酮病),在产后 70d 超过 15%的奶牛很少怀孕,305d 大约少产 680kg
牛奶。如果经产奶牛在产后 3～14d 的 NEFA 浓度>0.60mmol/L,患产后疾病(LDA、

子宫炎或临床酮病）的风险是正常的 4 倍，产后 70d 内怀孕的概率比正常低 15%，305d 产奶量少产约 500kg。经产奶牛产后 3~14d 的 BHBA 浓度高于 1.00mmol/L，发生产后疾病（如 LDA、子宫炎、临床酮病）的风险超过 4 倍，产后 70d 妊娠率降低 15%，305d 少产约 390kg 牛奶。在围产前期，大约 25% 的经产牛和近 50% 的小母牛体内 NEFA 浓度升高的发生率很高。超过 25% 的经产奶牛和小母牛在产后期间 NEFA 或 BHBA 浓度升高。随后，开始定义牧群预警级别，确定围产期牧群处于不良的健康、生产性能或繁殖的风险，以便更好地确定管理时机。群体预警水平可以定义为统计样本中超过母牛水平阈值的动物所占的比例，该阈值与群体水平对健康、繁殖和产奶量的影响有关。当 >15% 的样本动物高于母牛 NEFA 和 BHBA 临界点水平时，牛群中代谢性疾病发生率增加，繁殖性能下降，产奶量降低。事实上，当 NEFA 或 BHBA 升高的动物比例增加时，代谢性疾病发生率增加存在剂量-反应效应。一般来说，在阈值相似的情况下，NEFA 和 BHBA 浓度升高与胎衣不下、LDA 和子宫炎的发生率较高相关，还与产奶量下降有关，但没有观察到对繁殖的同样影响。在牧群水平上，围产期奶牛比例高于奶牛临界点水平，与代谢病、繁殖和产奶量之间有密切关系，牧群预警水平略高，通常为 >25%。德国的一项队列研究表明，在研究酮病时，来自 10 个欧洲国家的 528 个奶牛场有类似的患病风险，还发现跛行与酮病之间的联系。因此，对于农场管理和监测来说，可以推广奶牛酮病 BHBA 的单阈值为 1.20mmol/L。通过 6 次测定产后 3~16d 的 BHBA 浓度，发现了 4 个高产畜群的酮病发生率平均为 43%，大多数酮病发生在发病前 7d。此外，酮病对 LDA、淘汰、首次人工授精受胎、产奶量有负面影响，在分娩后第 1 周首次发生时，比分娩第 2 周更为严重。随机对照试验显示了丙二醇口服治疗奶牛亚临床酮病的价值，并描述了常规筛查和治疗酮病的成本和效益。

为了预防高酮血症，美国和荷兰的研究人员研究了危险因素和营养管理。研究发现，与饲喂远高于代谢能需要的奶牛相比，在干乳期控制能量摄入大大降低了产后早期发生酮病的风险，且不会对产奶量产生负面影响。产后酮病的高危险因素是胎次增加、产前高浓度 NEFA 和高 BCS。每例酮病治疗费用约 290 美元或 200 加元，全球平均患病率 >20%（发生率 >40%）。因此，预防酮病是有益的。

在调查的 27 个丹麦牛群奶牛产后早期血钙和产奶量的关系，没有观察到泌乳期用脂肪和蛋白质校正产奶量之间的联系。LeBlanc 等（2005）指出 Ca 和 LDA 之间缺乏关联。然而，Chapinal 等（2011，2012a，2012b）研究观察到当产后第 1 周血清 Ca 浓度 <2.20mmol/L 时，随后发生 LDA 的概率要高 3.1 倍，对第一次检测产奶量和第一次人工授精怀孕都有负面影响。并且，研究了产后 Ca 与同期泌乳中后续健康和生产的关系，将低钙血症定义为全血离子 Ca<1.00mmol/L。尽管观察到低钙血症与较高 NEFA 浓度及较高肝脂百分比之间存在有趣的关联，然而

没有发现与牛奶生产或常见的产后疾病之间的关系，在检测疾病风险差异方面是不足的。

　　一些研究试图确定母牛 Ca 浓度的临界点，利用 ROC 分析寻找与随后的子宫炎相关的阈值。奶牛在产后 0～3d 血清 Ca<2.15mmol/L 时，与正常血钙水平较高的奶牛相比，子宫炎的发生率增加。这个临界点与其他报道的 2.20mmol/L 相似。另外，有关 BHBA 与随后生殖性能之间关系的研究发现，奶牛在产后第 1 周血清 BHBA 浓度>1.00mmol/L 和在产后第 2 周浓度>1.40mmol/L 时，第一次受精怀孕率降低了 20%。这些临界点与某些报道的相同或相似。研究发现酮病奶牛繁殖能力较差的原因，子宫疾病的某些危险因素，如子宫内膜炎和细胞学（亚临床）子宫内膜炎。酮病奶牛患细胞学子宫内膜炎的概率（OR=1.4）更高，而结合珠蛋白浓度更高的奶牛患病的概率（OR=1.59）也更高。

　　另外一些前瞻性队列研究发现，患酮病的经产奶牛发生亚临床子宫内膜炎的概率要高 5.6 倍，这可能是能量负平衡导致的子宫免疫功能受损所致。密苏里大学研究报道了奶牛产后早期营养状况，如血液 NEFA 和葡萄糖浓度，通过一种独立于首次排卵间隔的机制影响随后的生育能力。同样地，研究发现除了有较高的循环 NEFA 和 BHBA 外，在诊断子宫内膜炎或细胞学子宫内膜炎之前或同时从相同动物中获得的中性粒细胞中糖原浓度降低。此外，研究还调查了代谢健康指标与生殖疾病之间的关系。产前高浓度 NEFA 和产后高浓度 BHBA 会增加临床子宫内膜炎的风险。然而，放牧牛体内 NEFA 和 BHBA 的浓度在发生或未发生细胞学子宫内膜炎的牛之间没有差异，尽管患子宫内膜炎的奶牛血浆中白蛋白浓度较低，谷氨酸脱氢酶和天门冬氨酸氨基转移酶却较高。

　　与能量有关的分析物也与围产期其他感染疾病有关。研究发现，与健康奶牛相比，泌乳早期发生临床乳房炎的奶牛体内 NEFA 和 BHBA 浓度较高，而分娩后第 1 周发生临床乳房炎的奶牛在分娩前一周的血糖浓度较高。泌乳第 2～13 周，临床乳房炎奶牛天门冬氨酸氨基转氨酶活性较高。一些研究认为在自发性酮病期间观察到的免疫抑制（及其与乳房炎易感性增加有关）可能是 BHBA 浓度升高直接导致的。然而，体外添加 NEFA 而非 BHBA 可降低免疫细胞的增殖和氧化爆发。需要进一步研究确定 NEFA 和 BHBA 对围产期奶牛免疫的影响机制。

　　除了与健康、繁殖和产奶量有关外，与能量有关的分析物和钙的浓度与牛群淘汰的风险也有关。在 16 个奶牛群研究确定产后 BHBA 浓度升高与产后 60d 真胃变位、临床酮病和淘汰的概率增加有关。汇集的研究数据发现围产期高浓度的 NEFA 和 BHBA 及低浓度的 Ca 与产后 60d 内淘汰的风险增加有关。另外，应用大数据集评估包括 NEFA、BHBA 和 Glu 浓度在内的生理指标，并将其与计算出的能量平衡和单个生物标志物进行比较。产前生理不平衡越严重的奶牛患产后疾病的风险越大；此外，与能量平衡、BHBA、Glu 等指标相比，围产前期计算的指标和 NEFA 更能反映产后疾病。最后，基于牛奶测量的自动化、实时信息的需求，将准确地反映临产奶牛的生理失衡。

2）血液蛋白质

目前，围产期主要血液蛋白质变化的数据有限，对其作为潜在诊断工具的敏感性和特异性知之甚少。某些研究报道了奶牛围产期血清蛋白质含量，发现血清总蛋白浓度从产前下降至产后第 1 周，球蛋白浓度下降在很大程度上是导致总蛋白浓度下降的原因。血清白蛋白浓度在围产期相对稳定，但在产犊时或前后略有升高。泌乳期炎症反应升高的奶牛血清白蛋白浓度降低，其他多种血清和血浆成分发生变化。并且，与未患子宫内膜炎的奶牛相比，在泌乳期患子宫内膜炎的奶牛血浆白蛋白浓度降低，且白蛋白与球蛋白比值较低。虽然血清蛋白质或蛋白质组分可能与母牛健康水平有关，但利用它们作为牛群标志物的敏感性和特异性尚不清楚。因此，血浆蛋白质组分的变化，特别是白蛋白，可能与奶牛健康和繁殖有关。奶牛群体水平的差异表明，它们有潜力可作为评估健康的代谢指标；然而，需要大量的数据集来评估这些标志物的可靠性（如敏感性和特异性），以进行奶牛个体或群体水平的评估。

3）与维生素相关的指标和疾病

在围产期，某些研究探索维生素状况与疾病之间的关系。20 个牛场在产前 1 周和产后 1 周测定了奶牛血清 α-生育酚、β-胡萝卜素、视黄醇浓度。在产前最后 1 周 α-生育酚浓度增加与胎衣不下风险的降低有关，在产前最后 1 周视黄醇浓度增加与泌乳早期临床乳房炎风险的降低有关。并且，患胎衣不下和其他疾病的母牛产前血清 α-生育酚浓度较低，且伴有更高浓度的血清 NEFA 和 BHBA。皱胃变位前和变位的奶牛产后有较低浓度的血清 α-生育酚、胆固醇和较高浓度的血清 NEFA、BHBA、结合珠蛋白和血清淀粉样蛋白。

4）氧化应激和炎症的假定指标

在 21 世纪初，意大利研究人员将之前专注于测量血液或组织中维生素或微量元素浓度作为抗氧化状态指标的工作，开始转向直接地评估氧化应激的指标。与春季分娩的奶牛相比，遭受中度热应激的围产期母牛红细胞内谷胱甘肽过氧化物酶、超氧化物歧化酶活性和细胞内硫醇浓度增加；然而，在血浆中它们的差异并不明显。随后的研究证明，产前 BCS 较高、产后 BCS 丢失较大的奶牛，其产后活性氧代谢物、硫代巴比妥酸活性物质、硫醇组浓度较高，且血浆超氧化物歧化酶活性和红细胞硫醇组较低，同时产后 NEFA 和 BHBA 浓度越高，母牛氧化应激越大。并且，给干乳期母牛日粮高水平的维生素 E（3000IU/d），母牛在干乳后期

和分娩时 α-生育酚浓度与血清活性氧代谢产物和硫醇浓度呈负相关；然而，这些氧化应激标志物与后续的乳房炎发生无关。

与此同时，意大利的另一个研究小组探索与炎症相关的指标与新陈代谢之间的关系。研究血浆对氧磷酶作为肝功指标的关系，发现产后血浆对氧磷酶浓度较低的奶牛，其急性期阴性蛋白浓度最低，而急性期阳性蛋白（如结合珠蛋白）和氧化应激指标（如活性氧代谢物）的浓度最高。并且，与血浆中对氧磷酶浓度最高的奶牛相比，血浆中对氧磷酶含量较低的奶牛在产后 30d 内每天少产奶约 10kg。有趣的是，与血浆 NEFA 或 BHBA 没有明确的关系，这表明炎症状态可以改变泌乳量，而与能量代谢指标没有直接联系。Bertoni 等（2008）基于血浆总蛋白、白蛋白、总胆固醇作为脂蛋白的载体和视黄醇结合蛋白质，提出了一个肝脏活动指数，发现肝脏活动指数较低的奶牛在产后第 1 周有较高血浆结合珠蛋白、球蛋白和泌乳早期有较低的奶产量。肝脏活动指数较低的奶牛在产后也有较多的健康障碍，一般生殖性能较差。

在 20 世纪后期，循环急性期蛋白及其与健康、产奶量和繁殖的关系继续受到关注。根据临床症状诊断为健康、轻度子宫炎或重度子宫炎的奶牛，在诊断前血清结合蛋白浓度升高。产前血浆结合珠蛋白与产后健康的关系不大；然而，在产后第 1 周血浆结合珠蛋白浓度增加的奶牛，随后产奶量下降，在产后 150d 内怀孕率低。并且，除了血浆 NEFA 和 BHBA 浓度升高外，患真胃变位的奶牛血清结合珠蛋白浓度也升高。患相关的阴道脓性分泌物和细胞学的子宫内膜炎的风险增加。在产后血浆结合珠蛋白浓度没有区别的奶牛，随后发生细胞学子宫内膜炎。另外，在产后早期初产的比经产的奶牛血清结合珠蛋白浓度高，而经产的奶牛在助产或胎衣不下、子宫炎时血清结合珠蛋白的浓度更高。并且，血清结合珠蛋白与 BHBA 呈正相关，但与血清 NEFA 浓度无关。

迄今为止，我们缺乏在大规模的观察性研究中获得牛群中有关 NEFA 和 BHBA 与这些氧化指标、炎性指标的信息。这类研究将有可能使这些指标在牛群的评估和决策中变得更有价值。

7.2.1.4 目前和未来代谢健康指标的测量技术

1）血液

（1）低钙血症：钙的状态可以直接用血中总钙浓度或离子钙浓度来测量。在过去的几十年里，用于测量 Ca 总量的技术没有取得太大的进展，而生化分析总 Ca 浓度仍是金标准。离子钙的现场测试，虽然可用，但价格昂贵。由于难以处理样本以确保准确的结果和较低的成本，离子钙在研究环境中通常不被测量，更不用于单独的动物治疗或农场管理决策。然而，值得开发离子钙的实用的低廉的现场测量技术。使用红外体温计测定了耳朵皮肤温度，温度低的耳朵可作为低钙血症指标的临床征象。离子 Ca 被认为是更有生物活性的部分，其浓度与体外中性粒细胞功能的关系更密切，离子 Ca 与总 Ca 之间的关系是不同的。尽管两个 Ca 状态的指标不应互换使用，但是以往有关 Ca 状态与产后疾病、产奶量和生殖相关结果的观察研究均用总 Ca 作为指标，很少用离子钙。

（2）酮病：在 20 世纪末，一种牛旁检测的手持式 BHBA 测定仪器替代了血液、牛奶和尿液浸渍条检测酮病的方法。精密的实验室验证提供了 100% 的灵敏度和 100% 的特异性，对比血清 BHBA 光度计测定 1.40mmol/L 的临界点，这种精确和便宜的工具对酮病的认识有了巨大的进步。

最近的研究证实手持式 BHBA 测定仪可用于奶牛酮病全血检测。该类测定仪已成为日常监测群体水平酮病患病率和个别酮病治疗决策的检测标准；除了手持式 BHBA 测定仪的性能外，还提供了有关首选类型、采样时间和采样位置的信息。血浆和血清样本可以用手持式 BHBA 仪（有些需要调整阈值）精确地给酮病分类。虽然没有发现仪器和检测条带的存储温度对设备检测结果的影响，但是血液样本温度对检测结果有重要影响。随着血液温度升高，测定仪的 BHBA 浓度与实验室 BHBA 浓度的差值减小。因此，样本应尽可能接近体温，以确保结果的准确。然而，由于血中 BHBA 在乳腺静脉中浓度较低，应采用颈静脉或尾骨血管采血。另外，应用血糖仪测定牛旁血糖浓度结果发现，血糖值与化学分析仪上的结果有很强的相关性；然而，如果低血糖样本的患病率较低，可能限制血糖仪对低血糖分类的应用。额外的建议是对奶牛血液和血浆的使用要调整特异性算法，推荐血浆作为测量分析物。因此，有必要做进一步的调查研究，以优化牛旁血糖监测仪的使用，确定泌乳早期奶牛血糖浓度对健康和生产的影响。

（3）NEFA 和结合珠蛋白：尽管有很多关于产前和产后血清 NEFA 浓度升高与随后的个体和群体水平的疾病、生产和繁殖不利影响之间关系的报道，但目前对于这种重要的能量代谢物还没有快速的牛旁检测。因此，目前 NEFA 浓度的测量，是为了监测能量负平衡的群体水平，或是为了研究。实验室方法仍是较贵的，未来快速、廉价的牛旁血中 NEFA 浓度检测技术的发展将会拓宽认识和市场应用。

围产期血清结合珠蛋白升高被认为是泌乳早期疾病（如子宫炎）的一个指标，并与产奶量减少和怀孕风险相关；然而，目前还没有快速的牛旁检测，这限制了在单个动物或群体水平上的监测效用。血清结合珠蛋白的浓度与牛奶的浓度相关；然而，在考虑将牛奶浓度作为血液替代指标之前，还需要进行更全面的分析。未来应发展出一种简单而经济的血中结合珠蛋白的测定方法，这将促进研究利用这种急性期蛋白作为泌乳早期疾病、产奶量和繁殖的预测因子。

（4）代谢组学的应用：代谢组学的新兴领域提供了新的希望，以增强或超越目前选择的生物标志物。从 12 头围产期奶牛血浆中应用靶向定量代谢组学方法对

6 头健康奶牛和 6 头患病奶牛血浆中约 120 种代谢物进行了评价,确定了在围产期奶牛体内几个与脂肪酸代谢相关的化合物(肉碱、丙酰肉碱、溶血磷脂酰胆碱酰基 C14:0 及其他两种形式的血浆磷脂酰胆碱)的变化,这些化合物与疾病有关。并且,神经酰胺等血浆鞘脂类化合物作为潜在的胰岛素抵抗生物标志物,特定神经酰胺与 NEFA 呈正相关,与胰岛素敏感性呈负相关。因此,代谢组学研究将为进一步开发潜在指标用于未来实际监测和管理提供新的生物标志物。

2)牛奶

目前,使用牛奶参数监测代谢健康取决于对能量负平衡的程度或对能量负平衡适应程度的预测评估。在 20 世纪 90 年代末和 21 世纪初,大量文献报道了牛奶中使用浸液条和粉末在牛旁测量酮类物质,与预测 LDA 等疾病及与血液 BHBA 有关。由于上述的牛旁血液 BHBA 检测方法的敏感性普遍较差,但特异性较好,逐渐地被用于疾病诊断。

20 世纪 90 年代末开始,在牛旁乳检测的同时,研究了在线牛奶测量方法监测和诊断酮病。应用 93 个奶牛场 1333 头奶牛,评估测试日乳脂和蛋白质的百分比与血清 BHBA(≥1.20mmol/L)升高的关系。尽管脂肪和蛋白质的百分比都与血清 BHBA 升高有关,但是单独测量或结合测量都不能提供准确的筛查方法。为了进一步评估代谢健康分析的在线技术,使用红外光谱作为酮病的筛选工具,改进了以前使用的湿化学方法。虽然使用荧光法直接测量牛奶 BHBA 是直截了当的,但是在处理大量牛奶样品的实验室中缺乏这种类型的测量系统,妨碍了它的广泛采用。傅里叶变换红外光谱(FTIR)已经用于测量牛奶中脂肪、蛋白质、乳糖和BUN,从而提供了一种快速、廉价的估算牛奶丙酮的方法。与牛奶金标准检测方法相比,FTIR 预测牛奶丙酮浓度的准确性升高,表明了其作为一种筛查方法的潜力,但其结果因牛奶丙酮浓度升高的比例而有所不同。使用 FTIR 对牛奶 BHBA及其他生物标志物(如柠檬酸盐)进行分析,牛奶 BHBA 和丙酮的组合物提高了FTIR 预测酮病的准确性。同样,生物学模型使用额外的动物特异性数据(如胎次、BCS、DIM、产奶量)和牛奶 BHBA 浓度来预测酮病的风险。在 2010 年,随着牛旁血液 BHBA 测定准确度的提高,对高产奶牛 FTIR 测定牛奶丙酮浓度与血液BHBA 测定结果进行了比较。然而,所有 3 种分类方法与血液 BHBA 相比,特异性约为 70%,假阳性率高。

最近的研究探索了每月 DHI 检测中牛奶成分与血液 BHBA 浓度的关系,以及优化牛奶 BHBA 阈值来预测酮病。利用 37 个畜群中 163 头牛血液 BHBA 数据,通过对 BHBA 和丙酮的分析,以及对乳脂和蛋白质的红外光谱分析,发现血液 BHBA 与牛奶 BHBA、丙酮相关性较好(r=0.89、0.73),而血液 BHBA 与牛奶脂肪百分比、蛋白质百分比、脂肪:蛋白质值相关性较差(r=0.21、0.04、0.71)。并且,发现预测酮病最佳阈值是牛奶 BHBA≥0.20mmol/L、牛奶丙酮≥0.08mmol/L，灵敏度分别为 84%、87%，特异性分别为 96%、95%。另外，应用 498 310 头来自 4242 个牧群的荷斯坦奶牛的牛奶样本，在每月 DHI 测试中检测产后 3～35d 的样本，牛奶 BHBA 升高与产奶量之间存在关联。与牛奶 BHBA <0.20mmol/L 的奶牛相比，BHBA 升高的奶牛（≥0.20mmol/L）每天产奶量减少 2.30kg/d，蛋白质产量和浓度较低，脂肪产量和浓度较高，SCC 较高。目前，基于牛奶 BHBA 或丙酮评价生产结果的文献较少，即研究主要集中在常规 DHI 检测。

虽然商业系统如牛群导航和以色列在线牛奶测量可用于商业奶牛场，但基于这些技术的个体动物健康和生产结果尚不清楚。连续监测牛奶 BHBA 或其他成分的系统有可能具有更好的预测精度，然而这需要进一步研究。傅里叶变换红外光谱法（FTIR）在测量酮体和其他牛奶成分如脂肪酸谱等方面具有良好的潜力。然而，由于在不同的研究条件下（如品种、群体位置、饮食和泌乳期）生物学的差异，这些因素在不同的研究中可能会有很大的差异。因此，商业和研究小组之间数据交换是十分重要的，以最大限度地提高该领域未来的进展。最近，牛奶代谢组学的分析，包括核磁共振波谱法，预计在不久的将来，牛奶成分快速分析方法的深入探索将会取得巨大的进步。

为了提高个体动物泌乳早期代谢疾病的预测，过去 10 年的多项研究都着眼于通过牛奶来识别 NEFA 升高或酮病奶牛。一项病例对照研究调查了 8 头健康奶牛和 8 头酮病奶牛（血浆 BHBA≥1.20mmol/L）的牛奶脂肪酸谱；发现在确诊前 2 周，酮病奶牛乳脂中顺-9-C18：1 水平已经升高。另外，在含有至少 240g/kg 乳脂顺-9-C18：1 的奶牛中，血浆 NEFA≥0.60mmol/L 的风险增加了 50%；然而，该方法的灵敏度略低于 50%。并且，70%的酮病奶牛乳脂比例为顺-9-C18：1 至 C15：0>40%。这提示了牛奶脂肪酸和脂肪酸比值对牧群中多胎奶牛 NEFA 或 BHBA 浓度较高的正确分类的诊断价值。虽然有几种脂肪酸浓度与 NEFA 和 BHBA 升高有关，但正确的分类只是适度的；这种测量牛奶脂肪酸的方法未能超过直接血液检测方法。因此，实际使用这些信息很可能需要对牛奶脂肪酸进行常规分析，并对单个动物重复采样；然而，目前的技术不是一种快速、经济有效的现场测定牛奶中脂肪酸的方法。

该领域正在进行的工作试图预测血中 BHBA 和 NEFA 的浓度，使用各种牛奶成分（如 BHBA、丙酮、脂肪、蛋白质）结合奶牛的特征，如胎次、产后天数和品种。这种比较的一个潜在的复杂性是，即使重复采样，收集牛奶样本的性质（单纯乳与复合乳）、收集样品的时间或挤奶频率也会影响牛奶成分。由于血中能量代谢物的浓度是在一个时间点上测定的，所以这个时间点与感兴趣的牛奶成分浓度之间的关系需要进一步研究。此外，某些疾病过程（如酮病和牛奶 BHBA）与感兴趣的牛奶成分之间的相关性可能是非线性的，需要进一步探索。

3）反刍项圈和标签

Schirmann 等（2009）首次报道的反刍项圈——电子反刍监测系统 HR-Tag（以色列）是一种测定反刍的准确方法，与人直接观察的结果高度相关（$r =0.93$）。而后，发现与产犊前 3～4d 的 426min/d 基础时间相比，产犊前 24h 反刍时间平均减少约 1h（15%）。与基础时间相比，产犊后 24h 总反刍时间平均减少了 2h 多（31%），但在产犊后 24～48h 恢复到反刍基础时间。这表明该测量系统有潜力识别临近产犊的奶牛。另外，许多研究利用反刍时间作为预测泌乳早期疾病的工具。利用产后 3～6d 回顾性研究发现，总反刍次数较低的奶牛中 90% 在泌乳早期患有临床疾病，而总反刍次数较高的奶牛中仅有 42%。与泌乳第一个月总反刍次数较低的奶牛相比，较高反刍次数的奶牛产乳量平均高达 8kg/d。在威斯康星州一个牛场死胎奶牛分娩前后的反刍时间都减少了约 60min/d，双胞胎分娩与单胎分娩相比，也减少了约 60min/d 的反刍时间。研究还发现，患子宫炎的奶牛反刍时间比健康的少 30min/d。在加拿大一个 64 头荷斯坦奶牛场，从产前 10d 到产后 21d 检查反刍时间发现，产后患酮病（BHBA≥1.20mmol /L）的奶牛在产前反刍时间少 14%。此外，许多文献报道了奶牛反刍时间与疾病的关联性，重点关注健康奶牛与患病奶牛反刍时间的差异及系统的预测能力。在加拿大 4 个商业牛群评估了反刍时间与产后酮病的关系。在健康的初产奶牛、酮病奶牛和伴有早期泌乳疾病的酮病奶牛之间，从分娩前 2 周到分娩后 4 周的反刍时间没有差异。然而，经产的健康奶牛比酮病奶牛和伴有其他泌乳早期疾病的酮病奶牛，平均每天反刍多 25min 和 44min。如果在临近产犊前 1 周或产犊后第 1 周反刍时间减少，表明反刍监控整个分娩期会有助于识别动物个体泌乳早期疾病。在纽约州某荷斯坦奶牛场的一项实地观察试验，评估了一种自动监测项圈系统的性能，它结合了反刍时间和运动，对酮病、真胃变位、前胃疾病、子宫内膜炎、乳房炎的奶牛进行了监测，描述了技术人员从系统预警到疾病诊断的时间，以及围绕疾病诊断的反刍和活动模式。疾病预警系统在真胃变位、酮病、前胃疾病、乳房炎和子宫内膜炎上的灵敏度分别是 93%、91%、89%、58% 和 55%。随着奶牛乳房炎、子宫炎的病例严重程度增加而有效性增加。综合所有的疾病，预警系统总体灵敏度为 59%，特异性为 98%；阳性预测值为 58%，阴性预测值为 98%；准确率为 96%。然而，随着反刍和活动项圈在乳品行业的应用越来越广泛，将会更好地了解这些参数的群内和群间变化及其与疾病预测的关系。

7.2.1.5　未来的研究方向

有许多研究讨论了维持围产期代谢健康的关键问题，特别是围产期营养和饲养管理。其他文章讨论了遗传特性在减少疾病和改善牛奶生产方面的选择和作用。这些领域应该是我们预防泌乳早期代谢疾病的重点。然而，如果没有合适的测量工具在个体和群体水平上监测代谢健康，就无法评估遗传、营养和管理策略对围产期奶牛健康的影响。未来这一领域的重点可能仍是测量血液或牛奶中的化学成分，它们应与泌乳早期代谢健康相关，更与重要经济效益有很强的相关性，如疾病的发生、产奶量和生殖性能。为此，这些成分的准确、精确的牛旁或联机检测对于在大规模的田间研究中进一步探讨围产期代谢健康的流行病学是必要的。

技术的进步将使实时测量和自动监测代谢健康成为可能，为我们提供关于畜群饲养和管理战略有效性的即时反馈信息。直接测量或估计牛奶中重要的生物学项目，或利用牛奶成分和母牛信息开发血液指标浓度预测模型的能力将在对牛场和奶牛日常活动最小影响下改进我们对疾病的检测。这些应用流行病学调查的群体策略和优化母牛健康的新发现将大大提高我们的知识和能力，以提高奶牛围产期代谢健康，并得出更好的检测时机，更好的、更具体的、可操作的母牛个体和群体建议。

7.2.2　优化奶牛免疫力的营养策略

疾病对于奶牛业可持续健康发展是一个重大的威胁。奶牛围产期，尤其容易患病，从而增加代谢病和传染病的发生率和严重程度。与围产期疾病相关的直接经济损失包括牛的生产能力降低和死亡率增加，有关的间接经济损失包括抗生素、疫苗的费用及实施治疗和控制措施需要的劳动力。奶牛围产期抵抗疾病的能力与部分免疫系统的功能有关。免疫系统由各种各样的生物组分和过程组成用来保护动物免受疾病的影响。免疫系统主要作用是防止微生物侵入机体，消除现有的感染和其他原因导致的细胞损伤，并恢复组织正常功能。在奶牛机体内，免疫系统利用物理、细胞和可溶性因子等多方面的网络来增强防御去抵抗各种微生物的挑战。这个防御机制的综合系统受到高度的监管以保持免疫激活所需的疾病预防机制与一旦确立威胁入侵和活动之间的微妙平衡。考虑到营养在所有的免疫功能中发挥的关键作用，以营养为基础的管理策略应该在疾病预防计划中占有中心地位。因此，本节将对牛免疫系统进行简要概述，阐述为何不理想的免疫反应不能预防疾病，描述营养与免疫功能之间的相互联系，以及概述当前在奶牛疾病易感期优化免疫应答的策略（Sordillo，2015）。

7.2.2.1　免疫系统概述

正常的免疫系统应该保护奶牛免受各种致病微生物的影响，包括病毒、细菌和寄生虫。为此，免疫系统分为先天免疫系统和获得性（后天性）免疫系统。先天免疫系统可以在组织损伤开始后数秒内发生快速的早期应答。先天免疫的范围很广，具有对任何组织损伤做出应答或中和各种潜在病原体的能力。与先天免疫相比，获得性免疫系统可能需要几天时间才能产生应答。获得性免疫是对感染性病原体特异性的应答，可以通过反复暴露于相同的微生物而得到增强。总而言之，先天免疫系统和获得性免疫系统必须协同工作以提供最佳的保护，使奶牛免受外部威胁得以存活。以往的综述已详细描述了奶牛围产期免疫系统。因此，这里只是简要概述奶牛免疫应答的主要组成部分，重点强调营养状况和特定营养素如何影响宿主防御的本质特点。

1）先天免疫系统

固有的先天免疫系统是大多数生物体的主要宿主防御机制。先天免疫包括免疫系统的非特异性成分，可以通过感染的方式对微生物做出应答。先天免疫的组成部分是针对侵入病原体的第一道防线，因为它们已经存在或在病原体暴露部位迅速激活。微生物可能会在入侵后几分钟到几小时内消失。这种最初的防御可以如此迅速和有效，以至于侵入微生物的组织正常生理功能可能无明显的变化。然而，先天免疫机制不会因反复暴露于相同的损伤而增加。先天免疫系统的主要成分包括物理屏障，吞噬细胞，血管内皮，以及组织内免疫和非免疫细胞群的各种可溶性介质（表 7-1）。物理屏障对于防止病原体进入机体至关重要，阻碍微生物入侵的表面屏障部位包括皮肤、眼泪和黏膜。然而，一旦病原体破坏了该防御，先天免疫应答的细胞和可溶性成分必须立即行动以防止疾病发生。

表 7-1　先天免疫系统的组成部分

因素	主要功能
物理屏障	阻断和捕捉微生物（皮肤、眼泪、黏膜）
模式识别受体	监视和激活先天免疫反应，如黑腹果蝇 Toll 样受体（TLR）
补体	细菌溶解并促进吞噬作用，包括补体因子 C3、C5a 和 C5b-9 复合物
细胞因子	参与先天性和获得性免疫的调节，如病原相关分子模式（PAMP）诱导的几种炎症途径，如促分裂原活化蛋白激酶和核因子 κB（NF-κB）的信号级联反应等
氧化脂质	促炎和抗炎，包括血栓素、前列腺素、脂氧素和白三烯等
内皮细胞	调节白细胞迁移和激活，如通过 PAMP 途径，释放各种炎症介质
中性粒细胞	吞噬；抗菌酶，防御素和活性氧类；中性粒细胞外陷阱的形成
巨噬细胞	吞噬；细胞因子和氧化脂质的产生
树突细胞	吞噬；先天免疫和获得性免疫
自然杀伤细胞	有助于消除受感染的宿主细胞

模式识别受体（PRR）通过感知侵入表面屏障防御的病原体而在先天免疫中发挥关键的作用。黑腹果蝇 Toll 样受体（TLR）现在是哺乳动物中研究最广泛的PRR，在牛中已经鉴定出至少 10 种 TLR。在免疫细胞和非免疫细胞中发现的 PRR

可以被区分为分化簇（CD）14，核苷酸结合寡聚化结构域和 TLR 家族，包括 TLR2、TLR4、TLR5 和 TLR9。与其配体结合后，PRR 可以开始细胞内信号传导的级联反应，导致先天免疫应答的启动或可以直接促进抗微生物的活性。

当微生物侵入宿主组织时，它们面临着先天免疫的几种内源性的可溶性防御。例如，补体是先天防御系统的组成部分，由血清和其他体液中蛋白质集合组成，这些蛋白质与其他免疫介质如细胞因子协作扩大抗微生物的机制。补体级联由几种不同的效应分子组成，包括补体因子如 C3、C5a 和 C5b-9 复合物。补体系统的激活会引发在细菌表面沉积为成孔复合物起到直接杀菌的作用。补体也是一种有效的化学趋向因子，负责早期阶段炎症细胞（中性粒细胞和单核细胞）的募集和活化。

细胞因子是病原相关分子模式（PAMP）激活 PRR 后动态诱导的可溶性先天防御的很好案例。细胞因子网络由整个机体在不同情况下免疫和非免疫的细胞产生的各类蛋白质组成。细胞因子网络的生理和免疫调节能力是复杂的。单个细胞因子可以与其他细胞因子协同作用，相加或拮抗多个细胞靶标。几种不同的细胞因子能以相同的方式影响生物过程，并且细胞因子网络有相当多的冗余功能。大多数细胞因子的半衰期很短，因此它们的合成和功能常会发生爆发性的活动。细胞因子能够通过宿主细胞上的受体影响细胞功能。因此，任何应答细胞的活性不仅是组织微环境中细胞因子的数量和类型的函数，也是细胞因子受体相对表达的函数。关于先天免疫，细胞因子通过启动炎症反应并促进白细胞从血液向受感染的组织中迁移而发挥其作用。体内细胞表达细胞因子的模式将根据引发其反应的病原体的类型不同而改变。

氧化脂质（Oxylipid）是另一组重要的免疫信号分子，它们来源于细胞脂质，通过调节炎症反应的启动、大小和持续时间来促成先天免疫。氧化脂质主要由细胞膜上的多不饱和脂肪酸（PUFA）底物合成，包括花生四烯酸、ω-6 亚油酸、二十碳五烯酸（EPA）和二十二碳六烯酸（DHA）。这些脂肪酸底物通过活性氧或不同酶途径如环氧合酶、脂氧化酶和细胞色素 P450，被非酶氧化以产生各种氧化脂质，包括血栓素、前列腺素、脂氧素、白三烯。根据表达时间和幅度，某些氧化脂质可以增强或消除炎症反应。因此，促炎和抗炎的氧化脂质之间的平衡是一个决定细胞炎症表型和周围微环境的因素。

2）炎症反应

炎症是先天防御系统的重要组成部分，涉及局部组织损伤或创伤后细胞和可溶因子的复杂生物反应。宿主炎症反应的目的是消除组织损伤的来源，恢复免疫稳态，使组织恢复正常功能。炎症级联反应不仅导致局部抗菌因子的升级，而且会增加白细胞和血浆成分从血液向感染组织的移动。炎症的临床症状包括红、肿、热和痛。除了血流量的变化之外，血管内皮可以作为调节白细胞从血管移动到靶组织的门控器。局部免疫和非免疫细胞群可以通过 PAMP 变得活跃，然后释放各种炎症介质，如启动炎症级联的细胞因子和氧化脂质。白细胞上黏附分子附着于血管黏附分子以促进白细胞从血液迁移到损伤部位。中性粒细胞是在炎症早期阶段经历这种外渗过程的主要细胞类型。细胞因子、氧化脂质和其他介质分子刺激黏附的中性粒细胞在内皮细胞之间移动，并使基底膜进入受损组织区域。炎症介质分子在局部感染部位产生的趋化梯度有助于组织中中性粒细胞的运动。损伤后 30～60min，中性粒细胞可以迅速发生迁移并聚集于受损组织。新聚集的和之前的白细胞群协同作用消除病原微生物。组织内的巨噬细胞通过免疫调节性细胞因子和氧化脂质的释放来应答细菌侵入。巨噬细胞、树突状细胞和中性粒细胞也会吞噬（细菌内化）或杀死入侵微生物。除吞噬作用外，中性粒细胞可通过胞外机制杀死细菌。活化的中性粒细胞可形成由染色质和丝氨酸蛋白酶组成的中性粒细胞外诱捕网捕获并杀死细菌。

3）获得性免疫

当先天免疫机制不能消除病原时，引发获得性免疫应答。获得性免疫应答是由特异性淋巴细胞（产生抗体）和具有特异性抗原决定簇能力的记忆细胞（识别病原）来完成的。当宿主细胞和组织重新遇到相同的抗原时，免疫记忆和抗原特异性效应细胞克隆扩增发生免疫应答。与初次免疫应答相比，记忆免疫应答将更快、更强、更持久，并且通常清除入侵的病原更有效。免疫系统的一个惊人特征是宿主识别并回应可能遇到的数十亿独特抗原的能力。免疫系统能够区分自身和非自身，并且选择性地仅与外来抗原反应。主要组织相容性复合体（MHC）分子基因多样性的膜结合蛋白起到这种识别作用。只有当抗原与 MHC 分子在某些细胞表面上结合时才会发生特异性免疫应答，这一过程被称为抗原递呈。获得性免疫应答的独特特征构成了疫苗的策略基础（表 7-2）。

表 7-2 获得性免疫系统的组成部分

组成部分	主要功能
主要组织相容性复合物	从非自我中识别自我，参与抗原递呈
树突状细胞和巨噬细胞	抗原递呈细胞
T 淋巴细胞	T 辅助细胞（Th1，Th2，Th17，Treg）；产生调节先天性和获得性免疫的细胞因子；免疫球蛋白同种型转换；T 细胞毒性细胞（Tc）；攻击并杀死表达外来抗原（病毒感染）的细胞
γT 细胞，δT 细胞	在反刍动物中常见，并存在于黏膜表面；重要的抗菌防御
B 淋巴细胞	成熟 B 细胞是抗原递呈细胞，并扩增为抗原特异性记忆细胞；浆细胞合成并分泌抗原特异性抗体
免疫球蛋白（抗体）	IgM 是最大和最先生产的；在凝集和补体激活中起作用；血清中 IgG 浓度高，对调理作用很重要；IgA 存在于黏膜表面并具有抗病毒功能；IgE 与过敏反应和寄生虫感染有关；IgD 是非分泌型调节分子

产生获得性免疫的 2 类细胞：淋巴细胞和抗原递呈细胞。淋巴细胞通过侵入的病原特异的膜受体识别细菌抗原。这些细胞介导获得性免疫的定义属性，包括特异性、多样性、记忆功能及对自我和非自我的识别。T 细胞和 B 细胞是功能和蛋白质产物不同的淋巴细胞亚群。T 细胞可以细分为 αT 细胞、βT 细胞，包括 CD4$^+$（Th）、CD8$^+$（Tc）、γT 细胞、δT 细胞。Th 细胞的表征包括 Th1、Th2、Th17 和 T 调节细胞（Treg）在内的更精细的功能组分，取决于组织位置。

T 细胞的效应功能包括通过调节免疫应答的大小和持续时间来促进细胞介导的免疫细胞因子的产生。Th 细胞在树突状细胞、巨噬细胞、B 细胞等抗原递呈细胞上识别抗原-MHC 复合物时产生细胞因子，在激活的 T 细胞和 B 细胞、巨噬细胞、中性粒细胞和参与免疫应答的各种其他细胞中发挥重要作用。由活化的 Th 细胞产生的特定细胞因子模式的差异导致不同类型的免疫应答。Tc 通过与 MHC Ⅰ类分子结合的抗原递呈来识别和消除自身改变的细胞，发挥细胞毒性功能。

γT 细胞、δT 细胞的生物学功能是当前研究的主题。牛 PBMC 群中 γT 细胞、δT 细胞的百分比高。它们的功能主要与上皮表面的保护有关，并可能介导 MHC 参与的细胞毒性，可能在传染病中发挥作用。

抗原特异性 B 细胞合成并分泌抗体或免疫球蛋白可以识别和抵消特定微生物毒力因子。随后，抗原激活的 B 细胞增殖并分化成分泌抗体的浆细胞产生免疫球蛋白。这些抗体有不同的理化和生物学特性（表 7-2）。免疫球蛋白同种型（IgG1、IgG2 和 IgM）可作为调理素增强中性粒细胞和巨噬细胞的吞噬作用。IgM 在补体固定方面是有效的。尽管 IgA 不能在杀灭细菌中起作用，但在细菌凝集中起作用，可能会阻碍某些病原扩散的能力。IgA 的另外一个重要作用是中和某些细菌毒素的能力。显然，组织中发现的免疫球蛋白的浓度和同种型组成可以对新的感染发生发展有深远的影响。

4）外周免疫功能障碍

围产期是某些疾病发病率增高的危险期，如乳房炎、子宫炎、皱胃移位和酮病。此期的健康障碍是大问题，因为它极大地影响泌乳奶牛的生产效率。代谢病和传染病倾向于以复合形式发生，而不是泌乳早期母牛发生的孤立事件，围产期任何一个奶牛疾病的发生都会增加其他健康问题的风险。例如，患胎衣不下或酮病的奶牛发生乳房炎的风险会增高 1~2 倍。免疫功能障碍是导致这些围产期奶牛疾病发展的一个主要潜在风险因素。

大量文献报道了分娩期间奶牛免疫系统效率发生明显的变化，先天性和获得性免疫的许多主要变化影响围产期奶牛对疾病的易感性，不仅围产期易感所接触的致病微生物，而且疾病严重程度也会升高。例如，全身和局部的功能异常的炎症反应尤其是个问题，因为它们对围产期奶牛疾病发生机制有直接的影响。

事实上，许多研究已描述了在围产期感染时中性粒细胞的功能，包括 ROS 产生、髓过氧化物酶活性、趋化性和吞噬作用。中性粒细胞发生趋化性和产活性氧的能力下降，使得乳房炎和子宫炎的发生率在泌乳早期最高，控制炎症反应的表征是泌乳早期奶牛乳房炎的严重程度和持续时间。中性粒细胞的延迟迁移及其抗微生物活性的降低被认为是与泌乳后期相比导致围产期更严重的大肠杆菌性乳房炎的原因。

围产期炎症功能失调的根本原因一直是受关注的主题，其中内分泌与免疫系统之间存在双向的相互作用。事实上，免疫细胞群不仅表达激素受体，而且还能产生若干神经内分泌因子。例如，在牛分娩期间几种类固醇激素的增加至少部分是通过特异性受体-配体相互作用改变了中性粒细胞的功能。糖皮质激素受体在几种免疫细胞群上表达，在分娩期间增高的血浆糖皮质激素浓度有免疫抑制功能。例如，糖皮质激素可能损害牛血中性粒细胞功能的机制是通过诱导下调激活和迁移到组织损伤部位所需的 L-选择素和 CD18 黏附分子。此外，据报道在产犊前 E_2 和 P_4 浓度的变化对淋巴细胞和中性粒细胞的功能有直接和间接的影响。然而，这些类固醇激素血浆浓度的变化并不与整个围产期重叠，并且与围产期有关的其他激素也可能导致免疫和炎症功能障碍。例如，催乳素、生长激素、胰岛素样生长因子和胰岛素在内的几种同分异构激素在围产期内会明显波动，与代谢和 DMI 改变有关。人类和啮齿动物中大量证据表明，先天性和获得性免疫应答都受到这些蛋白质激素的影响。因此，分娩时和泌乳早期同种激素表达的变化可能影响围产期奶牛的关键免疫细胞功能。

生理和代谢变化与分娩及产后泌乳的发生有关，也与免疫和炎症反应紊乱有关。例如，怀孕奶牛切除乳房以评估产奶量对各种免疫参数的影响，同时仍然维持与妊娠晚期和分娩相关的内分泌变化。乳腺切除的母牛仅出现 NEFA 的适度增加。尽管切除了乳腺的母牛产犊后免疫功能短暂受到损害，而有乳腺的母牛淋巴细胞和中性粒细胞功能的降低会持续得更久。泌乳对外周血白细胞种群组成有不利影响。这些研究得出的主要结论是：分娩行为与类固醇激素相关的变化不是围产期母牛的主要免疫抑制因子。相反地，早期泌乳的代谢需求增加可能是造成免疫细胞群体不利影响的原因。其中，营养素摄入量的多少和特定营养素的可用性可能是将免疫功能失调与围产期奶牛代谢和传染病发病率增加联系起来的常见因素。

7.2.2.2　营养与免疫功能

奶牛营养状况与维持最佳免疫功能和健康密切相关。在奶牛围产期，营养需求有很大差异，任何日粮管理不当都会导致功能失调和相关的健康问题。例如，在泌乳早期，过食和禁食的奶牛比正常奶牛有更高的发病率。在干乳期干物质摄入和能量平衡将导致围产期 BCS 异常。消瘦的母牛需要能量和蛋白质的储备以免最佳产奶量、乳脂和抗病力遭受影响。对于围产期母牛（BCS≥3.5），产前 DMI下降加剧。由于强烈的脂质动员，肥胖母牛 DMI 下降会引起严重的 NEB 和血浆NEFA 浓度的过度蓄积。在产前和泌乳早期，血浆 NEFA 持续升高对牛耐受性不利，是泌乳早期健康障碍的重要危险因素。因此，应该设法控制母牛获得适当的BCS，避免对泌乳性能和抗病力产生不利后果。

1）能量负平衡和免疫

奶牛在围产期 DMI 减少和 NEB 可以通过损害免疫功能来影响疾病易感性。例如，围产期 DMI 降低和血浆 NEFA 浓度升高与外周血中中性粒细胞功能受损有关。中性粒细胞功能降低与泌乳早期健康障碍有关，包括胎衣不下。并且，在检查子宫疾病之前应确定中性粒细胞功能的减少。另外，从围产期母牛获得的外周血单核细胞的体外增殖反应可预测随后的疾病发病率。当单核细胞增殖反应低时奶牛会在产后 60d 内患临床乳房炎、子宫炎或蹄叶炎。然而，围产期免疫功能障碍的因果关系是复杂的。泌乳中期母牛实验性限制饲喂的模型观察产犊前后 NEB情况，确定营养缺乏对免疫力和疾病严重程度的影响。例如，经 5d 营养限制的泌乳中期母牛由乳房炎影响的免疫功能改变相对较小。实验诱导的 NEB 单独对牛白细胞黏附或抗原递呈分子的表达有最小影响。此外，在泌乳中期日粮诱导的 NEB对急性内毒素诱导的乳房炎的临床症状没有影响。这些研究表明虽然 NEB 和强烈的脂质动员对围产期免疫功能紊乱有重要的作用，但是短暂的营养不足本身并不足以完全造成分娩期间发生的营养和代谢失衡。事实上，与泌乳中期相比，NEB的母牛 GH 和 IGF-1 浓度有较大的变化，并且在泌乳早期有明显的胰岛素抵抗。鉴于免疫细胞群有这些激素受体并能对激素做出应答，泌乳不同阶段内分泌适应NEB 的差异可能是影响泌乳期免疫系统功能的关键因素。

2）脂肪酸是一种能源

现有证据强调产犊前 NEB 是导致围产期免疫功能障碍的主要因素，但其影响的确切机制尚未明确。然而，在大量的脂质动员过程中增高的血浆 NEFA 浓度在改变奶牛围产期免疫应答上至少起着部分作用。严重的 NEB 和增高的血浆 NEFA浓度对宿主防御机制不利影响的重要方式可能是改变了有效的免疫应答所需营养底物的可用性（利用率）。例如，人类医学早已认识到充足的可利用能量对最佳免疫功能是必不可少的。激活的免疫系统需要更多的能量。例如，在炎症反应中中性粒细胞、巨噬细胞参与了吞噬作用、ROS 产生、氧化脂类生物合成和促炎细胞因子的分泌，需要获得更高的能量。抗原刺激的淋巴细胞经历细胞增殖、细胞因子和抗体的分泌，是免疫系统其他的能量消耗。因此，参与先天免疫应答和获得性免疫应答的细胞需要消耗高能量，因为它们在免疫应答期间从静止表型转变为高活性状态。免疫系统细胞可以通过可利用的脂肪酸、谷氨酰胺或不同效率的葡萄糖来促进其功能。

在微生物感染期间，奶牛储能的分布可能发生相当大的变化，这可能与免疫应答效率的变化相关联。例如，在急性大肠杆菌性乳房炎，脂肪组织脂解速率明显增加，导致血浆 NEFA 浓度升高。感染过程中 NEFA 浓度的增加可能是由促炎细胞因子如 TNF-α 引发的脂肪组织分解代谢引起的。然后，增加的血浆 NEFA 可以通过 β-氧化过程提供能量或作为糖原异生葡萄糖的底物。葡萄糖是白细胞的主要能量来源，其可用性直接与免疫细胞活化和功能有关。促分裂原诱导的淋巴细胞活化取决于葡萄糖的摄取和分解代谢，以提供其增殖所需的能量。葡萄糖在巨噬细胞和中性粒细胞活化中也起重要作用。体外研究和人体临床试验都支持低的葡萄糖浓度导致次优的免疫应答。由于葡萄糖对白细胞功能至关重要，高血糖最初被认为是对人类危重疾病有益的宿主反应，因为葡萄糖可以为免疫系统提供燃料，但是过高的血中葡萄糖浓度可能导致异常的炎症反应。人类 T2D 患者中胰岛素抵抗和高血糖症是最好的例证。例如，在糖尿病期间，中性粒细胞和巨噬细胞的抗菌活性降低，导致宿主-病原体相互作用受损，部分是由于葡萄糖代谢改变。高血糖状态还可以增加白细胞活化，导致糖尿病患者不受调节或发生过度的炎症反应，这将有助于揭示疾病发病机制。现在，人类医学已有了一种共识，低血糖和高血糖都会对宿主免疫和疾病易感性产生不利影响。

根据其他物种已知的情况，能量储备的整体分布和利用可能会极大地影响奶牛对任何类型的免疫挑战做出应答。事实上，与围产期相关的代谢需求导致葡萄糖利用和分布的明显变化，使得大部分可用葡萄糖被分配到乳腺合成和乳汁分泌。迄今为止，没有研究直接检测牛免疫系统细胞在大量的乳合成和分泌过程中如何竞争有效葡萄糖。然而，宿主细胞葡萄糖摄取和利用的限速步骤部分由葡萄糖转运蛋白家族的细胞表面表达决定。最近的研究表明，在泌乳早期牛免疫细胞的 GLUT 表达明显降低。这些发现支持了与用于牛奶生产的葡萄糖相比，牛免疫系统细胞可能存在对葡萄糖的竞争性较差的概念，因此解释了在围产期免疫功能障碍的现象。然而，在内毒素刺激后单核细胞上 GLUT 表达增加，并与 TNF-α 产生呈正相关，认为葡萄糖摄取是促炎症功能所必需的。事实上，病原侵入后存活的直接必要性可能导致葡萄糖分配到免疫系统，而不是生殖反应如生殖和泌乳。因此，激活的免疫系统可能会将有限的营养物质从其他与生产相关的过程转移开来，并为可能导致健康障碍的奶牛生产力下降提供了一个可能的解释。

3）脂肪酸和细胞内信号通路

虽然高的血浆 NEFA 浓度通过作为能量来源间接地影响免疫力，但有充分的证据表明脂肪酸可以改变免疫细胞功能。免疫细胞群的脂肪酸组成以多种不同方式影响先天性和获得性免疫应答。例如，细胞膜磷脂内脂肪酸类型通过形成脂质体来影响膜流动性和免疫细胞功能。脂筏是影响膜蛋白运输和细胞受体结合的特异化糖脂蛋白微域，如涉及淋巴细胞活化、抗体产生和炎症。例如，脂筏的组成和完整性对于 CD14 激活是必需的，因为脂筏可以破坏药物阻断 LPS 诱导的 TNF 产生。奶牛白细胞膜磷脂含有大量的棕榈酸和硬脂酸。高饱和脂肪酸含量可通过脂肪酰化共价修饰蛋白质，不仅影响蛋白质锚定于质膜以改变膜的流动性，还影响脂筏的形成，从而影响细胞功能。除了改变细胞膜的物理性质外，还有几种类型的脂肪酸能够调节细胞内信号传导途径和转录因子激活，导致基因表达改变。例如，当宿主细胞上 TLR4 病原识别受体与革兰氏阴性细菌外膜相关的 LPS 相互作用时，原炎性转录因子 NF-κB 被激活。通过 TLR4 介导的抑制 LPS 诱导的 NF-κB 激活，发现某些 PUFA，如 EPA 和 DHA 具有抗炎功能。EPA 和 DHA 都可以经 NF-κB 信号途径发挥抗炎作用，间接地通过它们与其他信号传导途径相互作用，包括过氧化物酶体增殖物激活受体和转录因子的甾醇应答元件结合蛋白家族。相比之下，包括月桂酸、肉豆蔻酸和棕榈酸在内的数种 SFA 通过 TLR4 依赖性信号传导激活 NF-κB 介导的基因表达，是 TLR4 结合的直接或间接作用还不清楚。无论是哪种机制，SFA 的整体效果或 PUFA 对 NF-κB 诱导的炎症的影响似乎是通过修饰炎性反应中心的几个基因来发挥作用，包括环氧化酶 2（COX2）、TNF-α 和 IL-1。

4）脂肪酸作为脂质底物

细胞膜脂肪酸组成可以影响免疫应答的另外一种方式是通过调节有效脂质介质或氧化脂质的产生，基本上参与调节炎症反应启动和消除的各个方面。正如前所述，氧化脂质主要由细胞膜磷脂中存在的 n-6（亚油酸和花生四烯酸）或 n-3（EPA 和 DHA）PUFA 合成，并通过几种不同的氧化和还原途径合成。以往认为来自 n-6 PUFA（PG、LT 和 TX）的氧化脂质主要是促炎的，而从 n-3 PUFA 生物合成的氧化脂质（保护素和消退素）主要促进炎症的消退。随着分析能力的进步，现在人们普遍认识到这些早期的假设过于简单，氧化磷脂网络复杂，高度相互作用，并且通常是细胞特异性的，以协调炎症反应的启动或消除。含氧脂质的生物合成概况和这些代谢产物可能对炎症反应特征产生的后续影响不仅取决于不同 PUFA 底物的可用性，还取决于它们随后通过各种氧化途径代谢的时间。例如，花生四烯酸通过 COX 途径代谢将产生对血管张力有相反作用的氧化脂质。前列环素（PGI_2）促进血管舒张和抑制血小板聚集，血栓烷素 A2（TXA2）促进血小板聚集和引起血管收缩。因为 PGI_2 和 TXA2 都来源于相同的中间 COX 产物（PGG_2），所以通过不同的下游酶途径平衡表达这些氧化脂质对于最佳血管健康和免疫能力是至关重要的。事实上，以前应用牛内皮细胞的研究表明，氧化应激可以抑制前列环素合酶活性和 PGI_2 形成，从而破坏血管稳态。此外，目前的文献不再支持以前的假设，即所有的 COX_2 和 15LOX 代谢物都是单独负责传播炎症反应的。研究表明，PGE_2 可能通过增强 LOX 活性并随后形成具有强烈抗炎特性的花生四烯酸衍生脂氧素 A4，在引发炎症的消除方面发挥重要作用。脂氧素由跨膜细胞脂质生物合成过程产生，涉及来自至少 2 种不同细胞类型的 LOX 的连续作用。例如，通过人上皮细胞中 15LOX 途径的花生四烯酸的初始氧化产生 15HETE（15-羟基二十碳四烯酸）前体，然后通过巨噬细胞中 5LOX 途径代谢产生 LXA4 和 LXB4。相反，5LOX 在白细胞花生四烯酸代谢和 LTA 4 的释放可通过血小板中 15LOX 转化用于 LX 生物合成。在健康奶牛中，这些 LOX 途径的氧化脂质生物合成的时间和比率的变化是显著的。例如，相对于乳房炎，在慢性乳房炎期间发生 LXA4：LTB4 的不平衡，是由于受感染的乳腺内 LXA4 生物合成急剧减少。最近，液相色谱串联质谱法提供了一种更稳健的方法来鉴定牛乳房炎期间扩大的含氧脂质网络。研究主要发现，通过 LOX 和细胞色素 P450 途径合成的氧化脂质是急性大肠杆菌性乳房炎中产生的最丰富的脂质介质。随着分析技术的改进，现在已经清楚的是含氧脂质在乳房炎期间的生物合成非常复杂，并取决于 PUFA 底物可用性、生物合成途径的活性及其程度，每种氧化产物在乳腺环境内进一步代谢。

应用日粮策略可以改变健康期间氧化脂质生物合成的底物可用性且减少疾病。例如，补充 n-3 PUFA 减弱子宫内膜 $PGF_{2\alpha}$ 的产生，并改善泌乳早期奶牛子宫健康。当 n-3 脂肪酸补充到日粮时，可以调节围产期奶牛淋巴细胞和单核细胞的功能特性。补充 n-6 脂肪酸的奶牛先天免疫功能得到改善，围产期有更好的急性期反应和增强的中性粒细胞功能，并评估了增加免疫细胞的 n-3 PUFA 含量的直接效果。使用培养的牛内皮细胞的研究表明，炎症反应可以缓解高浓度 NEFA 模拟围产期奶牛强烈的脂质动员。这些体外研究提供了直接证据，即减少炎症反应可能是 n-3 补充后的氧化脂质分布变化的结果。因为促分泌素、保护素和脂氧素等促分泌型脂质的表达发生了明显变化。目前，文献总体上支持这一概念，用 PUFA 补充奶牛的日粮可影响氧化脂质生物合成，并改变参与免疫和炎症反应的细胞功能的能力。

5）微量营养素、氧化应激和免疫

日粮微量营养素（维生素和微量元素）的平衡供应在乳业中被普遍认为在确保泌乳早期奶牛生产效率和免疫能力上发挥着重要作用（表 7-3）。事实上，围产期某些维生素和微量元素的缺乏与乳房炎、胎衣不下和子宫炎等发病率增加有关。有关各种微量营养素维持基本免疫功能和影响奶牛健康障碍发病率的全面论述已有报道，本节不再详述。相反，这次将概述微量营养素影响免疫细胞群功能的能力，及其影响疾病发病率和严重程度的共同潜在机制。

表 7-3　微量营养素提供的抗氧化机制

营养素	有效成分	功能
维生素 A	β-胡萝卜素	防止脂肪酸过氧化连锁反应
维生素 C	抗坏血酸	自由基清除剂
维生素 E	α-生育酚	破坏脂肪酸过氧化连锁反应
硒	硫氧还蛋白还原酶	氧化还原信号传导，并减少活性氧（ROS）
	谷胱甘肽过氧化物酶	氧化还原信号传导，并降低 ROS
铜	血浆酮蓝蛋白	氧化酶活性；过氧自由基清除剂
铜锌合剂	超氧化物歧化酶	细胞质超氧化物转化为 H_2O_2
锌	金属硫蛋白	富含半胱氨酸的自由基清除剂
锰	超氧化物歧化酶	线粒体超氧化物转化成 H_2O_2
铁	过氧化氢酶	将 H_2O_2 转化为水

大多数微量营养素优化免疫力的一种常见机制是其抗氧化能力。抗氧化剂可以广泛地定义为延迟、防止或去除靶向大分子氧化损伤的任何物质。由过量 ROS 积累或抗氧化剂防御的消耗导致的还原-氧化（氧化还原）稳态的丧失和组织的损伤被称为氧化应激。以前的研究表明，氧化应激是一种重要的因素，可能导致代谢应激的奶牛发生功能失调性炎症反应。围产期奶牛 ROS 是在将营养物转化为能量的过程中产生的，这些能量是通过一系列代谢反应统称为细胞呼吸来促成丰富的牛奶合成和分泌。活性氧物质是线粒体中形成的代谢物，是线粒体电子传递链的副产物。在奶牛围产期，另一个重要的 ROS 来源是脂肪酸代谢过程中肝脏中过氧化物酶体 β-氧化。在健康组织中发现的大多数 ROS 可能是细胞代谢增加所致，并通过线粒体产生能量。然而，ROS 的其他潜在来源包括与炎症相关的各种氧化酶途径反应。例如，在吞噬性免疫细胞中发现的还原型烟酰胺腺嘌呤二核苷酸磷酸（NADPH）氧化酶系统在呼吸爆发期间产生大量的 ROS 以杀灭微生物病原体。炎症反应期间的氧化脂质生物合成也可以产生相当多的 ROS。膜磷脂可以通过 COX、LOX 或细胞色素 P450 途径进行酶促氧化，导致作为反应副产物的高活性脂质过氧化氢及超氧化物阴离子的产生。这些不同来源的 ROS 对调节正常细胞过程是必需的，包括控制免疫和炎症反应。例如，ROS 可作为调节多种氧化还原信号传导途径的信使，如促分裂原活化蛋白激酶和 NF-κB 通路，导致细胞因子、氧化脂质和其他免疫调节因子对于最佳的免疫和炎症反应至关重要。因此，当面对微生物挑战或其他组织损伤时，低至中等量的 ROS 有利于奶牛的健康。

当抗氧化剂防御不足，并且 ROS 积聚过度时，会出现健康问题，导致组织大分子损伤，如 DNA、蛋白质和脂质。例如，在人体中羟基自由基可引起 DNA 链断裂、嘌呤和嘧啶碱基修饰及与癌症和衰老相关的脱氧核糖分子的改变。然而，ROS 损伤的主要目标是脂质，并且在奶牛中过量的脂质过氧化发生在围产期。脂质过氧化涉及 ROS 引发的链式反应过程，如羟基自由基，从细胞膜中脂质获得电子。从脂肪酸中摄取电子导致脂质过氧自由基的产生，进而导致质膜内的自溶链式反应，其中附加电子从邻近的脂肪酸中去除。脂质过氧化产物会损伤细胞膜和细胞器，改变细胞功能和信号转导。例如，体外培养牛内皮细胞直接证明氧化应激会增加脂质过氧化氢的产生，加剧血管内皮的炎症反应和功能障碍。因此，重要的是宿主组织有调节 ROS 积累至无毒量以优化免疫细胞功能的能力。

抗氧化机制包括一个复杂的因子网络，它能够灭活通过正常细胞活动产生的有害 ROS，并在免疫细胞激活时侵入病原体。几种维生素和微量元素是抗氧化防御系统的重要组成部分，这些微量营养素中任何一种缺乏都与受损害的免疫和奶牛疾病易感性增加有关。一般而言，维生素和矿物质的抗氧化功能可以表征为具有直接猝灭氧化剂的能力，或者形成酶氧化还原对的一部分可以将 ROS 转化成活性较低的代谢物（表 7-3）。自由基清除剂的某些物质衍生与微量营养素相关联，包括生育酚、类胡萝卜素、抗坏血酸、谷胱甘肽。重要的 ROS 解毒酶系统也与微量营养素有关，包括超氧化物歧化酶、过氧化氢酶和硒依赖性酶系统。奶牛抗氧化防御机制主要是硒依赖性酶系统，如细胞质内谷胱甘肽过氧化物酶（GPX1）、硫氧还蛋白还原酶（TRX1），其中硒代半胱氨酸残基位于活性位点。GPX1 和 TRX1 均通过将 H_2O_2 和脂肪酸氢过氧化物分别还原成反应性较低的水和醇来起作用。例如，GPX1 可以减少大量的氢过氧化物，但其代价是氧化还原对谷胱甘肽。或者，用硫氧还蛋白的氧化还原活性中心可以减少蛋白质上的氧化半胱氨酸基团以形成二硫键，二硫键又被 TRX1 还原为 NADPH。其他在防止氧自由基形成中起关键作用的酶系统包括含 Fe 过氧化氢酶、胞质超氧化物歧化酶（铜和锌）和线粒体超氧化物歧化酶（锰和锌）。当抗氧化剂通过捐献电子来稳定 ROS 时，它们也起自由基清除剂的作用，从而被氧化为更稳定的自由基。例如，α-生育酚通过提供氢离子清除脂质过氧自由基，然后转化为生育酚自由基，而后维生素 C 再生成其还原形式。因此，除了作为其他氧化生物分子的自由基清除剂之外，维生素 C 在维持细胞的氧化还原状态中起着关键作用。维生素 A 前体 β-胡萝卜素是另一种重要的自由基清除剂。类胡萝卜素在猝灭单线态氧方面特别有效，并且可以防止形成次级 ROS。尽管微量营养素是抗氧化防御网络的重要组成部分，但值得注意的是，在分娩期间奶牛维生素和矿物质的血浆浓度趋于下降。血清微量营养素的减少可能是日粮摄入减少及与之相关的利用率增加的组合加重了奶牛代谢应激。补充奶牛日粮中维生素和矿物质的浓度不仅以最大限度地提高生产效率为基础，而且还要基于免疫系统预防氧化应激和优化免疫细胞功能所需要的量。

6）免疫状态和功能的检测

开发有效的营养策略来优化奶牛免疫力需要可靠和准确的方法来测定免疫能力。由于免疫系统的复杂性，存在许多不同的方式来评估先天性和获得性免疫应答。可以应用几种一般方法来评估奶牛响应营养干预策略的免疫状态。首先，血管和淋巴管是免疫系统的管道，最简单的方法是分析血液中的细胞和可溶性免疫成分。尽管对感染源不是特异性的，但是血液白细胞计数的正常和升高范围及急性期蛋白质的血液循环浓度已经确定，并且测定这些血液参数的变化常用于评估动物的免疫状态。另外一种广泛使用的评估奶牛免疫功能的方法是从血液中分离免疫细胞，然后研究它们在体外的活性。许多不同的实验室分析可用于确定先天和获得性牛免疫能力。通过测定分离的免疫细胞的功能可以直接评估免疫能力。对免疫能力的进一步了解可以应用流式细胞仪测定外周血或局部白细胞群通过评估表型来获得。然而，评估免疫状态的最直接方法是研究奶牛在免疫应答后体内如何变化。接种疫苗是可以通过测量抗原的特异性抗体来评估的一种免疫应答形式。另一种直接的方法是评估疾病易感性或发病程度与特异性功能改变相关的免疫应答模式。评估健康和疾病期间奶牛免疫状态变化的一个令人兴奋和相对较新的领域包括高通量分子和细胞分析工具。在过去的十年中，应用基因组学、蛋白质组学和代谢组学方法已经彻底改变了人们对于乳业有重要经济意义的疾病模型中重要免疫应答的理解。尽管有多种方法来评估营养干预的免疫应答，但确定免疫状态的最佳指标受到几个因素的阻碍。正确解释任何免疫评估必须基于既定的正常和异常范围的截止值。不幸的是，许多生理和环境因素可能会影响免疫力，目前还没有这种确定的范围。即使在单一群体中某些免疫评估，也存在相当大的个体动物差异。最后，评估免疫功能的许多方法在不同的实验室进行，这些方法使得研究之间的比较难以用绝对值来评估。鉴于对优化抗病性至关重要的奶牛关键免疫应答，应该设法提供免疫状态预测的更统一和标准化的方法。

综上所述，大量证据表明围产期代谢病和传染病发生增加是由于营养状况和营养代谢改变引起宿主免疫防御功能失调的表征。机体健康障碍的增加主要是因为奶牛免疫机制的改变。其中，未受控制的炎症反应是一个主要的因素，与某些重要的传染病和代谢病有关，如胎衣不下、酮病、子宫炎、乳房炎和皱胃变位。另外，相当多的研究已经证实奶牛围产期代谢应激与先天性和获得性免疫应答的功能障碍密切相关。与分娩有关的某些激素会对围产期牛群免疫力有不利影响。然而，DMI 和 NEB 降低导致常量和微量营养素的严重缺乏，对泌乳早期的宿主防御机制和健康明显不利。激活免疫应答也需要能量，而且免疫系统必须竞争原本用于机体生长、肌肉增长和牛奶生产的必需营养素。未受控制的感染性病原所致的急性或慢性炎症反应不仅会引起宿主组织损伤，而且还能重新分配营养素，导致动物生长和生产力明显降低。因此，调整营养和改善管理对优化围产期奶牛免疫力和抗病性有重大的意义。此外，抗生素疗法仍是治疗许多传染病的主流疗法，靶向宿主免疫应答的替代和辅助治疗也是需要的。以营养为基础的调整策略可以增强免疫应答，将会在奶牛养殖业中发挥重要作用。然而，挑战在于如何选择性地下调有害的宿主反应，还不会减少促进消除入侵病原的有益反应。与用于治疗疾病的抗微生物药物相反，应对宿主反应的营养策略可以将药物残留或耐药性病原的风险降至最低。奶牛营养状况及其特定营养素代谢是免疫细胞功能的关键调节者。某些免疫调节剂会互相作用并影响营养代谢。任何营养或体内免疫平衡的失调都会产生有害的反馈循环而进一步引起健康障碍，增加生产损失，并降低奶制品的安全性和营养性。因此，掌握奶牛营养与免疫之间多因素相互作用将会促进更有效的管理策略来控制围产期的健康紊乱。

7.3 奶牛主要繁殖障碍疾病

7.3.1 奶牛繁殖疾病的管理

胎衣不下（RFM）会增加子宫炎的风险。给牛群补充维生素 E、硒或 β-胡萝卜素可以减少发病率。初产和并发症的牛产后子宫炎的发病率较高。子宫内膜炎与产后能量负平衡有关。患病奶牛生育力下降，妊娠失败率增加。宫颈炎和脓性阴道分泌物与产科并发症相关。如果可以，宫内给予头孢是一种有效的治疗方法。在体况评分低和能量负平衡的牛群中，最常见的问题是无排卵，与妊娠损失风险增加有关。奶牛同步发情方案应该包含孕激素。奶牛常发产后疾病，高发病率会降低生育率，并增加淘汰风险，所以它们的预防和管理至关重要。繁殖率对所有牧场或企业的经济都有重大影响。优化繁殖率有助于提高牧场整体效率，促进乳品可持续性生产。控制生殖疾病对维持奶牛健康与福利，减少抗生素使用，确保健康、安全、营养的产品都非常重要。现将有关奶牛繁殖疾病的管理（Gilbert，2016）概述如下。

7.3.1.1 临产牛

产后许多主要的疾病都与代谢和免疫的变化有关。奶牛从怀孕后期到泌乳早期的过渡阶段，这些变化是不可避免的。在妊娠最后几周，胎儿代谢需求达到最大值，同时干物质摄入量下降约 20%。奶牛必须应对分娩到泌乳的日粮和代谢的需求变化。不可避免的是干物质摄入量不能满足最初的泌乳需求，因而奶牛发生了能量负平衡，进而动员了机体组织的储备。泌乳开始和产后生理活动的综合作用会导致几种维生素和矿物质短暂缺乏及免疫功能的改变。反过来，它们又在分娩后的子宫疾病（如胎衣不下、子宫炎和子宫内膜炎）和卵巢疾病（如不排卵、卵泡囊肿）的发病机制中起着重要作用。脂肪动员导致血中非酯化脂肪酸浓度增加。肝脏脂质分解代谢会导致 β-羟丁酸合成增加，使血酮升高。非酯化脂肪酸和 β-羟丁酸的外周血浓度可以预测子宫疾病的风险。血中矿物质的改变也与免疫功能受损和并发的子宫疾病有关。围产期也是氧化应激和抗氧化能力减弱的一个重要时期。

与上述的代谢变化相结合，早期泌乳奶牛发生胰岛素抵抗。这可能是优先将能量储存分配给泌乳的一种机制。此外，肝脏中生长激素受体减少，导致胰岛素样生长因子 1 浓度降低，这与子宫疾病的易感性有关。胰岛素能恢复生长激素的作用，并使卵泡分泌雌二醇增加。产科并发症加重了产后奶牛的弱势。难产、双胞胎或死胎都会增加子宫炎和子宫内膜炎的风险。

7.3.1.2 胎衣不下

表 7-4 概述了胎衣不下。牛胎膜通常在分娩后 3～6h 内被排出，但胎衣不下（RFM）通常被定义为产后 24h 未排出胎膜。奶牛胎衣不下发病率为 5%～15%，而大龄奶牛的发病率高于初产奶牛。死胎、多胎、流产、子宫扭转、难产、热应激、尿囊水肿和围产期低钙血症都会增加 RFM 的发病率。通过药物如外源性皮质类固醇激素诱导产犊的奶牛常会患 RFM。RFM 的高发病率与许多感染性疾病有关，如布鲁氏菌病、弯曲菌病和曲霉病。某些营养因素，如干乳期过长与胡萝卜素、硒和维生素 E 的缺乏等，出生体重低和早产也是 RFM 的重要原因。曾患过 RFM 的牛在后续分娩后出现病情的风险更大，而且 RFM 奶牛患代谢性疾病、乳房炎、子宫炎和后续流产的概率更高。

表 7-4　胎衣不下

定义	胎衣滞留超过 24h
风险因素	流产、死胎、双胞胎、难产；低钙血症；β-胡萝卜素、维生素 A、维生素 E、硒的缺乏；传染病；诱导分娩
治疗	忽视，不予治疗
后果	子宫炎、乳房炎的风险增加；降低产奶量
预防	干乳期保持干物质摄入量；如有必要，补充维生素 E、硒和 β-胡萝卜素；莫能菌素补充剂

胎盘成熟伴随着结构和功能的变化，患 RFM 奶牛其中某些发生失败。分泌前列腺素（PGE_2）的胎盘双核细胞的数量常在妊娠后期下降，但 RFM 奶牛并不是，会导致 $PGE_2/PGF_{2\alpha}$ 增加。RFM 奶牛在临产期通常血中雌二醇浓度较低为

150pg/ml 左右，正常为 150～180pg/ml，并且芳香化酶基因表达减少。

RFM 与在妊娠晚期受损的中性粒细胞功能介导有关。产前 2 周有 RFM 趋势的奶牛检测出中性粒细胞向胎盘组织迁移减少，其他中性粒细胞功能也受到损害。RFM 奶牛产前炎症介质的表达减少。低血钙奶牛中性粒细胞功能也有所下降。事实上，与 RFM 有关的许多致病因素也与中性粒细胞功能受损有关，包括维生素和矿物质的缺乏、热应激或外源性皮质类固醇给药。患病奶牛中性粒细胞功能减弱可延长至产后，可能涉及与 RFM 相关的大多数并发症。然而，RFM 与子宫肌收缩减少无关，RFM 奶牛的子宫收缩频率和幅度都有所增加。并且，RFM 奶牛产奶量减少，尤其影响初产奶牛。RFM 奶牛发生炎症、子宫内膜炎、卵巢囊肿或乳房炎的风险增加。乳房炎风险的增加更确定了 RFM 发病机制中免疫功能受损的重要性。RFM 奶牛第一次授精间隔更久，第一次授精到怀孕的天数更多。

人工去除残留的胎膜无任何益处，并且可能造成伤害，特别是对以后的生殖力。然而，Risco 和 Hernandez（2003）观察到未治疗的 RFM、难产或二者兼有的奶牛与未患 RFM 的奶牛相比，生殖结果相似。用 GnRH、PGF$_{2\alpha}$ 或催产素治疗奶牛 RFM 对胎盘排出或生殖性能无益。同样，口服氯化钙凝胶对随后的子宫炎、第一次授精天数，或第一次授精到怀孕天数也无影响。

世界不同地区的许多兽医仍然依靠宫内输注抗生素治疗 RFM，但是疗效缺乏有效证据。宫内注入土霉素可降低发热的发生率，对随后生殖性能无影响。在所有处理过的奶牛中，土霉素宫内注射与检测牛奶残留物有关。RFM 后 14～20d，宫内注射 1g 头孢噻呋与改善生殖性能无关，但治疗奶牛不太可能被淘汰（更可能再次产犊）。请注意，抗生素治疗，尤其是四环素类药物，具有抑制基质金属蛋白酶的能力，实际上延长了 RFM 的时间。对 RFM 不投药、不人工剥离胎衣与全身使用抗生素治疗相比，在奶牛表现出的发热或其他子宫炎症状上基本一样。

RFM 最有效的预防策略是确保奶牛在产前持续获得饲料，避免更换饲料和其他形式的环境应激，并确保日粮中硒和维生素 E 的充足。预防生产瘫痪的营养策略可能有利于限制 RFM 的发生。用 PGF$_{2\alpha}$ 或催产素进行产犊的常规治疗对预防 RFM 无效果。饲喂莫能菌素可减少经产牛 RFM 的发生，补充 β-胡萝卜素也可能降低经产牛 RFM 发生率。

7.3.1.3 子宫疾病

1）产后子宫炎

急性子宫炎常发生在产后第 10 天，出现典型的临床症状。RFM、产科并发症和双胞胎分娩，会增加子宫炎的风险。在干乳后期，摄入日粮少的奶牛会增加患产后子宫炎的风险。在过胖或营养不良或过瘦的奶牛中更为常见。干乳牛饲喂尿素被认为是产后子宫感染的原因。该病在奶牛中比肉牛中更普遍，初产奶牛发生率较高，为15%～20%，但其他牛可能会更高。患病牛产奶量减少、受胎延迟、治疗费增高、淘汰增多和生育力受损。并且，奶牛患子宫炎会增加其他产后并发症发生的风险，如真胃变位、子宫内膜炎。通常这些患病奶牛血中BHBA或NEFA浓度升高，免疫功能受损，部分是由于中性粒细胞内糖原含量降低，有的血中皮质醇和雌二醇浓度增加。

导致分娩后子宫炎症的常见细菌是大肠杆菌、革兰氏阴性厌氧菌及坏死梭杆菌。表达特定毒力因子的大肠杆菌的特异菌株与之相关；大肠杆菌是最早的入侵者，会增加其他病原体随后侵入子宫的风险。引起子宫内膜炎的大肠杆菌几种表达毒力因子中，最重要的似乎是FimH，一种菌毛黏附蛋白，细菌黏附并定植于上皮表面。产后前2d在子宫中表达FimH大肠杆菌的奶牛生殖能力受损，并且更可能在产后8～10d感染坏死梭杆菌。坏死梭杆菌表达几种毒力因子，但是已知对牛中性粒细胞高度毒性的白细胞毒素似乎是最关键的。牛内皮细胞的黏附是由毒力因子FomA介导的。坏死梭杆菌与化脓隐性杆菌在包括脓肿、脚癣、夏季乳房炎和犊牛白喉等几种病症的病因学中有协同作用。在产后子宫疾病中，化脓隐性杆菌似乎更为突出（子宫内膜炎、宫颈炎和化脓性白带）（Bartolome et al.，2014）。

子宫炎诊断通常并不复杂，但应对患病奶牛彻底检查，排除乳房炎、真胃变位、肺炎、腹膜炎或其他全身性疾病。传统上，发烧一直被认为是急性产后子宫炎的重要组成部分，但它可能并不突出。

产后急性子宫炎通常全身应用抗生素。如有必要，应采取更积极的支持疗法，包括液体疗法。许多大肠杆菌对抗生素有抗药性，但头孢类抗生素依然是微生物敏感性和子宫分布的最佳选择。尽管排除子宫内容物有很好的效果，但子宫易碎，很容易被虹吸管穿透。引流应避免或至少延迟到开始抗菌治疗后。许多抗微生物药物已被用于治疗奶牛产后急性子宫炎。头孢噻呋全身给药可有效解决临床症状，但不能提高生育率。全身应用氨苄西林治疗也是如此。鉴于抗生素耐药性和残留，有推荐等待2d后再开始抗生素治疗，因为一般会有约30%的自我治疗率。没有证据表明其他形式的治疗（如雌激素或口服钙凝胶）可以改善患子宫炎奶牛的临床症状或生殖反应。宫内给予抗生素通常不是有益的；但长时间用高剂量土霉素治疗是例外的。从患子宫炎奶牛中分离出许多细菌对四环素耐药。

大多数奶牛通过及时治疗迅速地从产后子宫炎中恢复过来，有时是自发的。少数的严重肝衰或淀粉样变性可能是产后子宫炎的并发症。产后急性子宫炎会增加之后不育的风险，奶牛阴道渗出物或子宫内膜炎的风险也会增加（表7-5）（Bartolome et al.，2014）。

表 7-5 产后子宫炎

定义	产后 10d；子宫扩大、松弛；红棕色恶露流出；全身性疾病迹象；发热（不一致）
风险因素	RFM；产科并发症；双胞胎分娩
治疗	全身性头孢噻呋；氨苄西林；如果需要，支持疗法
后果	降低产奶量；延迟受孕；子宫内膜炎风险增加；淘汰风险增加
预防	保持干物质摄入；产犊卫生；未来可能性：疫苗接种，遗传选择

预防子宫炎的有效手段对于奶牛生产者非常有价值。虽然干物质摄入量减少是发病机制的主要因素，但如何避免摄入量减少尚不清楚。即使在无任何环境应激因素的情况下也会发生这种情况，如群体变化和单独饲喂牛来消除对空间的竞争。尽管过度拥挤影响摄食行为，但无证据表明放养会影响子宫炎发生率。尽管如此，还是要避免干乳牛过度拥挤，频繁发生群体变化，谨慎混合小母牛和老奶牛。卫生在子宫炎的流行中起作用，应注意产犊卫生。使用稻草的牛群子宫炎发病率比其他形式的低。最近，一种多价疫苗已被报道可以降低奶牛子宫炎的风险，目前正在临床试验。

遗传选择对减少子宫炎发病率有一定的前景。有报道初产母牛和第二次泌乳母牛的子宫炎遗传力分别为 0.19 和 0.26，也有报道遗传力更为适中，范围从 0.02～0.07。编码 Toll 样受体和瘦素受体基因的多态性与子宫炎的发病率有关。目前，这是一个积极研究的领域，因此会出现更多具体的指导方针。

2）子宫蓄脓

子宫蓄脓是奶牛在产后特定条件下发生的。特征是奶牛中有活性黄体的子宫内脓性或黏液脓性渗出物积聚。它影响约 4%的泌乳期奶牛，但是在产后早期常规使用促性腺激素释放激素（GnRH）会增加其发生率。一般而言，有严重子宫病原体负荷的奶牛排卵延迟，但是如果奶牛排卵正处于子宫污染阶段，就有子宫蓄脓的风险，因为子宫内膜损伤可能会损害内源性 $PGF_{2\alpha}$ 释放。传统上，化脓性链球菌是子宫蓄脓中分离出来的最常见的细菌，但是通过宏基因组学方法在受感染的动物中发现了化脓性梭杆菌的流行。也有感染胎儿毛滴虫的子宫蓄脓奶牛。

子宫蓄脓的治疗选择 $PGF_{2\alpha}$ 或其类似物。在约 90%的治疗病例中，治疗会使黄体溶解，出现发情行为，排出积聚的渗出液，清除子宫的细菌。9%～13%的病例在单一治疗后子宫蓄脓会复发。治疗后第一次授精受孕率约为 30%或更多，但预计 80%的动物在 3～4 次授精中受孕。

雌激素也已用于治疗子宫蓄脓（目前这种途径在许多国家是非法的）。应该记住，雌激素对于奶牛来说是黄体生成素。雌激素治疗的临床反应比 $PGF_{2\alpha}$ 治疗的预期更差，治疗后的受孕结果也较差。用雌激素治疗后，囊性卵巢病的发病率既有升高又有降低（表 7-6）。可以用子宫输注呋喃西林与雌二醇或前列腺素联合治疗，使用呋喃西林明显降低治疗后受孕率。这些数据提供了针对宫内输注治疗牛子宫疾病模式的额外证据。

表 7-6　子宫蓄脓

定义	在黄体存在时脓液积聚于子宫内；通常在产后早期
诊断	经直肠触诊或超声检查（与妊娠区别）
治疗	$PGF_{2\alpha}$ 或类似物；可能需要重复
后果	降低产奶量；延迟受孕；子宫内膜炎风险增加；淘汰风险增加
预后	通常很好

3）子宫内膜炎

子宫内膜炎（有时称为亚临床型子宫内膜炎）定义为子宫内膜的炎症。这是一种局部疾病，不伴有全身性症状。通常在产后 4 周后以临床的形式出现。子宫内膜炎需要子宫内膜细胞学诊断或活检以确诊，但其可以通过回收子宫灌洗液的 pH 值，蛋白质或白细胞酯酶浓度，或更多的简单外观或液体光密度推断。经直肠超声检查也可用于诊断，但灵敏度和特异度均中等。在奶牛中，分娩后 40～60d 子宫内膜炎的发病率较高，且对奶牛随后的繁殖性能造成严重的负面影响，受精后 28～60d 受孕率降低，妊娠丢失增加。

该病的主要风险因素似乎是围产期能量负平衡。产后早期的急性子宫炎增加了后续子宫内膜炎的风险。与子宫内膜炎相关的主要细菌与产后子宫炎的一样。大肠杆菌似乎是早期入侵者，并且在确诊子宫内膜炎时已基本消失，化脓性链球菌成为常见的细菌。

实际上，所有奶牛在产后 2 周都有轻度子宫炎症迹象。产后 4～6 周，多达一半的奶牛仍有细胞学子宫内膜炎。在产后 4 周之内试图诊断子宫内膜炎容易与子宫内膜相关的生理炎症混淆。在产后40～60d，子宫内膜炎的总体患病率约为26%，但是牛群流行率范围很广（5%～50%，甚至以上）。

该病会降低妊娠到第一次人工授精天数和泌乳期的总体妊娠风险。亚临床型子宫内膜炎的后果在初产动物中不严重；子宫内膜炎牛受孕率有所降低，但亚临床型子宫内膜炎初产牛妊娠的总体时间并未受到影响（表7-7）。

表 7-7　子宫内膜炎

定义与诊断	子宫内膜炎症（细胞学，活检或间接方法）；阴道分泌物可能归因于子宫内膜炎或其他生殖道疾病
风险因素	子宫炎；产后早期能量负平衡
治疗	在允许的情况下宫内输注头孢匹林；前列腺素无效
后果	受精/受孕减少；开放天数增多；妊娠丢失增加
预后	管理好围产期奶牛，实现最小的能量负平衡；产犊卫生

子宫内膜炎的常规诊断对于牛群所有奶牛来说不太实用。然而，通过子宫内膜细胞学检查一群奶牛以了解特定农场的病情发病率可能更有效。然后，如果患病率很高，要开始采取措施更好地管理围产期奶牛，尽量减少围产期能量负平衡。

由于个体奶牛很少被诊断为子宫内膜炎，所以治疗通常是没有意义的。宫内输注头孢的特定制剂对病牛随后的繁殖性能是有益的。研究发现 PG 治疗或预防子宫内膜炎的疗效，无论是降低发病率还是改善生育状况，均缺乏有效的证据。预防子宫内膜炎主要依赖于日粮摄入和围产期能量平衡的管理。减少子宫炎发病率可减少子宫内膜炎的风险。产犊和产后卫生也很重要。

4）宫颈炎和脓性阴道分泌物

虽然可见的化脓性阴道渗出物可伴随更严重的子宫内膜炎，但奶牛阴道内存在化脓性渗出物未必就一定发生了子宫内膜炎。大多数研究者认为，原发性宫颈炎是未患子宫内膜炎的阴道渗出物的主要原因。研究发现，产后 3 周后宫颈直径增大可能是妊娠率降低的一个因素（伴随着脓性阴道分泌物），扩大的子宫颈被认为是早期生育力差的预兆。现在看来这些奶牛可能有宫颈损伤，在分娩期间持续受损并无子宫内膜炎，尽管这两种疾病可以共存。子宫内膜炎和化脓性阴道分泌物对生殖具有独立和加成的不利影响。患子宫内膜炎主要通过能量负平衡，而宫颈炎或化脓性阴道分泌物最常见的是产科并发症，包括 RFM。在出现急性产后子宫炎的奶牛中，这两种情况的发生频率都较高。通过细胞学检测可以诊断宫颈炎。宫颈炎独立于子宫内膜炎而存在。子宫内膜炎的患病率为 13%，宫颈炎仅为 11%，32% 的奶牛患有这两种病。两者会降低妊娠率，且患两种病的奶牛比患一种病的奶牛的情况更差。用来鉴定常见的产后疾病宫颈炎，并不能完全说明阴道脓性渗出物的起源问题。大约一半患宫颈炎的奶牛有白色的阴道分泌物，反之亦然。在某些情况下，脓性白带可能反映了更严重的子宫内膜炎。然而，在某些情况下渗出物的来源仍未确定，可能表明某些动物出现原发性阴道炎（表 7-8）。

表 7-8　宫颈炎/脓性阴道分泌物

定义与诊断	可显示的阴道渗出物（可能需要阴道镜检查或 Metricheck 检查）；渗出物可能是由于患严重的子宫内膜炎产生，未患子宫内膜炎也可发生；原发性宫颈炎至少在某些情况下是产生脓性阴道分泌物的原因
风险因素	产科并发症；产后子宫炎
治疗	允许使用头孢
后果	减少受孕率；开放时间增长；妊娠丢失增加
预防	预防子宫炎；产科问题管理

无论来源如何，脓性阴道分泌物的存在与生殖性能降低相关。通过使用专用

仪器 Metricheck（Simcro，新西兰）可以方便地检测阴道内化脓物质的存在。该装置从子宫阴道中挖出黏液或渗出物进行检查。仅根据可见渗出物或触诊结果，可发现高达 40% 的化脓性阴道渗出物病例。

对于化脓性阴道渗出物，有效的治疗方案很少。在宫内给药中专门制造的头孢匹林制剂是有效的，在产后 4 周用于患病的奶牛时，改善了病牛的繁殖性能。除了头孢匹林外，没有证据支持宫内输注，应避免使用。虽然 PGF$_{2\alpha}$ 常用于治疗化脓性阴道分泌物，尽管它对单独的子宫内膜炎或宫颈炎可能有益，但其疗效不明确。尽管证据不足，PGF$_{2\alpha}$ 可能是最好的治疗方案，尤其是在美国；它避免了额外抗生素的使用，价格低廉，并且对繁殖有其他益处（包括用于受控的育种计划的预同步）。

7.3.1.4 卵巢疾病

1）无排卵

在欧美国家，约 20% 的产后奶牛在产后空怀期（60～65d）结束时未能排卵（表 7-9）。这些奶牛的妊娠率比排卵奶牛低，并且妊娠丢失的风险较高。Galvão 等（2010）报道产后 21d 排卵的奶牛与产后 21～49d 第一次排卵的奶牛相比，妊娠率更高。Dubuc 等（2012）报道高产奶牛群中，产后 21d 排卵的牛有 28%，产后 35d 的有 56%，产后 49d 的有 74%，产后 63d 无排卵的有 21%。无排卵或首次排卵延迟的主要风险因素是分娩前后的能量负平衡、产后第 1 周急性期蛋白——结合珠蛋白产生的炎症和细胞学子宫内膜炎的存在。产犊期和开始繁殖期的体况评分，尤其在此期间的体况丧失是产后疾病的预兆。产奶量对无排卵影响不大。在产前阶段，低浓度的 β-胡萝卜素可能导致无排卵。

表 7-9　无排卵

定义	在空怀期结束时排卵并恢复循环
诊断	将黄体酮并入同步方案；确保授精前完成黄体溶解（2 次注射 PGF$_{2\alpha}$）
风险因素	围产期能量负平衡；体状评分（在产犊时，开始繁殖时，在泌乳早期体况丧失）；子宫内膜炎；遗传因素
治疗	允许使用头孢
预防	管理能量负平衡和体况评分；未来的遗传选择

产后 21d P$_4$ 浓度（排卵）增加的奶牛在泌乳后第一次排卵时具有优越的繁殖性能。重要的是，产后第一次排卵间隔短的奶牛比持续 60d 或以上无排卵的奶牛具有更高的遗传性（17%～23%），这为增强生育能力提供了潜在的选择工具。虽然子宫内膜炎和无排卵对生殖产生不利影响，但这些影响似乎是独立的和附加的。

无排卵牛的优先管理是预防的条件。仔细管理体况评分有助于最大限度地减少空怀期结束时无排卵奶牛比例。事实上，所有产后疾病都会增加无排卵的风险，所以减少子宫和其他疾病也会降低无排卵的发生率。同期排卵计划的一个优点是它们给之前无排卵的奶牛促排卵，使用一些使生殖成功的措施。然而，之前无排卵的奶牛实施效果低于以前排卵的奶牛。提高无排卵奶牛繁殖力的一个策略是增加使用 P_4（CIDR-Synch 方案）的同期排卵方案（Galvão et al.，2007）。或者，两个连续的同期发情方案（Double OvSynch）可以实现在同期发情程序开始时，母牛均具有黄体形成的效果。在之前无排卵奶牛中另一个问题是，它们通常不响应第二次 $PGF_{2\alpha}$ 注射同期发情而经历完全的黄体分解。在这些情况下，给予两次 $PGF_{2\alpha}$ 注射可确保完全溶解黄体素，并改善妊娠（两次注射似乎比单次较大剂量注射效果更好）（Williams and Stanko，2020）。

2）卵巢囊肿（Macmillan et al.，2018）

卵巢囊肿可能被认为是一种特殊的无排卵形式。在这种情况下，卵泡发育超出正常的排卵大小（通常为 15～18mm）。它们可能会部分黄体化。老龄牛卵巢囊肿定义需要修改。通常，这些限定的囊性卵泡直径大于 25mm。事实上，当卵泡排卵失败时，卵泡为功能性囊肿，可能尺寸变小。较早的定义还规定囊状结构需要持续至少 10d。现代研究使用系列超声检查表明，囊肿是动态的，后一个代替前一个，由于卵泡波出现、生长并且连续的优势卵泡排卵失败。这些卵泡可能产生生理量的雌二醇，尽管垂体 LH 浓度正常，但不能诱导排卵前的 LH 波峰出现。囊性卵巢的发病机制还不完全清楚，但有证据表明，一旦产生 LH 激增，下丘脑如果在此期间没有 P_4 刺激，则不能产生随后的排卵性 LH 激增。支持这一假设的证据来自排卵前 LH 激增后，前驱卵泡被吸出的实验。在一些情况下形成功能性黄体，并且这些奶牛具有正常周期。在另一些没有形成黄体的卵泡中，随后的优势卵泡生长超过正常的排卵大小（囊肿），直到放置 P_4 释放到阴道内的装置，其恢复正常的排卵功能。在类似的实验中，奶牛从排卵开始每天给予溶解黄体剂量的 $PGF_{2\alpha}$。黄体发育正常的奶牛周期正常。那些黄体酮浓度保持低水平的奶牛可能会发生卵巢囊肿。使用 CIDR 治疗至少 3d，黄体酮治疗可恢复雌二醇的正常下丘脑反应，并具有驱动排卵性 LH 波动的能力。卵巢自发囊肿可能由子宫感染或能量负平衡介导，可以改变 GnRH/LH 的脉冲性。高产奶牛和泌乳早期通常会遇到卵泡囊肿（表 7-10）。

表 7-10　卵泡囊肿

定义	未排卵的卵泡大小大于正常排卵的卵泡大小
风险因素	能量负平衡；子宫感染
治疗	GnRH；hCG；LH 及 P_4

卵巢囊肿的治疗依赖于恢复或诱导 LH 的排卵峰。由于卵巢囊肿奶牛具有足够的垂体 LH 储存并对 GnRH 有反应，所以外源给予 GnRH 通常诱导功能性卵泡的排卵或黄体化（而不是囊性卵泡的排卵）。用 P_4（如通过给予 CIDR）处理 3d 或更多天后可以恢复下丘脑的能力，从而通过适当的 GnRH 分泌和释放诱导 LH 的排卵峰的出现。因此，GnRH 和 LH 的类似物（如 hCG）或 P_4 对患有卵巢囊肿的奶牛是合适的治疗方法。由于目前的排卵同步方案纳入了 GnRH，它们通常对治疗卵泡囊肿有效。

7.3.1.5 妊娠丢失

越来越重要的损失是在人工授精后的第 28d 或第 35d，鉴定为怀孕的奶牛在授精后 60d 或更多天未怀孕。它们延迟了妊娠的成功率，并且因为错误地认为仍然怀孕不再被重点观察或再授精。14 项独立研究显示在授精后 28～45d，平均妊娠丢失率为 12.80%，相当于每天 0.85%。在没有其他产后疾病的情况下，授精后 28～60d 的妊娠丢失可以达到 9%，在单一疾病诊断时增加至 14%，在授精前诊断为两种或多种产后疾病的情况下增加至 16%。与奶牛妊娠丢失有关的疾病包括产科并发症、子宫内膜炎、产后发热、乳房炎和跛行。子宫内膜炎与妊娠丢失密切相关；以前被诊断为子宫内膜炎但病情已解决的奶牛与未患子宫内膜炎的奶牛相比，妊娠丢失的风险增加。在授精时子宫内膜炎仍未解决的奶牛妊娠丢失率要高出 3 倍（超过 40%）。在佛罗里达州的放牧牛中，第 30 天和第 65 天之间的妊娠丢失由于产犊问题、子宫炎或脓性阴道渗出物而明显增加。无排卵奶牛的妊娠丢失率几乎是对照动物的 2 倍。高产奶量似乎不介导增加妊娠丢失。怀双胎的奶牛妊娠损失风险增加（Ealy and Seekford，2019）（表 7-11）。

表 7-11　妊娠丢失

定义	妊娠阳性诊断后胚胎或早期胎儿死亡
风险因素	产后疾病，特别是子宫内膜炎；繁殖前排卵
治疗	允许使用头孢
后果	子宫颈口开放时间长
预防	预防产后疾病；日粮干预，以增加早期排卵和提高胚胎质量；牛生长激素的积极作用

几项干预措施与改善奶牛胚胎存活有关。这些包括用重组牛生长激素处理，可能是因为牛生长激素加速胚胎发育。营养干预是可行的。在产后饲喂高淀粉日粮增加了空怀期结束时发情奶牛数量，这对于每次授精妊娠率和妊娠丢失的风险都有正面影响。几种脂肪酸对胚胎质量是有益的。在产后 30d 喂食含有脂肪饲料的奶牛在人工授精后 30～60d 降低了妊娠丢失的风险，可能是连续饲喂日粮（高淀粉和脂质补充）的作用，提高了胚胎质量和存活率。

7.3.2 泌乳奶牛生育力下降的机理

分娩后恢复排卵是一个协调的过程，涉及肝中生长激素（GH）/胰岛素样生长因子 1（IGF-1）轴的重新耦合，卵泡发育和类固醇生成的增加，以及下丘脑中雌二醇的负反馈的消除。与泌乳早期能量负平衡相关的传染病和代谢紊乱破坏了该途径，并延迟了产后第一次排卵。产后排卵期延长对奶牛生育力产生长期的影响，包括自主发情缺乏、每次人工授精的妊娠率（P/AI）降低及妊娠损失风险增加。经同期人工授精（AI）程序的无排卵奶牛 P_4 浓度不足以使卵泡成熟、卵母细胞能力和 AI 后的生育力达到优化。在低浓度 P_4 下发育的第一波卵泡排卵会降低受精后第 1 周的胚胎质量和奶牛的 P/AI。虽然无排卵和低浓度 P_4 损害卵母细胞质量的具体机制尚未确定，但研究表明持久卵泡会过早恢复减数分裂和降解母体 RNA。排卵前 P_4 浓度低于最佳浓度时，在随后的发情周期中，前列腺素 $F_{2\alpha}$（$PGF_{2\alpha}$）对催产素的合成也会增加，这解释了产后第一次 AI 后，无排卵奶牛比发情周期奶牛黄体期短的发生率会更高。这表明发情周期早期自发性黄体溶解是促成排卵期奶牛早期胚胎损失的机制之一。在妊娠胚胎植入前的阶段，无排卵也导致孕体延伸基因表达发生重大变化。包括控制能量代谢和 DNA 修复的转录物下调，而与凋亡和自噬相关的基因在孕体 15d 上调。在低和高 P_4 浓度下诱导卵巢卵泡生长的发情周期奶牛的孕体转录组中未发现相似变化，表明排卵停止对胚胎发育的影响不是单独通过排卵前 P_4 浓度介导的。最后，无排卵的风险因素对胚胎发育和子宫对妊娠的接受性有直接影响。减少排卵对生育力影响的一种方法是在排卵前卵泡复原、选择、发育和最后阶段补充 P_4。建议在排卵前卵泡生长期间补充至少 2.00ng/ml 的 P_4，以达到与间情期排卵前卵泡生长奶牛相似的 P/AI（Santos et al.，2016）。

生殖效率在奶牛群的经济效益中扮演了一个重要角色，因为它影响产犊间隔的每日产奶量和淘汰政策。尽管最近在高产荷斯坦奶牛进行繁殖管理的实验中每次人工授精妊娠率（P/AI）有一定的进展（45%～50%），但仍少于 35% 的泌乳奶牛经人工授精后妊娠至足月。建立和维持妊娠依赖于母体下丘脑-垂体前叶轴，子宫内膜和发育中的胚胎之间微妙的联系。正如预期的那样，破坏这些途径的生理、代谢和病理的状况极大地损害了生育能力。广泛的研究支持这样的孕体，即无排卵是奶牛繁殖性能的主要障碍。在空怀期结束时仍然保持不排卵的奶牛比例在不同的畜群、遗传群体和管理计划中各不相同，为 5%～40%。除了缺乏发情行为（由于缺乏发情周期性而不能受精），同期发情的不排卵奶牛与发情周期奶牛相比，一直有低的 P/AI 和增加妊娠丢失的风险（Santos et al.，2016）。

虽然无排卵对繁殖的不利影响是显而易见的，但导致排卵奶牛生育能力差的具体机制的研究仍是一大挑战。无排卵状况的标志是在排卵期卵泡生长过程中没有 CL，并且随后 P_4 浓度不足，这会降低受精后第 1 周的胚胎质量，并在随后的发情周期增加 $PGF_{2\alpha}$ 对催产素反应的释放，并降低泌乳奶牛的 P/AI。另外，某些无排卵风险因素也对生育反应有直接影响。恢复排卵延迟与难产、能量负平衡、产后体况丧失及泌乳早期疾病的发生有关。在这种情况下激素和代谢环境可降低 LH 脉冲的频率，损害卵泡发育、卵泡细胞功能和卵母细胞能力，上调子宫内膜炎症介质的表达，并损害孕体延伸。因此，改善高产奶牛繁殖策略必须与治疗措施结合起来，以提高不排卵奶牛的繁殖力，并在围产期加强管理，以促进健康并加快产后排卵的恢复。

7.3.2.1 在卵泡生长过程中孕酮浓度不足

接受定时 AI 程序的不排卵奶牛繁殖力下降主要是因为排卵期卵泡生长过程中 P_4 浓度不足。例如，在同期发情方案中第一次注射 GnRH 时，无功能性 CL 的发情期奶牛和不排卵奶牛的 P/AI 没有差异。在同期发情方案启动时，与间情期奶牛不同，不排卵奶牛和无 CL 的发情周期奶牛在受精时排出第一波卵泡，并在低浓度 P_4 下与 CL 同时发育。事实上，排卵期卵泡波对 P/AI 的影响比发情周期的影响大（排出第二波卵泡奶牛的 P/AI 大于排出第一波卵泡的奶牛；无排卵奶牛与排出第一波卵泡的发情周期奶牛的 P/AI 相似），表明卵泡发育和卵母细胞成熟最后阶段的激素环境是泌乳牛繁殖能力差的主要决定因素。并且，在排卵期卵泡生长过程中补充孕激素可改善奶牛诱导排出的第一波卵泡的胚胎质量，并在定时 AI 程序启动时恢复不排卵奶牛的 P/AI。此外，与有 CL 的奶牛相比，无 CL 奶牛启动同期发情方案会降低 P/AI，补充 P_4 可有效地使无 CL 奶牛恢复生育力到与间情期奶牛相似。这些发现支持 P_4 对排卵卵泡生长期间 P/AI 的影响的因果作用。

目前，尚不清楚在卵泡生长过程中 P_4 的理想浓度，以优化无排卵奶牛或缺乏 CL 奶牛的繁殖力。Wiltbank 等（2011）研究表明排卵前期高浓度 P_4 和发情前期非常低浓度 P_4 的重要性。研究报道，高 P_4 浓度奶牛不仅 P/AI 增加，而且在排出卵泡的卵泡波期间，妊娠丢失减少（6.80% vs. 14.30%）。泌乳期奶牛在发情中期时，P_4 浓度高度可变并且是动态的，但通常在 3～6ng/ml。AI 前处理的 P_4 浓度实验表明，无排卵奶牛达到最低 2.00～3.00ng/ml 的 P_4 才能达到与间情期奶牛相似的 P/AI。

1）LH 对卵母细胞质量和早期胚胎发育的影响

尽管奶牛卵丘卵母细胞复合物对 P_4 有反应，但卵泡内 P_4 浓度是由颗粒细胞内的类固醇激素决定的，比排出第一波卵泡时血浆中的浓度高 10 倍左右。因此，血浆中低浓度 P_4 对卵泡成熟和随后的胚胎发育的影响很可能是由 LH 脉冲频率的变化引起的，而不是直接影响卵泡。绵羊实验结果表明，P_4 通过下丘脑 Kisspeptin / GPR54 系统抑制 GnRH 释放。在母羊中，Kisspeptin 阳性神经元也表达 P_4 受体，补充孕激素降低去卵巢的母羊表达 Kisspeptin mRNA 的神经元数量。众所周知，P_4 会降低牛的 LH 脉冲频率，与间情期相比，发情后期低浓度的 P_4 使 LH 脉冲频率更高。总体而言，低浓度的 P_4 会通过 LH 分泌增加影响卵泡和卵母细胞的发育，促进卵泡生长但可能降低卵母细胞质量。

在整个卵泡发育的最后阶段，通过抑制促成熟因子的激活，卵母细胞在减数分裂 I 前期的二倍体阶段保持停滞。LH 的排卵前高峰增加卵丘细胞中的细胞内 cAMP，导致蛋白激酶 A 和蛋白激酶 C 的激活、表皮生长样因子的表达、丝裂原活化蛋白激酶的激活及卵丘细胞与卵母细胞之间的连接点间隙的破坏。卵母细胞和周围卵丘细胞之间缺乏沟通会阻止 cAMP 向卵母细胞的转移，与其磷酸二酯酶 3A 水解结合，会降低蛋白激酶 A 的活性并激活促成熟因子。恢复减数分裂的特征是生发泡破裂和第一极体排出。另外一个重要特征是在胚胎基因组激活前积累母体 mRNA 为蛋白质合成提供模板。在其他机制中，保存在卵母细胞中的母体 mRNA 通过与多功能 Y-box 蛋白 2 结合被保护免受降解。通过多功能 Y-box 蛋白 2 磷酸化作用使生发泡破裂后，这种保护作用被消除。

泌乳奶牛 LH 脉冲频率的变化与卵母细胞形态和 mRNA 含量的关系还未证实；然而，低浓度 P_4 的奶牛过量接触 LH 可能会通过延长 LH 脉冲频率来促进与恢复减数分裂，从而降低卵母细胞质量和胚胎存活率（图 7-1）。较低 P_4 浓度持续诱导卵泡的卵母细胞在排卵前出现生发泡破裂的形态学征象，据推测这是卵母细胞长期处于高 LH 脉冲频率下所致。这种卵母细胞成熟的进展可能加速母体 mRNA 消耗，增加胚胎细胞死亡转录组的表达，并损害胚泡期发育。Schmitt 等（1996）使用小奶牛模型报道，持久性卵泡诱导的奶牛 P/AI 降低，可以通过施用 GnRH 诱导新的卵泡波来纠正。延长卵泡优势期可降低 AI 后第 7 天的胚胎质量，降低自主发情受精奶牛及定时 AI 程序奶牛的 P/AI。以类似的方式，在 AI 后的第 7 天，第一波卵泡的排出增加了退化胚胎的比例，在卵泡生长期间通过补充 P_4 逆转了胚胎退化的比例。

在排卵和 LH 峰出现之前，卵母细胞仍然停滞在减数分裂 I 前期的双线期阶段。间隙连接将 cAMP 和环磷酸鸟苷（cGMP）从卵丘细胞转运至卵母细胞，并且 cGMP 可经抑制磷酸二酯酶 3A（PDE3A）进而抑制 cAMP 的水解。卵母细胞中 cAMP 含量的升高将激活蛋白激酶 A（PKA）、磷酸化 Wee1/Myt1、CDC25B 和 CDK1，从而造成促成熟因子（MPF）失活。在低浓度的 P_4 下，LH 脉冲的频率增加，这又利于颗粒细胞中的腺苷酸环化酶使得 cAMP 的产生增加，因而激活了 PKA II 型和蛋白激酶 C（PKC）。PKA 和 PKC 的功能是诱导分泌产生能够活化丝裂原活化蛋白激酶（MAPK）的表皮生长因子之类的因子。这一连串的事件导致卵丘细胞和卵母细胞之间的间隙连接被破坏，从而阻止了 cAMP 和 cGMP 的转移。低 cGMP 有利于 PDE3A 对 cAMP 的水解，因此进一步减少了引起 MPF 活化的 cAMP。

加速卵母细胞成熟导致生发泡破裂，这可能伴随着从储存的信使核糖核酸（mRNA）中去除多功能 Y-box 蛋白 2（MSY2）和母体 RNA 在卵母细胞中的过早消耗，并与囊胚延长前的胚胎质量和胚胎死亡率降低有关。

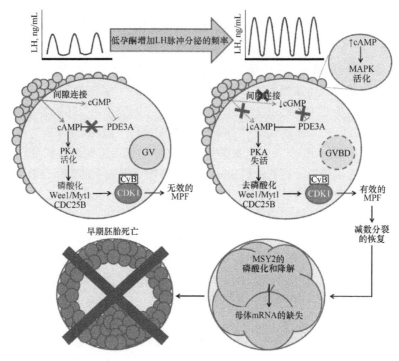

图 7-1　LH 脉冲频率升高对卵泡和卵母细胞成熟及随后胚胎发育影响的假想模型
（Santos et al.，2016）

2）发情表现对后续生育反应的影响

卵巢卵泡的生长和卵母细胞的成熟是被严格控制的过程，必须同时进行。优势卵泡产生雌二醇刺激发情行为，并引发排卵前 LH 峰激发其自身排卵。鉴于此，AI 时的发情表现是卵泡健康的指标，也是排卵相关事件的适当时机。值得注意的是，排卵期卵泡发育过程中无排卵和 P4 浓度不足仅降低了授精当天未检测到发情的奶牛 P/AI。并且，人工授精奶牛中未表现发情行为的奶牛 P/AI 减少可通过补充 P4 来逆转。最近研究表明，血浆抗缪勒氏管激素（AMH）浓度与卵泡发育过程中 P4 浓度和定时 AI 程序期间的发情表现之间的相互作用有关。发情时期检测到发情的奶牛比例受到 AMH 浓度的影响（低 AMH 49.30%，中 AMH 39.40%，高 AMH 34.50%）。对于在定时 AI 方案初次进行 GnRH 注射时血浆 P4 浓度小于 1.00ng/ml 的奶牛，低浓度 AMH 奶牛的 P/AI 大于中或高 AMH 浓度的奶牛（40% vs. 25%）。在卵泡发育时存在功能性 CL 时，不同浓度 AMH 没有影响 P/AI 的差异，P/AI 平均为 47%。

3）孕体对 PGF$_{2\alpha}$ 释放和随后的黄体寿命的后续效应

植入前阶段，牛孕体必须迅速延长并合成对维持妊娠至关重要的多种生物活性物质。在这些分子中，孕体必须分泌大量的干扰素-τ（IFN-τ）来抑制子宫内膜对 PGF$_{2\alpha}$ 的脉冲释放并阻止黄体溶解。孕体在妊娠第 11～第 17 天从 1/3mm 增长到 25cm，孕体的长度与子宫腔内 IFN-τ 浓度直接相关。孕体的延伸和存活依赖于子宫内膜腺上皮组织的营养分泌。孕体组织营养质中充足的营养、生长因子和激素刺激细胞重塑、增殖和分化。普遍公认的观点是：在孕体发育和子宫内膜成熟之间，孕体无法正确发展或不同步可能会增加妊娠丢失风险，因为较低级的孕体不能阻断黄体生成级联或早期自发黄体溶解。定时 AI 后短黄体期（<11d）的发生率在无排卵奶牛中高于发情周期奶牛中。与对卵母细胞质量和早期胚胎发育的影响类似，黄体生成级联的加速由排卵前卵泡生长期间低浓度 P$_4$ 所介导。短发情周期的发生率，定义为前一次 AI 后 5～17d 再次发情，对于无排卵和发情周期奶牛来说，首次 GnRH 注射同步方案时排出的第一波卵泡比间情期奶牛更好。此外，在定时 AI 程序启动时，通过给无 CL 奶牛补充 P$_4$，可减少短发情周期的发生率。

在卵泡生长过程中，低浓度 P$_4$ 影响随后发情周期中黄体生命期的机制涉及子宫对催产素的反应。反刍动物子宫内膜催产素受体的表达受抑制，直到当 P$_4$ 下调管腔上皮细胞和浅表腺体中的自身受体时，允许催产素触发黄体裂解级联。在排卵前卵泡生长期间有低浓度 P$_4$ 的奶牛预期子宫内膜中雌激素受体-α 蛋白表达增加，并且在随后的间情期催产素作用后，血浆中 13,14-二氢-15-酮基 PGF$_{2\alpha}$（PGFM）的浓度更高。另外，与未经处理的对照相比，在卵泡生长期间用孕激素补充产后牛可增加 P$_4$ 受体的表达，并在排卵后第 5 天下调子宫内膜中的催产素受体。此外，实验表明，在前一次发情周期中，低浓度 P$_4$ 加速了排卵前卵泡的生长，这可能导致在随后的发情周期中更大的 CL 和更高浓度的 P$_4$。或许，在前一次和后续发情周期中，P$_4$ 分别为低浓度和高浓度的结合诱导了过早的黄体分解信号传导，导致某些奶牛的发情周期缩短。

7.3.2.2　无排卵对孕体生物学和晚期胚胎/胎儿死亡率的影响

除了对 P/AI 有不利影响之外，无排卵状况增加了泌乳奶牛晚期胚胎和胎儿死亡的风险。然而，与对 P/AI 的影响相反，妊娠丢失主要受发情周期状态的影响，而不是在卵泡生长期间受孕激素浓度的影响。事实上，妊娠第 30 天和第 53 天之间的妊娠丢失发生率在无排卵奶牛中最高（15%），在启动同步协议的发情周期奶牛中处于中等（13.5%），在低浓度 P$_4$ 下排出的第一波卵泡的奶牛中最低（10%）。

最近的泌乳奶牛研究揭示了无排卵奶牛的孕体细胞中基因表达的重大转变。

在 AI 前低浓度 P$_4$ 的发情周期奶牛中未观察到这些孕体转录组的变化。第 15 天延长的孕体的转录组分析检测到受发情周期性影响的 500 个转录因子，不排卵奶牛与发情周期性荷斯坦奶牛相比，其 262 个表达上调，238 个下调。87 个探针组在无排卵奶牛孕体中上调，伴随着从管状到丝状期的孕体进展，反映了无排卵奶牛与发情周期性奶牛相比，滋养外胚层的长度增加。尽管如此，大多数差异表达的转录组与改善胚胎发育无关，可能解释了无排卵牛的妊娠丢失发生率更大。涉及磷脂酰肌醇/AKT 信号传导（IMPA1、IMPA2、PIP5K1A 和 AKT2）的无排卵牛转录物在孕体中下调。由于磷脂酰肌醇/AKT 是胰岛素样生长因子 1（IGF-1）作用的关键下游介质，并且影响 mTOR 信号传导的机制靶点，其下调可能影响妊娠期间的能量代谢、细胞存活、增殖和妊娠期迁移。无排卵奶牛中与 DNA 修复有关的转录物也下调，包括小鼠模型中胚胎存活所需的 TOP1 和 NBN。此外，无排卵奶牛中涉及细胞凋亡（CASP6 和 GSK3B）和自噬（ATG4A、MAP1LC3B 和 LAMP1）的转录物表达在孕体中上调，这与胚胎死亡率和妊娠终止有关。有趣的是，注意到子宫冲洗液中的孕体长度和 IFN-τ 浓度在无排卵奶牛中高于发情周期性奶牛，没有提供无排卵奶牛孕体发育至妊娠第 15 天时胚胎发育不良的形态学证据。来自转录组分析的集体结果指出与凋亡、14-3-3 蛋白质信号传导和自噬有关的典型途径的差异，这可能意味着更大的细胞应激并需要消除异常蛋白质聚集体和功能障碍的细胞器。因此，上述研究结果支持这样的假设：无排卵对胚胎存活的某些不利影响已经在胚胎植入前阶段被印记，将在妊娠后期表达，并提供生物学支持以解释胚胎/胎儿死亡率较高的发生率。

应用不同模型的非泌乳荷斯坦奶牛研究 P$_4$ 对孕体的生物学作用，发现孕体第 17d 的转录组没有受到排卵前卵泡发育过程中低浓度 P$_4$ 的实质影响。在卵泡生长过程中，只有 9 个探针组受到 P$_4$ 浓度的影响。在卵泡发育后期阶段，不同表达的基因中，涉及细胞黏附（CD97）、信号转导和离子转运（P2RY1）、细胞骨架组织（CNN2）、葡萄糖代谢（PFKP）和胚胎存活（CALCRL）的转录物在低浓度 P$_4$ 奶牛中比高浓度 P$_4$ 的奶牛中表达上调。虽然 P$_4$ 介导了大部分无排卵奶牛降低了生育能力的作用，并且充足地补充 P$_4$ 可以恢复 P/AI 并减少无排卵奶牛的妊娠丢失，由孕体细胞上的无排卵造成的病变更为复杂，并且在排卵前和输卵管期间不能简单地通过内分泌环境来解释。无排卵的主要风险因素是围产期疾病，在泌乳早期出现疾病的奶牛有转录组炎症样改变，孕体主要组织相容性复合体-Ⅰ重链 BOLA 基因上调。这些变化表明这些孕体细胞不太可能逃避对母体免疫系统的监测，从而导致妊娠丢失风险增加。

7.3.2.3 无排卵的风险因素对生育反应的影响

从妊娠晚期到泌乳早期的转变对高产奶牛来说是非常具有挑战性的。泌乳需求急剧增加，但自由采食量并不能满足需求，导致营养负平衡并广泛调动机体储备。尽管有自我平衡控制和将营养物质分配到牛奶合成的归一化调整，但在不同牛奶生产水平、品种和管理系统中，45%～60%的奶牛产后发生健康障碍。泌乳早期影响奶牛的许多因素都是已知的无排卵疾病的风险因素，但围产期常见的代谢和传染病直接影响卵泡成熟、胚胎发育和子宫环境。因此，这种复杂的泌乳早期事件导致奶牛生育力降低，而不仅是延迟或阻止恢复发情周期。并且，健康障碍和无排卵对泌乳奶牛生育力下降具有叠加效应（Crowe et al.，2018）。

1）围产期营养负平衡和代谢健康

泌乳早期的能量平衡与生殖成功率呈正相关，在产后第 1 周至第 2 个月期间体况丢失过多的奶牛延迟恢复发情周期。同样地，在产后第 49 天，血清中非酯化脂肪酸（NEFA）浓度升高的奶牛（≥0.7mmol/L）更可能保持无排卵。在培养基中加入饱和脂肪酸可诱导卵丘细胞凋亡和坏死，影响受精、体外早期胚胎发育。卵泡液中 NEFA 浓度与泌乳早期奶牛血清中浓度相平行，随着泌乳开始脂质增加不仅导致血清 NEFA 浓度升高，而且 NEFA 含有更多的饱和脂肪酸。因此，泌乳早期广泛的脂肪分解不仅影响排卵风险，而且还可能改变卵泡液的脂质成分，这可能会影响卵细胞和卵泡颗粒细胞的性状和增殖。

泌乳早期奶牛营养负平衡会使影响生殖组织的血液 NEFA 发生很大变化。热量摄入不足会降低胰岛素浓度，这会下调 GH 受体 1A 在肝脏的表达，并使奶牛 GH/IGF-1 轴解偶联。在泌乳早期，胰岛素和 IGF-1 与营养摄入和能量平衡有关，并且无排卵奶牛会降低泌乳早期这些代谢激素的浓度。在泌乳牛中 IGF-1 低浓度可能是 GH/IGF-1 轴解偶联的结果，这会损害卵泡类固醇合成，并降低卵巢卵泡对 LH 的敏感性。此外，泌乳早期营养不良和 IGF-1 的减少不仅损害恢复排卵，还可能对胚胎产生直接影响。外源性 GH 治疗奶牛增加了 IGF-1 的浓度，刺激孕体发育，通过 IFN-τ 促进孕体-母体组织间的交流，最终使泌乳奶牛维持妊娠率提高。

产后排卵恢复受钙稳态影响，在空怀期结束时，产后第 1 周亚临床低钙血症（Ca^{2+}≤2.14mmol/L）的奶牛更可能是无排卵。低钙血症不仅延迟了发情周期，而且还降低了奶牛妊娠率。在很大程度上，低钙血症对生育能力的不利影响可能是钙对免疫细胞正常功能的重要作用及随后预防子宫和其他围产期疾病所介导的。亚临床低钙血症的诱导减少了奶牛吞噬和氧化破裂受损的中性粒细胞的百分比。至少在产后 3d 内发生低钙血症的奶牛有较高的生产瘫痪和子宫炎风险。由于胰岛素释放减少，降低了脂肪组织对高浓度甲状旁腺激素诱导的胰岛素敏感性，所以低钙血症加剧脂肪移植。低钙血症对胰岛素的负面影响可能会进一步损害对卵泡功能和类固醇合成至关重要的 GH/IGF 轴的重新联合。此外，低钙血症直接抑制干物质摄入，这是影响奶牛能量平衡的主要驱动力。总体而言，低钙血症对能量代谢和先天免疫功能的不利影响可能解释了产后发情周期延迟和已知抑制奶牛 P/AI 的代谢及炎症疾病的风险增加。

2）产后疾病发生率

炎症和代谢疾病是影响奶牛排卵状况的主要因素。例如，子宫炎、呼吸系统疾病和消化不良使分娩后第 49 天的奶牛无排卵风险分别增加 2.4 倍、4.1 倍和 4.2 倍。疾病使无排卵奶牛的比例从 18.90% 增加到 26.60%，疾病和无排卵均抑制了奶牛的 P/AI。因为疾病对奶牛妊娠的建立和维持有如此深远的影响，而且有健康问题的奶牛更可能发生无排卵，所以通常很难明确将这些干扰与低生育相关联的确切机制分开。值得注意的是，疾病和无排卵在奶牛中具有抑制 P/AI 的叠加效应，由此可见，某些机制可能是独立的并且与损害奶牛妊娠的建立和维持是相互补充和关联的。受精、受精卵发育到桑葚胚阶段，孕体生物学，孕体-母体组织间的交流，以及怀孕到足月的维持都受到奶牛疾病的影响。重要的是，无论奶牛接受 AI 还是胚胎移植，P/AI 都会受到抑制，并且类似的疾病导致的妊娠丢失也会增加。总体而言，转移胚胎不能解决由疾病引起的问题，并暗示疾病的负面影响和潜在的无排卵与胚胎发育的子宫环境有关。

综上所述，无排卵是一种复杂的疾病，它通过影响对于建立和维持妊娠至关重要的几个过程来促成泌乳奶牛的不孕。经历了发情期和/或同步发情方案的不排卵奶牛中缺乏 CL 导致在排卵卵泡生长期间 P_4 浓度不足，这会损害随后的胚胎存活，缩短母体妊娠识别期的黄体生命周期，并减少 P/AI。延伸孕体的转录组变化表明，在妊娠的植入前阶段，无排卵的有害影响持续存在，并且可能牵涉无排卵牛胚胎/胎儿死亡率的增加。最近的研究表明，无排卵及其诱发因素在降低泌乳奶牛生育力方面具有叠加效应。因此，奶牛群繁殖管理应纳入健康和营养计划，尽量减少围产期问题，以减少开始繁殖时无排卵的发生率。计划还应侧重于确定从治疗干预中受益的方法，如补充 P_4，并需要操控发情周期，如定时人工授精计划，以确保在产后适当时间育种并具有足够的生育能力。

7.4 奶牛主要肢蹄病

7.4.1 奶牛场蹄叶炎及蹄部病变的调查方法

奶牛跛行是多种疾病导致的结果，需要系统的方法对跛行的主要原因及风险因素进行诊断。运动评分系统可量化跛行患病率。当牛群通过通道时，可应用运动评分系统对整个牛群进行打分。若牛群的跛行患病率超过 15%，则应辨别跛行的病因。在许多专业修蹄工具中已应用改良的蹄健康记录系统，因此更易监控跛行的传染性和非传染性的病因。如果蹄叶炎和其相关蹄角质病变为主要病因，则应对环境和瘤胃酸中毒的风险因素进行评估。

蹄叶炎的环境风险因素包括异常和过度站立行为、蹄部暴露在混凝土和硬地板及突然从牧场或垫料场地进入圈舍。重点评估奶牛每天在饲养区和通道停留的总时间，特别是最后一批奶牛经过通道的最长时间。正在开发畜栏使用指数，以识别设计不当或维护不善的畜栏。瘤胃酸中毒的诊断包括临床症状、定量评价、瘤胃液分析、粪便检查或乳脂指标。瘤胃穿刺术是一种直接测量瘤胃 pH 值的方法，在采集足够样本的前提下可以提供诊断信息。本节提出了一种研究跛行的临床方法，并讨论了各种检测方法的优缺点，以确定蹄叶炎的风险因素（Nordlund et al.，2004）。

7.4.1.1 概述

牛蹄病是奶牛中最常见的疾病，会导致奶牛产奶量降低、生育率下降及奶牛的淘汰率增加。除了经济损失外，蹄病使奶牛遭受痛苦，成为动物福利问题。牛蹄有很多不同的病变，主要为以下三方面，分别是传染性的蹄病、蹄叶炎及与其相关的蹄损伤、因蹄部过度磨损或创伤而引起的损伤。这种分类提供了一个简单但有用的构架，可以从群体的角度来处理跛行问题。

在过去的十年里，已经开发了各种实用的方法，可以区分特定牛群中的跛行状况，确定蹄叶炎的主要风险因素。使用这些方法的调查方法以流程图的形式呈现（图 7-2）。下面总结了使用这些方法的现场经验，并建议对其中一些工具进行修改，以提高对蹄叶炎的诊断和识别其相关危险因素的效率。

7.4.1.2 评估牛群跛行的严重程度

1）跛行患病率的运动评分与评价

跛行调查的第一步是评估牛群中跛行的患病率。奶牛跛行的症状包括当跛蹄与地面接触时，头部在垂直平面上做点头运动、背部弓起（极度不适的奶牛可能因磨牙而流口水）、未受影响的对侧后肢负重时悬蹄下沉，步长缩短、运步缓慢、患病的肢蹄经常停下来休息。

利用这些症状开发了奶牛运动评分系统。不同的评分系统在实际应用中存在差异。9 分制评分系统较难学习且复杂，尤其是得分为 5 分以下的动物在临床上没有表现为跛行。此评分系统的优势是可以发现早期异常的症状。4 分制评分系统，将动物评为健康、轻度、中度和严重跛行。5 分制评分系统中得分为 2、3 的牛之间的区别为，评分为 2 分的牛仅走路时弓背，评分为 3 分的牛站立和走

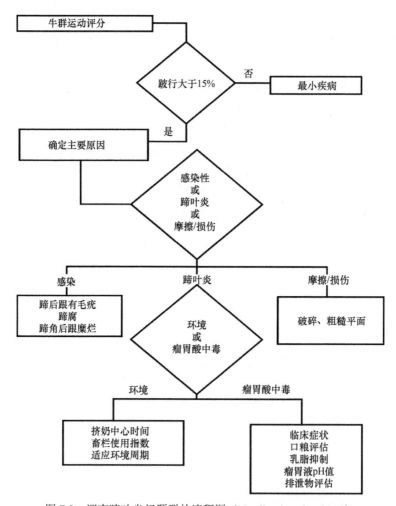

图 7-2　调查蹄叶炎问题群的流程图（Nordlund et al.，2004）

路时均弓背。通常当牛群在通道和围栏之间运动时进行评分。对调查员来说区分每
头奶牛站立和走路的背部形态难度较大，很难区分 2 分和 3 分的牛。因此，利用量
表观察弓背，对其进行改进。在此评分系统中，3 分或 4 分的奶牛在临床上表现为
跛行（Manson and Leaver，1988；Wells et al.，1993；Vokey et al.，2001；Sprecher et
al.，1997）。

　　无论哪一个运动评分系统都应与实际相结合以提高评分系统的应用价值。必
须对牛群中的所有泌乳母牛进行评分。每个畜栏之间可能有明显的差异，而且必
须对生病的畜栏进行评分。打分应选择牛在坚实的、平坦的、防滑的、光线充足
的表面行走时进行。如果进行重复观测，则应在相同的表面进行。至少两人进行
评分以消除评分的主观性，计算平均患病率。

通过运动评分系统判断跛行的患病率具有主观性。根据 Cook 评分系统建立基准,在牛群中,无论是圈舍还是散养,平均跛行流行率为 22%。将牛群分为 4 群,最健康的 25% 的牛群的跛行患病率低于 15%。因此,对奶牛场来说跛行率低于 15% 是可实现目标。如果跛行率大于 15%,则应进行调查以确定病因和主要风险因素。其他评分标准可能适用于不同管理系统(如牧场或干乳品场)的牛群(Cook,2003)。

运动评分是一种有用的工具,既能确定奶牛跛行的流行程度,又能让农民更好地发现患有跛行问题的奶牛。及早地鉴别出跛行牛,可防止一些被视为主要的奶牛福利问题的威胁生命的严重损害。

2)跛行治疗记录估计发病率

畜群的跛行治疗记录是确定跛行发生率的合理信息来源,但一般无法提供很好的数据以估计发病率。原因如下,与专业调查人员相比养殖者一般会低估牛群跛行流行率,因此一些跛行的奶牛不会被检查。在实践中,跛行牛通常与正常的奶牛一同修蹄。治疗记录一般仅会对病变进行描述,但不会指出存在病变的牛是否跛行。最后,许多奶牛场是定期修蹄,因此检查出的跛行牛的数量与此相关,不一定与当时农场里的跛牛数量有关。

根据治疗记录得出的跛行发生率往往不可靠,但是有报道称,每年跛行的发生率可以从某个时点的患病率估计出来。在对 37 个奶牛场的研究中,平均跛行患病率为 20.60%,跛行的年平均发病率为 54.60%。数据表明,每年的跛行发病率约为观察到的 2.6 倍(Clarkson et al.,1996)。

7.4.1.3 蹄部病变的评估

如果运动评分系统表明牛群存在跛行疾病,调查的第二步是确定主要的蹄部病变。治疗记录对跛行发生率的测定有局限性,但对各个病变频率的排序非常有用。近年开发的蹄部健康记录系统已在许多专业的修蹄工具上应用。这些系统使用标准命名法来确定损伤类型、损伤严重程度、损伤位置,因此更易监测特定蹄病的相对重要性。

无论农场是否保存跛行治疗记录,研究者都应检查 10~15 头最近进行修蹄的跛行奶牛和健康奶牛。检查应在有蹄修剪器的情况下进行,以便验证病变分类。这也使研究者有机会评估修蹄工具的使用方法和技巧性。

除了将具体的诊断记录外,建议将它们分成过度的蹄磨损或外伤引起的病变、蹄叶炎及与之相关的蹄部感染损伤。对造成跛行的主要原因进行排序,并应采取适当的管理措施以减少问题的发生。

1）跛行的感染性原因

有研究对跛行的感染性原因进行了总结。饲养在潮湿、受粪便污染的环境中的牛更易患上趾间和蹄后底壁疾病。蹄皮炎（足跟毛疣）是最严重的疾病，但蹄部腐烂和腐蹄病（蹄间蜂窝织炎、蹄间坏死梭杆菌病）也是较为严重的问题。

2）过度磨损和创伤

粗糙混凝土地面的畜舍可造成蹄过度磨损导致后蹄的内外蹄之间的受力不平衡，造成外蹄超负荷，从而使牛患上蹄叶炎和蹄部病变。过度修蹄可使病变加剧，尤其是对于趾部溃疡的病变来说，过度修蹄也是目前公认的蹄部疾病发展的常见风险因素。常规的蹄护理不会因过度修剪而影响蹄底厚度或减少蹄部有效承重面积。适度修蹄是农场蹄健康监测的重要组成部分。

牛场道路维护不良可造成溃疡及其他创伤性病变，是放牧牛群跛行的重要风险因素。客观评估步行地面粗糙度有助于评估风险程度，并建立评估农场室内和室外的地面表面粗糙度的评分系统。该系统可以辨别 5 种地面表面：非常光滑（如玻璃）、光滑、一般（抓地力好，无粗糙感）、粗糙和非常粗糙（破损的、无掩蔽的、非常粗糙的材质）。数码和视频摄影可以为行走状况提供有价值的支持。虽然无法明确病因，但可记录牛在哪些地面行走困难，从而使牧群主人发现哪些地面需要改善。

3）蹄叶炎和相关的蹄部病变

蹄叶炎是一种常见的蹄部病变，包括蹄底出血、蹄底和蹄趾溃疡、蹄底过厚、蹄后底壁裂隙、蹄白线裂（出血、裂隙和脓肿），蹄壁水平开裂。如果这些病变对牛群产生威胁，必须进一步诊断，以确定其发展的风险因素。

7.4.1.4　蹄叶炎的监测风险因素和与其相关的蹄部病变

造成蹄叶炎和相关蹄病的因素较多，但目前对疾病综合征病因的认知主要集中在环境和饮食上。监测环境中的奶牛蹄叶炎风险因素包括奶牛在混凝土上的站立时间和在畜栏的躺卧时间、行走地面的粗糙程度、母牛第一次进入产房的环境适应周期等。饮食的风险因素包括日粮成分及与瘤胃酸中毒有关的饲料管理因素。

7.4.1.5　环境风险因素

1）在饲养区和等待区站立的时间

应评估奶牛每天在饲养区和通道中站立的总时间。建议在有交叉和平行通道的畜群中，畜栏尺寸不应大于通道的 4.5 倍。建议将每头奶牛在饲养区和等待区的总时间限制在每天 3h 内。挤奶所花费的时间估算通常是针对栏内普通母牛计算的，如果每次挤奶时奶牛随机顺序进入等待区，则以上的限制时间是合适的。奶牛一般一起进入等待区，因此部分奶牛在等待区的时间比平均水平长。计算牛从畜栏内的转移至等待区直到最后一头奶牛重新返回畜栏所耗费的时间更准确。个别的奶牛每天在饲养区和等待区的耗时高达 5.7h，高于上述建议时间（Smith et al.，2000）。

2）测量畜栏舒适度

奶牛每天躺卧的时间和站立的时间是蹄部病变发展的风险因素。对畜栏的使用情况和舒适性评估是牛群跛行调查的重要组成部分。

牛场管理人员使用各种指标作为每日躺卧时间和奶牛舒适性的预测指标。牛的舒适性系数（CCQ）定义为卧床上躺卧的奶牛头数/牛卧床上站立及躺卧奶牛头数总和。使用三个指标描述牛舒适性：躺卧的比例（躺卧奶牛数/围栏里的总奶牛数）；符合条件的躺卧或畜栏使用指数（躺卧奶牛数/围栏内不进食的总奶牛数）及奶牛舒适指数 CCI（只在牛卧床上舒适站立或躺卧的奶牛头数/牛卧床奶牛头数总和）。还可使用另外一个畜栏使用指数，现在被称为卧床站立指数（SSI）（牛卧床中站立的奶牛总数占奶牛使用牛卧床总数的比例）。

解释这些指数的研究数据有限。Nelson（1996）报道称 CCQ 目标为 80%，通常在管理最好的设施中 CCQ 可到达 85%～90%。Overton 等（2017）对加利福尼亚一群散养牛群进行研究，每天榨乳 3 次，在凌晨 3 点到晚上 10 点之间拍摄。研究结果显示每天早上挤完奶回到畜舍后 1h 内躺卧的奶牛数量达到峰值。因此有人建议，CCI 应超过 85%，符合条件的躺卧或畜栏使用指数应超过 75%。然而目前还无法为这些指数进一步制定基准目标。

3）产房环境的适应

当奶牛从相对柔软的地面如牧场或垫料移动到硬地面的产房，环境突然变化是引起蹄叶炎的风险因素。环境变化可发生在母牛生长期的各个阶段，但变化时间一般会在预期的产犊日或临近产犊日。如果调查确定是突然更换环境引起的蹄叶炎，则应该在产犊前数周或数月将小母牛引入饲养区的混凝土地面，分娩后进入良好缓冲的地面。秸秆垫料床位可降低首次分娩时引发的蹄损伤。

7.4.1.6 饮食危险因素

瘤胃酸中毒是引起蹄叶炎的主要风险因素。瘤胃酸中毒生理范围较广，分为可导致动物死亡的最急性、急性、亚急性和轻度几个阶段。有研究发现在现代奶牛群中亚急性瘤胃酸中毒（SARA）较为常见。瘤胃酸中毒的诊断应结合临床症状、生产记录、饮食特点和瘤胃液 pH 值（Garrett et al.，1997）。

1）牛群的临床评价

患有 SARA 的奶牛群会表现出不同的临床症状，这取决于酸中毒的患病率、严重程度和持续时间。临床症状包括精神沉郁、腹泻、肝脏多病灶和肺脓肿、咯血或鼻出血和蹄叶炎。其他疾病也可出现与 SARA 相似的临床症状，因此在没有确凿证据的情况下无法做出诊断。

在饲养场中患有亚急性瘤胃酸中毒的奶牛共同的特征是干物质采食量异常和减少。在奶牛群集体进食的情况下由亚急性瘤胃酸中毒导致的干物质采食量变化极难记录。商业乳品厂通常不会对干物质采食量进行监控，商业化奶牛场的牛在畜栏之间频繁移动，因此在解释群体干物质采食量时也较为困难。

2）日粮评估

NRC（2001）建立了在实验条件下有效预防低瘤胃 pH 值的日粮配方指南。在田间条件下，低瘤胃 pH 值比在实验条件下更为常见。瘤胃 pH 值受饲料纤维化学计量的影响远大于化学纤维，如 ADF、NDF 和 NRC 定义的非纤维碳水化合物。其他因素，如高干物质采食量、大量进食、短饲料颗粒长度、易拣选的全混日粮、易消化的饲料和精加工的浓缩料，都会增加亚急性瘤胃酸中毒的风险。日粮化学成分、摄取量和消化率与瘤胃 pH 值相关性较差，这些因素之间的相互作用更为显著。单独进行以上因素评估饮食无法预测牛群中是否存在亚急性瘤胃酸中毒（Garrett，1996）。

3）乳脂降低

牛群乳脂降低可作为牛群蹄叶炎的风险因素指标，且用于规定是否患有瘤胃酸中毒。乳脂降低与瘤胃 VFA 变化有关，乙酸盐减少和丙酸盐增加，这两种情况都在瘤胃酸中毒中发生。但最近的研究表明，干扰瘤胃中的脂肪酸的生物氢化是导致乳脂降低的原因，导致胃肠道中某些反式脂肪酸的积累和吸收，从而降低了乳腺的乳脂合成。

有研究证实了瘤胃 pH 值与牛奶脂肪百分比之间的关系，其中瘤胃 pH 值= 4.44+0.46×乳脂率（r^2=0.39）。虽然这种关系的稳健性差，瘤胃 pH 值为 5.6 时，乳脂含量约为 2.5%。在荷兰乳牛中，若超过 10% 牛的乳脂率低于 2.5%则可能存在亚急性瘤胃酸中毒（Allen，1997）。

临床研究表明，奶牛群中的乳脂降低很大程度上与 SARA 无关。通过瘤胃穿刺术测量瘤胃 pH 值或在畜群存在 SARA 临床症状时，牛乳脂率与低瘤胃 pH 值的患病率之间几乎没有相关性。低乳脂率表明发生 SARA 的可能性增加，高乳脂率表明发生 SARA 的可能性降低，正常的乳脂率无法说明牛群中发生 SARA 的可能性（Garrett，1996）。

4）瘤胃液 pH 值测定

瘤胃穿刺术是一种现场直接检测瘤胃 pH 值的方法，用针直接从瘤胃中抽出瘤胃液，已与其他指标联合应用于放牧牛的 SARA 诊断。当瘤胃 pH 值达到最低点时应当收集大约 12 个样品，分别饲喂日粮成分时，饲喂精料后 2～4h 采集样本，饲喂 TMR 后 4～8h 采集样本。若超过 25%的样本 pH 值<5.5，则该群体有亚急性瘤胃酸中毒的风险。这些指南在低瘤胃 pH 值的高患病率或低患病率的情况下比较准确，但在低瘤胃 pH 值的实际患病率在 10%～25%的牛群中，提供的结果不准确（Oetzel，2000）。

在这些现场测试中，pH 计的准确性是很重要的。建议分批采样，在正常室温下测定样品 pH 值。测试前对 pH 计进行校准，测试完成后通过测量标准化溶液的 pH 值来验证读数。在野外 pH 计偶尔会失灵。可在办公室或实验室中测定野外采集的样本的 pH 值，因为瘤胃液冷藏在密封的注射器 8h 内 pH 值是稳定的。

经瘤胃穿刺术检测的奶牛存在一定程度上的健康风险，使用超声诊断发现反复取样的奶牛可能患有腹膜炎。虽然瘤胃穿刺可增加腹膜炎的风险，但如果只抽取一次样本且保护措施良好，则腹膜炎发生的概率较低。

也可以通过胃管或其他口腔瘤探针收集瘤胃液样品。这些采集技术对奶牛的风险非常低。但口腔收集装置难以在农场清洁，从而具有感染性微生物传播的风险。通过口腔途径采集的样本会受到唾液的污染。通过比较瘤胃穿刺和口腔瘤探针收集的瘤胃液样品与通过瘤胃套管收集的样品，表明瘤胃穿刺术样品 pH 值最低，与瘤胃插管获得的样品具有较高的相关性。瘤胃穿刺术评估的结果更准确。

5）粪便评估

粪便评估在监测或诊断奶牛群中 SARA 方面的价值有限。膳食纤维对粪便浓度没有影响。粪便 pH 值可以作为小肠 pH 值的指标，但不一定是瘤胃 pH 值。

对清洗过的筛查粪便的视觉评价可为 SARA 提供定性证据。奶牛的粪便中可能含有许多长度超过 0.5inch①的颗粒、整块玉米秸秆和可识别的未消化的饲料（青草、棉籽、橙色柑橘渣）。此外，泡沫状粪便、腹泻和黏蛋白管型表明存在后肠过度发酵，可能与 SARS 有关。

综上所述，在过去十年中发展起来的实用的现场技术使对奶牛群跛行问题的系统调查成为可能。目前开发了评分系统确定跛行率；专业修蹄机采用了改进的蹄病变记录系统，便于对畜群中的主要问题进行排序。虽然蹄叶炎及相关的蹄部

---

① 1inch=2.54cm。

病变仍然是一种复杂的疾病，但已经证明如畜栏使用指数、瘤胃穿刺术和其他监测工具等测试有助于确定单个奶牛群的环境风险和饮食风险因素。

7.4.2 奶牛蹄皮炎管理策略

7.4.2.1 引言

蹄皮炎（DD）是一种常见的牛蹄病，于 1974 年在意大利首次被描述，主要症状是蹄后趾或趾间发炎、肿胀，蹄踵间坏死或表面溃疡，有时有恶臭分泌物，严重的病牛蹄有肉芽组织增生，球节发炎、脓肿、疼痛，从而影响奶牛的站立、行走和进食，严重时，患病奶牛会卧床不起、发烧、食欲不振、产奶量下降等。通常在奶牛开始患蹄皮炎时，其体温大部分没有明显变化，但会有一定程度的跛行，如果养殖人员不注意观察，很容易忽视，当养殖人员发现时，不仅浪费了大量的医疗费用，而且由于患病阶段牛奶产量下降，直接给奶农带来了巨大的经济损失（Palmer and O'Connell，2015）。

蹄皮炎的临床特征是蹄部炎症性皮炎，最常见于趾间裂的蹄底。典型的病变是局限的、潮湿的溃疡性糜烂区域，触诊疼痛。虽然这种疾病也被称为蹄部炎、多毛足跟疣乳头状瘤性 DD 等，但病变的粗糙颗粒外观使其具有一个替代名称（草莓足腐病）。尽管如此，蹄皮炎可能是最准确和常用的术语。很多发病牛缺乏明显的临床症状，DD 最重要的临床表现是跛行。病变触诊时疼痛，接触后易出血。临床上，DD 表现为一个动态过程，具有形态上不同的阶段。最广泛采用的是 Döpfer 等（1997）开发的 M 阶段评分系统，用于描述 DD 各发展阶段的症状。该评分确定了 5 个类别，其中 M0 阶段定义为正常蹄部皮肤，无皮炎迹象；M1 阶段，存在一个小的（直径<2cm）的局限性红或灰色上皮缺损；M2 阶段，溃疡面积直径＞2cm，红色或灰色表面；M3（愈合阶段），M2 之后病变表面变硬，瘢痕状；M4（慢性期），病变表面呈棕色或黑色组织，角化过度、鳞状或增生性突起；M4.1 阶段定义为发生在现有 M4 病变边界内的红色局限性小病变。

1）病因和传播

实验室诊断技术的发展可为查明致病细菌和疾病传播等基本问题提供答案。在 DD 病变中发现存在密螺旋体属的螺旋体，认为是 DD 的主要病原体，它们存在于病变深处，具有侵袭性，不仅仅是在受损组织上定向增殖。已从许多不同宿主包括人类的组织破坏性疾病的病变中分离出密螺旋体。人类的密螺旋体性疾病包括性病梅毒、非性病性梅毒、雅司病和品他病，均具有复发性且大多数不限于损伤皮肤。密螺旋体与人牙周炎也有关，人牙周炎也存在多种致病微生物，从 DD 病变中鉴定出的一些密螺旋体与牙周炎的极其相似。虽然密螺旋体是病变中最常见的，但也确定了存在其他类型的微生物，包括伯氏疏螺旋体、拟杆菌和致病性支原体、弯曲杆菌菌种和亚洲变形虫假丝酵母等（Evans et al.，2014；Edwards et al.，2003）。

研究人员对健康皮肤和不同感染阶段 DD 病变皮肤的微生物组特征进行了研究。检查了 7 个不同发育阶段的病变微生物群，发现随着疾病的发展，在病变活检组织中检测到的密螺旋体的比例显著增加。此外，随着疾病的发展，不同密螺旋体种类的比例发生了变化。活性 DD 病变（M1，M2 和 M4.1）皮肤微生物组与无活性病变（M3 和 M4）和健康皮肤微生物组不同。实验室诊断技术的进步有助于 DD 致病因素的阐明，也有助于显示该疾病如何在动物之间传播。大量的研究结果表明，胃肠道充当 DD 相关的密螺旋体的储库，粪便/浆料为储库和感染部位之间的传播媒介。受感染蹄与未感染蹄直接皮肤接触也是一种感染途径，或通过蹄修剪工具感染（Krull et al.，2014；Zinicola et al.，2015）。

2）疫苗研发的前景

DD 的治疗包括全身和局部抗生素治疗，畜群大部分动物感染 DD 后，单独治疗非常耗时，因此多数养殖户采取整个畜群蹄浴的方式。但这样很难消除 DD，需反复进行以防复发。当奶牛感染 DD 时会产生抗体应答，但这种应答无法防止进一步感染，因此某些动物反复感染。治疗和预防 DD 复发较为困难的原因包括许多与 DD 有关的密螺旋体具有被囊。细菌囊化形式可能会在病灶深处持续存在并导致临床疾病的复发。因此仍需更多的研究来确定细菌囊化形式的意义及其对DD 治疗的反应。

在过去的 20 年里，人们致力于研发 DD 疫苗但尚未成功，目前已经取得了阶段性进展。有一项研究发现，与对照组相比，接种灭活螺旋体黏附素的成年奶牛和小母牛，DD 患病率显著降低。另一项研究报告显示，在产犊期间对小母牛进行免疫并且在干乳期对奶牛进行免疫接种，可降低接种动物的 DD 发生率（Keil et al.，2002）。

目前正在开发一种能有效预防 DD 的疫苗，即正在使用一种反向疫苗学方法来识别重组疫苗的候选蛋白，未来希望这种蛋白质将对来自三个不同系统发育群的密螺旋体有效（Staton et al.，2014）。

3）DD 的影响

大多数 DD 病变临床表现主要是疼痛，若 DD 没有得到及时治疗，受感染的动物的跛行可长达 4 个月，这意味着持续的疼痛和不适。与健康动物相比，跛行动物还表现其他行为上的变化，如躺卧时间的增加和总进食时间的缩短，从而影响奶牛的生产性能。

　　DD 对产奶量的影响的研究结果显示，虽然它是跛行的主要原因，但 DD 感染不一定与产奶量显著降低有关。研究发现，患有 DD 的动物在感染期间产奶量没有下降，但在治疗后产奶量略有增加。在另外两项研究中，DD 动物产奶量下降，但差异不显著。美国的一项研究报道，在美国的两个奶牛场中，患有 DD 的动物的产奶量有所下降，但下降幅度没有其他原因导致的跛行动物影响大。虽然有证据表明跛行会降低繁殖性能，但很少有研究将 DD 感染与繁殖性能的变化联系起来。与健康奶牛相比，感染 DD 的墨西哥荷斯坦-弗里斯奶牛的产犊间隔和乏情天数均有所增加。研究发现，在第一次产犊之前反复感染 DD 的小母牛在第一次产犊时的受孕率较低，且与首次产犊前没有任何 DD 感染的奶牛相比，空怀天数增加（Amory et al.，2008；Argaez-Rodriguez et al.，1997；Hernandez et al.，2002；Warnick et al.，2001；Demirkan et al.，2000）。

7.4.2.2 影响 DD 易感性的饲养管理因素

　　在不同国家进行的一些研究已经报道了 DD 的农场水平风险因素。下面简要讨论与畜舍和饲养管理相关的主要风险因素。

1）畜舍

　　对放牧或集约化饲养与 DD 之间关系的研究发现，增加放牧与降低 DD 的风险有关。与此相反，Holzhauer 等（2006）研究发现，放牧与 DD 风险增加有关。

　　为奶牛提供的畜舍类型也与 DD 流行率有关。Laven（1999）研究表明，秸秆场饲养的牛群比在小隔间饲养感染 DD 的数量要少，症状更轻。隔间饲养的动物比秸秆场或牧场上的动物更容易患 DD。在隔间房屋内，更长更宽的隔间可降低患病风险。隔间大小与风险之间的联系是，若隔间太小，动物站立时间增长，蹄部与浆料之间的接触增加。

　　许多研究已经证实了环境清洁与 DD 流行之间的联系。奶牛腿部清洁水平与DD 发病率之间存在直接关系，肢蹄不洁的畜群更容易患 DD。与平整的混凝土地板相比，带槽混凝土组成的实心地板为一种风险因素。由于这种类型的地板，即使是新挖成的凹槽中也有少量浆料残留。在与 DD 相关的所有畜舍因素中，一个共同点是奶牛的蹄部与浆料之间的接触程度，已被强调是 DD 的一个重要风险因素。此外，环境中水分含量也很重要，因为 DD 与隔间房屋和畜栏的潮湿有关（Barker et al.，2010）。

2）生物安全

　　向牛群引入新动物与 DD 流行有关。某些蹄修剪器的使用也是与 DD 流行有关的生物安全问题。包括使用专业的蹄修剪器，因为每只动物使用后蹄修剪器做不到彻底清洁，导致引起 DD 的细菌可以通过蹄修剪设备传播。Sullivan 等（2014）调查发现与 DD 相关的密螺旋体存在于牛蹄修蹄器中，用碘消毒剂对修蹄器进行消毒，可降低检测螺旋体呈阳性的比例，但不能完全消除螺旋体。

3）饮食与营养

饲养和饮食营养成分是 DD 的风险因素。奶牛分娩后增加精料的补充速度与 DD 患病率相关，研究发现在产后 2 周达到最高补充水平的牛群 DD 发病率较高。这可能是由于代谢失衡增加导致疾病易感性升高（Somers et al.，2005）。

4）管理方法

饲养管理与 DD 风险相关。DD 风险随着牧群规模的增加而增加。动物分群的方式也对 DD 的感染有影响，小母牛在产犊期间与泌乳期奶牛长时间一起饲养可使 DD 的发病率降低，原因可能是小母牛有更多的时间适应环境。产犊前将妊娠奶牛和泌乳牛混群增加了 DD 的发病风险，如果在分娩后立即将其引入产奶的奶牛群中，患病风险最低。

7.4.2.3 影响 DD 易感性的动物水平因素

1）胎次

许多研究发现，第一胎的动物最易患 DD。这与小母牛在第一次产犊时所经历的环境和代谢变化有关。与此相反，也有研究发现，第二次哺乳的动物最容易患 DD，究其原因，可能与牛场的饲养管理有关。例如，有些农场可能会让小母牛在第一次泌乳时与主要的奶牛群分开，因此它们在第二次泌乳开始前不会感受与年龄较大的奶牛混合饲养的压力。研究发现，第二次哺乳后 DD 风险随着胎次的增加而降低。DD 病灶复发率高，说明后期泌乳发生率较低并不是因为免疫功能的变化。患病率随着年龄的增长而下降的原因可能是老年患病动物被淘汰。如果 DD 易感性与蹄结构有关，那么随着动物年龄的增长，蹄高度增加，随着胎次的增加，DD 易感性可能会进一步下降（Somers et al.，2005）。

2）哺乳阶段

干乳期的奶牛发生 DD 的风险低于泌乳奶牛。因为干乳牛饮食结构更易形成固体粪便，减少了奶牛肢蹄与粪便尿液之间的接触。对于泌乳期动物最易感染 DD 的原因，尚无明确的答案。DD 发病风险最高的时间是产犊后的第 1 个月。原因可能是围产期存在免疫抑制，使动物更易患病。奶牛在泌乳高峰期 DD 发病率较高，高能量饮食被认为是 DD 病变高发的一个因素，因为高能量饮食会导致更多的液体粪便产生，因此蹄部更易被浆料污染。

3）品种

跛行和 DD 流行存在品种差异，荷斯坦-弗里斯兰（及其杂交品种）比其他品种更易受影响。例如，与只有荷斯坦-弗里斯兰奶牛的农场相比，没有荷斯坦-弗里斯兰奶牛的农场跛行患病率较低。纯种和杂交的荷斯坦-弗里斯奶牛的 DD 风险高于其他品种。

7.4.2.4 影响 DD 易感性的个体因素

奶牛个体对 DD 的易感性会受到形态学和生理学因素的影响。由于传播可能涉及环境感染，也可能发生在牛与牛之间的直接传播。影响 DD 个体易感性的形态学、生理学甚至行为学因素，或多或少受到遗传学的影响。这意味着有两种方法可以用来识别影响易感性的个体差异，寻找潜在的遗传差异或检查这些遗传差异产生的形态学、生理学或行为学变化（表型差异）。迄今为止对 DD 易感性所做的大部分工作都集中在表型差异上，然而基因组学的快速发展使其成为未来研究的一个有前途的领域，可以精确地确定基因差异所在。

1）DD 的遗传力

尽管很多研究在估计 DD 的遗传力方面存在差异，但所有研究都发现 DD 具有遗传性的事实，因此有选择性地培育奶牛可能降低 DD 易感性。DD 的存在与低寿命、牛奶和脂肪产量的下降有关，因此降低 DD 易感性的育种可能改善这些性状。然而，Oikonomou 等（2013）研究表明，父系奶牛在牛奶和蛋白质生产方面具有较高的遗传价值，其发生 DD 的风险较高。

2）蹄结构

研究 DD 易感性变化的第一个身体特征是奶牛的蹄外形。在不同的奶牛品种中，蹄外形存在着很大的差异，并且一部分可遗传。由于蹄结构会影响蹄部与浆料的接触量或蹄底的潮湿情况，因此有大量研究调查蹄外形与 DD 发生之间的关系。

患有 DD 动物的蹄平均高度较低，脚趾平均长度较长，蹄的高度低将增加蹄冠皮肤与浆料的接触量，患 DD 的风险就越大。同时蹄背长度短的牛患 DD 的风险更高（背侧边界之间的距离和脚趾的尖端）。趾间间隙对 DD 的发病也有影响，荷斯坦奶牛 DD 患病率随趾间间隙宽度的减小而增加，原因可能是 DD 的发展与狭窄的趾间空间更易产生厌氧条件有关。M2 阶段 DD 病变与蹄后底壁高度、蹄角度和趾间深度增加有关。蹄后底壁高度增加的原因是患有 DD 的奶牛倾向于将体重从蹄后底壁转移到蹄上，增加脚趾的磨损，减少蹄后底壁的磨损，随着时间的推移蹄后底壁高度增加。同样的过程可能导致观察到的蹄角质增加。患 DD 动物的蹄角度更大，这可能是 DD 所致，而不是诱发因素。

3）皮肤和毛囊的特性

第二个身体特征被作为 DD 易感性差异的原因是皮肤屏障作用。在不同个体之间皮肤作为颗粒和病原体的屏障作用有所不同，皮肤屏障受许多因素影响，包括角质层的厚度和脂质含量。屏障功能也会受到单个基因突变的影响，如已证明编码蛋白聚丝蛋白（在角质层的形成中很重要）的基因中的一些突变可以降低屏障功能，并与人类特应性皮炎的发生有关。

有研究比较了具有 DD 病史的奶牛和健康奶牛的皮肤渗透性，未发现皮肤对染料溶液（亚甲蓝）的渗透性有差异。该研究还测试了长时间（24h）与浆料接触对皮肤渗透性的影响，发现浆料增加了皮肤对染料的渗透性，但在有无 DD 病史的动物之间，渗透性增加的差异不显著。这些结果意味着在所研究的群体中，对 DD 敏感性的差异不是由皮肤屏障功能的简单差异引起（Palmer et al.，2013）。

近年来，人们越来越关注毛囊在颗粒穿过皮肤屏障时的作用。在毛囊底部周围的角质层并不完全连续，这意味着在某些区域微粒更容易进入皮肤的下层。因此密螺旋体可能通过毛囊进入或离开牛皮肤，因为 DD 感染组织的电子显微照片显示毛囊中有大量的密螺旋体，并向组织的较深部位辐射。

4）免疫反应

有明确证据表明，动物确实会产生针对与 DD 感染有关的密螺旋体的抗体。虽然产生抗体，但获得性免疫反应似乎不能有效预防 DD 再感染。因此，如果在易感性方面存在任何免疫差异，更可能与先天免疫应答相关。一般而言，先天免疫应答较差与感染性疾病的易感性增加有关。事实上，易感动物和非易感动物之间的许多 SNPs 差异存在于与炎症反应相关的基因中，炎症反应是先天免疫系统的一部分。

另一个可能影响个体敏感性的领域是宿主的免疫反应受到相关因素的调节。最近的研究已经开始探究 DD 病变内的密螺旋体与宿主组织之间的相互作用。利用 RNA-Seq 技术比较奶牛 DD 病变皮肤活检和健康组织中基因的表达情况，发现在病灶内，许多与免疫功能相关的基因表达发生改变，因此推测，这些改变可以通过降低免疫应答的效力促进 DD 的发展（Scholey et al.，2013）。

5）行为

奶牛行为差异可能会影响对 DD 的易感性。奶牛行为差异已经与非传染性疾病（如蹄部病变）的易感性有关。然而，由于 DD 是一种传染病，行为差异影响易感性的方式可能与非传染性疾病不同，行为差异可能显著影响后蹄损伤的发生率、与感染动物接触的数量等。

迄今为止，只有一项研究专门调查了奶牛行为和对 DD 的易感性。在一个带有坚固混凝土地板的隔间房屋中对荷斯坦-弗里斯奶牛进行了监测，比较患 DD 的奶牛和健康奶牛的行为变化。发现两组奶牛中表现出更多行为变化的奶牛后来发展为 DD，在通道中停留的时间越长，蹄后底壁与浆料接触的时间就越长，与传染性动物的接触可能会增加，这可能会对蹄后底壁皮肤造成损伤（Palmer and O'Connell，2012）。

7.4.2.5　现状与未来

总体而言，近几十年来 DD 研究取得了相当大的进展，特别是在确定致病因子和感染宿主等关键领域。然而，对于 DD 仍然没有"彻底根除"或有效的疫苗，因此奶牛福利降低和奶牛养殖利润减少的问题仍然存在。已经证实了许多奶牛群体和个体因素的 DD 风险因素。对农场水平风险因素的研究已经确定了更高风险的畜舍和管理方法，对动物水平因素的研究已经确定了具有更高风险的动物群体。这些信息可以帮助养殖户改变他们的饲养管理方式，以减少 DD 在养殖场的流行。

在影响个体易感性的因素方面，有证据表明蹄外形和行为的差异可能对 DD 的易感性产生影响。皮肤性质和毛囊密度的差异在 DD 感染易感性中的作用可能会随着对 DD 在动物间传播机制和 DD 感染模型建立的了解而变得更加清楚。研究 DD 的免疫应答是一项复杂的任务，因为从病灶中分离出的细菌种类繁多，并且发现 DD 相关的密螺旋体中至少有一些能够修饰宿主的免疫应答。免疫应答的个体差异影响奶牛对许多其他传染病的易感性，并且许多在与炎症相关的区域 SNPs 在 DD 易感和非易感动物之间存在差异，因此可能在将来检测到对 DD 易感性的免疫差异。

未来，需要进一步研究以确定个体易感性变异的遗传基础，明确 DD 易感性的遗传水平，并确定其与育种计划中目前使用的生产和健康特征的相关性。研究社会应激源对不同性格类型、不同应对策略、不同社会等级地位的动物的影响，可以为降低一般感染性疾病易感性的管理策略提供信息。除此之外，确认行为差异对 DD 易感性的作用的研究可以明确畜舍设计的变化是否可能降低 DD 流行率，不仅旨在为蹄部提供更干燥和更卫生的环境，还能尽量减少站在通道中或小隔间的奶牛比例，研究易感和非易感个体之间的表型和遗传差异，结合对该病的病因学和流行病学的持续研究结果，可能有助于制定旨在减少 DD 流行的育种和畜牧管理战略。

参 考 文 献

范子玲, 夏成, 肖鑫焕, 等. 2017. 系统兽医学方法的代谢组学技术在围产期奶牛疾病中的应用概况. 中国兽医学报, 37(4): 757-761.

Allen M S. 1997. Relationship between fermentation acid production in the rumen and the requirement for physically effective fiber. J Dairy Sci, 80(7): 1447-1462.

Ametaj B N. 2015. A systems veterinary approach in understanding transition cow diseases: metabolomics. Proceedings of the 4th International Symposium on Dairy Cow Nutrition and Milk Quality, Session 1, Advances in Fundamental Research, May 8-10, Beijing, China: 78-85.

Ametaj B N. 2017. Periparturient Diseases of Dairy Cows: A Systems Biology Approach. Switzerland: Springer International Publishing: 9-30.

Ametaj B N, Zebeli Q, Iqbal S. 2010. Nutrition, microbiota, and endotoxin-related diseases in dairy cows. Rev Bras Zootec, 39: 433-444.

Amory J R, Barker Z E, Wright J L, et al. 2008. Associations between sole ulcer, white line disease and digital dermatitis and the milk yield of 1824 dairy cows on 30 dairy cow farms in England and Wales from February 2003–November 2004. Prev. Vet Med, 83: 381-391.

Argaez-Rodriguez F, Hird D, deAnda J, et al. 1997. Papillomatous digital dermatitis on a commercial dairy farm in Mexicali, Mexico: Incidence and effect on reproduction and milk production. Prev Vet Med, 32: 275-286.

Barker Z E, Leach K A, Whay H R, et al. 2010. Assessment of lameness prevalence and associated risk factors in dairy herds in England and Wales. J Dairy Sci, 93: 932-941.

Bartolome J A, Khalloub P, de la Sota R L, et al. 2014. Strategies for the treatment of dairy cows at high risk for postpartum metritis and for the treatment of clinical endometritis in Argentina. Trop Anim Health Prod, 46(1): 79-85.

Bertoni G, Trevisi E, Han X, et al. 2008. Effects of inflammatory conditions on liver activity in puerperium period and consequences for performance in dairy cows. J Dairy Sci, 91: 3300-3310.

Boogerd F C, Bruggeman J, Hofmeyr J S, et al. 2007. Towards Philosophical Foundations of Systems Biology: Introduction, in Systems Biology: Philosophical Foundations. Amsterdam: Elsevier: 3-19.

Bradford B J, Mamedova L K, Minton J E, et al. 2009. Daily injection of tumor necrosis factor-α increases hepatic triglycerides and alters transcript abundance of metabolic genes in lactating dairy cattle. J Nutr, 139: 1451-1456.

Chapinal N, Carson M E, LeBlanc S J, et al. 2012a. The association of serum metabolites in the transition period with milk production and early-lactation reproductive performance. J Dairy Sci, 95: 1301-1309.

Chapinal N, Carson M, Duffield T F, et al. 2011. The association of serum metabolites with clinical disease during the transition period. J Dairy Sci, 94: 4897-4903.

Chapinal N, Leblanc S J, Carson M E, et al. 2012b. Herd-level association of serum metabolites in the transition period with disease, milk production, and early lactation reproductive performance. J Dairy Sci, 95: 5676-5682.

Clarkson M J, Downham D Y, Faull W B, et al. 1996. Incidence and prevalence of lameness in dairy cattle. Vet Rec, 138(23): 563-567.

Cook N B. 2003. The prevalence of lameness in a selection of Wisconsin dairy herds utilizing different types of housing and stall surface. JAVMA, 223: 1324-1328.

Crowe M A, Hostens M, Opsomer G. 2018. Reproductive management in dairy cows—the future. Ir Vet J, 71: 1.

Demirkan I, Murray R, Carter S. 2000. Skin diseases of the bovine digit associated with lameness. Vet Bull, 70: 149-171.

Deng Q, Odhiambo J F, Farooq U, et al. 2016. Intravaginal probiotics modulated metabolic status and improved productive performance of transition dairy cows. J Anim Sci, 94: 760-770.

Dervishi E, Zhang G, Hailemariam D, et al. 2016a. Occurrence of retained placenta is preceded by an inflammatory state and alterations of energy metabolism in transition dairy cows. J Anim Sci Biotechnol, 7: 26.

Dervishi E, Zhang G, Hailemariam D, et al. 2016b. Alterations in innate immunity reactants and carbohydrate and lipid metabolism precede occurrence of metritis in transition dairy cows. Res Vet Sci, 104: 30-39.

Döpfer D, Koopmans A, Meijer F A, et al. 1997. Histological and bacteriological evaluation of digital dermatitis in cattle, with special reference to spirochaetes and Campylobacter faecalis. Vet Rec, 140: 620-623.

Dubuc J, Duffield T F, Leslie K E, et al. 2012. Risk factors and effects of postpartum anovulation in dairy cows. J Dairy Sci, 95(4): 1845-1854.

Ealy A D, Seekford Z K. 2019. Symposium review: Predicting pregnancy loss in dairy cattle. J Dairy Sci, 102(12): 11798-11804.

Edwards A, Dymock D, Jenkinson H. 2003. From tooth to hoof: Treponemes in tissue-destructive diseases. J Appl Microbiol, 94: 767-780.

Emmanuel D G V, Dunn S M, Ametaj B N. 2008. Cover image article feeding high proportions of barley grain stimulates an inflammatory response in dairy cows. J Dairy Sci, 91: 606-614.

Evans N J, Brown J M, Scholey R, et al. 2014. Differential inflammatory responses of bovine foot skin fibroblasts and keratinocytes to digital dermatitis treponemes. Vet Immunol Immunopathol, 161: 12-20.

Evans N J, Murray R D, Carter S D. 2016. Bovine digital dermatitis: current concepts from laboratory to farm. The Vet J, 211: 3-13.

Galvão K N, Frajblat M, Butler W R, et al. 2010. Effect of early postpartum ovulation on fertility in dairy cows. Reprod Domest Anim, 45(5): e207-211.

Galvão K N, Santos J E, Cerri R L, et al. 2007. Evaluation of methods of resynchronization for insemination in cows of unknown pregnancy status. J Dairy Sci, 90(9): 4240-4252.

Ganz T. 2009. Iron in innate immunity: Starve the invaders. Curr Opin Immunol, 21: 63-67.

Garrett E F. 1996. Rumenocentesis: Methodology and application in the diagnosis of subacute ruminal acidosis in dairy herds. Thesis(M.S.) University of Wisconsin-Madison.

Garrett E F, Nordlund K V, Goodger W J, et al. 1997. A cross-sectional field study investigating the effect of periparturient dietary management on ruminal pH in early lactational cows. J Dairy Sci, 80(Suppl. 1): 169.

Gilbert R O. 2016. Management of reproductive disease in dairy cows. Vet Clin North Am Food Anim Pract, 32(2): 387-410.

Hernandez J, Shearer J, Webb D. 2002. Effect of lameness on milk yield in dairy cows. J. Am. Vet. Med. Assoc, 220: 640-644.

Holzhauer M, Hardenberg C, Bartels C, et al. 2006. Herd- and cow-level prevalence of digital dermatitis in the Netherlands and associated factors. J Dairy Sci, 89: 580-588.

Imhasly S, Naegeli H, Baumann S, et al. 2014. Metabolomics biomarkers correlating with hepatic lipidosis in dairy cows. BMC Vet Res, 10: 122-130.

Ingvartsen K L, Dewhurst R J, Friggens N C. 2003. On the relationship between lactational performance and health: Is it yield or metabolic imbalance that cause production diseases in dairy cattle? A position paper. Livestock Prod Sci, 83(2-3): 277-308.

Iqbal S, Zebeli Q, Mansmann D A, et al. 2014. Oral administration of lipopolysaccharide and lipoteichoic acid prepartum modulated reactants of innate and humoral immunity in periparturient dairy cows. Innate Immun, 20(4): 390-400.

Jacobsen S, Andersen P H, Aasted B. 2007. The cytokine response of circulating peripheral blood mononuclear cells is changed after intravenous injection of lipopolysaccharide in cattle. Vet J, 174(1): 170-175.

Kalińska A, Jaworski S, Wierzbicki M, et al. 2019. Silver and copper nanoparticles-an alternative in future mastitis treatment and prevention?. Int J Mol Sci, 20(7): E1672.

Keil D J, Liem A, Stine D L, et al. 2002. Serological and clinical response of cattle to farm specific digital dermatitis bacterins. Proceedings of the 12th International Symposium on Lameness in Ruminants, Orlando, FL, USA: 9-13.

Klein M S, Buttchereit N, Miemczyk S P, et al. 2012. NMR metabolomic analysis of dairy cows reveals milk glycerophosphocholine to phosphocholine ratio as prognostic biomarker for risk of ketosis. J Proteome Res, 11: 1373-1381.

Knodt C B, Shaw J C, White G C. 1942. Studies on ketosis in dairy cattle. III. Blood and urinary acetone bodies as related to age. J Dairy Sci, 25:861-867.

Krull A C, Shearer J K, Gorden P J, et al. 2014. Deep sequencing analysis reveals temporal microbiota changes associated with development of bovine digital dermatitis. Infect Immun, 82: 3359-3373.

Laven R. 1999. The environment and digital dermatitis. Cattle Practice, 7: 349-354.

LeBlanc S J, Leslie K E, Duffield T F. 2005. Metabolic predictors of displaced abomasum in dairy cattle. J Dairy Sci, 88: 159-170.

Lind N, Hansson H, Lagerkvist C J. 2019. Development and validation of a measurement scale for self-efficacy for farmers' mastitis prevention in dairy cows. Prev Vet Med, 167: 53-60.

Lyons D T, Freeman A E, Kuck A L. 1991. Genetics of health traits I Holstein cattle. J Dairy Sci, 74: 1092-1100.

Macmillan K, Kastelic J P, Colazo M G. 2018. Update on multiple ovulations in dairy cattle. Animals (Basel), 8(5). pii: E62.

Maly I V. 2009. Introduction: A practical guide to the systems approach in biology. Methods Mol Biol, 500: 3-13.

Manson F J, Leaver J D. 1988. The influence of concentrate amount on locomotion and clinical lameness in dairy cattle. Animal Science, 47(2): 185-190.

Martinez-Ortiz C A, Everson R M, Mottram T T F. 2013. Video tracking of dairy cows for assessing mobility scores. Joint European Conference on Precision Livestock Farming, 10-12 September, Leuven, Belgium.

Mottram T. 2016. Animal board invited review: Precision livestock farming for dairy cows with a focus on oestrus detection. Animal, 10(10): 1575-1584.

Nelson A J. 1996. On-farm nutrition diagnostics. Proc. 29th Annu. Conv. Am. Assoc. Bov. Pract. San Diego, CA. Am. Assoc. Bov. Pract. , Rome, GA: 76-85.

Nordlund K V, Cook N B, Oetzel G R. 2004. Investigation strategies for laminitis problem herds. J Dairy Sci, 87: E27-E35.

NRC (National Research Council). 2001. Nutrient Requirements of Dairy Cattle. 7th rev. ed. Washington, DC: Natl Acad Press.

Shaw J C. 1943. Studies on ketosis in dairy cattle. V. The development of ketosis. J Dairy Sci, 26:1079-1090.

Oetzel G R. 2000. Clinical aspects of ruminal acidosis in dairy cattle. Proc. 29th Annu. Conv. Am. Assoc Bov Pract San Diego, CA. Rome: 46-53.

Oikonomou G, Cook N, Bicalho R. 2013. Sire predicted transmitting ability for conformation and yield traits and previous lactation incidence of foot lesions as risk factors for the incidence of foot lesions in Holstein cows. J Dairy Sci, 96: 3713-3722.

Overton M W, Sischo W M, Temple G D, et al. 2002. Using time-lapse video photography to assess dairy cattle lying behavior in a free-stall barn. J Dairy Sci, 85: 2407-2413.

Overton T R, McArt J A A, Nydam D V. 2017. A 100-Year Review: Metabolic health indicators and management of dairy cattle. J Dairy Sci, 100: 10398-10417.

Palmer M A, Donnelly R F, Garland M J, et al. 2013. The effect of slurry on skin permeability to methylene blue dye in dairy cows with and without a history of digital dermatitis. Animal, 7: 1731-1737.

Palmer M A, O'Connell N E. 2012. The relationship between dairy cow behaviour in a cubicle house and susceptibility to digital dermatitis. Proceedings of the Cattle Lameness Conference, Worcester, UK: 41-42.

Palmer M A, O'Connell N E. 2015. Digital dermatitis in dairy cows: A review of risk factors and potential sources of between-animal variation in susceptibility. Animals, 5(3): 512-535.

Payne J. 1977. Metabolic Diseases in Farm Animals. London: William Heineman Medical Books Ltd: p1.

Psychogios N, Hau D D, Peng J, et al. 2011. The human serum metabolome. PLoS ONE, 6(2): e16957.

Risco C A, Hernandez J. 2003. Comparison of ceftiofur hydrochloride and estradiol cypionate for metritis prevention and reproductive performance in dairy cows affected with retained fetal membranes. Theriogenology, 60(1): 47-58.

Rosch J W, Sublett J, Gao G, et al. 2008. Calcium efflux is essential for bacterial survival in the eukaryotic host. Mol Microbiol, 70(2): 435-444.

Santos J E, Bisinotto R S, Ribeiro E S. 2016. Mechanisms underlying reduced fertility in anovular dairy cows. Theriogenology, 86(1): 254-262.

Schirmann K, von Keyserlingk M A, Weary D M, et al. 2009. Technical note: Validation of a system for monitoring rumination in dairy cows. J Dairy Sci, 92: 6052-6055.

Schmitt E J, Drost M, Diaz T, et al. 1996. Effect of a gonadotropin-releasing hormone agonist on follicle recruitment and pregnancy rate in cattle. J Anim Sci, 74(1): 154-161.

Scholey R, Evans N, Blowey R, et al. 2013. Identifying host pathogenic pathways in bovine digital dermatitis by RNA-Seq analysis. Vet J, 197: 699-706.

Smith J F, Harner J P, Armstrong D V, et al. 2000 Relocation and expansion planning for dairy producers. Kansas Agricultural Experiment and Cooperative Extension Service, 2: 46-58.

Somers J, Frankena K, Noordhuizen-Stassen E, et al. 2005. Risk factors for digital dermatitis in dairy cows kept in cubicle houses in The Netherlands. Prev Vet Med, 71: 11-21.

Sordillo L M. 2015. Nutritional strategies to optimize dairy cattle immunity. J Dairy Sci, 99: 4967-4982.

Sprecher D J, Hostetler D E, Kaneene J B. 1997. A lameness scoring system that uses posture and gait to predict dairy cattle reproductive performance. Theriogenology, 47(6): 1179-1187.

Staton G J, Ainsworth S, Blowey R W, et al. 2014. Developing a vaccine for digital dermatitis of cattle and sheep: a reverse vaccinology approach. 2014 Cattle Lameness Conference, 7 May 2014, Worcester, UK. The Dairy Group: 65-66.

Sullivan L E, Blowey R W, Carter S D, et al. 2014. Presence of digital dermatitis treponemes on cattle and sheep hoof trimming equipment. Vet Rec, 175: 201-205.

Van Hertem T, Maltz E, Antler A, et al. 2013. Lameness detection based on multivariate continuous sensing of milk yield, rumination, and neck activity. J Dairy Sci, 96: 4286-4298.

Varner M, Tasch U, Erez B, et al. 2001. Method and apparatus for detecting lameness in animals. Patent Application No. US20020055691 A1.

Viazzi S, Bahr C, Schlageter-Tello A, et al. 2013. Analysis of individual classification of lameness using automatic measurement of back posture in dairy cattle. J Dairy Sci, 96: 257-266.

Vokey F J, Guard C L, Erb H N, et al. 2001. Effects of alley and stall surfaces on indices of claw and leg health in dairy cattle housed in a free-stall barn. J Dairy Sci, 84(12): 2686-2699.

Waldron M R, Nonnecke B J, Nishida T, et al. 2003. Effect of lipopolysaccharide infusion on serum macromineral and vitamin D concentrations in dairy cows. J Dairy Sci, 86: 3440-3446.

Warnick L, Janssen D, Guard C, et al. 2001. The effect of lameness on milk production in dairy cows. J Dairy Sci, 84: 1988-1997.

Weisberg S P, McCann D, Desai M, et al. 2003. Obesity is associated with macrophage accumulation in adipose tissue. J Clin Invest, 112: 1796-1808.

Wells S J, Trent A M, Marsh W E, et al. 1993. Prevalence and severity of lameness in lactating dairy cows in a sample of Minnesota and Wisconsin herds. Journal of the American Veterinary Medical Association, 202(1): 78-82.

Williams G L, Stanko R L. 2020. Pregnancy rates to fixed-time AI in Bos indicus-influenced beef cows using PGF2α with (Bee Synch I) or without (Bee Synch II) GnRH at the onset of the 5-day CO-Synch + CIDR protocol. Theriogenology, 142: 229-235.

Wiltbank M C, Souza A H, Carvalho P D, et al. 2011. Improving fertility to timed artificial insemination by manipulation of circulating progesterone concentrations in lactating dairy cattle. Reprod Fertil Dev, 24(1): 238-243.

Zinicola M, Lima F, Lima S, et al. 2015. Altered microbiomes in bovine digital dermatitis lesions, and the gut as a pathogen reservoir. PLoS ONE, 10: e0120504.